"十二五"江苏省高等学校重点教材
卓越工程师教育培养机械类创新系列教材

机电一体化系统设计

主　编	张秋菊	王金娥	訾　斌
副主编	田玉冬	尤丽华	贾　茜
编　委	陈海卫	周德强	吴静静

科学出版社

北　京

内 容 简 介

本书为"十二五"江苏省高等学校重点教材(编号:2015-2-094)。

本书以机电一体化系统设计为主线,介绍机电一体化系统所必需的基础知识与关键技术,内容分为基础篇与应用篇两部分。基础篇包括机械设计技术、检测传感技术、伺服驱动技术、计算机控制技术以及系统分析与综合方法等,从系统化的角度介绍各要素之间的相互作用和整体集成。应用篇通过工业机器人、自动生产线和数控系统这三个典型的机电一体化系统实例,进一步阐述系统化设计理论和实践应用方法。最后结合实际生产案例,给出了20个机电一体化系统设计的课程设计题目供参考选用。

本书可作为普通高等院校机械电子工程、机械工程等专业本科生教材,适合实施"卓越工程师教育培养计划"的本科试点专业使用,也可作为相关工程技术人员参考书。

图书在版编目(CIP)数据

机电一体化系统设计/张秋菊,王金娥,訾斌主编. —北京:科学出版社,2016.6
"十二五"江苏省高等学校重点教材·卓越工程师教育培养机械类创新系列教材
ISBN 978-7-03-050829-4

Ⅰ.①机… Ⅱ.①张… ②王… ③訾… Ⅲ.①机电一体化—系统设计—高等学校—教材 Ⅳ.①TH-39

中国版本图书馆 CIP 数据核字(2016)第 289199 号

责任编辑:邓 静 张丽花 / 责任校对:郭瑞芝
责任印制:赵 博 / 封面设计:迷底书装

科学出版社 出版
北京东黄城根北街 16 号
邮政编码:100717
http://www.sciencep.com

固安县铭成印刷有限公司印刷
科学出版社发行 各地新华书店经销
*

2016年6月第 一 版 开本:787×1092 1/16
2025年1月第九次印刷 印张:17
字数:432 000
定价:59.80 元
(如有印装质量问题,我社负责调换)

《卓越工程师教育培养机械类创新系列教材》

组织委员会

主　任：芮延年　胡华强

委　员：（以姓名首字母为序）

陈　炜	冯志华	郭兰中	花国然	匡　敏	刘春节	刘　忠
秦永法	石怀荣	唐文献	王广勋	王树臣	谢志余	郁汉琪
曾亿山	张秋菊	朱　伟	周　海	左晓明		

编写委员会

顾　问：闻邦椿（院士）

主　任：芮延年　陈　炜　张秋菊

副主任：（以姓名首字母为序）

郭兰中　刘会霞　刘　忠　秦永法　唐文献　谢志余　曾亿山
朱瑞富　左晓明

委　员：（以姓名首字母为序）

戴立玲	封士彩	高征兵	龚俊杰	顾　锋	顾　荣	管图华
何高清	侯永涛	华同曙	化春键	黄　娟	刘道标	刘　新
刘征宇	马伟民	毛卫平	倪俊芳	平雪良	齐文春	钱　钧
盛小明	宋昌才	孙　进	唐火红	田玉冬	王德山	王汉成
王建胜	卫瑞元	吴朝阳	解乃军	薛云娜	杨　莉	姚辉学
袁　浩	张　洪	张洪丽	张建梅	张兴国	仲高艳	周建华
朱益民	竺志大					

秘　书：邓　静

总　　序

"卓越工程师教育培养计划"是贯彻落实《国家中长期教育改革和发展规划纲要（2010—2020年）》和《国家中长期人才发展规划纲要（2010—2020年）》的重大改革项目，也是促进我国由工程教育大国迈向工程教育强国的重大举措。旨在培养造就一大批创新能力强、适应经济社会发展需要的高质量各类型工程技术人才，为国家走新型工业化发展道路、建设创新型国家和人才强国战略服务，对促进高等教育面向社会需求培养人才，全面提高工程教育、人才培养质量具有十分重要的示范和引导作用。

科学出版社以教育部"卓越工程师教育培养计划"为准则，以面向工业、面向世界、面向未来，培养造就具有工程创新能力强、适应经济社会发展需要的卓越工程技术人才为培养目标，组织有关专家、学者、教授编写了本套《卓越工程师教育培养机械类创新系列教材》。

本系列教材力求体现的最大特点是，在每本教材的编写过程中，根据授课内容，引入许多相关工程实践案例，这些工程实践案例具有知识性、典型性、启发性、真实性等特点，它可以弥补传统教材森严乏味的局限性，充分调动学生学习的积极性和创造性，引导学生拓宽视野、重视工程实践、培养解决实际问题的能力。通过编者精心收集组织的实际工程案例让学生明白为什么学习、学成能做什么，从而激发学生学习的内在动力和热情，使学生感到学有所用。

本系列教材除了主教材之外，还配套有多媒体课件，以后还将逐步完善建设配套的学习指导书、教师参考书，最终形成立体化教学资源网，方便教师教学，同时有助于学生更好的学习。

我们相信《卓越工程师教育培养机械类创新系列教材》的出版，将对我国普通高等教育的发展起到创新探索的推动作用，对机械工程人才的培养以及机械工业的发展产生积极有效的促进作用。

中国科学院院士、东北大学教授　闻邦椿

2014年5月10日

前　言

机电一体化(Mechatronics)是微电子技术、计算机技术向机械技术不断渗透而形成的综合性技术，是融机械工程、电气工程、计算机科学、信息技术等为一体的新兴交叉学科。随着计算机与信息技术的迅猛发展和广泛应用，机电一体化技术获得前所未有的发展，已经渗透到世界经济与科技的各个领域，成为诸多高新技术产业及装备的基础和技术竞争优势的体现，被世界各国列入重大发展战略。

机电一体化技术的全球竞争归根结底是机电一体化人才的竞争。《机电一体化系统设计》是机械电子工程和相关专业开展机电一体化教学的重要专业教材。掌握机电一体化系统设计的核心是综合应用，而综合应用的基础是基本理论和工程实践。为了适应机电一体化人才培养的需要，各高校都在不断深化机电一体化技术相关专业的教学改革和课程建设。"卓越工程师教育培养计划"是教育部创新人才培养模式、提高人才培养质量的重要举措，各高校都在积极实施，然而目前国内适应这一教学改革创新的教材尚十分缺乏。

本书根据卓越工程师教育培养的要求，突出"工程化"和"案例化"，强化学生的工程能力和创新能力的培养。每章从一个机电一体化产品案例的介绍、提问开始，引导学生去思考、钻研，激发学生的学习兴趣。将机电一体化关键技术融入典型的机电一体化产品(系统)的具体实例讲解中，便于学生从"系统"和"应用"的角度出发，理解和掌握机电一体化系统的设计原理与设计方法，提高学生的综合分析与设计能力，体现知识的拓展和能力的提升。各交叉学科的知识和技术不再孤立，而是有机结合、综合运用。目的是使学生系统地掌握机电一体化技术的基本原理和实际应用技术，培养具有系统分析和总体设计能力的机电一体化系统设计人才。

本书分为基础篇和应用篇两大部分，共10章。在基础篇部分，着重介绍机电一体化系统的几大关键技术，从机电一体化产品的实际案例出发，介绍机电一体化系统的设计原理与设计方法，在重温已学过的机械、电子、传感和控制知识的基础上，从新的角度和深度去理解和认识如何应用多种交叉学科技术，用系统的观点去分析、评价和设计机电一体化产品。在应用篇部分，针对工业机器人、自动化生产线、数控系统等典型机电一体化产品的实际工程案例，详细剖析其设计思路、方法，并进一步加入静、动态特性分析内容，使学生在掌握分析设计方法的同时，进一步了解现代设计分析方法和手段，为今后的学习工作乃至深造拓展思路和眼界。

本书每章附有习题与思考题，并在书后给出部分参考答案；另配有补充阅读资料，以拓展视野和知识面。最后一章为配合课程设计等教学实践环节的实施，给出了"机电一体化系统设计"课程设计参考题目。在教学过程中，课程设计的研究对象可提前作为工程实例在教学和实验环节简要介绍，鼓励学生在课程学习的同时，边学边用，分析和设计自己的研究对象；同时便于教师衔接教学内容，组织和开展教学活动，有效提高课程设计的质量和效果。本书还配套有电子课件，便于教师教学使用。

本书由来自5所高校的9位教师编写。编写人员均为从事机电一体化教学科研的一线教师，长期担任"机电一体化系统设计"的课程教学任务，并具有从事机电一体化技术的科研与实践经验,近年来具体参与了教育部"卓越计划"试点专业的教学改革与实践,对卓越工程师的培养有切身体会,积累了比较丰富的教学、教改经验与工程实践经历。具体编写工作包括:江南大学张秋菊编写第 1 章,苏州大学王金娥编写第 2 章,江南大学周德强编写第 3 章,南京工程学院贾茜编写第 4 章,江南大学吴静静编写第 5 章,江南大学尤丽华编写第 6 章,合肥工业大学訾斌编写第 7 章,苏州科技学院田玉冬编写第 8 章,江南大学陈海卫编写第 9 章,第 10 章由张秋菊、陈海卫、尤丽华编写。全书由张秋菊统稿。博士研究生孙沂琳、陈宵燕帮助完成了本书插图绘制工作。在此向他们表示衷心的感谢。

由于作者水平有限,书中难免会有不足和欠妥之处,敬请读者批评指正。

作　者
2016 年 5 月

目　录

第1章　绪论 1

1.1　机电一体化概述 2
1.2　机电一体化系统的基本组成要素 4
1.3　机电一体化关键技术 5
1.4　机电一体化技术的主要特征与发展趋势 9
　　1.4.1　机电一体化技术的主要特征 9
　　1.4.2　机电一体化技术的发展趋势 10
1.5　机电一体化系统设计开发过程 12
　　1.5.1　机电一体化系统的设计 12
　　1.5.2　机电一体化系统设计的工程路线 13
习题与思考题 15

基　础　篇

第2章　机械设计技术 16

2.1　机械设计概述 17
2.2　齿轮(系)传动 18
　　2.2.1　齿轮分类及选用 18
　　2.2.2　传动比的确定 20
　　2.2.3　齿侧间隙的消除 22
2.3　谐波齿轮传动 24
2.4　滚珠丝杠螺母副 25
　　2.4.1　滚珠丝杠螺母副的组成及特点 25
　　2.4.2　滚珠的循环方式 26
　　2.4.3　主要设计参数 26
　　2.4.4　滚珠丝杠副的精度等级及标注方法 27
　　2.4.5　间隙消除及预紧方法 28
　　2.4.6　支撑方式及制动装置 29
　　2.4.7　润滑和密封 30
　　2.4.8　滚珠丝杠螺母副的选用 30
2.5　同步带传动装置 31
　　2.5.1　同步带传动的原理与特点 31
　　2.5.2　同步带的主要结构及分类 32
　　2.5.3　同步带轮的主要类型及规格 33
　　2.5.4　同步带传动的设计计算 34

2.6 导轨的设计计算与选用 38
    2.6.1 导轨的技术要求 38
    2.6.2 直线滑动导轨 38
    2.6.3 圆运动导轨与贴塑滑动导轨 40
    2.6.4 滚动直线导轨 41
2.7 工程实践例题 42
习题与思考题 44

第3章 检测传感技术 45

3.1 传感器的组成及分类 46
    3.1.1 传感器的组成 46
    3.1.2 传感器的分类 47
3.2 传感器特性与要求 48
    3.2.1 传感器的静态模型 49
    3.2.2 传感器的静态特性指标 49
    3.2.3 传感器的动态特性指标 52
3.3 常用传感器及应用 54
    3.3.1 光电编码器 54
    3.3.2 光栅尺 57
    3.3.3 温度传感器 59
    3.3.4 霍尔传感器 61
    3.3.5 超声波传感器 62
    3.3.6 智能传感器 63
3.4 检测信号处理技术 65
    3.4.1 检测信号概述 65
    3.4.2 模拟信号的处理 66
    3.4.3 数字信号的处理 68
3.5 传感器接口技术 70
    3.5.1 传感器信号的采样/保持 70
    3.5.2 多通道模拟信号输入 72
习题与思考题 74

第4章 伺服驱动技术 76

4.1 伺服系统的组成与分类 77
    4.1.1 伺服系统的结构组成 77
    4.1.2 伺服系统的分类及特点 78
4.2 步进电动机及驱动 79
    4.2.1 步进电动机的结构与分类 79
    4.2.2 步进电动机的工作原理 81
    4.2.3 步进电动机的运行特性 82

4.2.4　步进电动机的驱动控制 82
　4.3　直流伺服电动机及驱动 84
　　　4.3.1　直流伺服电动机结构及特点 84
　　　4.3.2　直流伺服电动机的工作原理 84
　　　4.3.3　直流伺服电动机的驱动控制 87
　　　4.3.4　直流电动机闭环反馈控制调速系统 88
　4.4　交流伺服电动机及驱动 91
　　　4.4.1　交流伺服电动机的工作原理 91
　　　4.4.2　交流伺服电动机的特性 93
　　　4.4.3　交流伺服电动机的控制和驱动 93
　4.5　工程实践例题 95
　习题与思考题 99

第5章　计算机控制技术 100
　5.1　控制计算机的组成及要求 101
　5.2　常用控制计算机的类型与特点 102
　5.3　机电一体化系统的常用控制方法 105
　　　5.3.1　控制系统的结构 105
　　　5.3.2　控制系统的数学模型 106
　　　5.3.3　PID 控制 107
　　　5.3.4　常见复杂控制 111
　　　5.3.5　分布式、网络化控制 117
　　　5.3.6　远程控制 119
　5.4　机电一体化系统的智能控制技术 119
　　　5.4.1　专家智能控制系统 120
　　　5.4.2　自学习智能控制系统 121
　　　5.4.3　模糊控制系统 122
　　　5.4.4　基于神经网络的智能控制系统 123
　　　5.4.5　机器视觉智能系统 124
　习题与思考题 124

第6章　机电一体化系统设计方法 125
　6.1　机电一体化系统设计方法概述 126
　　　6.1.1　设计方法的演变 126
　　　6.1.2　机电一体化系统的特征 127
　　　6.1.3　机电一体化系统设计指导思想 128
　　　6.1.4　机电一体化系统设计方法论 128
　6.2　系统总体技术 130
　　　6.2.1　系统总体技术的定义 131

6.2.2 系统总体技术方法论 131
6.2.3 系统总体方案的提出过程 133
6.2.4 系统总体技术的应用案例 134
6.3 系统分析评价方法 137
6.3.1 方案的优化设计 138
6.3.2 系统性能分析方法 139
6.4 建立系统的数学模型 143
6.4.1 数学模型的种类 143
6.4.2 数学模型的建模方法 144
6.4.3 机电一体化系统的数学模型 145
6.5 建立系统的指标体系 147
6.5.1 性能指标的种类 147
6.5.2 确定性能指标的途径 148
6.5.3 性能指标对设计的影响 149
6.6 机电系统总体设计实例 150
习题与思考题 152

应 用 篇

第7章 机电一体化产品设计——机器人设计 154
7.1 机器人设计概述 155
7.2 机器人机械结构设计 158
7.2.1 机器人关节设计 158
7.2.2 机器人机身设计 161
7.2.3 机器人传动机构设计 161
7.2.4 机器人行走机构设计 162
7.3 机器人驱动系统设计 164
7.4 机器人传感系统设计 166
7.4.1 机器人传感器分类 166
7.4.2 装配机器人传感系统 166
7.4.3 焊接机器人传感系统 168
7.4.4 多传感器集成手爪系统 169
7.5 机器人控制系统设计 171
7.6 机器人动态特性分析 173
7.7 工程实例 174
7.7.1 机器人运动学分析 174
7.7.2 机器人运动性能分析 176
7.7.3 机器人动力学分析 177
7.7.4 机器人动态性能分析 178

习题与思考题 ... 181

第8章 机电一体化产品设计——自动生产线设计 ... 182

8.1 自动生产线概述 ... 183
8.2 自动生产线总体设计 ... 186
8.2.1 自动生产线总体设计内容及原则 ... 186
8.2.2 自动生产线总体设计流程 ... 187
8.2.3 自动生产线总体设计性能指标 ... 187
8.3 自动生产线结构设计 ... 189
8.3.1 自动生产线结构组成 ... 190
8.3.2 自动生产线结构形式 ... 190
8.3.3 自动生产线工件传送装置设计 ... 197
8.3.4 典型自动生产线结构装置 ... 200
8.4 自动生产线传感器的选择与应用 ... 202
8.4.1 自动生产线对传感器的要求 ... 202
8.4.2 自动生产线传感器的选择原则 ... 203
8.4.3 自动生产线传感器的布置 ... 203
8.4.4 自动生产线传感器的应用 ... 204
8.5 自动生产线执行器的选择与应用 ... 206
8.5.1 自动生产线对执行器的要求 ... 206
8.5.2 自动生产线执行器的种类 ... 206
8.5.3 自动生产线执行器的使用性能特点 ... 206
8.5.4 自动生产线执行器的选择 ... 207
8.6 自动生产线控制装置的技术应用 ... 209
8.6.1 自动生产线对控制装置的要求 ... 209
8.6.2 自动生产线控制装置的种类 ... 209
8.6.3 自动生产线控制装置的性能比较 ... 210
8.6.4 自动生产线控制装置的应用 ... 211

习题与思考题 ... 213

第9章 计算机数控系统与应用实例 ... 214

9.1 数控系统概述 ... 215
9.1.1 计算机数控系统的组成 ... 215
9.1.2 计算机数控系统的分类 ... 219
9.1.3 计算机数控系统的发展 ... 219
9.2 典型数控系统简介 ... 220
9.2.1 FANUC 数控系统 ... 221
9.2.2 西门子数控系统 ... 222
9.2.3 三菱数控系统 ... 223

9.2.4 华中数控系统 ... 224
9.2.5 广州数控系统 ... 225
9.3 开放式数控系统简介 ... 226
9.3.1 开放式数控系统的特点 ... 226
9.3.2 开放式数控系统国内外发展现状 ... 227
9.3.3 数控系统开放的途径 ... 228
9.3.4 基于PC的开放式数控系统 ... 229
9.4 中走丝线切割机床数控系统的设计 ... 230
9.4.1 中走丝数控系统硬件组成 ... 231
9.4.2 中走丝线切割CAD/CAM自动编程系统 ... 233
9.4.3 中走丝线切割CNC控制软件 ... 234
习题与思考题 ... 238

第10章 机电一体化课程设计与实践 ... 240
10.1 课程设计概述 ... 240
10.2 参考选题 ... 240
10.2.1 轴承外圈外径自动检测机设计 ... 240
10.2.2 轴承内圈内径自动检测机设计 ... 241
10.2.3 轴径自动检测机设计 ... 242
10.2.4 长度自动检测机(滚柱)设计 ... 243
10.2.5 长度自动检测机(短轴)设计 ... 243
10.2.6 输送纠偏装置设计 ... 244
10.2.7 自动绕线机设计 ... 245
10.2.8 自动绕管机设计 ... 246
10.2.9 数控直线位移工作台设计 ... 246
10.2.10 数控车床四工位自动刀架设计 ... 247
10.2.11 电路板外形检测机设计 ... 248
10.2.12 自动定量包装机设计 ... 249
10.2.13 线圈自动装配机设计 ... 250
10.2.14 物料自动搬运小车设计 ... 250
10.2.15 联轴器自动搬运机械手设计 ... 251
10.2.16 海绵硬度检测机设计 ... 252
10.2.17 乒乓球硬度测量机设计 ... 252
10.2.18 凸轮轴升程检测装置设计 ... 253
10.2.19 小型电子分度头设计 ... 254
10.2.20 精密直线电动执行器设计 ... 255

部分习题参考答案 ... 256

参考文献 ... 258

第 1 章　绪　　论

你见过机器人吸尘器么？图 1-1 是一款由美国 iRobot 公司生产的机器人吸尘器，英文名称为"Roomba"。1990 年美国麻省理工学院教授罗德尼·布鲁克斯(Rondy Brooks)与其学生科林·安格尔(Colin Angle)和海伦·格雷纳(Helen Greiner)创办了 iRobot 公司。iRobot 最初专注于军用机器人的研究，后来开始涉足家用机器人市场，并在 2002 年推出了具有历史意义的机器人吸尘器 Roomba。至 2015 年底，iRobot 在全球已售出超过 1400 万台家用机器人，缔造有史以来消费型机器人最好的销售佳绩。如今在中国的许多商场也能看到类似的国产品牌家用吸尘机器人在销售，越来越多的家庭开始使用机器人吸尘器来替代人工完成枯燥、劳累的房间地面清洁工作。

> **小思考 1-1**
>
> 你观察过类似图 1-1 的家用吸尘机器人吗？它具有哪些功能？它为什么能够避开障碍物？机器人吸尘器的智能化体现在哪些方面？

图 1-1　iRobot 家用机器人 Roomba

类似机器人吸尘器这样包含了机构、控制器、传感器、驱动电动机以及算法软件的工业及民用产品还有很多，统称为机电一体化产品。在当今世界经济与科技的各个领域，都能看到机电一体化技术的渗透和机电一体化产品的应用。想了解机电一体化技术么？想知道机电一体化产品是如何设计和开发出来的么？通过本章及后续章节的学习，你会找到答案。

> **本章知识要点**
>
> (1) 了解机电一体化的基本概念和定义；
> (2) 了解机电一体化系统的基本组成要素；
> (3) 了解机电一体化的几大关键技术；
> (4) 了解机电一体化系统设计的基本理念和过程；
> (5) 了解机电一体化技术的发展趋势。
>
> **探索思考**
>
> 观察身边的机电一体化系统，思考机电一体化系统如何体现智能化？如何实现智能化？
>
> **预备知识**
>
> 请预先复习以前学过的机械原理、机械设计、测试技术、微机原理和控制工程基础等课程的知识。

1.1 机电一体化概述

机电一体化又称机械电子学,英文为"Mechatronics",由机械学"Mechanics"的前半部分与电子学"Electronics"的后半部分组合而成。机电一体化最早出现在 1971 年日本《机械设计》杂志的副刊上。1996 年出版的韦氏大词典收录了这个日本造的英文单词,这不仅意味着"Mechatronics"这个单词得到了世界各国的普遍认同,而且还意味着"机电一体化"的思想和哲理为世人所接受。

顾名思义,机电一体化技术是机械技术、电子技术和信息技术有机结合的产物。它包括产品和技术两方面:机电一体化产品是集机械、微电子、自动控制和通信技术于一体的高科技产品;机电一体化技术是指其技术基础、技术原理和使机电一体化产品得以实现、使用和发展的技术。

在工业生产和日常生活中,随处可见机电一体化产品。现代化的自动生产设备几乎可以说都是机电一体化设备,如数控机床、工业机器人、自动生产线等。而常用的家电和信息产品如洗衣机、吸尘器、打印机等也是典型的机电一体化产品。图 1-2 是一些典型的机电一体化产品,广泛应用于各行各业。

> **小思考 1-2**
>
> 你能举几个日常生活中或工业生产中曾看到的机电一体化产品实例吗?试分析一下它们为什么是机电一体化产品。

图 1-2 典型的机电一体化产品

分析机电一体化产品,不难发现它与传统机械产品相比,具有一些共同的特点,即:在机械产品中注入了过去所没有的新技术,把电子器件的信息处理和自动控制等功能"糅合"到机械装置中去,从而获得了过去单靠某种技术无法实现的功能和效果,达到多功能、高效率、高智能、高可靠性、省材、节能、轻巧的目的。也正因如此,机电一体化成为渗透各个领域的 21 世纪主流技术之一,对社会,是实现技术进步、可持续发展的强力助推剂;对制造商,是提升产品技术附加值的有效手段;对用户,则是科技创造美好生活的最佳体现。

机电一体化涉及的技术及应用领域十分广泛,如图 1-3 所示。有别于一般的多学科系统,机电一体化系统的设计强调系统性和集成性,而多学科系统设计通常采用按学科顺序设计的方法。例如,机电系统是一种最常见的多学科系统,传统的设计方法是从机械设计开始,当机械设计完成后,再设计电气系统,接着是控制算法的设计和实施。按学科顺序设计的方法存在的最大问题是,各个学科环节的设计如果仅考虑自身的约束而采取折中方案,会传递和影响下一个环节,最终可能对控制系统的设计产生冲突性的限制,由此对整个机电系统性能产生不利的影响,而这种影响又往往由于各个环节的独立设计而难以界定和消除。

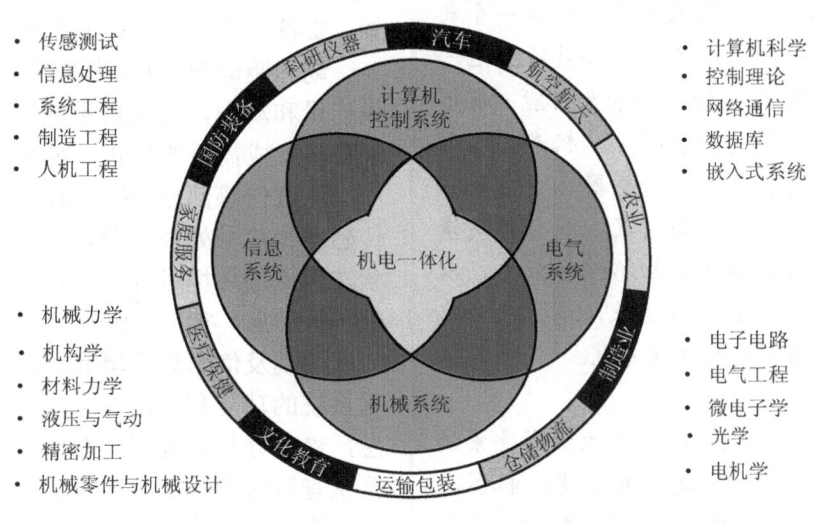

图 1-3 机电一体化涉及多学科领域

机电一体化系统的设计是基于系统工程学方法,在设计的各个阶段,采用并行、协同的方法,将机械、电气及计算机系统和信息系统进行有机结合与综合集成。在这个过程中所应用的技术称为机电一体化技术,它综合应用机械技术、微电子技术、信息技术、自动控制技术、传感测试技术、电力电子技术、接口技术及软件编程技术等多学科高新技术,从系统理论出发根据系统功能目标和优化组织结构目标,以智力、动力、结构、运动和感知组成要素为基础,对各组成要素及其间的信息处理、接口耦合、运动传递、物质运动、能量变换进行研究,使得整个系统有机集成,在高功能、高质量、高精度、高可靠性、低能耗等诸方面实现多种功能复合、总体性价比最优的系统工程技术。

简而言之,机电一体化是以机械、电气、传感测试、计算机控制和信息技术为主的多学科技术在机电产品发展过程中相互渗透、相互融合而形成的一门新兴交叉学科,它的实质是,用系统工程的观点和方法来分析和研究机电一体化产品或系统,综合运用现代高新技术,通过各种技术的相互协调和有机结合,实现产品内部各部分合理匹配和整体效能最佳。

1.2 机电一体化系统的基本组成要素

一个产品的功能是通过其功能要素来实现的。机电一体化系统要实现其目的功能，通常需要具备五大功能要素：主功能、动力功能、检测功能、控制功能和构造功能。其中，主功能或操作功能是实现系统目的功能直接必需的功能，表明了系统的主要特征；动力功能是向系统提供动力、让系统得以运转的功能；检测功能用于获取外部或内部信息；控制功能对整个系统实施控制；构造功能则将系统各要素组合起来，进行空间配置，形成一个统一的整体。

上述五大功能要素对应机电一体化系统的五大组成部分，包括机械本体、动力源、测试传感部分、控制及信息处理单元、执行机构，分别构成了结构组成要素、动力组成要素、感知组成要素、智能组成要素、运动组成要素。

机械本体(结构组成要素)：是系统所有功能要素的机械支持结构，一般包括有机身、框架、支撑、连接等，实现系统的构造功能。

动力驱动部分(动力组成要素)：为系统提供能量和动力，并依据系统控制要求将输入的能量转换成需要的形式，实现动力功能。

测试传感部分(感知组成要素)：包括各种传感器和信号处理电路，对系统运行时的内部状态和外部环境进行检测，提供进行控制所需的各种信息，实现检测功能。

控制及信息处理单元(智能组成要素)：根据系统的功能和性能要求以及传感器反馈的信息，进行分析、处理、存储和决策，控制整个系统有目的的运行，实现控制功能。

执行机构(运动组成要素)：包括执行元件和机械传动机构，执行元件通常基于电气、机械、流体动力或气动，根据控制及信息处理部分发出的指令，把电气输入转化为机械输出，如力、角度和位置，完成规定的动作，实现系统的主功能。

案例 1-1

图 1-1 的机器人吸尘器就是一个典型的机电一体化产品，同样具备机电一体化系统的 5 大组成要素及功能。机器人吸尘器内置高智能芯片，机身为可移动装置，安装有多个传感器，会自动侦测障碍物和地板表面情况，配合预定清洁模式，自动调节清扫路线和吸力，以完成拟人化居家清洁效果，清扫任务完成后会自动回到充电座充电。

问题：

机器人吸尘器对应 5 大组成要素的功能部件是哪些？进一步思考：机器人吸尘器如何实现前进、后退、转向动作？

五大功能要素和组成要素对应关系如图 1-4 所示。

机电一体化系统的五大组成要素在工作中各行其职，相互协调、补充，共同完成目的功能。即在机械本体的支撑下，由传感器检测系统的运行状态及环境变化，将信息反馈给计算机进行处理，并按要求控制动力源驱动执行机构工作，完成要求的动作。其中系统控制单元在软、硬件的保证下，完成信息的采集、传输、储存、分析、运算、判断、决策，以达到信息控制的目的。对于智能化程度高的信息控制系统还包含了知识获得、推理机制以及自学习功能等知识驱动功能。

需要指出的是，构成机电一体化系统的五个基本组成要素之间并非简单拼凑而成，其内部及相互之间的接口耦合、信息处理、运动传递和能量变换都必须遵循其基本原则进行有机结合与综合优化。在结构上各组成要素通过各种接口和相关软件有机地结合在一起，构成一个内部合理、外部效能最佳的机电一体化系统，如图 1-5 所示。

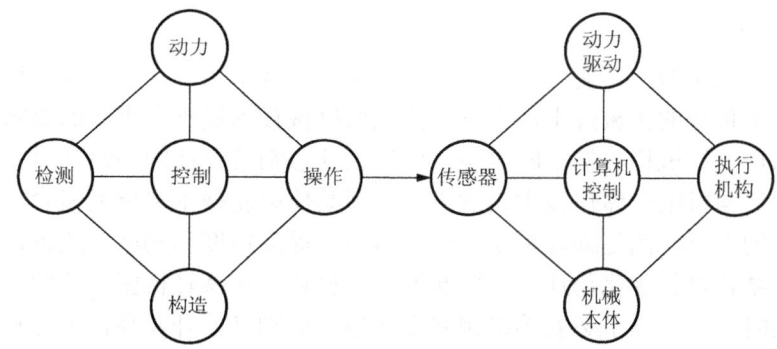

图 1-4　机电一体化五大功能要素和组成要素对应关系

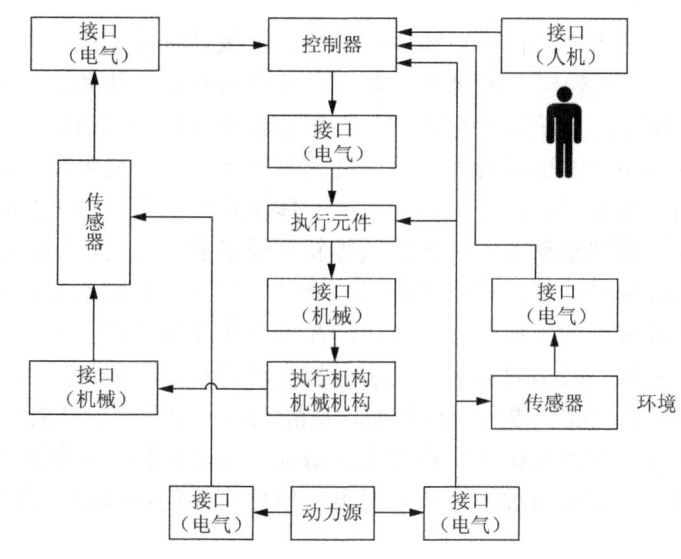

图 1-5　机电一体化系统各组成要素的有机结合

接口技术是机电一体化系统技术的重要内容，是实现系统各个部分有机连接、可靠工作的保证。机电一体化系统接口包括机械接口、电气接口、人机接口等。机械接口实现机械与机械、机械与电气装置的物理连接，主要用于能量和运动的传递，如联轴器、法兰、离合器等。电气接口完成系统间电信号的连接，实现电信号的传递、转换和匹配，起到电平转换和功率放大、抗干扰隔离、A/D 或 D/A 转换、调制和解调等作用，如放大器、光电耦合器、A/D 和 D/A 转换器等。人机接口则提供了人与系统间的交互界面，实现操作者与机电系统(主要是控制微机)之间的信息交换，按照信息的传递方向，可以分为输入与输出接口两大类。机电系统通过输出接口向操作者显示系统的各种状态、运行参数及结果等信息；另一方面，操作者通过输入接口向机电系统输入各种控制命令，干预系统的运行状态，以实现所要求的功能。

1.3　机电一体化关键技术

机电一体化是多种学科技术相互交叉、渗透而形成的一门综合性学科，所涉及的领域非常广泛。概括说机电一体化共性关键技术主要有下述六项：机械技术、计算机与信息处理技术、检测与传感技术、自动控制技术、伺服驱动技术、系统总体设计技术。

1. 机械技术

机电一体化系统的主功能、构造功能主要靠机械技术实现,因此机械技术是机电一体化的基础。相对于传统的机械技术,机电一体化对机械技术提出了更高的要求。随着新材料、新工艺、新原理、新机构等的不断出现,现代设计与制造方法的不断发展完善,机械技术的着眼点在于如何与机电一体化技术相适应,利用其他高新技术来更新概念,实现结构上、材料上、性能上的变更,满足减轻重量、缩小体积、提高精度和刚度、改善性能等多方面的要求。例如,对结构进行优化设计,采用新型复合材料,在减轻机械本体的重量、缩小体积、减小惯性的同时,又保证了必要的机械强度和静、动刚度;开发高精度导轨、轴承、齿轮以及精密滚珠丝杠等,提高关键部件的精度和可靠性;研究新型传动机构和减速器,减小传动误差、提高传动效率等。

机械技术的核心是考虑力作用下物体的特性。机械系统按其性质可分为刚性的、可变形的(柔性的)和可流动的(液体)。刚体系统假定系统中所有的物体和连接都是完全刚性的。在实际系统中,完全刚性的系统是不存在的,当施加各种各样的载荷时,总会有一些变形。变形很微小不至于影响系统的运动特性时,可视为刚体系统。当变形较大,尤其是出现材料失效特性时,系统的柔性不可忽略。大多数机电一体化系统都可近似为刚体系统,近年来,随着非金属复合材料、新型驱动器、仿生机械等新兴技术的发展与应用,越来越多的刚柔混合机械系统向经典的机械设计理论提出了挑战,推动了多刚体和刚柔混合机械系统的分析理论与仿真设计方法的发展。为了使机电一体化产品安全可靠地工作,其结构系统必须具有良好的静、动态特性,为此,必须对其进行动态分析与动态设计,以满足机械结构静态、动态特性的要求。针对不同的性能要求与使用环境,从静强度、静刚度设计到动强度、动刚度设计,从单元零部件可靠性分析到整机系统的可靠性研究,以及机械结构的损伤容限设计、动力优化设计、低噪声设计、抗磨防蚀设计等,机电一体化产品的机械设计内容与方法在不断拓展和发展中。

2. 计算机与信息处理技术

信息处理技术包括信息的交换、存取、运算、判断和决策等,实现信息处理的主要工具是计算机。计算机技术包括计算机硬件技术和软件技术、网络与通信技术、数据库技术等。在机电一体化系统中计算机与信息处理装置相当于人的大脑,指挥整个系统的运行。基于微电子技术和计算机技术的信息处理技术是使机电一体化产品具有自动化、数字化和智能化的关键所在,也是促进机电一体化技术和产品发展最活跃的因素。近年来备受关注的人工智能技术、专家系统技术、神经网络技术等均属于计算机信息处理技术。

机电一体化系统中常用的计算机与信息处理装置包括微型计算机、单片机、可编程序控制器 PLC、数字信号处理器 DSP 和其他与之配套的输入输出器件、显示器、存储芯片等。信息处理是否正确、及时,直接影响到机电一体化系统的工作质量和效率。因此,提高信息处理的速度,如采用小型大容量高速处理计算机或高速小功率运算部件;提高系统的可靠性,如采用自诊断、自恢复和容错技术;提高智能化程度,如采用人工智能技术、专家系统和神经网络技术等,都是机电一体化中信息处理技术的发展方向。

3. 检测与传感技术

检测与传感技术的研究对象是传感器及其信号检测装置。机电一体化系统中,传感器作为感受器官,将系统各种内外信息通过相应的信号检测装置反馈给控制及信息处理装置。传感器可用来监测过程或系统中的一个或多个变量,评价设备的运行和健康状况,检查工作的进展情况，以及确认零部件和工具。检测与传感是实现自动控制的关键环节，其功能越强，系统的自动化程度就越高。例如，刀具磨损是影响加工中心的加工质量与效率的一个重要因素，研究刀具磨损检测系统，对机床的安全运行与提高加工质量有重要意义。刀具的磨损情况可利用多维力传感器或声发射传感器来检测，当由于刀具磨损而引起负荷转矩增大并超过允许值时，检测系统将发出警示信号，提醒控制系统发出换刀机械手的操作指令。

机电一体化系统中使用的传感器种类很多，最常测量的一些变量是位置、速度、力、扭矩、加速度、温度、流量、声音、光度等。在测量这些变量时，传感器本身的动态特性、稳定性、分辨率、精度、鲁棒性、尺寸及信号处理等性能指标是很重要的。其中精度、灵敏度和可重复性是传感器的关键性能，而可重复性与传感器的可靠性和抗干扰能力有直接关系。现代工程要求传感器能快速、精确地获取信息并能经受严酷环境的考验，它是机电一体化系统达到高水平的保证。

随着微电子、新材料和传感技术的发展，集成化与智能化成为传感器发展趋势。例如，集成了压力、压差和温度于一体的多功能集成传感器，采用微细加工技术 MEMS 制作微型传感器，采用厚膜和薄膜技术制作新型传感器，带微处理器的具有判断能力、学习能力的智能传感器，以及各种模拟人的感觉器官的生物传感器等。从构成上看，智能式传感器是一个典型的以微处理器为核心的计算机检测系统。同一般传感器相比，智能式传感器具有信息处理和可编程能力，因此不但可感知信息而且可处理信息，还可通过算法软件修正各种确定性系统误差、适当地补偿随机误差，进行自诊断、自校准和数据存储，具有精度高、稳定可靠性好、检测与处理方便、功能广和性价比高的显著特点。

4. 自动控制技术

自动控制技术是能够在没有人直接参与的情况下，利用附加装置（自动控制装置）使生产过程或生产机械（被控对象）自动地按照某种规律（控制目标）运行，使被控对象的一个或几个物理量（如温度、压力、流量、位移和转速等）或加工工艺按照预定要求变化的技术。它以自动控制理论为基础，以电子技术、电力电子技术、传感器技术、计算机技术、网络与通信技术为主要工具，实现机电一体化产品的自动化。由于微型计算机的广泛应用，自动控制技术越来越多地与计算机控制技术联系在一起，成为机电一体化中十分重要的关键技术。

自动控制技术范围很广，包括自动控制理论、控制系统设计、系统仿真、现场调试、可靠运行等理论到实践的整个过程。自动控制理论是研究自动控制共同规律的技术科学。初期，是以反馈理论为基础的自动调节原理，主要用于工业控制，逐步形成以传递函数为基础的经典控制理论，主要研究单输入-单输出、线性定常数系统的分析和设计。PID 控制规律是古典控制理论最辉煌的成果之一。由于实际系统往往存在复杂性、非线性、时变性、不确定性等情况，为了解决其精确建模的难题，自动控制领域从古典控制理论、现代控制理论到现在的智能控制理论，经历了很长时间的发展。自动控制技术有很强的应用背景，如何巧妙地运用控制的基础理论来解决实际问题是和研究控制理论本身不同的另一种创造性工作。机电一体化系统中自动控制技术的难点在于自动控制理论的工程化与实用化，这是由于现实世界中的被控对象往往与理论上的控制模型之间存在较大差距，使得从控制设计到控制实施往往要经过反复调试与修改，才能获得比较满意的结果。

由于被控对象种类繁多，所以机电一体化系统中的自动控制技术内容十分丰富，包括高精度定位控制、速度控制、自适应控制、自诊断、校正、补偿、示教再现、检索等控制技术。近年来自动控制技术发展迅猛，特别是计算机技术、网络和通信技术发展的突飞猛进，使人们借助于许多使能技术的进步和一些开发工具的扩大,将人们构思的自动操作得以付诸实现。如网络控制技术、可编程控制器等均属于自动化控制技术中的使能技术。随着控制对象的复杂性和控制性能要求的不断提高,自动控制技术正向着网络化、集成化、分布化、节点节能化、智能化的方向发展。

5. 伺服驱动技术

伺服驱动技术的研究对象是执行元件及其驱动装置,其中执行元件有电动、气动、液压等多种类型。机电一体化产品中多采用各种电动机,其驱动装置即驱动电源电路,目前多数采用电力电子器件及集成化功能电路。执行元件一方面通过电气接口向上与计算机相连,以接收计算机的控制指令;另一方面又通过机械接口向下与机械传动和执行机构相连,以实现规定的动作。由执行元件、驱动装置和传动机构组成的伺服系统,是实现电信号到机械动作的转换装置与部件,其作用是使输出的机械位移(或转角)准确地跟踪输入的位移(或转角)指令,对系统的动态性能、控制质量和功能有决定性的影响。高性能的伺服系统可以提供灵活、方便、准确、快速的驱动,从而完美地实现机电设备的高效自动化。因此,伺服驱动技术是机电一体化的一种关键技术,在机电一体化系统或产品中具有重要的地位,在国内外受到普遍关注。

高性能伺服驱动系统涉及的关键技术包括伺服电动机技术、伺服驱动器技术、伺服控制技术和接口技术。因此,伺服驱动技术的发展与磁性材料技术、半导体技术、通信技术、组装技术、生产工艺水平等基础工业技术的发展密切相关。微处理器(特别是数字信号处理器——DSP)技术、电力电子技术、网络技术、控制技术的发展为伺服驱动技术的进一步发展奠定了良好的基础。精准的驱动效果和智能化的运动控制成为伺服发展的重要指标。20世纪80年代以来交流伺服驱动技术日趋完善并不断扩大应用领域,直流伺服驱动技术和步进电动机技术有了新的发展,超声电动机和直线电动机等

> **案例 1-1 分析**
>
> 机器人吸尘器又称扫地机器人,对应机电一体化系统5大组成要素的功能部件如下。
>
> (1) 结构组成要素:扫地机器人机身和底盘。
>
> (2) 感知组成要素:扫地机器人通常采用红外传感器、超声波传感器、光电开关等探测位置,避免碰撞。
>
> (3) 智能组成要素:扫地机器人的控制芯片,用于实现信息处理和动作控制,体现其智能化程度,例如预约清扫、自动充电等功能,即在设定好的时间自动打扫房间,待工作结束或者电量不足时能够自动寻找充电座进行充电。
>
> (4) 运动组成要素:扫地机器人常见有2个驱动轮和2个惰轮来实现移动,2个驱动轮分别用2个电动机驱动,实现前进、后退、转向等动作。另有真空吸尘装置并辅以边刷、中央主刷旋转等方式,配合设定路径在室内反复行走,实现清扫功能。
>
> (5) 动力组成要素:扫地机器人配有可充电蓄电池,电池容量影响着扫地机器人的续航能力。
>
> 机器人吸尘器的前进、后退和转向是利用2个驱动电动机的差速控制来实现的。当2个电动机同向等速转动时,吸尘器实现前进或后退;当存在转速差时,便实现了转向,差速比大小决定了转向角度。

一系列新型伺服电动机因其特有的高性能而为人们所关注和研究。此外,气动伺服技术、电液比例技术以及新型液压驱动技术等都在当今机械工业自动化技术中发挥着特殊作用。随着技术的进步和整个工业的不断发展,伺服驱动技术和伺服驱动系统已进入全数字化和交流化的时代,并向着智能化、网络化的方向发展。

6. 系统总体技术

机电一体化技术涉及多学科领域,它不是几种技术的简单叠加,而是通过系统总体设计

使它们形成一个有机整体。对于由多个功能要素组成的机电一体化系统而言，即使各个组成要素的性能和可靠性很好，但如果整个系统不能很好的协调，系统也很难正常运行。系统总体技术就是按照系统工程的观点和方法，以整体的概念组织应用各种相关技术，从全局角度和系统目标出发，将系统总体分解成相互有机联系的若干功能单元，并以功能单元为子系统继续分解，直至找到可实现的技术方案，然后再把功能和技术方案组合成方案组进行分析、评价和优选。机电一体化总体技术是一种设计哲学，一种工程设计的集成方法。它解决的是系统性能优化问题和组成要素之间的有机联系问题。

系统总体技术包含的内容很多，接口技术是其重要内容之一。机电一体化产品的多功能单元通过接口连接成一个有机的整体。各种功能模块之间的接口问题，已成为构成机电一体化系统的关键问题。硬件(部件)和软件(信息处理)的集成是实现系统各功能模块集成的一种有效手段。硬件集成源于将机电一体化系统看作一个整体系统来设计，将传感器、执行元件和微处理器融入到机械系统中。软件集成主要是基于高级控制功能，将过程知识、信息处理和反馈控制包含其中。系统总体技术是最能体现机电一体化设计特点的技术，其原理和方法还在不断发展和完善中。

1.4 机电一体化技术的主要特征与发展趋势

1.4.1 机电一体化技术的主要特征

1. 系统具有综合性

机电一体化技术是由机械技术、电子技术、微电子技术和计算机技术等有机结合形成的一门跨学科的综合技术，它强调各种相关技术(特别是微电子技术与精密机械技术)的协同和集成，而不是机械技术、微电子技术以及其他新技术的简单组合、拼凑。这是机电一体化与机械加电气所形成的机械电气化在概念上的根本区别。机电一体化将工业产品和过程利用各种相关技术综合成一个完整的系统，在这一系统中，它们彼此相互苛刻要求，又取长补短，实现产品内部各部分合理匹配、多种技术功能复合和整体效能最佳。

2. 整体结构最优化

机电一体化系统的设计，是从系统工程观点出发，充分利用新技术及其相互交叉融合的优势，实现机电一体化系统(或产品)的高附加值、高效率、高性能、省材料、省能源、低损耗、低污染、省时省力等。为了实现某一功能，机电一体化产品可以从机械、电子、软件、硬件等方面去考虑和合理分配。比如，要达到变速的目的，传统的机械产品用齿轮变速箱来实现变速功能，增加变速级数就需要一系列齿轮来组成不同的变速比。在机电一体化产品中可以用轻便的电子调速装置来代替笨重的齿轮变速箱，或者用软件替代传统的靠模来实现更为复杂的控制规律，无需改变机械结构。又如，采用数控机床、柔性生产线、工业机器人和计算机管理等高级机电一体化技术和系统以后，可以根据生产订单需求及时调整工艺路线和加工程序，无需变动生产设备，从而大大节约了生产成本，缩短了生产周期。

3. 系统控制智能化

将电气技术引入机械技术形成的机械电气化仍属于传统工业自动化，其主要功能是代替和放大人的体力。在发展到机电一体化后，可以依靠微机控制系统实现预定的动作与功能。大多数机电一体化系统都具有自动检测、自动处理信息、自动显示记录、自动调节与控制、自动诊断与保护等功能。有些高级机电一体化系统还具有自学习、自校正功能，能够根据环境参数变化自调节、自适应、自寻优，以实现最优化工作状态和最佳操作。可以说，机电一体化产品不仅是人的手与肢体的延伸，还是人的感官与头脑的延伸。具有智能化的特征是机电一体化与机械电气化在功能上的本质区别。

4. 操作性能柔性化

柔性是机电一体化系统的特点。这种柔性，不仅体现在系统对不断变化的用户需求具有很强的可调整性和适应性，也体现在系统在实际使用过程中对外界条件变化有很强的抗干扰能力和适应能力。前者可通过程序的调整修改来变更执行机构的动作规律，改变生产流程；后者可通过控制模型和算法的调整修改，提高系统的控制性能。例如，数控机床、电梯自动控制系统、智能机器人等。还可以通过建立良好的人-机界面，获得良好的使用效果。机电一体化系统的先进性，是和功能强、性能优、操作简便、人机协作关系好相互联系在一起的。

1.4.2 机电一体化技术的发展趋势

机电一体化技术是科学技术发展的必然趋势。其发展过程大体可以分为3个阶段。20世纪60年代以前为初期阶段，人们自觉不自觉地利用电子技术的初步成果来完善机械产品的性能。第一次和第二次世界大战的军用需求，刺激了机械产品与电子技术的结合，并在战后转为民用，对战后经济的恢复起了积极的作用。20世纪70~80年代为蓬勃发展阶段。这一时期，计算机技术、控制技术、通信技术的发展，为机电一体化的发展奠定了技术基础。mechatronics一词首先在日本被普遍接受，并逐步在世界范围内得到比较广泛的承认。机电一体化技术和产品得到了极大发展，各国均开始对机电一体化技术和产品给以很大的关注和支持。20世纪90年代后期，机电一体化进入深入发展时期，开始了机电一体化技术向智能化方向迈进的新阶段。随着微电子、网络、光学、通信等技术的快速发展以及人工智能、仿生、MEMS技术等领域取得的巨大进步，为机电一体化技术开辟了广阔的发展天地，出现了光机电一体化、微机电一体化、生机电等新分支。同时，对机电一体化系统的建模、设计、分析和集成方法，对机电一体化的学科体系和发展趋势开展进一步的深入研究，以建立完整的学科基础和逐渐形成完整的科学体系。

机电一体化已成为21世纪的主流技术之一，渗透到各个领域中。例如，电冰箱、全自动洗衣机、空调等家用电器；电子打印机、复印机、传真机等办公自动化设备；脑CT、核磁共振成像诊断仪、光纤束内窥镜等医疗器械；数控机床、工业机器人、自动化物料搬运车等机械制造设备；以及由微机控制的正时点火系统、高铁速度自动控制系统、无人驾驶汽车等交通设备，都是典型的机电一体化产品。可以说，机电一体化技术及产品的发展水平，在很大程度上体现了一个国家的科技水平和综合国力。我国2015年5月发布的《中国制造2025》和"十三五"规划将重点实施制造强国战略，智能制造是重中之重。智能制造的内涵包含生产过程的智能化、制造设备的智能化和产品的智能化。因此，我国要实现中华民族复兴的强国梦，机电一体化技术无疑是重要的基础与支撑。

机电一体化是集机械、电子、光学、控制、计算机、信息等多学科的交叉综合，它的发展和进步依赖并促进相关技术的发展和进步。未来机电一体化的主要发展方向如下。

1. 智能化

智能化是21世纪机电一体化技术发展的一个重要发展方向。一般认为智能是知识和智力的总和，前者是智能的基础，后者是指获取和运用知识求解的能力，诸如感知能力、记忆和思维能力、学习和自适应能力、行为决策能力等。智能化的机电一体化技术是在控制理论的基础上，吸收人工智能、运筹学、模糊数学、生理学等新思想、新方法，模拟人的问题求解、推理和学习，使系统具有判断推理、逻辑思维、自主决策等能力，具备一定程度的智能。典型的智能机电一体化产品（系统）如智能机器人、无人驾驶汽车、智能制造系统等。目前，专家系统、模糊系统、神经网络以及遗传算法，是机电一体化产品（系统）实现智能化的主要技术，它们各自独立发展又彼此相互渗透、交叉。智能化技术仍处于发展中，部分现代机器人具有了人类动作，但还不具备人类的思维。对人脑信息处理机制的研究，特别是以思维为中心的人脑认知机制的研究，将启发未来智能机器人与智能控制的发展。

2. 模块化

模块化设计与制造是机电一体化系统的基本方法和发展趋势。模块化技术可以减少产品的开发和生产成本，提高不同产品间的零部件通用化程度，提高产品的可装配性、可维修性和可扩展性等。如研制集减速、智能调速、电动机于一体的动力单元，具有视觉、图像处理、识别和测距等功能的控制单元，以及各种能完成典型操作的机械装置等。利用这些模块，可以迅速方便地设计和制造出各种新的机电一体化产品。由于机电一体化产品种类和生产厂家繁多，研制和开发具有标准机械接口、电气接口、动力接口、环境接口的机电一体化产品单元是一项十分复杂但又是非常重要的事。这需要制定各项标准，以便各部件、单元的匹配和接口。随着微处理器性能价格比的迅速提高和微机械电子（MEMS）技术的飞速发展，融合了机械、电子和软件三大部分的各种机电一体化模块将越来越多地出现在市场上。

3. 网络化

网络化是21世纪机电一体化技术发展的一个必然趋势。20世纪90年代以来计算机技术、信息与通信技术的突出成就是网络技术。随着网络技术的兴起、飞速发展和普及应用，给科学技术、工业生产、政治、军事、教育及人们的日常生活都带来了巨大的变革。将现场总线、以太网、多种工业控制网络互联、嵌入式技术和无线通信技术融合到控制系统中，使机电一体化产品（系统）在体系结构、控制方法以及人机协作方法等方面都发生了较大的变化，在保证控制系统原有的稳定性、实时性等要求的同时，又增强了系统的开放性和互操作性，提高了系统对不同环境的适应性。网络技术与控制系统的结合极大地丰富了机电一体化系统的控制技术和手段，提高了控制系统的水平，也带来了远程监控与遥操作、远程故障诊断、分布式控制方式、控制与通信的耦合、时间延迟等新问题。

4. 微型化

微型化兴起于20世纪80年代末，是机电一体化向微型机器和微观领域发展的趋势。近十余年来，微机电系统（Micro Electro Mechanic System，MEMS）作为机电一体化技术的新尖端分支而备受重视。MEMS是在微电子技术（半导体制造技术）基础上发展起来的，融合了光刻、腐蚀、薄膜、LIGA、硅微加工、非硅微加工和精密机械加工等技术制作的，具有毫米级尺寸和微米级分辨力的微细集成设备或系统。MEMS集微传感器、微执行器、微机械结构以及微电路等于一体，高度融合了微机械技术、微电子技术和软件技术。与传统机电系统相比，它体积小、耗能少、运动灵活，在生物医疗、军事、信息等方面具有不可比拟的优势。其发展难点在于微机械并不是简单地将大尺寸的机械按比例缩小，由于结构的微型化，在材料、机构设计、摩擦特性、加工方法、测试与定位及驱动方式等方面都产生了一些特殊难题。MEMS是目前科技界公认最具发展潜力的研究领域之一，其技术的发展为机电一体化系统的微型化奠定了基础。

5. 绿色化

绿色化是机电一体化技术的可持续发展模式。进入 21 世纪，保护环境资源已成为全球人类的共识，绿色化是时代发展的大趋势，也是化解人与自然和谐发展突出问题的现实手段。机电一体化技术绿色化的目标，是使机电一体化产品从设计、制造、包装、运输、使用到报废处理的整个生命周期中，符合特定的环境保护和人类健康的要求，对生态环境无危害或危害极小，资源利用率极高、高性能、低能耗、可回收，即提供一种使用时不污染生态环境、报废后能回收利用、满足可持续性发展的绿色机电一体化产品。当前我国众多生产企业正处于从低附加值转向高附加值、从高能耗高污染转向低能耗低污染的产业转型升级的关键时期，绿色化的机电一体化技术无疑将发挥重要的促进和推动作用。

6. 宜人化

未来的机电一体化产品（系统）更加注重产品与人的关系，强调更适宜于人（人-机-环境协调化）并与人共生（人-机一体化）。这是设计理念上的提升，一方面设计要"以人为本"，在设计过程当中，根据人的行为习惯、人体的生理结构、人的心理情况、人的思维方式等，在原有设计基本功能和性能的基础上，对机电一体化产品（系统）进行优化，使用户在使用产品时方便、舒适、省力，进一步在心理生理需求甚至精神追求方面得到尊重和满足。这种人性化设计，对民用机电一体化产品，例如服务机器人尤其重要。另一方面是人机协作、人机和谐，在设计当中充分考虑人机协同操作、功能互补、操作的安全性等，每个关节内嵌的力传感器使机器人能够及时感知力并快速做出响应，从而更加安全地与人合作完成任务。例如，ABB 公司推出的全球首款真正实现人机协作的双臂 14 轴机器人 YuMi 代表了机器人技术的一个新的发展趋势。LBR iiwa 人机协作机器人已成为 KUKA 机器人公司未来主要推广的产品之一。人机协作机器人已成为"工业 4.0"重要的一环。

1.5 机电一体化系统设计开发过程

1.5.1 机电一体化系统的设计

机电一体化系统（产品）种类繁多，覆盖面很广，涉及多学科技术领域，其技术和结构的复杂程度各不相同，其设计类型也有所区别，大致可分为以下 3 种。

(1) 开发性设计（全新设计） 在既无参考系统又无具体设计方案的情况下，根据功能和性能要求、机电一体化设计原理进行原创性创新设计，是一个从无到有的创造过程。开发性设计要求设计者具备敏锐的市场洞察力、活跃的创新思维和宽广扎实的基础理论知识。

(2) 适应性设计 原有系统的原理、方案不变，仅对其功能及结构进行局部的改进，以增加功能、提高性能和质量、降低成本或提高自动化程度为目的所进行的设计。适应性设计要求设计者对原有产品及相关的市场需求、技术发展趋势有充分的了解和掌握。

(3) 变异性设计 在设计方案和功能结构不变的情况下，仅改变现有产品的规格尺寸或速度、力、功率等参数而进行的系列化设计，以满足市场不同需求。变异性设计相对比较容易，但需要注意采取措施防止因参数变化可能对产品性能造成的影响。

机电一体化系统（产品）设计的目的是用系统工程的观点和方法来分析和研究机电一体化系统（产品），综合运用各项关键技术，实现系统（产品）内部各部分合理匹配和整体效能最佳。在进行机电一体化系统设计时，需要考虑的因素很多，有技术的、经济的、社会的因素，同样也要遵循产品的一般性设计原则,即在保证产品目的功能、性能和使用寿命的前提下,尽量降低成本,同时要注意与人身安全、法律法规相关的功能。因此,机电一体化系统设计并不是盲目追求"高、精、尖",而是在充分分析用户需求的基础上,权衡经济和技术上的得失,对各种相关技术进行优化组合,努力以最新的技术手段、最廉价的材料或元器件、最简单的结构、最低的消耗,向用户提供最满意的产品。

在进行机电一体化系统设计时,应充分利用计算机辅助设计、仿真分析、模拟设计、优化设计、动态分析设计、可靠性设计等现代设计方法,以提高设计的效率和质量。一个机电一体化系统设计水平的高低一般可以从工效实用性、系统可靠性、运行平稳性、操作宜人性、人机安全性、环境完善性、技术经济性、结构工艺性、造型艺术性等方面来评价。

一个好的产品构思,不仅能带来技术上的创新、功能上的突破、市场竞争中的领先,而且还能带来制造过程的简化、使用上的方便。因此创新是机电一体化产品设计的灵魂,应充分发挥设计人员的创造力和聪明才智来构思、创造新方案。头脑风暴、专家调查、方案评审等方法,都是经常采用的鼓励创新、激发灵感的措施。

1.5.2 机电一体化系统设计的工程路线

机电一体化系统设计是一项复杂的系统工程。按照系统工程的方法论和并行设计模式,从产品生命周期观点出发,机电一体化设计不仅要考虑高质量产品的生产,而且要考虑产品的维护,即在产品设计阶段就要考虑生命周期因素。一些重要的生命周期因素有:可靠性、可维护性、适用性、可升级性、可交付性、可回收处理性等。因此,产品的设计过程包括了从概念到回收的整个过程。

按照产品生命周期,机电一体化产品的开发过程可分为以下几个阶段。

1. 可行性论证

(1)需求分析:包括市场调查、资料收集、需求分析等。

(2)可行性分析:包括市场前景预测、可行性分析、技术经济性分析等。

(3)拟定设计目标及初步技术规范,形成设计任务书:包括用途、工作方式、主要参数及技术性能指标、使用环境等。

(4)专家评审:对可行性报告进行评估,若通过则进入初步设计阶段,否则需重新论证。

2. 初步设计

(1)总体方案设计:包括系统原理方案的构思、结构方案的设计、总体布局设计、制订研制计划、开发经费概算、开发风险分析等。

(2)初步方案的评价、评审:邀请有关专家按照"设计目标及技术规范要求"对总体设计方案进行评审,对设计结果做出评价并提出改进意见。若不通过则需重新做总体方案。

(3)原理模型数学建模(理论分析):按照初步方案的评审意见对初步设计结果做出修改后进入理论分析阶段,进行数学建模、仿真分析和优化。

3. 详细设计

(1)功能与结构分析:按集成化和模块化设计理论,把系统划分成若干个功能模块,明确各个模块之间的接口任务。

(2)模块化设计:进行各功能模块的详细设计,包括具体结构设计、控制原理图设计和元器件选型、软件设计等。

(3) 详细设计方案评价：邀请专家、用户对详细设计方案进行评审，根据评审意见对详细设计方案做局部修改后进入下一阶段，若通不过则需重新进行详细设计或模型分析。

4. 系统实施

(1) 试制样机：包括机械本体、执行机构、动力驱动系统、能源系统、控制系统、传感检测系统的加工、装配和调试，完成可以用于试验和测试的产品样机。

(2) 样机试验与测试、试运行：根据设计任务书和验收标准，对样机进行技术和性能指标测试，直至通过验收。否则，需重新修改设计或改进制造方法。

(3) 技术评价与审定：组织专家及用户对样机进行基数评价与审定，根据审定意见对详细设计结果做修改，进入小批量试产试销。若没有通过，则需要返回重新试制样机，甚至重新进行详细设计或理论分析。

(4) 小批量生产、试销。

(5) 产品定型，制定标准。

5. 运行和维护

开展批量生产、销售，进行售后服务，定期运行维护、故障检修，直至达到产品的使用寿命或更新换代，对产品进行报废，回收再利用。

为确保工程质量，及早发现设计中存在的问题，提高开发效率，根据生命周期法要求，在机电一体化设计的每个阶段结束时都要经过评审，评审通过后才能进入下一阶段工作。这样可以有效避免或减少重大决策失误，降低风险和损失，同时也有利于增强参与人员的全局意识和系统观念。

机电一体化系统设计的详细工程路线如图1-6所示。

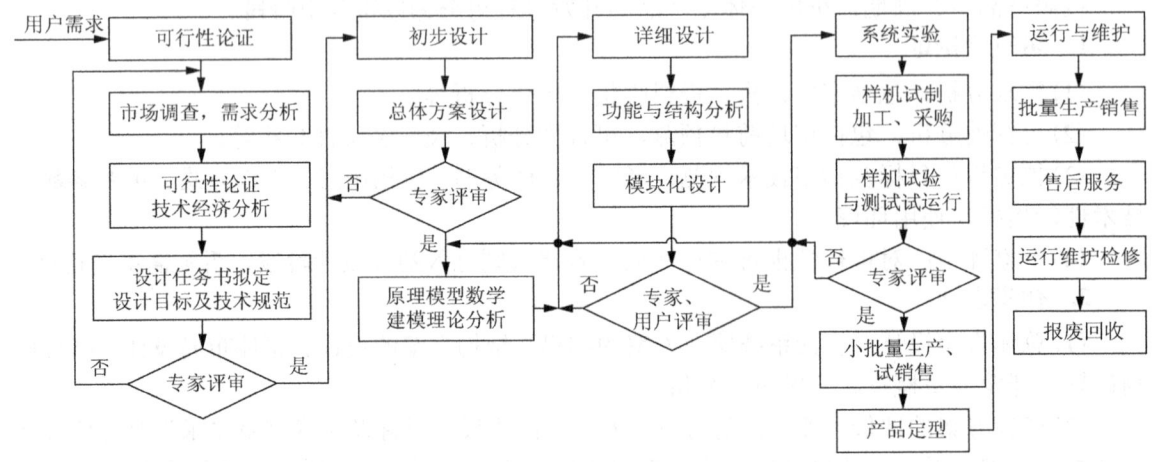

图1-6 机电一体化系统设计的详细工程路线

进行机电一体化系统设计的主要工作内容，是综合应用机电一体化共性关键技术。本书后续章节将在详细阐述机械设计、检测传感、伺服驱动、计算机控制、总体设计等关键技术基础上，通过典型机电一体化产品——工业机器人、自动化生产线、数控系统的案例分析介绍，帮助大家真正理解和掌握机电一体化产品设计方法。

习题与思考题

1-1 机电一体化系统的基本组成要素和作用是什么？

1-2 机电一体化系统的关键技术有哪些？

1-3 试举例说明机电一体化系统，并分析其组成部分及对应的机电一体化系统基本结构要素。

1-4 试结合某机电一体化产品实例，论述机电一体化系统的发展趋势。

1-5 机电一体化产品与传统的机械产品设计开发的工程路线有何异同？

基 础 篇

第 2 章　机械设计技术

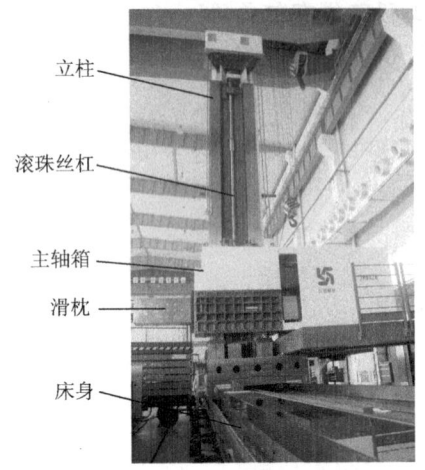

图 2-1　落地镗铣加工中心

机电一体化产品在日常生活、机械工程等领域应用非常广泛。图 2-1 所示为某公司生产的落地镗铣加工中心(工作台未画出)。工作时，经电动机-齿轮-齿条驱动立柱在床身上沿导轨水平方向移动；主轴箱在伺服电动机-同步带-滚珠丝杠驱动下沿立柱上、下移动；而滑枕在伺服电动机-同步带-滚珠丝杠的驱动下又可以沿主轴箱伸缩。由此可见，加工中心中包含了多种机械传动系统和导向支撑部件。你知道如何对它们进行设计和选型吗？答案就在本章。

本章知识要点
(1) 掌握齿轮传动总传动比的确定和各级传动比的分配原则；
(2) 掌握齿轮传动齿侧间隙的调整；
(3) 了解谐波齿轮传动；
(4) 掌握滚珠丝杠螺母副的设计计算及选用；
(5) 掌握同步带传动机构的设计计算；
(6) 了解导轨的选用。

兴趣实践
观察全自动洗衣机，思考其中包含哪些与机械相关的机构或装置。

探索思考
(1) 当滚珠丝杠螺母副用于机床设计时，刚度的校核包含哪些项目？
(2) 谐波齿轮减速器有双输入单输出的情况吗？

预备知识
请预先复习《机械原理》课程中学过的等效负载转动惯量和等效负载转矩的计算方法。

2.1 机械设计概述

机械设计是机电一体化系统设计中必不可少的环节。它主要包含机械传动系统的设计和支撑导向装置的设计。而机械系统的传动类型、传动方式以及传动的可靠性对机电一体化系统的精度、稳定性和快速响应性影响很大。这就要求在设计机械传动系统以及支撑和导向装置时，除了要满足强度和刚度要求外，还应该具有良好的抗振性、稳定性、可靠性以及相匹配的负载转动惯量等。本章首先介绍机电一体化系统中常用的机械传动类型及特点，机械系统的设计要求，然后在后续的几节中介绍常用机械系统的设计方法。

1. 机械传动系统的类型及特点

常用的机械传动有齿轮传动（平行轴、相交轴和交错轴）、蜗轮蜗杆传动、带传动（V形带、平带）、同步带传动、丝杠螺母传动（普通丝杠螺母、滚珠丝杠螺母）、挠性传动、杆传动和间歇传动等。每一种传动都可以同时满足一种或几种功能要求。例如，齿轮齿条传动既可以将直线运动转换为回转运动，又可以将回转运动转换为直线运动，同时实现力和力矩的变送；带传动、蜗轮蜗杆传动及各类齿轮减速器不但可以变速，还可以变转矩。表 2-1 列举了机电一体化系统中常用的几种机械传动及其特点。

表 2-1 常用的机械传动系统及特点

类型	特点
齿轮（系）传动	用于传递平行轴、相交轴和交错轴之间的运动和动力；传动比准确。其中，直齿轮易于设计制造、成本低，使用最广泛；斜齿轮可用于高速重载和要求噪声低的场合，但存在较大的轴向力；人字齿轮传动具有斜齿轮传动的优点，且不会产生轴向力；交错轴斜齿轮传动由于齿面间的相对滑动，传动效率低，为点接触只能承受较轻负载；蜗轮蜗杆传动可用于高速重载，但传动效率低，功率损失较大；行星齿轮系结构紧凑、效率高，但结构比较复杂
谐波齿轮传动	用于传递平行轴之间的运动和动力。谐波齿轮传动是由行星齿轮传动演变而来的，可以是单端输入单端输出，也可以是双端输入单端输出，具有传动比大、结构紧凑的特点，但结构复杂
滚珠丝杠螺母传动	可以将旋转运动变为直线运动，具有摩擦损失小、传动效率高、传动平稳、寿命长、精度高、温升低等优点。但是，滚珠丝杠螺母传动不能自锁，用于升降传动时需要另加锁紧装置，且结构复杂，传动的距离和速度有限
同步带传动	兼具带传动和齿轮传动的优点。传动比准确、传动平稳、允许的线速度高、噪声小、效率高、传动功率较大

注：将蜗轮蜗杆传动机构和轮系均归为齿轮系传动机构中。

2. 机械系统的设计要求

在设计机械系统时，必须确定一系列的设计指标，即对所设计的产品提出必须满足的要求。设计要求不仅是设计、制造和验收的依据，也是用户检验的标准。机械系统的设计要求通常是围绕着技术性能和经济效益提出的，主要包括下列内容。

1) 功能要求

用户购买产品实际上是购买产品的功能。而产品的功能与技术、经济等因素密切相关。功能越多、产品结构越复杂，设计制造越困难、成本越高。因此在确定产品功能时，应该从市场需求出发，尊重用户的意见，首先要保证使用的基本功能，其次在技术可行、价格合理的条件下，增加外观新颖及其他辅助功能的设计。

2) 性能指标

当系统功能确定后，每一项功能都应该满足一定的性能指标。不同的产品，其性能指标可能不同。例如，数控机床的性能指标有定位精度、重复定位精度、主轴转速、运动行程、最大功率等；机器人的性能指标有负载能力、关节的最大运动范围、各轴的最大运动速度、自重等。

制定性能指标时，必须有科学的依据，性能指标降低了，会使设计出来的系统不实用；性能指标高了，将加大实现的难度和成本，可靠性也可能降低。

> **案例 2-1**
> 某企业的一台数控铣床在加工工件时，出现了"圆不够圆，方不够方"的情况。
> **问题：**
> 试分析造成这种现象的主要原因。如想提高加工精度，可采取哪些措施？

3) 使用条件

任何系统都是在一定条件下运行的，既包括客观的环境条件也包括主观的人为因素。客观的环境条件有温度、湿度、噪声、电磁干扰等。主观因素应考虑系统适合何种文化水平的人员使用。必须满足可操作性、可维修性、安全性以及性能稳定性等要求。只有这样，系统才能经久耐用，具有使用价值。

4) 社会经济效益

所谓经济效益应该从两个方面考虑：一是投入多少经费、人力及时间可以开发出新产品并投放市场；二是用户的费效比和经济承受能力。例如，成本预算不仅要考虑产品本身，还要考虑生产该产品的生产设备和工具，以及产品推向市场的前期开发费用，保险消耗以及未来购买者的维修消耗。

总之，在进行系统设计时，应尽量使系统功能相对齐全，性能指标比较合理，实用性强，安全可靠性高，满足使用条件，经济效益好。

2.2 齿轮(系)传动

齿轮传动是通过一对齿廓曲面的相互啮合来实现主、从动轴间运动与动力的传递。由于齿轮机构可用来传递空间任意两轴间的运动与动力，并具有传递功率范围大，传动效率高，传动比准确，使用寿命长，工作安全可靠等优点，使得其应用非常广泛。本节主要讨论机电一体化系统中齿轮传动的分类及选用，多级齿轮传动中总传动比的确定、各级传动比的分配及齿侧间隙的调整方法。

2.2.1 齿轮分类及选用

1. 平面齿轮传动

由两个齿轮组成的平面齿轮传动机构的特点是两齿轮的回转轴线互相平行，其传动比为

$$i_{12} = \frac{n_1}{n_2} = \pm \frac{z_2}{z_1} \tag{2-1}$$

式中，n_1、n_2 分别表示齿轮1、2的转速；z_1、z_2 分别表示齿轮1、2的齿数；± 用于外啮合与内啮合及两齿轮转向是相同还是相反。

1) 直齿圆柱齿轮传动

如图 2-2 所示，齿轮上轮齿均匀分布于圆柱体的外表面(外齿轮)或内表面(内齿轮)上，且齿廓曲面的母线与轴线平行。在图 2-2(a)所示的外啮合中，两轮转向相反；在图 2-2(b)所示的内啮合中，两轮转向相同。啮合的两齿廓的齿面接触线是与齿轮轴线平行的直线，两齿轮是以整个齿廓同时进入和同时退出啮合的，故其传动平稳性较差，但直齿轮易于设计制造、成本低，因此使用最为广泛。

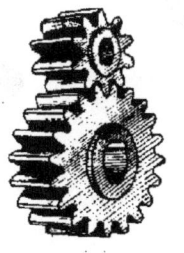 

(a) 外齿啮合　　　　(b) 内齿啮合

图 2-2　直齿圆柱齿轮传动

2) 斜齿圆柱齿轮传动

如图 2-3 所示，齿廓曲面的母线与齿轮的轴线偏斜一个角度。斜齿圆柱齿轮传动也有外啮合和内啮合传动两种。图 2-3 所示的外啮合传动中，两齿轮的螺旋角：$\beta_1 = -\beta_2$；符号"−"表示两轮的旋向相反。内啮合传动中，两齿轮的螺旋角 $\beta_1 = \beta_2$，即两轮的旋向相同。啮合的两齿廓的齿间接触线与齿轮轴线是倾斜的，传动时，其长度由短变长。然后再由长变短。故传动平稳，适用于高速、重载和要求噪声低的场合，但存在较大的轴向推力。

3) 人字齿轮传动

如图 2-4 所示，单个人字齿轮可看作是由螺旋角大小相同、方向相反的两个斜齿轮组成的，可制成整体式或拼合式。啮合传动时，轴向力自行抵消，适用于重载机械中使用。

4) 圆弧齿轮传动

如图 2-5 所示，两啮合齿轮的端间齿廓或法面齿廓为圆弧，其中小齿轮为凸圆弧，大齿轮为凹圆弧。由于端面重合度为零，为了保证传动的连续性，故只能作成斜齿。圆弧齿轮在使用的初期为点接触，经磨合之后逐渐变为线接触，具有对制造误差和变形不敏感、综合曲率半径大和径向尺寸小等优点。

 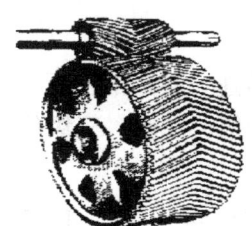 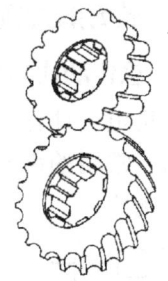

图 2-3　斜齿圆柱齿轮传动　　　图 2-4　人字齿圆柱齿轮传动　　　图 2-5　圆弧齿轮传动

2. 空间齿轮传动

1) 圆锥齿轮传动

如图 2-6 所示，锥齿轮的轮齿分布在截圆锥体的表面上，有直齿、斜齿和曲线齿之分。一对圆锥齿轮两轴线的夹角根据需要可任意选择。两轮的传动比 $i_{12} = \dfrac{n_1}{n_2} = \dfrac{z_2}{z_1} = \dfrac{\sin \delta_2}{\sin \delta_1}$，当两轮分度圆锥角 $\delta_1 + \delta_2 = 90°$ 时，$i_{12} = \cot \delta_1 = \tan \delta_2$。

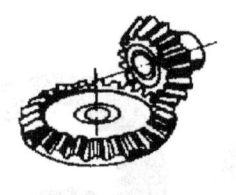 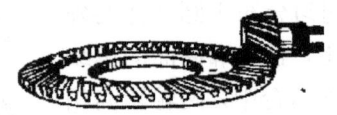 

(a) 直齿   (b) 斜齿   (c) 曲线齿

图 2-6 空间齿轮传动

2) 交错轴斜齿轮传动

如图 2-7 所示，交错轴螺旋齿轮机构由两个螺旋角不相等斜齿圆柱齿轮组成，就单个齿轮而言，就是一个斜齿圆柱齿轮。其优点是在中心距不变时，可通过改变螺旋角的大小来改变传动比，也可通过改变齿轮的旋向来改变从动轮的转向。但两两齿廓为点接触，沿齿高和齿长方向均有相对滑动，会产生较大的摩擦和磨损。

3) 蜗轮蜗杆传动

如图 2-8 所示，小齿轮的分度圆直径很小，轴向长度较长，螺旋角 β 又很大，所以其齿数（头数）很少，以致每个轮齿能在分度圆柱上缠绕一周以上，称其为蜗杆。与蜗杆相啮合的是蜗轮。具优点是传动比大、结构紧凑、传动平稳且有自锁性。缺点是效率低，磨损严重。

图 2-7 交错轴斜齿轮传动   图 2-8 蜗轮蜗杆传动

2.2.2 传动比的确定

1. 总传动比的最佳匹配

在机电一体化系统为了实现转速、转矩的匹配，经常会将一对以上的齿轮依次啮合组成减速器。常用的齿轮减速装置有一级、二级、三级传动形式，如图 2-9 所示。为此，需要确定总传动比。

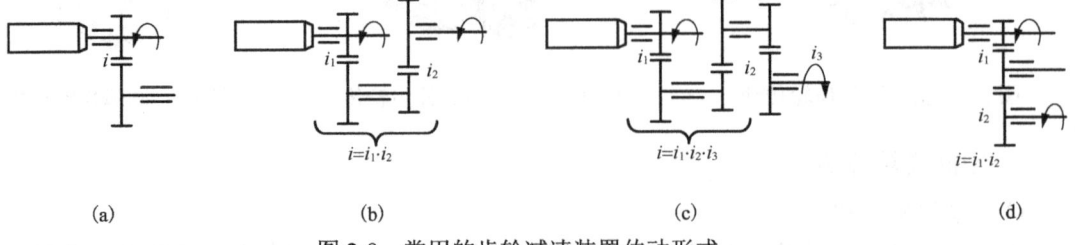

(a)   (b)   (c)   (d)

图 2-9 常用的齿轮减速装置传动形式

总传动比的确定根据负载特性和工作条件不同，可有不同的最佳传动比选择方案。例如，"负载峰值力矩最小"方案、"负载均方根力矩最小"方案，"转矩储备最大"方案等。在伺服系统中，通常根据负载角加速度最大原则来确定总传动比，以提高伺服系统的响应速度。

图 2-10 所示为电动机驱动齿轮系统和负载的计算模型。额定转矩为 T_m、转子转动惯量为 J_m 的直流伺服电动机通过减速比为 i 的齿轮减速器带动转动惯量为 J_L、负载转矩为 T_{LF} 的负载。

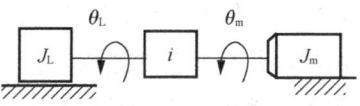

图 2-10 负载惯性模型

根据传动关系,有

$$i = \frac{\theta_m}{\theta_L} = \frac{\dot{\theta}_m}{\dot{\theta}_L} = \frac{\ddot{\theta}_m}{\ddot{\theta}_L} \tag{2-2}$$

式中,θ_m、$\dot{\theta}_m$、$\ddot{\theta}_m$ 分别为电动机的角位移、角速度、角加速度;θ_L、$\dot{\theta}_L$、$\ddot{\theta}_L$ 分别为负载的角位移、角速度、角加速度。

设其加速转矩为 T_a,则 $T_a = T_m - T_{LF}/i = (J_m + J_L/i^2)i\ddot{\theta}_L$,故

$$\ddot{\theta}_L = (T_m i - T_{LF})/(J_m i^2 + J_L) = T_a i/(J_m i^2 + J_L) \tag{2-3}$$

当 $\mathrm{d}\ddot{\theta}_L / \mathrm{d}i \to 0$ 时,即可求得使负载加速度为最大的 i 值,即

$$i = T_{LF}/T_m + [(T_{LF}/T_m) + J_L/J_m]^{1/2} \tag{2-4}$$

若 $T_{LF} = 0$,则有

$$i = (J_L/J_m)^{1/2} \tag{2-5}$$

上式表明,齿轮系传动比的最佳值就是 J_L 换算到电动机轴上的转动惯量正好等于电动机转子的转动惯量 J_m,此时,电动机的输出转矩一半用于加速负载,一半用于加速电动机转子,达到了惯性负载和转矩的最佳匹配。

对于开环控制系统,当系统的脉冲当量 δ 及步进电动机的步距角 β 已确定时,其减速比 i 应满足匹配关系为 $i = \beta \cdot L_0 / (360° \cdot \delta)$。

对于闭环系统,则按伺服驱动电动机的额定转速 n_{max} 及所要求的移动部件的速度 v_{max} 已知时,总传动比可按 $i = \dfrac{n_{max} \cdot L_0}{v_{max}}$ 进行计算,其中 L_0 为丝杠的导程。

2. 各级传动比的最佳分配

当计算出传动比之后,为了使减速系统结构紧凑,满足动态性能和提高传动精度之要求,常常对各级传动比进行合理分配,其分配原则如下。

1) 重量最轻原则

对于小功率传动系统,使各级传动比 $i_1 = i_2 = i_3 = \cdots = \sqrt[n]{i}$,即可使传动装置的重量最轻。由于这个结论是在假定各主动小齿轮模数、齿数均相同的条件下导出的,故所有大齿轮的齿数、模数也相同,每级齿轮副的中心距离也相同。上述结论对于大功率传动系统是不适用的,因其传递扭矩大,故要考虑齿轮模数、齿宽等参数要逐级增加的情况,此时应根据经验、类比方法以及结构紧凑之要求进行综合考虑。各级传动比一般应以"先大后小"原则处理。

2) 输出轴转角误差最小原则

为了提高机电一体化系统齿轮传动系统的传递运动的精度,各级传动比应按"先小后大"原则进行分配,以便降低齿轮的加工误差、安装误差以及回转误差对输出转角精度的影响。设齿轮传动系统中各级齿轮的转角误差换算到末级输出轴上的总转角误差为 $\Delta\varPhi_{max}$,则

$$\Delta\varPhi_{max} = \sum_{k}^{n} \Delta\varPhi_k / i_{(kn)} \tag{2-6}$$

式中,$\Delta \Phi_k$ 为第 k 个齿轮所具有的转角误差;$i_{(kn)}$ 为第 k 个齿轮的转轴至 n 级输出轴的传动比。例如,若有一台四级齿轮传动系统,各齿轮的转角误差分别为 $\Delta \Phi_1$、$\Delta \Phi_2$、……、$\Delta \Phi_8$,则换算到末级输出轴上的总转角误差为

$$\Delta \Phi_{\max} = \frac{\Delta \Phi_1}{i} + \frac{\Delta \Phi_2 + \Delta \Phi_3}{i_2 i_3 i_4} + \frac{\Delta \Phi_4 + \Delta \Phi_5}{i_3 i_4} + \frac{\Delta \Phi_6 + \Delta \Phi_7}{i_4} + \Delta \Phi_8 \quad (2\text{-}7)$$

由此可知,总转角误差主要取决于最末一级齿轮的转角误差和传动比的大小。在设计中最末两级的传动比应取大一些,并尽量提高最末一级齿轮副的加工精度。

3) 等效转动惯量最小原则

为了达到驱动负载的高加速度,要求减速器的转动惯量尽可能小,利用该原则所设计的齿轮传动系统,换算到电动机轴上的等效转动惯量为最小。

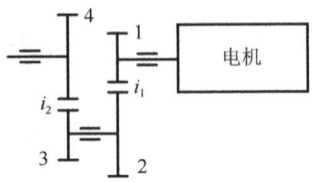

图 2-11 二级减速传动

下面是根据最小等效转动惯量原则,进行齿轮各级转动比分配方法。

设有一小功率电动机驱动的二级齿轮减速系统,如图 2-11 所示。设其总体传动比为 $i = i_1 \cdot i_2$。设各齿轮副的主动小齿轮具有相同的转动惯量,如不计轴和轴承的转动惯量,则等效到电动机轴上的等效转动惯量为

$$J_{me} = J_1 + \frac{J_2 + J_3}{i_1^2} + \frac{J_4}{i_1^2 \cdot i_2^2} \quad (2\text{-}8)$$

因为 $J_1 = \frac{\pi B \gamma}{32g} d_1^4 = J_3$,所以 $J_2 = J_1 i_1^4$,$J_4 = J_1 i_2^2 = J_1 \left(\frac{i}{i_1}\right)^4$,代入式 (2-8) 可得

$$J_{me} = J_1 + \frac{J_1 i_1^4 + J_1}{i_1^2} + J_1 \left(\frac{i}{i_1}\right)^4 \bigg/ \left(i_1^2 \cdot \frac{i^2}{i_1^2}\right) = J_1 \left(1 + i_1^2 + \frac{1}{i_1^2} + \frac{i^2}{i_1^4}\right) \quad (2\text{-}9)$$

令 $\frac{\partial J_{me}}{\partial i_1} = 0$,则 $i_1^6 - i_1^2 - 2i^2 = 0$,或 $i_1^4 - 1 - 2i_2^2 = 0$。

由此可得 $i_2 = \sqrt{(i_1^4 - 1)/2}$,当 $i_1^4 \gg 1$ 时,则可简化为

$$i_2 \approx i_1^2 / \sqrt{2} \quad (2\text{-}10)$$

式 (2-10) 为满足等效转动惯量最小原则的传动比分配。该公式也适用于多级减速装置。对于多级减速器装置,可使相邻各级速比均满足上述条件。如果所有负载折合到电动机轴上的转动惯量与电动机转子转动惯量相等,则速比达到最佳。

2.2.3 齿侧间隙的消除

齿轮齿侧间隙的调整方法有刚性调整法和柔性调整法。刚性调整法包括偏心套调整法、选择装配法和轴向垫片调整法等。柔性调整法主要是通过在双侧齿轮中间加入弹性元件,使双侧齿轮分别贴紧其啮合齿轮齿的两侧,以消除啮合间隙。柔性调整法包括双片薄齿轮错齿调整法、

案例 2-1 分析

机床传动链中机械间隙的存在是造成这种现象的主要原因,比如齿轮副间隙、丝杆螺母间隙、联轴器中键连接引起的间隙等。由于机械间隙的存在,机床工作台在运动过程中,从正向运动变为反向运动时,由于反向间隙的存在会造成反向偏差,影响插补运动精度,当偏差较大时就会造成"圆不够圆,方不够方"的情况。想办法减小和消除机械间隙,进行反向间隙的测定和软件误差补偿,都是行之有效的提高加工精度的措施。

斜齿薄片齿轮轴向压簧调整法等。

1. 中心距调整法

如图 2-12 所示，将相互啮合的一对齿轮中的小齿轮装在电动机输出轴上，并将电动机安装在偏心套（或偏心轴）上，通过转动偏心套（偏心轴）的转角，就可调节两啮合齿轮的中心距，从而消除圆柱齿轮正、反转时的齿侧间隙。这种方法的特点是结构简单，但其侧隙不能自动补偿。

2. 垫片调整法

如图 2-13 所示，齿轮 1 和齿轮 2 相啮合，其分度圆弧齿厚沿轴线方向略有锥度，这样就可以用轴向垫片使齿轮 2 沿轴向移动，从而消除两齿轮的齿侧间隙。在装配时，轴向垫片的厚度应使得齿轮 1 和齿轮 2 之间齿侧间隙小、运转灵活。这种方法的特点与中心距调整法相同。

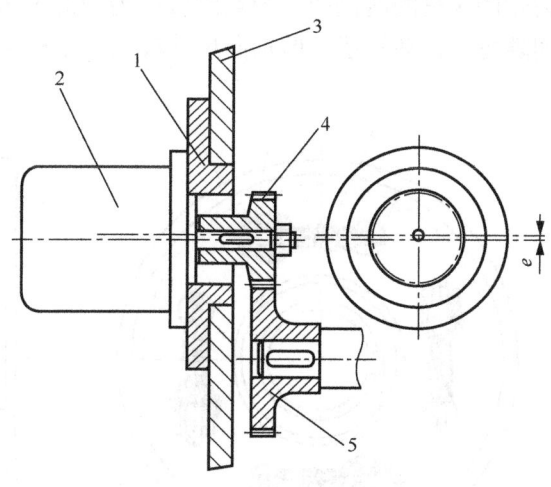

1-偏心套；2-电动机；3-外壳；4-小齿轮；5-大齿轮

图 2-12　偏心轴套式消隙结构

如图 2-14 所示，在两个薄片斜齿轮的中间加一个调整垫片，使两个齿轮片隔开了一小段距离，这样它的螺旋线便错开了，从而消除斜齿轮的齿侧间隙。

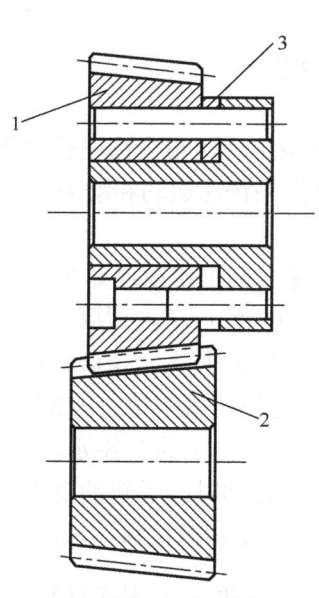

1、2-齿轮；3-轴向垫片

图 2-13　轴向垫片式消隙结构

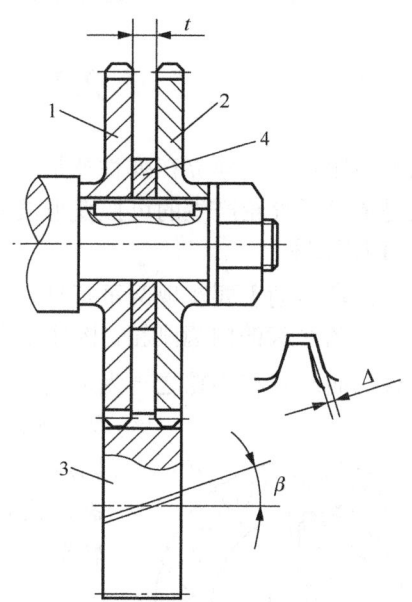

1、2-薄片斜齿轮；3-斜齿轮；4-垫片

图 2-14　斜齿轮垫片调整

3. 双片薄齿轮错齿调整法

如图 2-15 所示，将两个啮合的直齿圆柱齿轮中的一个做成宽齿轮，另一个用两片薄齿轮组成。采取措施使一个薄齿轮的左齿侧和另一个薄齿轮的右齿侧分别紧贴在宽齿轮齿槽的左、

右两侧，以消除齿侧间隙，反向时不会出现死区。

图 2-16 是用弹簧的轴向力来获得薄片斜齿轮 1、2 之间的错位，使其齿侧面分别紧贴宽齿轮的齿槽的两侧面。弹簧的轴向力用螺母来调节，其大小必须恰当。该方法的特点是齿侧间隙可以自动补偿，但轴向尺寸较大，结构不紧凑。

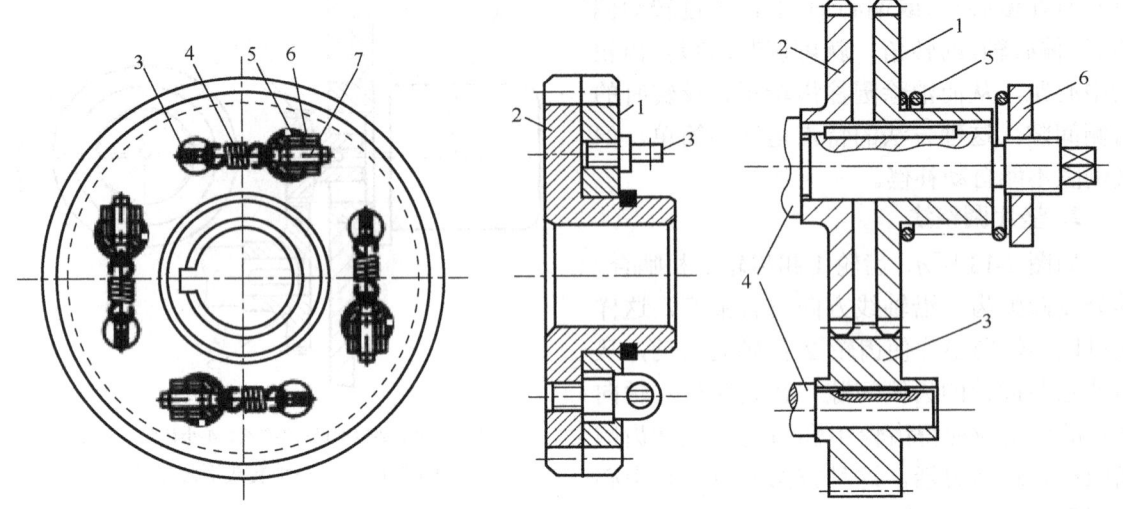

1、2-薄片齿轮；3-凸耳；4-弹簧；5、6-螺母；7-螺钉

图 2-15　双片薄齿轮错齿调整

1、2-薄片斜齿轮；3-宽齿轮；4-轴；
5-弹簧；6-螺母

图 2-16　斜齿薄片齿轮轴向压簧调整

2.3　谐波齿轮传动

谐波齿轮传动是建立在弹性变形理论基础上的一种新型传动，与少齿差行星齿轮传动相似，它是依靠柔性轮产生的可控变形波引起齿间的相对错齿来传递运动和动力。

1. 工作原理

谐波齿轮传动主要实现两平行轴之间运动与动力的传递。其工作原理如图 2-17 所示，构件 1 为具有 Z_1 个齿的内齿刚轮，构件 2 为具有 Z_2 个齿的外齿柔轮，H 为谐波发生器。通常 H 为主动件，而刚轮和柔轮之一为从动件，另一个为固定件。当 H 装入柔轮后，迫使柔轮变形为椭圆，椭圆的长轴两端附近的齿与刚轮的齿完全啮合；短轴附近的齿与刚轮的齿完全脱开。至于其余各处，或处于啮入状态，或处于啮出状态。当 H 转动时，柔轮的变形部位也随之转动，柔轮与刚轮之间就产生了相对位移，从而传递运动。

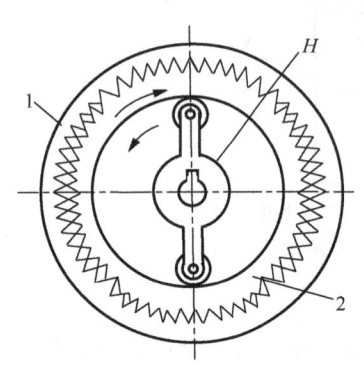

图 2-17　谐波齿轮传动

当刚轮 1 固定、H 主动、2 从动时，传动比为 $i_{H2}=\dfrac{n_H}{n_2}=-\dfrac{z_2}{z_1-z_2}$，主、从动件转向相反；当 2 固定、$H$ 主动、1 从动时，传动比为 $i_{H1}=\dfrac{n_H}{n_1}=\dfrac{z_1}{z_1-z_2}$，主、从动件转向相同。

2. 谐波齿轮传动的特点

谐波齿轮与普通齿轮副传动相比具有以下特点：

(1) 结构简单，体积小，重量轻，传动效率高。谐波齿轮传动的主要构件只有 3 个：钢轮、柔轮和谐波发生器。与传动比相当的普通减速器相比，其零件数减少 50%，体积和重量均减少 1/3 左右或更多。与相同速比的其他传动相比，谐波传动由于运动部件数量少，而且啮合齿面的速度低，因此效率高。

(2) 传动比范围大。单级谐波减速器的传动比可在 50～300，优选 75～250；双级谐波减速器传动比可在 3000～60000。

(3) 同时啮合的齿数多，运动精度高，承载能力大。双波谐波减速器同时啮合的齿数可达到 30%，甚至更多。而在普通齿轮传动中，同时啮合的齿数只有 2%～7%，直齿渐开线圆柱齿轮只有 1～2 对。因此，与相同精度的普通齿轮传动相比，其运动精度能提高 4 倍；在材料和速比相同的情况下，承载能力会大大超过其他传动。其传递的功率范围可为几瓦至几十千瓦，进而实现大速比、小体积。

(4) 运动平稳，无冲击，噪声小。齿的啮入、啮出是随着柔轮的变形逐渐进入和逐渐退出钢轮齿间的，重叠系数大，啮合好，啮合过程中齿面间的滑移速度小，且无突然变化，故运动平稳噪声小。

(5) 齿侧间隙可以调整。谐波齿轮传动在啮合过程中，柔轮与钢轮齿之间主要取决于谐波发生外形的最大尺寸，及两轮的齿形尺寸，因此可以使传动的回差小。

2.4 滚珠丝杠螺母副

2.4.1 滚珠丝杠螺母副的组成及特点

1. 组成

滚珠丝杠副是一种新型螺旋传动机构，其具有螺旋槽的丝杠与螺母之间装有中间传动元件——滚珠。图 2-18 为滚珠丝杠螺母机构组成示意图，从图可知，它由丝杠 1、螺母 2、滚珠 3 和反向器(滚珠循环反向装置) 4 四部分组成。当丝杆转动时，带动滚珠沿螺纹滚道滚动，为防止滚珠从滚道端面掉出，在螺母的螺旋槽两端设有滚珠回程引导装置构成滚珠的循环返回通道，从而形成滚珠流动的闭合通路。

(a) 结构外形

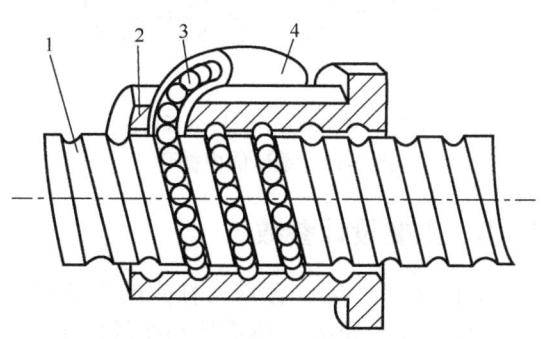
(b) 组成原理

图 2-18 滚珠丝杠螺母副组成示意图

2. 特点

滚珠丝杠螺母副与滑动丝杠螺母副相比具有以下特点：

(1) 传动效率高、摩擦损失小、使用寿命长。滚珠丝杠螺母副的传动效率为 0.92～0.98，比普通丝杠(梯形丝杠)高 3～4 倍。因此，功率消耗只相当于普通丝杠的 1/4～1/3。滚珠丝杠螺母副的摩擦表面为高硬度(HRC58～62)、高精度，具有较长的工作寿命和精度保持性，寿命为滑动丝杠副的 4～10 倍。

(2) 能够预紧。若给予适当预紧，可以消除丝杠和螺母之间的螺纹间隙，反向时还可以消除空载死区，预紧后可消除间隙产生过盈，提高接触刚度和传动精度，从而使丝杠的定位精度高，刚度好；同时增加的摩擦力矩相对不大。

(3) 传动平稳，传动精度高。滚动摩擦系数接近常数，启动与工作的摩擦力矩差别很小，启动时无冲击，低速时无爬行。

(4) 制造成本较高。由于滚珠丝杠副的结构复杂，加工精度要求高，制造工艺复杂，故制造成本高。

2.4.2 滚珠的循环方式

滚珠丝杠副中滚珠的循环方式有内循环和外循环两种。

内循环方式的滚珠在循环过程中始终与丝杆表面保持接触。如图 2-19 所示，在螺母 2 的侧面孔内装有接通相邻滚道反向器 4，利用反向器引导滚珠 3 越过丝杠 1 的螺纹顶部进入相邻滚道，形成一个循环回路。一般在同一螺母上装有 2～4 个滚珠用反向器，并沿螺母圆周均匀分布。内循环方式的优点是滚珠循环的回路短、流畅性好、效率高、螺母的径向尺寸也较小。其不足是反向器加工困难、装配调整也不方便。

外循环方式中的滚珠在循环反向时，离开丝杠螺纹滚道，在螺母体内或体外作循环运动，图 2-20 为插管式外循环滚珠丝杠螺母副的结构。

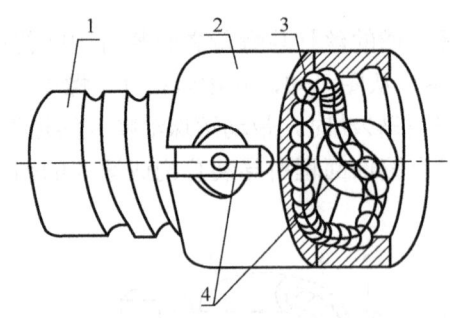

1-丝杠；2-螺母；3-滚珠；4-反向器

图 2-19 滚珠的内循环

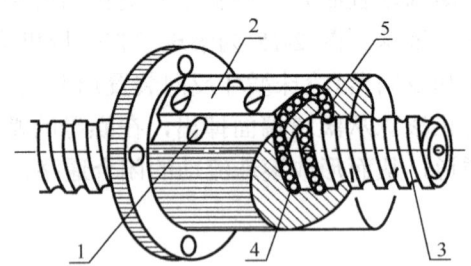

1-插管；2-压板；3-丝杠；4-螺母；5-滚珠

图 2-20 滚珠的外循环

2.4.3 主要设计参数

如图 2-21 所示，滚珠丝杠副的主要尺寸参数有：

(1) 公称直径 d_0 指滚珠与螺纹滚道在理论接触角状态时，包络滚珠球心的圆柱直径。它是滚珠丝杠副的特征尺寸。

(2) 基本导程 l_0 (或螺距 t) 指丝杠相对于螺母旋转 2π 弧度时，螺母上基准点的轴向位移。

(3) 行程 l　指丝杠相对于螺母旋转任意弧度时，螺母上基准点的轴向位移。

此外，还有丝杠螺纹大径 d、丝杠螺纹小径 d_1、滚珠直径 d_b、螺母螺纹大径 D、螺母螺纹小径 D_1、丝杠螺纹全长 l_s 等。

基本导程的大小应根据机电一体化系统的精度要求确定。精度要求高时应选取较小的基本导程。滚珠的工作圈（或列）数和工作滚珠的数量 N 由试验可知：第一、第二和第三圈（或列）分别承受轴向载荷的 50%、30% 和 20% 左右。因此，工作圈（或列）数一般取 2.5~3.5。滚珠总数 N 一般不超过 150 个。

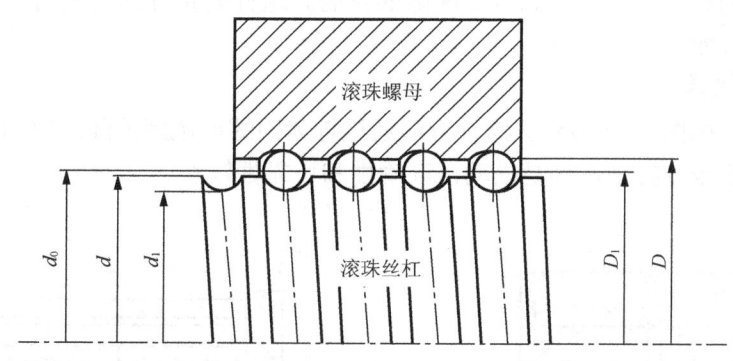

图 2-21　滚珠丝杠副的主要尺寸参数

2.4.4　滚珠丝杠副的精度等级及标注方法

1. 精度等级

根据 JB 3162.2—1991 标准，将滚珠丝杠副的精度分为 1、2、3、4、5、7、10 共七个等级。其中，1 级精度最高，10 级精度最低。各精度等级对应的行程变动量见表 2-2。

表 2-2　不同精度等级参数　　　　　　　　　　　　　　　　　　　　　　　（μm）

精度等级	1	2	3	4	5	7	10
300mm 行程	6	8	12	16	23	52	210
2π 弧度行程	4	5	6	7	8	—	—

2. 标记方法

不同生产厂家其标注方法略有不同，通常用图 2-22 格式进行标记。

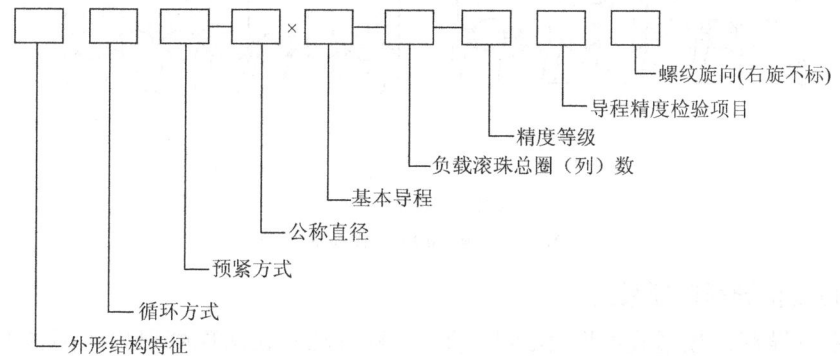

图 2-22　滚珠丝杠副的标记

2.4.5 间隙消除及预紧方法

滚珠丝杠螺母副广泛应用于闭环控制系统中,如果传动存在间隙非线性,将使控制性能变差,故一般采取消除间隙和适当预紧的措施,主要有以下四种。

1. 双螺母齿差预紧式

双螺母齿差预紧式如图 2-23 所示。在螺母 1 和螺母 2 的凸缘上分别切出只相差一个齿的齿圈,然后装入螺母座 3 中,与相应的内齿圈相啮合。由于齿数差的关系,两个螺母在圆周上相互错动一定的相位,从而达到调整间隙的目的。这种调整方法精度高,预紧准确可靠,不易松动,调整方便。

2. 双螺母螺纹式

双螺母螺纹式如图 2-24 所示。这种方法通过拧紧圆螺母达到消除间隙和预紧的目的。该方法结构简单,但较难控制,容易松动,准确性和可靠性较差。

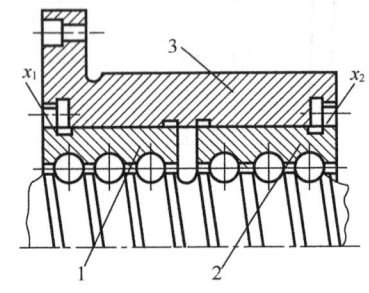

1、2-螺母;3-螺母座

图 2-23 双螺母齿差式预紧结构

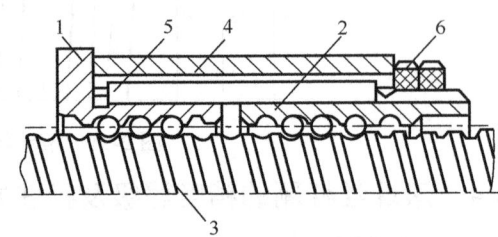

1、2-螺母;3-丝杠;4-套筒;5-平键;6-圆螺母

图 2-24 双螺母螺纹式预紧结构

3. 双螺母垫片式

图 2-25 为常用的双螺母垫片式。图 2-25(a) 为压紧式,图 2-25(b) 为拉紧式。这种方法通过改变垫片的厚度,使螺母产生位移,以达到消除间隙的和预紧的目的。该方法结构简单,拆卸方便,工作可靠,刚性好,但是调整精度较低。

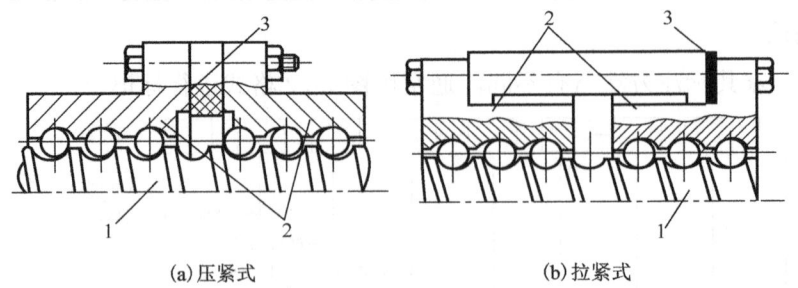

(a) 压紧式   (b) 拉紧式

1-螺杆;2-螺母;3-垫片

图 2-25 双螺母垫片式预紧结构

4. 单螺母变位导程自预紧式

单螺母变位导程自预紧式如图 2-26 所示。这种方法是在滚珠螺母内的两种循环圈之间借助于螺母内螺纹变位导程产生变位量 $\pm \Delta l$ 来实现消除间隙和预紧,其预紧力的大小由 $\pm \Delta l$ 和径向间隙确定。该方法结构简单、尺寸紧凑、价格低廉;缺点是不便于随时调整。

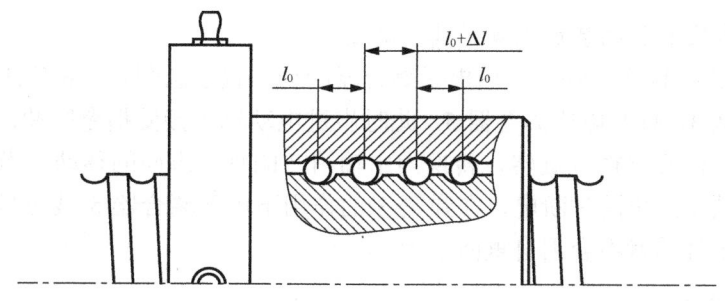

图 2-26 单螺母变位导程预紧结构

滚珠丝杠副的传动间隙除了结构本身的轴向传动外，还应考虑加上轴向载荷后弹性变形所产生的轴向窜动。预紧能够有效地减小弹性变形所带来的轴向间隙。但预紧力过大将增加摩擦阻力，降低传动效率，减少其使用寿命。预紧一般应在最大轴向载荷下，既能消除间隙，又能灵活运转。在工程设计中，一般预载值的大小取最大负载的 1/3 时，可使效率不偏低。预加载和一般分 3 次加载，每次加 1/3 的预紧力，开车跑 20min。

2.4.6 支撑方式及制动装置

1. 支撑方式

为了满足传动系统高精度、高刚度的需要，不仅要选用轴向刚度高、摩擦力矩小、运转精度高的轴承，同时还应该选择合适的支撑方式，并保证支撑座有足够的刚度。常用的滚珠丝杠副支撑方式有以下几种：

(1) 两端固定(双推-双推)。这种形式轴向刚度最高，预拉伸安装时，须加载荷较小，轴承寿命较高，适宜高速、高刚度、高精度的工作条件。但是，其结构复杂、工艺困难、成本较高。

(2) 一端固定、一端游动(双推-简支)。这种形式轴向刚度不高，与螺母位置有关，双推端可预拉伸安装，适宜中速、精度较高的长丝杠。

(3) 两端均为单向推力(单推-单推)。这种形式轴向刚度较高，预拉伸安装时，须加载荷较大，轴承寿命比采用双推-双推形式的低，适宜中速、精度高，也可用双推-单推组合。

(4) 一端固定、一端自由(双推-自由)。这种形式轴向刚度低，双推端可预拉伸安装，适宜中小载荷与低速，更适宜竖直安装，短丝杠。

2. 制动装置的选择

由于滚珠丝杠副的传动效率高，又无自锁能力，为了防止当传动停止或者电动机断电后，由于部件重量等原因而

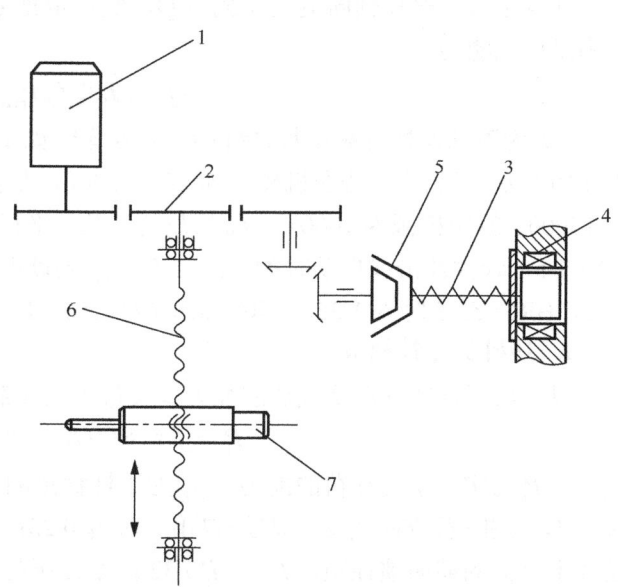

1-步进电动机；2-减速齿轮；3-弹簧；4-电磁铁线圈；5-电磁离合器；
6-滚珠丝杠；7-主轴箱

图 2-27 电磁离合器制动装置

产生逆转动,需要安装制动装置以满足其传动要求。

图 2-27 为卧式镗铣床主轴箱采用电磁离合器制动装置示意图。当机床工作时,电磁铁线圈 4 通电吸住弹簧 3,打开电磁离合器 5,此时步进电动机 1 接受指令脉冲,将旋转运动通过减速齿轮 2 传动、滚珠丝杠 6 旋转,转换为主轴箱 7 的垂直方向的移动。当步进电动机 1 停止转动时,电磁铁线圈也同时断电,在弹簧 3 的作用下电磁离合器 5 被压紧,使滚珠丝杠不能自由转动,则主轴箱就不会因自重而下滑。

2.4.7 润滑和密封

1. 润滑

润滑剂可提高滚珠丝杠副的耐磨性和传动效率。润滑剂分为润滑油、润滑脂两大类。润滑油为 90~180 号透平油或 140 号主轴油,可通过螺母上的油孔将其注入螺纹滚道,润滑脂可采用锂基油脂,它加在螺纹滚道和安装螺母的壳体空间内。

2. 密封

滚珠丝杠副在使用时常采用一些密封装置进行防护,否则会增加摩擦或造成损坏。为防止杂质和水进入丝杠,对于预计会带进杂质之处使用波纹管或伸缩罩,以完全盖住丝杠轴。对于螺母,应在其两端进行密封,密封防护材料必须具有防腐蚀和耐油性能。

2.4.8 滚珠丝杠螺母副的选用

在选用滚珠丝杠副时,必须知道实际的工作条件:最大的工作载荷 P_{max}(或平均工作载荷 P_{cp})(N)作用下的使用寿命 T(h)、丝杠的工作长度(或螺母的有效行程)l(mm)、丝杠的转速 n(或平均转速 n_{cp})(r/min)、滚道的硬度 HRC 及丝杠的工况,然后按下列步骤进行选择。

1. 承载能力计算

计算作用于丝杠轴向最大动载荷 Q,然后根据 Q 值选择丝杠的型号。这样选出的丝杠才能满足承载能力。

$$Q = \sqrt[3]{L} f_H f_W P_{max} \quad (N) \tag{2-11}$$

式中,L 为滚珠丝杠寿命系数(单位为 1×10^6 转,如 1.5 则为 150 万转),$L = 60nT/10^6$(其中 T 为使用寿命时间(h),普通机械为 5000~10000,数控机床及其他机电一体化设备及仪器装置为 15000,航空机械为 1000);f_W 为载荷系数,平稳或轻度冲击时为 1.0~1.2,中等冲击时为 1.2~1.5,较大冲击或振动时为 1.5~2.5;f_H 为硬度系数,HRC≥58 时为 1.0,HRC=55 时为 1.11,HRC=52.5 时为 1.35,HRC=50 时为 1.56,HRC=45 时为 2.40。

2. 压杆稳定性核算

只有当压杆能够承受载荷的能力≥其最大工作载荷时,压杆才稳定,即

$$P_k = f_k \pi^2 EI/(Kl_s^2) \geq P_{max} \quad (N) \tag{2-12}$$

式中,P_k 为实际承受载荷的能力;f_k 为压杆稳定的支承系数,双推-双推时为 4,单推-单推时为 1,双推-简支时为 2,双推-自由式时为 0.25;E 为钢的弹性模量 2.1×10^5(MPa);I 为丝杠小径 d_1 的截面惯性矩,$I = \pi d_1^4 /32$;K 为压杆稳定安全系数,一般取为 2.5~4,垂直安装时取小值;l_s 为丝杠的螺纹长度。

如果 $P_k < P_{max}$ 时,会使丝杠失去稳定易发生翘曲。两端装止推轴承与向心轴承时,丝杠一般不会发生失稳现象。

3. 载荷计算

对于低速运转（$n<10$r/min）的滚珠丝杠，无需计算其最大动载荷 Q 值，而只考虑其最大静负载是否充分大于最大工作负载 P_{max}。因为若最大接触应力超过材料的弹性极限就要产生塑性变形。塑性变形超过一定限度就会破坏滚珠丝杠副的正常工作。一般允许其塑性变形量不超过滚珠直径 d_0 的 1/10000，产生这样大的塑性变形的载荷称为最大静载荷 Q_0。

4. 刚度的验算

滚珠丝杠在轴向力的作用下，将产生伸长或缩短，在扭矩的作用下将产生扭转而影响丝杠导程的变化，从而影响传动精度及定位精度，故应验算满载时的变形量。

滚珠丝杠在工作负载 P 和扭矩 M 共同作用下，所引起的每一导程的变形量为

$$\Delta L = \pm \frac{Pl_0}{ES} \pm \frac{Ml_0^2}{2\pi IE} \quad (\text{cm}) \tag{2-13}$$

式中，E 为钢的弹性模量 2.1×10^5（MPa）；S 为丝杠的最小截面积（cm^2）；M 为扭矩（N·cm）；I 为丝杠的小径 d_1 的截面惯性矩；"$\pm$" 为 "+" 用于拉伸时，"-" 号用于压缩时。

在丝杠副精度标准中，一般规定每 1m 弹性变形所允许的基本导程误差值。

2.5 同步带传动装置

2.5.1 同步带传动的原理与特点

如图 2-28 所示，同步带传动属于啮合型带传动。它主要由小带轮、大带轮、同步带及其他辅件，如张紧带轮等组成。同步带是一根内周表面具有等间距齿的封闭环行传动带，带轮则是具有相应齿的圆轮。工作时，依靠带与带轮齿的相互啮合来传递运动和动力。

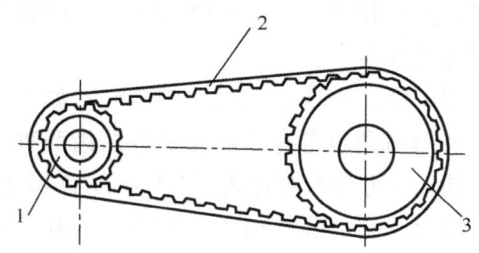

1-小带轮；2-同步带；3-大带轮

图 2-28 同步带传动的工作原理

由于同步带传动综合了带传动、链传动和齿轮传动各自的特点，因此具有以下明显的优点：

（1）传动准确，工作时无滑动，具有恒定的传动比。

（2）传动平稳，具有缓冲、减振能力，噪声低。

（3）传动效率高，可达 0.98，节能效果明显。

（4）结构紧凑，耐磨性好，适宜于多轴传动。

案例 2-2

带式输送机是一种靠摩擦驱动以连续方式运输物料的机械，广泛应用于家电、电器、食品、包装等行业的自动线。该输送机往往由电动机通过三级减速装置来传动。减速装置有 V 带传动、二级直齿圆柱齿轮减速器和滚子链传动。

问题：

请思考这三种传动从高速级到低速级应该如何布置？可不可以互换？

(5) 不需润滑，无污染，维护保养方便，维护费用低。

(6) 同步带薄且轻，可用于速度较高的场合，线速度可达 50m/s，速比范围大，一般可达 10。

(7) 具有较大的功率传递范围，可达几瓦到几百千瓦。

当然，同步带也存在着不可避免的缺点：制造和安装的精度要求较高；中心距要求严格；生产制造成本较高。

2.5.2 同步带的主要结构及分类

1. 同步带的材料

同步齿形带一般由带背、承载绳、带齿和橡胶基体组成，如图 2-29 所示。所使用的橡胶主要为氯丁橡胶，在特殊场合下，可以根据具体使用环境条件的要求选用不同的橡胶品种，如氯磺聚乙烯橡胶、氯醇橡胶、乙丙橡胶聚脲弹性体或其并用胶等。在以氯丁橡胶为基体的同步带上，其齿面还覆盖了一层尼龙包布，它可以增加带齿的耐磨性，提高带的抗拉强度，一般用尼龙或绵纶织成，也叫变形纱。抗拉体线绳为同步带的主要强力材质，它一般用高强度和高韧性的钢丝绳、芳纶（芳香族聚酰胺）线绳或玻璃纤维制成。

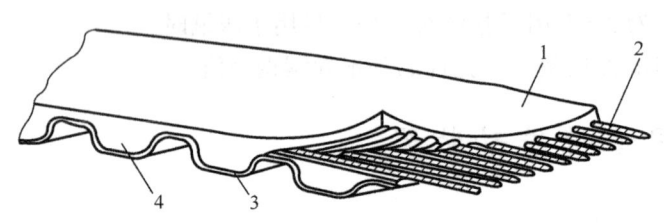

1-带背；2-承载绳；3-带齿；4-橡胶基体

图 2-29　梯形齿同步带结构

2. 同步带的主要类型

同步带按齿形和用途分，主要有以下四种类型。

1) 梯形齿同步带

它主要用于中、小功率的同步带传动，如各种仪器、计算机、轻工机械中均采用这种同步带传动。梯形齿同步带有单面齿和双面齿两种，简称为单面带和双面带。双面带按带齿的排列方式不同，又可分为对称齿型(代号 DA)和交错齿型(代号 DB)，如图 2-30 所示。梯形齿同步带有两种尺寸制：节距制和模数制。我国采用节距制，并根据 ISO 5296 制定了同步带传动相应标准 GB/T 11361～11362—1989 和 GB/T 11616—1989。

  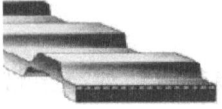

图 2-30　梯形齿同步带

2) 弧齿同步带

弧齿同步带又称高转矩同步带，其齿形呈圆弧状，有三种系列：圆弧齿(H 系列又称 HTD 带，High Torque Drive)、平顶圆弧齿(S 系列又称为 STPD 带，Super Torque Positive Drive)和凹顶抛物线齿(R 系列)。弧齿同步带除了齿形为曲线形外，其结构与梯形齿同步带基本相同，带的节距相当，其齿高、齿根厚和齿根圆角半径等均比梯形齿大。带齿受载后，应力分布状态较好，平缓了齿根的应力集中，提高了齿的承载能力。故弧齿同步带比梯形齿同步带传递功率大，且能防止啮合过程中齿的干涉，耐磨性能好，工作时噪声小，不需润滑，可用于有粉尘的恶劣环境。它主要用于重型机械的传动中，如运输机械(飞机、汽车)、石油机械和机床、发电动机等的传动，如图 2-31 所示。

3) 特种规格同步带

这是根据某种机器特殊需要而采用的特种规格同步带，如工业缝纫机用的、汽车发动机用的同步带传动。

4) 特殊用途的同步带

即为适应特殊工作环境制造的同步带。

图 2-31 圆弧齿同步带

3. 同步带的主要参数和尺寸规格

1) 主要参数

同步带的主要参数是带齿的节距 P_b，带的节线长度 L_p，如图 2-32 所示。同步带上相邻两齿对应点沿节线度量的距离称为带的节距 P_b。由于承载绳在工作时长度不变，因此承载绳的中心线被规定为同步带的节线，并以节线长度 L_p 作为其公称长度。

2) 同步带的标记

带的标记包括长度代号、型号、宽度代号，双面齿同步带还应再加上符号 DI 或 DII，如图 2-33 所示、图 2-33(a) 为单面齿，图 2-33(b) 为双面齿。

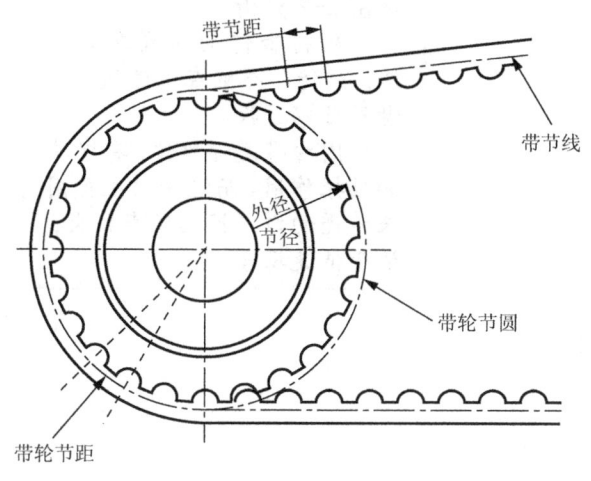

图 2-32 同步带主要参数

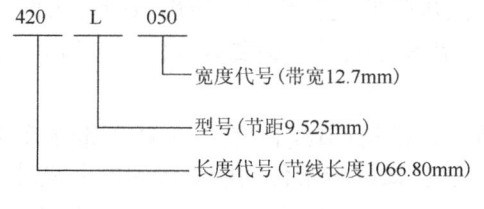

(a) 单面齿

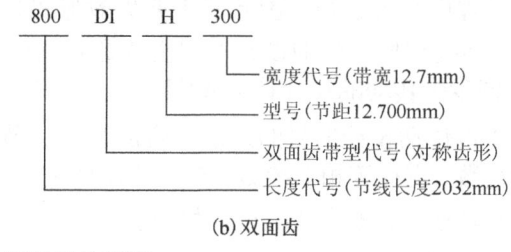

(b) 双面齿

图 2-33 同步带的标记

2.5.3 同步带轮的主要类型及规格

1. 同步带轮的材料

同步带轮一般由钢、铝合金、灰铸铁、黄铜和工程塑料等材料制造，其中灰铸铁的应用最广，当带轮速 $v \leqslant 30$m/s 时常采用 HT200，$v \geqslant 25 \sim 45$m/s 时宜采用球墨铸铁或铸钢；小功率传动的带轮可采用铸铝或工程塑料。

2. 同步带轮的主要类型及重要尺寸

按带轮的齿形分，有渐开线齿形和直边齿形两种；按带轮上挡圈的类型分，有双边挡圈型、单边挡圈型和无挡圈型三种，如图 2-34 所示。

同步带轮的重要尺寸包括带轮的节距 P_b、外径 d_0 及节圆直径 d，如图 2-35 所示。

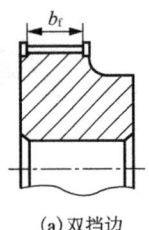 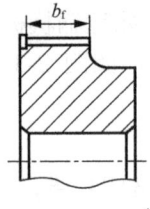 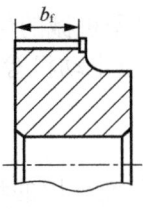 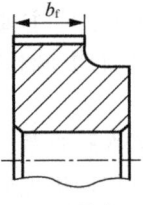

(a) 双挡边　　　　(b) 单边挡边　　　　(c) 无挡边

图 2-34　同步带轮上挡圈类型

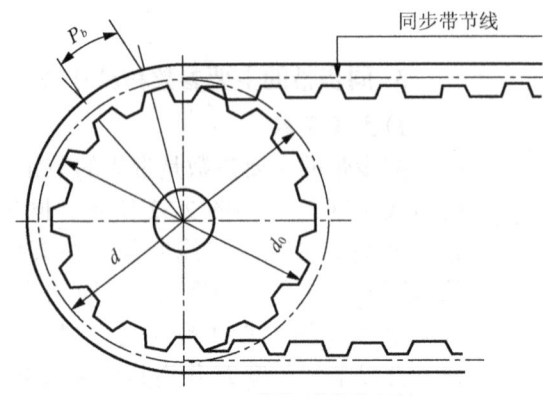

图 2-35　同步带轮的外径及节圆外径

> **案例 2-2 分析**
> 应将带传动布置在高速级，链传动布置在低速级，二者不可以互换。
> 因为带是弹性体，有缓冲和吸振作用。而链传动主要用来传递动力，振动噪声较大，适于低速场合。

2.5.4　同步带传动的设计计算

1. 同步带传动的设计准则

同步带传动扭矩时，带将受拉力作用，带齿承受剪力，而带齿的工作表面在进入和退出啮合的过程中将被磨损，因此其主要失效形式为同步带的疲劳断裂、带齿剪断、齿面压溃和磨损。据此提出同步带的设计准则主要是限制单位齿宽的拉力，必要时校核工作齿面的压力。

2. 同步带传动的设计计算步骤

同步带传动设计的目的是确定带的型号、节距、带长（节线长度）、中心距带宽及主、从动带轮齿数、直径等相关参数。在设计计算时，一般已知同步带传动所需传递的名义功率 P_m，主动带轮转速 n_1，传动比 i 以及对传动中心距的要求，传动工作条件等。其设计计算步骤如下。

1) 确定同步带传动的设计功率 P_d

$$P_d = K_A \times P_m \tag{2-14}$$

式中，K_A 为载荷修正系数，或者是工况系数，取值如表 2-3 所示；P_m 为同步带所传递的名义功率或额定功率（kW）。

表 2-3　同步带传动的工况系数 K_A

载荷性质		每天工作小时数/h		
变化情况	瞬时峰值载荷及额定工作载荷	≤10	10~16	≥16
平衡		1.20	1.40	1.50
小	≈150%	1.40	1.60	1.70
较大	≥150%~250%	1.60	1.70	1.85
很大	≥250%~400%	1.70	1.85	2.00
大而频繁	≥400%	1.85	2.00	2.05

注：下列情况应对 K_A 值进行修正：经常正反转或使用张紧轮装置时，K_A 取为 1.1K_A；间断性工作时，K_A 取为 0.9K_A；增速传动时，K_A 乘以下列修正系数：增速比是 1.25~1.74 时，修正系数取 1.05；时增速比是 1.75~2.49 时，修正系数取 1.10；增速比是 2.50~3.49 时，修正系数取 1.18，增速比≥3.50 时，修正系数取 1.25。

2) 选定带型和节距 P_b

根据同步带传动的设计功率 P_d 和主动带轮转速 n_1，由同步带选型图来确定所需采用的带的型号和节距。同步带的选型图如图 2-36 和图 2-37 所示。

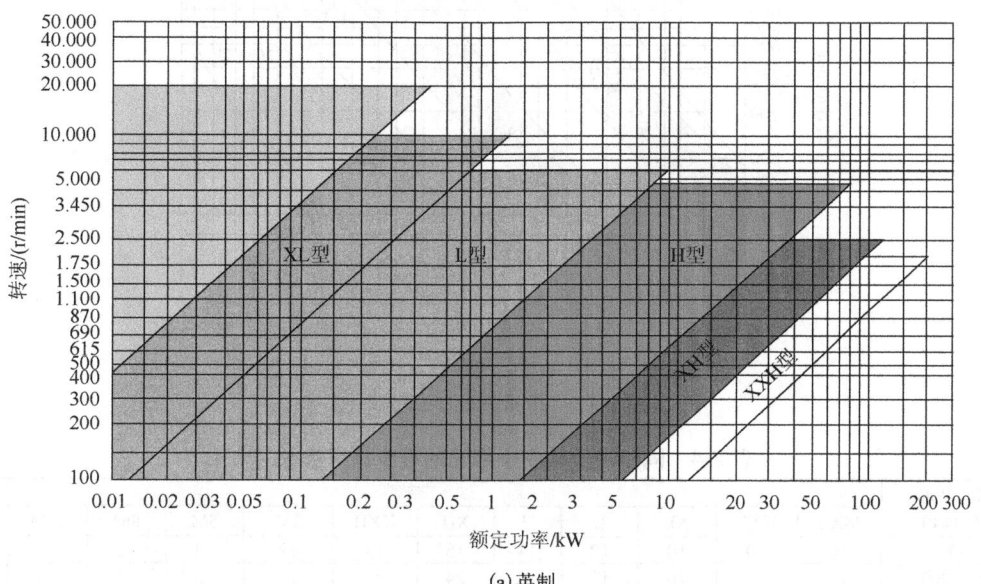

(a) 英制

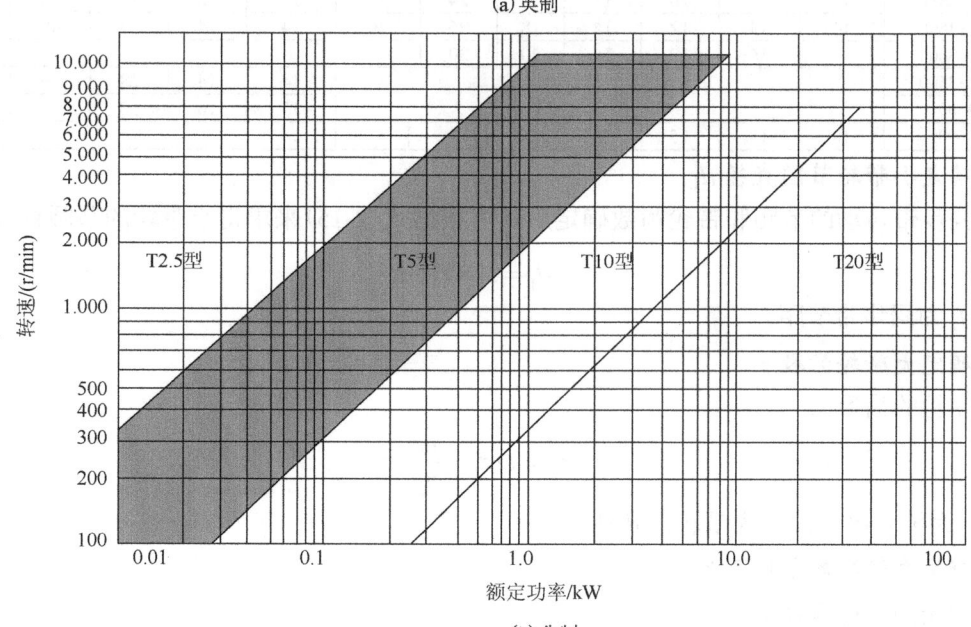

(b) 公制

图 2-36　T 形齿同步带选型图

3) 选择小带轮齿数 z_1

同步带传动中对小带轮的最少齿数进行了限制，小带轮的最少许用齿数 $z_{\min}$ 可按表 2-4 来选用，主动带轮的齿数 $z_1 \geqslant z_{\min}$。

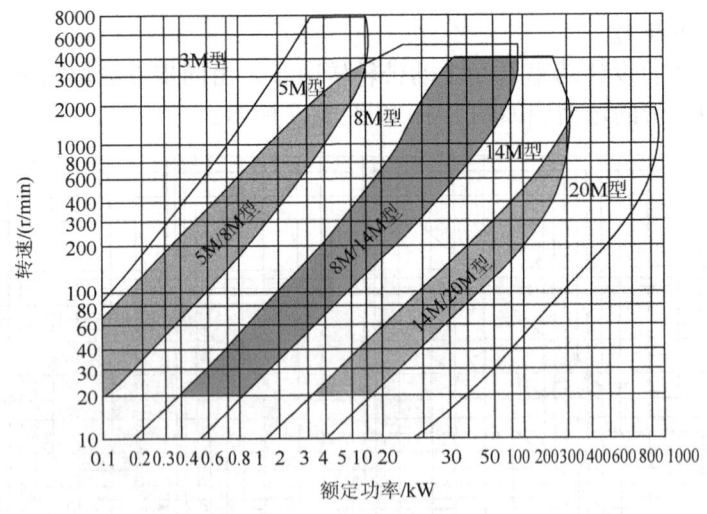

图 2-37 圆弧齿同步带选型图

表 2-4 同步带传动中小带轮的最少许用齿数 $z_{\min}$

小带轮转速 n_1 /(r/min)	带型										
	MXL	XXL	XL	L	H	XH	XXH	3M	5M	8M	14M	20M
<900	10	10	10	12	14	18	18	12	12	22	34	38
900～1200	12	12	10	12	16	24	24	12	12	24	38	40
1200～1800	14	14	12	14	18	26	26	14	14	26	40	—
1800～3600	16	16	12	16	20	30	—			—		
1800～3500								14	14	28	—	—
≥3500								15	16	30	—	—
≥3600	18	18	15	18	22	—	—			—		

4) 确定小带轮节圆直径 d_1

在同步带传动的节距和带轮齿数确定后，可根据式(2-15)来求得小带轮的节圆直径。

$$d_1 = z_1 \times P_b / \pi \tag{2-15}$$

式中，P_b 为同步带节距。

5) 确定大带轮齿数 z_2

大带轮的齿数为

$$z_2 = i \cdot z_1 = \frac{n_1}{n_2} \cdot z_1 \tag{2-16}$$

式中，i 为传动比；n_2 为大带轮的转速。

6) 确定大带轮的节圆直径 d_2

大带轮的节圆直径为

$$d_2 = z_2 \cdot P_b / \pi \tag{2-17}$$

7) 计算带速 v

带速为

$$v = \frac{\pi \cdot d_1 \cdot n_1}{60 \times 1000} < v_{\max} \tag{2-18}$$

一般来说 XL 和 L 型同步带的 $v_{\max} = 50\text{m/s}$，XH 和 XXH 型同步带的 $v_{\max} = 30\text{m/s}$，H 型同步带的 $v_{\max} = 40\text{m/s}$。

8) 初定轴间距 a_0

主动与从动带轮间距可以根据同步带传动的设计要求选定，也可以根据如下公式初步计算轴间距。

$$0.7(d_1 + d_2) \leqslant a_0 \leqslant 2(d_1 + d_2) \tag{2-19}$$

9) 确定带长以及带齿数 Z

根据前面的计算和选定的参数，由如下公式计算带的节线长。

$$L_0 = 2a_0 + \frac{\pi}{2}(d_1 + d_2) + \frac{(d_2 - d_1)^2}{4a_0} \tag{2-20}$$

由结果查表选定标准的节线长度 L_P 及带的齿数 Z。

10) 计算实际轴间距 a

中心距可调时，a 为

$$a = a_0 + \frac{L_P - L_0}{2} \tag{2-21}$$

中心距不可调整时，a 为

$$a = \frac{d_2 - d_1}{2\cos\frac{\alpha_1}{2}} \tag{2-22}$$

$$\text{inv}\frac{\alpha_1}{2} = \tan\frac{\alpha_1}{2} - \frac{\alpha_1}{2} = \frac{L_P - \pi d_2}{d_2 - d_1}$$

11) 计算小带轮啮合齿数 z_m

$$z_m \approx \left(\frac{1}{2} - \frac{d_2 - d_1}{6a}\right) \cdot z_1 \tag{2-23}$$

一般同步带传动中小带轮啮合齿数 $z_{m\min} \geqslant 6$。

12) 计算带基本额定功率 P_0

$$P_0 = \frac{(T_a - mv^2)v}{1000} \tag{2-24}$$

基本额定功率是各种带型对应于基准宽度 b_{s0} 的额定功率，T_a 为各带型的许用工作拉力，m 为宽度为 b_{s0} 的带单位长度的质量，各参数见表2-5。

表2-5 同步带的基准宽度、许用工作拉力和单位长度的质量

参数	带型						
	MXL	XXL	XL	L	H	XH	XXH
b_{s0}/mm	6.4	6.4	9.5	25.4	76.2	101.6	127.0
T_a/N	27	31	50	245	2100	4050	6400
m/(kg/m)	0.007	0.01	0.022	0.096	0.448	1.484	2.473

13) 确定带宽 b_s

$$b_s \geqslant b_{s0} \cdot \sqrt[1.14]{\frac{P_d}{K_z \cdot P_0}} \tag{2-25}$$

式中，P_d 为同步带传动的设计功率；K_z 为啮合齿数系数，$z_m \geqslant 6$ 时取 1，$z_m = 5$ 时取 0.8，$z_m = 4$ 时取 0.6；b_s 为同步带宽度的标准值，一般应小于 d_1。

14) 计算作用在轴上的力 F_r

$$F_r = \frac{1000P_d}{v} \tag{2-26}$$

15) 确定带轮的结构和尺寸

同步带传动带轮结构与尺寸选择参考《机械设计手册》。

2.6 导轨的设计计算与选用

2.6.1 导轨的技术要求

机电一体化系统对导轨的基本要求是导向精度高、刚性好、运动轻便平稳、耐磨性好、温度变化影响小以及结构工艺性好等。对精度要求高的直线运动导轨，还要求导轨的承载面与导向面严格分开；当运动件较重时，必须设有卸荷装置。

1. 导轨的精度要求

滑动导轨，不管是 V-平型还是平-平型，导轨面的平面度通常取 0.01～0.015mm，长度方向的直线度通常取 0.005～0.01mm；侧导向面的直线度取 0.01～0.015mm，侧导向面之间的平行度取 0.01～0.015mm，侧导向面对导轨底面的垂直度取 0.005～0.01mm。镶钢导轨的平面度必须控制在 0.005～0.01mm 以下，其平行度和垂直度控制在 0.01mm 以下。

2. 导轨的热处理

数控机床的开动率普遍都很高，这就要求导轨具有较高的耐磨性，以提高其精度保持性。为此，导轨大多需淬火处理。导轨淬火的方式有中频淬火、超音频淬火、火焰淬火等，其中用得较多的是前两种方式。铸铁导轨的淬火硬度，一般为 50～55HRC，个别要求 57HRC；淬火层深度规定经磨削后应保留 1.0～1.5mm。镶钢导轨，一般采用中频淬火或渗氮淬火方式，淬火硬度为 58～62HRC，渗氮层厚度为 0.5mm。

2.6.2 直线滑动导轨

导轨的分类方法有多种：按运动轨迹可以分为直线导轨和圆导轨，按工作性质可分为主运动导轨、进给导轨和调整导轨，按受力情况可以分为开式导轨和闭式导轨，按摩擦性质可以分为滑动导轨和滚动导轨。下面首先介绍直线滑动导轨的有关内容。

1. 直线滑动导轨的截面形状

直线滑动导轨有若干个平面，从制造、装配和检验来说，平面的数量应尽可能少。常用的直线滑动导轨的截面形状有矩形、三角形、燕尾形和圆形，见图 2-38，各个平面所起的作用也各不相同。在矩形导轨和三角形导轨中，M 面主要起支撑作用，N 面是保证直线移动精度的导向面，J 面是防止运动附件抬起的压板面；在燕尾形导轨中，M 面起导向和压板作用，J 面起支撑作用。根据支撑导轨的凹凸状态，又可以将导轨分成凸形导轨和凹形导轨。其中，凸三角形导轨称为山形导轨，凹三角形导轨称为 V 形导轨。凸形导轨不易存储润滑油，但易清除导轨面的切屑等杂物。凹形导轨易存储润滑油，但易落入切屑和杂物，必须设防护装置。

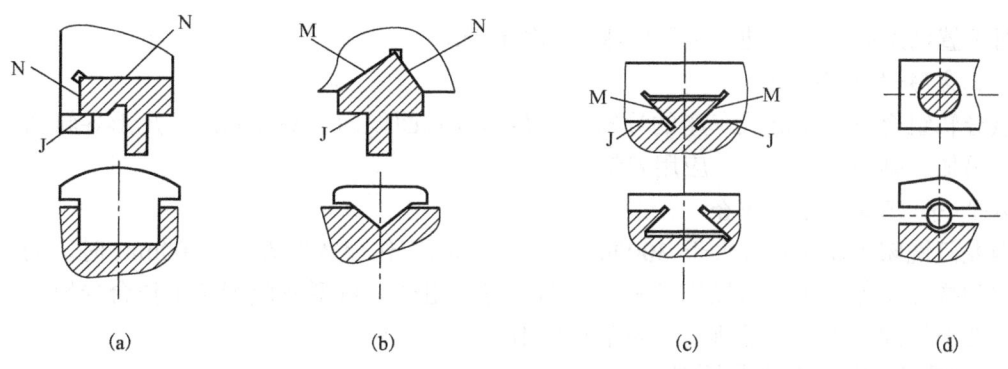

图 2-38 直线滑动导轨的截面形状

1) 矩形导轨

矩形导轨易加工制造，刚度和承载能力大，安装调整方便。矩形导轨中 M 面起支撑兼导向作用，起主要导向作用的 N 面磨损后不能自动补偿间隙，需要有间隙调整装置。它适用于载荷大且导向精度要求不高的机床。

2) 三角形导轨

此导轨由 M、N 两个平面组成，起支撑和导向作用。在垂直载荷作用下，导轨磨损后可以自动补偿，不产生间隙，导向精度高，但仍需设置压板面间隙调整装置。三角形顶角夹角一般为 90°。若重型机床承受载荷大时，为增大承载面积，夹角可取 110°～120°，但导向精度差。精密机床可以采用小于的夹角 90°，以提高导向精度。

3) 燕尾形导轨

这是闭式导轨中接触面最少的一种结构，磨损后不能自动补偿间隙，需要用镶条调整。燕尾面(M 面)起导向和压板作用。燕尾导轨制造、检验和维修较复杂，摩擦阻力大，可以承受颠覆力矩，刚度较差。导轨面的夹角为 55°，用于高度小的多层移动部件。

4) 圆柱形导轨

这种导轨刚度高，易制造，外圆可磨削，内孔可以通过珩磨达到精密配合，但磨损后间隙调整困难。它适用于受轴向载荷的场合，如压力机、珩磨机、攻螺纹机和机械手等。

2. 直线滑动导轨的组合形式

导轨的组合形式取决于载荷大小、导向精度、工艺性、润滑和防护等因素。常见的导轨组合形式有以下五种。

1) 双三角形导轨

双三角形导轨，导轨面同时起支撑和导向作用。磨损后可以自动补偿，导向精度高。但装配时要对四个导轨面进行刮研，难度很大。由于过定位，所以制造、检验和维修都困难，它适用于精度要求高的机床，如坐标镗床、丝杠车床。

2) 双矩形导轨

这种导轨易加工制造、承载能力大，但导向精度差。侧导向面需设调整镶条，还需设置压板，呈封闭式导轨。它常用于普通精度的机床。

3) 三角形-平导轨组合

三角形-平导轨组合不需要用镶条调整间隙，导轨精度高，加工装配较方便，温度变化也不会改变导轨面的接触情况，但热变形会使移动部件水平偏移，两条导轨的磨损也不一样，因而对位置精度有影响，通常用于磨床、精密镗床。

4) 三角形-矩形导轨组合

该导轨组合常用做卧式车床的导轨。三角形导轨面作为主要导向面。矩形导轨面承载能力大，易加工制造，刚度高，应用普遍。

5) 平-平-三角形导轨组合

当龙门铣床工作台宽度大于 3000mm，龙门刨床工作台宽度大于 5000mm 时，为了使工作台中间挠度不致过大，可以用平-平-三角形导轨组合。重型龙门刨床工作台导轨，三角形导轨主要起导向作用，平导轨主要起承载作用。

3. 直线滑动导轨的选择原则

根据以上所述，各种导轨的特点各不相同，因此在选择使用时，应把握以下原则：

(1) 当要求导轨具有较大的刚度和承载能力时，用矩形导轨。

(2) 当要求导轨的导向精度高时，机床常采用三角形导轨。此时，三角形导轨工作面同时起承载和导向作用，磨损后能自动补偿间隙，导向精度高。

(3) 矩形导轨、圆形导轨工艺性好，制造、检验都方便；三角形导轨、燕尾形导轨工艺性差。

(4) 当用于要求结构紧凑、高度小及调整方便的机床时，用燕尾形导轨。

2.6.3 圆运动导轨与贴塑滑动导轨

1. 圆运动导轨

圆运动导轨主要用于圆形工作台、转盘和转塔等旋转运动部件，常见的有平面圆环导轨、锥形圆环导轨和 V 形圆环导轨。

2. 贴塑滑动导轨

贴塑滑动导轨一般与铸铁导轨或淬硬的钢导轨相配合使用，是在与铸铁导轨或淬硬的钢导轨相配合的导轨(即由工作台导轨面、镶条面、压板面组成的导轨面)上贴一层塑料导轨软带制成的。贴塑滑动导轨已经得到广泛使用。近年来，国内外已经研制了数十种塑料基体的复合材料用于机床导轨。其中应用比较广泛的有两种：一种是美国霞板(Shanban)公司研制的得尔赛(Turcite-B)塑料导轨软带；另一种则是我国研制的 TSF 软带。

Turcite-B 塑料导轨软带由可以自润滑的复合材料制成，它主要是在聚四氟乙烯中填充 50%的青铜粉，还加有一定量的二硫化钼、玻璃纤维和氧化物制成的带状复合材料。它具有优异的减磨、抗咬伤性能，不会损坏配合面，吸振性能好，低速无爬行，并可以在干摩擦下工作。

塑料导轨软带与其他导轨相比，具有以下特点：

(1) 摩擦系数低而稳定，比铸铁导轨副低一个数量级；

(2) 动、静摩擦系数相近，运动平稳性和爬行性较铸铁导轨副好；

(3) 吸收振动，具有良好的阻尼性，优于接触刚度较低的滚动导轨和易漂浮的静压导轨；

(4) 耐磨性、抗撕伤能力强，有自润滑作用，无润滑油也能工作，灰尘、磨粒的嵌入性好；

(5) 化学稳定性好，耐磨、耐低温、耐强酸、强碱、强氧化剂及各种有机溶剂；

(6) 维护修理方便，软带耐磨，损坏后更换容易；

(7) 加工性和化学稳定性好，工艺简单，经济性好，结构简单，成本低，其成本约为滚动导轨成本的 1/20。

2.6.4 滚动直线导轨

目前，滚动直线导轨的类型很多，主要使用的有日本 THK 公司的系列产品、德国 INA 公司的系列产品，还有国产的 GGB 系列(南京工艺装备制造有限公司)、HJG—D 系列(汉江机床厂)、HTPM 系列(凯特精机公司)等产品。

1. 滚动直线导轨的结构

滚动直线导轨副是由导轨、滑块、钢球、反向器、保持架、密封端盖及挡板组成的，如图 2-39 所示。当导轨与滑块做相对运动时，钢球就沿着导轨上的滚道滚动(导轨上有 4 条经过淬硬和精密磨削加工而成的滚道)。在滑块的端部，钢球又通过反向装置(反向器)进入反向孔后再进入导轨上的滚道。钢球就这样周而复始地进行滚动运动。反向器两端装有防尘密封端盖，可以有效防止灰尘、屑末进入滑块内部。

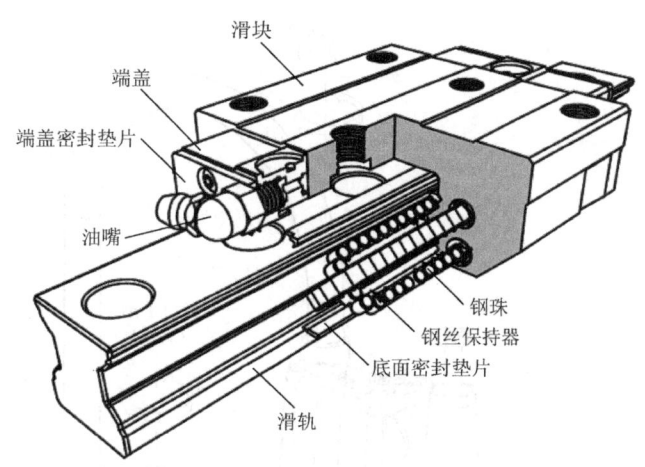

图 2-39 滚动直线导轨的结构和组成

2. 滚动直线导轨的优点

(1)滚动直线导轨副是在滑块与导轨之间放入适当的钢球，使滑块与导轨之间的滑动摩擦变为滚动摩擦，大大降低了两者之间的运动摩擦阻力，从而可获得以下优异性能：

① 导轨的动、静摩擦系数差别小，随动性极好，即驱动信号与机械动作滞后的时间间隔极短，有效提高了数控系统的响应速度和灵敏度；

② 驱动功率大大下降，只相当于普通机械的 1/10；

③ 与滑动导轨和滚子导轨相比，摩擦力可下降约 40 倍；

④ 适用于高速直线运动，运动速度比滑动导轨提高约 10 倍；

⑤ 可以实现较高的定位精度和重复定位精度。

(2)可以实现无间隙运动，提高机械系统的运动刚度。

(3)成对使用导轨副时，具有"误差均化效应"，从而可以降低基础件(导轨安装面)的加工精度要求，降低基础件的机械制造成本与难度。

(4)简化了机械结构的设计和制造。

滚动直线导轨除了具有上述优点外，还具有安装和维修都比较方便的特点。由于它是一个独立的部件，对机床支撑导轨部分的技术要求不高，既不需要淬硬也不需要磨削或刮研，只需要精铣或精刨。由于这种导轨可以预紧，因而比滚动体不循环的滚动导轨刚度高、承载能力大，但不如滑动导轨，抗振性也不如滑动导轨。为了提高抗振性，有时装有阻尼滑座。有过大振动和冲击载荷的机床不宜使用滚动直线导轨副。滚动直线导轨副的移动速度可以达到 60m/min，在数控机床和加工中心上得到了广泛应用。

3. 滚动直线导轨副的精度及选用

滚动直线导轨副分 4 个精度等级，即 2 级、3 级、4 级、5 级，其中 2 级精度最高，依次递减。由于滚动直线导轨副具有"误差均化效应",在同一平面内使用两根或两根以上滚动直线导轨时,可以选用精度等级较低的导轨而达到较高的导轨运动精度,一般可以提高 20%~50%。

2.7 工程实践例题

【例 2-1】 对于如图 2-40 所示的 SCARA 机器人,若Ⅲ轴采用丝杠螺母传动,设手腕的质量 m_4 =5kg,负载质量 m=3kg,Ⅲ轴运动的直线加速度最大为 a=1g=10m/s²,加速到 40mm/s 所用的时间为 4ms,试选用所需的滚珠丝杠副。

解:由于Ⅲ轴为竖直安装,滚珠丝杠的负载力主要包括手腕和负载本身的重力和加速运动时产生的惯性力。

1) 计算丝杠的最大负载力

机器人手腕加速时产生的惯性力为
$$F_a = M \cdot a = (m_4 + m) \cdot a = (5+3) \times 9.8$$
$$= 78.4(\text{N})$$

手腕的重力为
$$G = M \cdot g = (m_4 + m) \cdot g = (5+3) \times 9.8$$
$$= 78.4(\text{N})$$

则丝杠轴所受的最大负载力为
$$P_{max} = K(F_a + G) = 1.1 \times (78.4 + 78.4)$$
$$= 172(\text{N})$$

式中,K 为参考系数,其与导轨类型有关,矩形导轨取为 1.1,燕尾导轨取为 1.4,三角形或综合导轨取为 1.15。

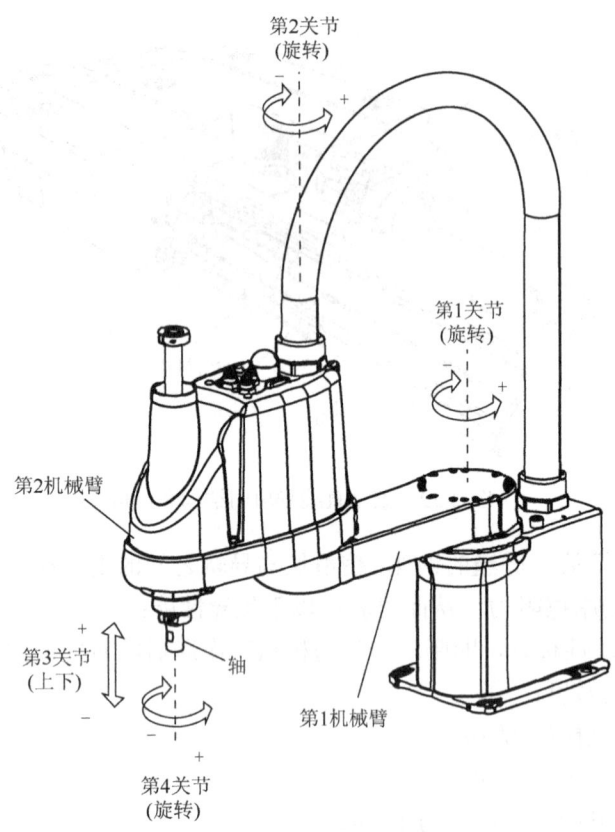

图 2-40 SCARA 机器人构型

2) 计算滚珠丝杠的转速

设计要求Ⅲ轴的直线运动速度 v = 40mm/s,假设丝杠导程 l_0 = 2mm,则丝杠的转速为
$$v = \frac{n}{60} l_0$$

则
$$n = \frac{60v}{l_0} = \frac{60 \times 40}{2} = 1200(\text{r/min})$$

3) 计算滚珠丝杠的最大动载荷

根据前述滚珠丝杠最大动载荷的计算公式,最大动载荷
$$Q = \sqrt[3]{L} f_H f_W P_{max}$$
$$L = \frac{60nT}{10^6} = \frac{60 \times 1200 \times 15000}{10^6} = 1080$$

取 $T=15000\text{h}$,$f_W=1.0$,$f_H=1.10$。

代入以上数据,可得滚珠丝杠的最大动载荷为

$$Q = \sqrt[3]{L} f_H f_W P_{max} = \sqrt[3]{1080} \times 1.10 \times 1.0 \times 172 = 1765(\text{N})$$

据此,初步选择黑田精工系列冷轧滚珠丝杠(微型标准螺母 M 型),型号为 GY0802GSHGNR004A,其公称直径 $d_0=8\text{mm}$,丝杠的小径 $d_1=6.6\text{mm}$,螺距 $P_h=2\text{mm}$,额定动载荷 $C=1800\text{N} > Q$。

4) 稳定性的验算

根据公式(2-12)得

$$P_k = \frac{f_k \pi^2 EI}{Ka^2} \geqslant P_{max}$$

式中,支撑系数 $f_k=4$;$E=2.1\times10^5\text{MPa}$;$I=\pi d_1^4/64$;$K=2.5$。

根据实际结构 $a=180\text{mm}$,代入上式,得

$$P_k = \frac{f_k \pi^2 EI}{Ka^2} = \frac{4 \times 3.14^2 \times 2.1 \times 10^5 \times 3.14 \times 6.6^4/64}{2.5 \times 180^2} = 9518(\text{N}) ? P_{max} = 172(\text{N})$$

满足设计要求。

5) 计算传动效率

滚珠丝杠的传动效率一般为 0.8~0.9,可由下式计算:

$$\eta = \frac{\tan\lambda}{\tan(\lambda+\varphi)}$$

式中,λ 为丝杠的螺旋升角,可由下式算得

$$\lambda = \arctan\frac{P_h}{\pi d_0} = \arctan\frac{2}{8\pi} = 0.08\text{弧度}$$

式中,φ 为摩擦角,一般取 10′。

由此可算出滚珠丝杠的传动效率为

$$\eta = \frac{\tan\lambda}{\tan(\lambda+\varphi)} = \frac{\tan 0.08}{\tan(0.08 + \pi\times(10/60)/180)} = 0.96$$

【**例 2-2**】 设计一精密车床的梯形齿同步带传动,已知电动机额定功率 $P_m=5.5\text{kW}$,额定转速 $n_1=1440\text{ r/min}$,传动比 $i=2.4$,轴间距约为 450mm,每天两班制工作(按 16h 计)。

解:其设计与计算的完整过程如表 2-6 所列。

表 2-6 例 2-2 的设计与计算过程

计算或选型项目	计算依据	计算或选型结果
(1)确定设计功率 P_d	$P_d = K_A \cdot P_m = 1.6 \times 5.5$	取 $K_A=1.6$,$P_d=8.8\text{ kW}$
(2)选定带型和节距	根据 P_d 和 n_1 选 P_b	选 H 型梯形齿同步带,$P_b=12.70\text{mm}$
(3)选择小带轮齿数	根据带型和转速 n_1	$z_{min}=18$,故取 $z=20$
(4)确定小带轮节圆直径	$d_1 = z_1 \cdot P_b/\pi = 20 \times 12.7/\pi$	$d_1 = 80.85\text{ mm}$
(5)确定大带轮齿数	$z_2 = i \cdot z_1 = 2.4 \times 20$	$z_2 = 48$
(6)确定大带轮节圆直径	$d_2 = z_2 \cdot P_b/\pi = 48 \times 12.7/\pi$	$d_2 = 194.04\text{mm}$
(7)确定带速	$v = \dfrac{\pi d_1 n_1}{60000} = \dfrac{\pi \times 80.85 \times 1440}{60000}$	$v = 6.1\text{m/s}$
(8)初定轴间距	$0.7(d_1+d_2) \leqslant a_0 \leqslant 2(d_1+d_2)$	$a_0 = 450\text{mm}$

计算或选型项目	计算依据	计算或选型结果
(9)确定带长以及带齿数	$L_0 = 2a_0 + \dfrac{\pi}{2}(d_1+d_2) + \dfrac{(d_2-d_1)^2}{4a_0}$ $= 2 \times 450 + \dfrac{\pi}{2} \cdot (80.85+194.04) + \dfrac{(194.04-80.85)^2}{4 \times 450}$	$L_0 = 1338.91\text{mm}$
(10)计算实际轴间距	$a = a_0 + \dfrac{L_p - L_0}{2}$ $= 450 + \dfrac{1295.4-1338.91}{2}$	选取H型同步带,标准节线长$L_p=1295.40\text{mm}$, 齿数$z=102$, $a=428.25\text{mm}$
(11)计算小带轮啮合齿数	$z_m \approx \left(\dfrac{1}{2} - \dfrac{d_2-d_1}{6a}\right)z_1$ $\approx \left(\dfrac{1}{2} - \dfrac{194.04-80.85}{6 \times 428.25}\right) \times 20$	$z_m \approx 9.12$,取整为$9 > z_{\min} = 6$
(12)计算基本额定功率	$P_0 = \dfrac{(T_a - mv^2)v}{1000}$ $= \dfrac{(2100-0.448 \times 6.1^2) \times 6.1}{1000}$	$T_a = 2100\text{N}$ $m = 0.448\text{ kg/m}$ $P_0 = 12.71\text{ kW}$
(13)确定带宽	$b_s \geq b_{s0} \sqrt[1.14]{\dfrac{P_d}{K_z P_0}} = 76.2 \times \sqrt[1.14]{\dfrac{8.8}{1 \times 12.71}}$	$b_{s0} = 76.2\text{mm}$,$K_z = 1$,$b_s \geq 55.23\text{mm}$
(14)计算作用在轴上的力	$F_r = \dfrac{1000 P_d}{v} = \dfrac{1000 \times 8.8}{6.1}$	$b_s = 55.2\text{ mm}$ $F_r = 1442.6\text{ N}$
(15)确定带轮的结构和尺寸		根据相关参数确定带轮的尺寸以及零件图(略)

习题与思考题

2-1 说明齿轮副、蜗轮蜗杆副以及滚珠丝杠副这三种传动装置的特点。

2-2 消除齿轮副间隙有哪些措施?

2-3 滚珠丝杠螺母副有哪些消除间隙和预紧的措施?

2-4 简述谐波齿轮减速器的主要优点。

2-5 已知总速比$i=40$,取三级减速,试按照最小转动惯量分配原则分配各级传动比。

2-6 已知双波传动谐波齿轮传动的柔轮齿数$z_2 = 200$,钢轮齿数$z_1 = 202$,谐波发生器的转速$n_H = 1200\text{r/min}$。试求:

(1) 钢轮固定时柔轮的转速;

(2) 柔轮固定时钢轮的转速。

2-7 对于例一所示SCARA机器人,设Ⅱ轴采用同步带传递运动和力矩。已知电动机的功率是100W,额定转速3000r/min,传动比$i=1$,试选择同步带的型号。

第3章 检测传感技术

自动导引小车(Automated Guided Vehicle，AGV)是一种典型的机电一体化产品，它是一种以电池为动力，装有非接触式导向装置的无人驾驶自动运输车。其主要功能是，在日常生活或工程实际中，在计算机控制下，通过复杂的路径将物料按一定的停位精度输送到指定的位置上。图 3-1 所示为装有非接触式导向装置的无人驾驶自动运输车，其中就包括了磁传感器、超声波传感器、激光传感器等。

图 3-1 装有非接触式导向装置的无人驾驶自动运输车

你了解为什么在 AGV 的设计中使用传感器吗？不同的传感器所对应的作用有什么不同？如果是你，你会怎样去设计传感器的排布呢？答案需要在本章慢慢寻找。

通过本章的学习，你能了解到传感器的工作原理、作用等，深入理解传感器检测技术在机电一体化系统设计中的作用。

本章知识要点
(1)掌握传感器特性与要求；
(2)熟悉传感器的工作原理；
(3)掌握检测信号的采集与处理；
(4)掌握传感器接口技术。

兴趣实践
观察 AGV 在自动运输过程中各个传感器所起到的作用。

探索思考
亚马逊物流库房中有许多 AGV 在繁忙工作，设想这些 AGV 是如何实现定位和行走路线的？

预备知识
请预先复习以前学过的机械工程测试技术，特别是传感器方面的知识。

3.1 传感器的组成及分类

案例 3-1
　　AGV 在制造业的生产线中大显身手，能够高效、准确、灵活地完成物料的搬运任务，成为一大研究热点，研究范围不仅涉及机械电子学、传感器信息融合、智能控制等技术，还涉及自定位技术、规划决策技术和运动控制技术等各个领域。
问题：
　　请你设计一个 AGV，了解 AGV 的体系结构、工作模式及系统结构，自己设想一下需要完成的搬运任务路线，完成这些动作需要哪些传感器？

　　21 世纪是现代信息技术的时代，现代信息技术的三大基础是：信息采集、信息传输和信息处理。信息采集就是通过传感器技术来实现的。

　　传感器技术是现代检测和自动化技术的重要基础之一，机电一体化系统的自动化程度越高，对传感器的依赖性就越大。可以说，传感器对系统的功能起决定性的作用。机电一体化系统本质上是自动控制系统，其整个运行过程中都有各种物理量（如位移、压力、速度等）需要控制和监测。这就需要采用相应的传感器来对原始的各种参数进行精确而可靠的检测，否则，对系统的各种控制都是无法实现的。因此，能将各种非电物理量转换成电量的传感器及其应用技术便成为机电一体化技术系统中不可缺少的组成部分。

3.1.1 传感器的组成

　　通常传感器有敏感元件、转换元件和基本转换电路三部分组成，如图 3-2 所示。

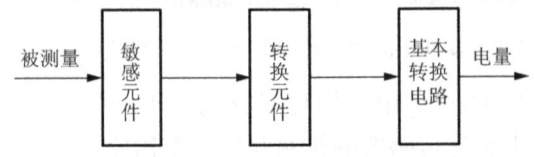

图 3-2　传感器的组成

　　(1) 敏感元件：直接感受被测物理量，并以确定对应关系输出某一物理量。如弹性元件将力转换为位移或应变输出。

　　(2) 转换元件：将敏感元件输出的非电物理量（如位移、应变、光强等）转换成电路参数（如电阻、电感、电容等）。

　　(3) 基本转换电路：将电路参数量转换成便于测量的电信号，如电压、电流、频率等。

　　可见，传感器有两个功能：一是感受被测物理量；二是把感受到的被测物理量进行变换，变换成一种与被测物理量有确定函数关系且便于传输和处理的信号，一般是电信号。

　　实际应用的传感器，有的很简单，有的较复杂。有些传感器（如热电偶）只有敏感元件，感受被测温差时直接输出电动势；有些传感器由敏感元件和转换元件组成，无须基本转换电路，如压电式加速度传感器，如图 3-3 所示；还有些传感器由敏感元件和基本转换电路组成，如电容式位移传感器，如图 3-4 所示；有些传感器，转换元件不止一个，要经过若干次转换才能输出电量。大多数传感器是开环系统，但也有个别的是带反馈的闭环系统。

　　当前，由于空间的限制或技术等原因，基本转换电路一般不和敏感元件、转换元件装在一个壳体内，而是装入电箱中。但不少传感器需要通过基本转换电路才能输出便于测量的电量，而基本转换电路的类型又与不同工作原理的传感器有关。因此，常把基本转换电路作为传感器的组成环节之一。

图 3-3　压电式加速度传感器

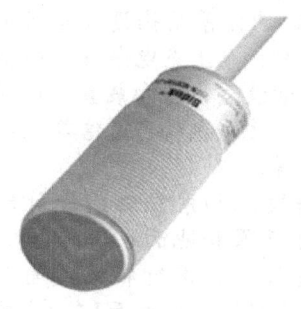

图 3-4　电容式位移传感器

3.1.2　传感器的分类

传感器的种类很多，同一原理的传感器，可以同时测量多种非电量，而同一种被测量，又可以用几种不同的传感器来测量。因此，传感器的分类方法很多。了解传感器的分类，旨在加深理解，便于应用。

1. 按输入物理量的性质分类

根据输入物理量的性质进行分类，是以输入物理量命名的，比较明确地指出了传感器的用途，便于使用者选用，如位移传感器、速度传感器、温度传感器等。同时，这种分类方法将种类繁多的物理量分为两大类，即基本量和派生量。例如，将"力"视为基本物理量，可派生出压力、重量、应力、力矩等派生物理量，当我们需要测量这些派生物理量时，只要采用基本物理量传感器就可以了。所以，了解基本物理量和派生物理量的关系，对于选用传感器是很有帮助的。表 3-1 给出的是常用的基本物理量和派生物理量。

表 3-1　常用的基本物理量和派生物理量

基本物理量		派生物理量
位移	线位移	长度、厚度、位置、振幅、应变、振动、磨损、不平度
	角位移	旋转角、偏转角、俯仰角
速度	线速度	速度、振动、流量、动量
	角速度	转速、角振动
加速度	线加速度	振动、冲击、质量
	角加速度	角振动、扭矩、转动惯量
力	压力	重量、应力、力矩
时间	频率	周期、计数、统计分布
温度		热容量、气体速度、涡流
光		光通量与密度、光谱分布

按输入物理量进行传感器分类的方法，将原理不同的传感器归为一类，不易找出每种传感器在转换机理上的共性和差异。因此，不利于掌握传感器的一些基本原理和分析方法。

2. 按工作原理分类

按工作原理分类是以传感器对信号转换的作用原理命名的，如应变式传感器、电容式传感器、压电式传感器、热电式传感器等。这种分类方法较清楚地反映了传感器的工作原理，有利于对传感器的深入研究分析。

> **案例 3-1 分析**
>
> AGV 的体系结构设计包括车体、蓄电池、车上充电装置、控制系统、驱动装置、转向装置、精确定位装置、移载机构、通信单元和导引系统等。
>
> 工作模式和系统结构设计包括车上传感器和地面(车外)控制器,并通过通信进行联系。输入 AGV 的控制指令由地面(车外)控制器发出,存入车上控制器(计算机);AGV 运行时,车上传感器通过通信系统从地面站接收指令并报告自己的状态。车上传感器可完成以下监控:手动控制、安全装置启动、蓄电池状态、转向极限、制动器解脱、行走灯光、驱动和转向电动机控制与充电接触器的监控等。
>
> 搬运路线:基于传感器的路径规划的指导思想,离障碍物一定距离时,实施变向避障,同时单调减少到达目的地的距离,从而保证 AGV 到达目的地。
>
> 所需传感器:光电传感器、位移传感器、电磁感应传感器、视觉

3. 按能量关系分类

根据能量关系分类,可将传感器分为能量转换型和能量控制型。自源型和带激励源型传感器属于能量转换型传感器,其传感器的输出量直接由被测输入量的能量转换而得,又称为有源传感器。外源型传感器的输出量能量必须由外加电源供给,只是受被测输入量的调节和控制,是能量控制型传感器,又称为无源传感器。

4. 按输出信号的性质分类

根据输出信号分为模拟信号或数字信号,可将传感器分为模拟式和数字式。数字式传感器便于与计算机联网,且抗干扰性较强,如光栅传感器等。

5. 按构成原理分类

按构成原理不同,可将传感器分为结构型和物性型。结构型传感器是以其转换元件结构参数的变化实现信号转换的,而物性型传感器是以其转换元件物理特性的变化而实现信号转换的。

6. 按构成传感器的功能材料分类

按构成传感器的功能材料不同,可将传感器分为半导体传感器、陶瓷传感器、光纤传感器、高分子薄膜传感器等。

7. 按某种高新技术命名的传感器分类

有些传感器是根据某种高新技术命名的,如集成传感器、智能传感器、机器人传感器、仿生传感器等。

3.2 传感器特性与要求

根据传感器的定义,传感器感受被测输入量,并将感受到的被测输入量,按一定的规律输出为有用信号。因此,我们有必要研究传感器的输入-输出关系来指导传感器的设计、制造、校准及使用。

描述传感器输入-输出关系的方法有两种:一是传感器的数学模型,二是传感器的各种基本特性指标。两者都可用于描述传感器的输入-输出关系及其特性。在设计、研究传感器时,常常用到传感器的数学模型来准确完整地反映传感器的输入-输出特性;而在制造和使用传感器时,常常根据传感器生产厂商给出的各种基本特性指标来选择适当的传感器。

根据被测输入量的性质,可对描述传感器输入-输出关系的数学模型和特性指标进行划分,被测输入量可分为静态量、准静态量和动态量。静态量是指输入量对时间的各阶导数为零,即输入量不随时间的变化而变化;准静态量是指输入量在较长时间内基本不变化;而动态量是指输入量将随时间变化而变化。与之相应,我们将描述被测输入量为静态量和准静态

量的数学模型称为传感器的静态数学模型,将描述被测输入量为动态量的数学模型称为传感器的动态数学模型。类似地,描述传感器输入-输出关系的基本特性指标也分为静态特性指标和动态特性指标,静态特性指标用以描述被测输入量为静态、准静态量时传感器的输入-输出特性,而动态特性指标用以描述被测输入量为动态量时传感器的输入-输出关系。

在这一节里,介绍传感器的静态数学模型及其静态基本特性指标。

3.2.1 传感器的静态模型

传感器的静态模型是指在静态条件下得到的传感器的数学模型。所谓"静态条件"是指被测输入量对时间 t 的各阶导数为零。当被测输入量为准静态量时,也可用静态数学模型来近似地描述。

传感器的静态模型可以用代数方程和特性曲线来描述。

1. 代数方程

在不考虑传感器滞后及蠕变的情况下,传感器的静态模型可以用一个代数方程来表示,即

$$y = a_0 + a_1 x + a_2 x^2 + \cdots + a_n x^n \tag{3-1}$$

式中,x 为输入量;y 为输出量;a_0 为零位输出(输入量 x 为零时的输出量);a_1 为传感器的灵敏度,常用 K 或 S 表示;a_2、……、a_n 为非线性项的待定常数。

> **案例 3-2**
> AGV 在正常工作时,为确保 AGV 在运行过程中自身安全,现场人员及各类设备的安全,要对自身的位置、姿态、速度以及系统内部状态等进行监控。
> **问题:**
> 通过了解传感器的特性和使用要求,为了获取更好的控制效果,在避免各搬运车之间的相互干扰下,对 AGV 在全自动搬运过程中所要完成的特定动作应该建立怎样的数学模型呢?

2. 特性曲线

表示传感器输入-输出关系的曲线称为传感器的特性曲线,特性曲线描述为图 3-5(a)、(b)、(c) 和 (d) 四种情况。

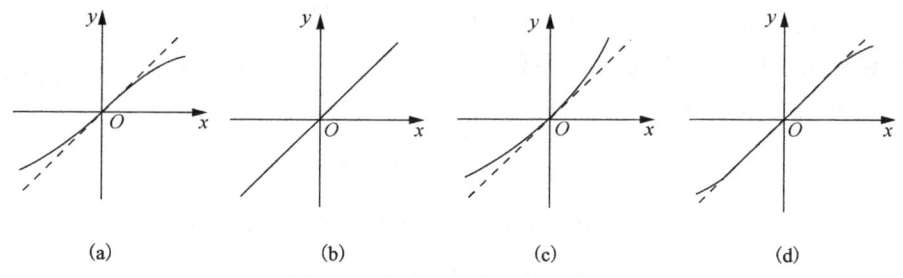

图 3-5 传感器的静态特性曲线

从图 3-5 中可看出,图 3-5(b) 为理想线性特性,图 3-5(a)、(c)、(d) 都出现非线性的情况,且图 3-5(d) 具有奇次方的代数方程,它在相当大的输入范围内有较宽的准线性。

3.2.2 传感器的静态特性指标

传感器的静态特性指标主要有线性度、滞后、重复性、灵敏度、分辨力、阈值、稳定性、漂移、精度(静态误差)等。其中,滞后、线性度和重复性是三个较为重要的指标,传感器的静态误差就可以由这三个指标综合给出。

1. 滞后

滞后表示传感器在正、反行程期间，其输入-输出曲线不重合的程度。这里，传感器的正向行程是指输入量增大的行程，而传感器的反向行程是指输入量减小的行程。

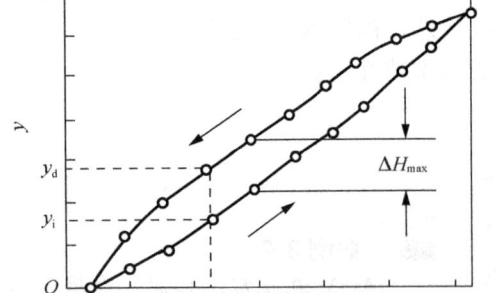

图 3-6 滞后现象

如图 3-6 所示，对于同一大小的输入信号 x，在 x 连续增大的正向行程中，对应于某一输出量为 y_i，而在 x 连续减小的反向行程中，对应于另一输出量为 y_d，且 $|y_i - y_d| \neq 0$ 这就是传感器的滞后现象。

传感器的滞后现象表示为

$$e_H = \frac{\Delta H_{max}}{y_{F \cdot S}} \times 100\% \quad (3-2)$$

式中，ΔH_{max} 为正、反行程输出的最大值；$y_{F \cdot S}$ 为满量程输出值。

2. 线性度

传感器的线性度又称非线性，表示传感器实际的输入-输出曲线（校准曲线）与拟合直线之间的吻合（或偏离）程度。

这里的实际输入-输出曲线，又称为传感器的校准曲线。它是通过实际测量、标定得到的，如图 3-7 所示。当一个输入量作用于传感器，得到一个相应的输出量，从而可在平面坐标上确定一个点，将一系列这样的测量标定点连接在一起，就得到了传感器的实际输入-输出曲线，又称校准曲线。定义中的"拟合直线"是我们所选定的工作曲线，一般选取与校准曲线误差最小的直线作为拟合直线。

线性度通常采用相对误差表示，即

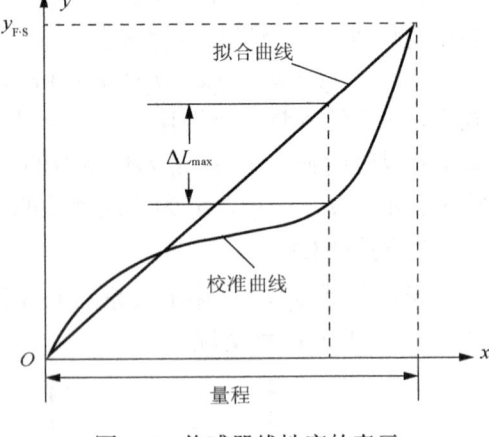

图 3-7 传感器线性度的表示

$$e_L = \pm \frac{\Delta L_{max}}{y_{F \cdot S}} \times 100\% \quad (3-3)$$

式中，ΔL_{max} 为输出量与输入量的实际曲线（校准曲线）与拟合直线最大偏差；$y_{F \cdot S}$ 为满量程输出值。

显然，选定的拟合直线不同，得到的传感器的线性度就不同，因此拟合直线的选定非常重要。选定拟合直线的过程，就是传感器线性化的过程。拟合直线选定的原则是：保证尽量小的非线性误差，同时使计算与使用方便。选定拟合直线的方法，即传感器线性化的方法主要有理论直线法、端点线法、最佳直线法、最小二乘法以及计算程序法、硬件处理法等。

3. 重复性

重复性是反映传感器在同一工作条件下，输入量按同一方向作全量程连续多次测试时，所得特性曲线间一致程度的指标。如图 3-8 所示，各条曲线越靠近，重复性越好，误差也越小。重复性误差反映的是校准数据的离散程度，属于随机误差。因此，重复性误差应根据标准偏差计算，即

$$e_R = \pm \frac{a\sigma_{max}}{y_{F \cdot S}} \times 100\% \qquad (3\text{-}4)$$

式中，σ_{max} 为各校准点正、反行程输出值的标准偏差的最大值；a 为置信系数，通常取 2 或 3，$a=2$ 时置信概率为 95.4%，$a=3$ 时置信概率为 99.73%。

如果误差服从高斯分布，标准差可按贝塞尔公式计算，即

$$\sigma = \sqrt{\frac{\sum_{i=1}^{n}(y_i - \overline{y})^2}{n-1}} \qquad (3\text{-}5)$$

式中，y_i 为某校准点的输出值；$\overline{y}$ 为各次测量值的平均值，$\overline{y} = \frac{1}{n}\sum_{i=1}^{n} y_i$；$n$ 为测量次数。

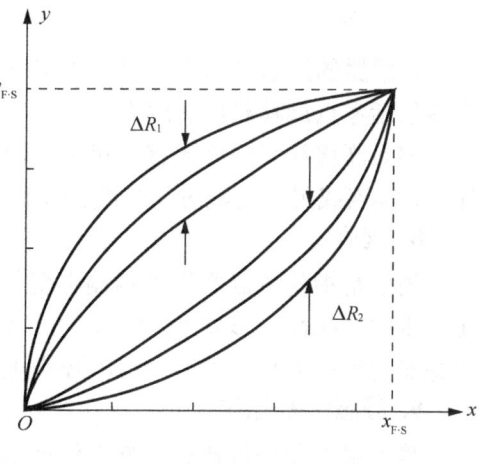

图 3-8　重复性特性

4. 灵敏度

传感器的灵敏度是其输出量增量 y 与输入量增量 x 的比值，常用 K 或 S 表示，即

$$K = \frac{\Delta y}{\Delta x} \qquad (3\text{-}6)$$

对于线性传感器，如图 3-9(a)所示。灵敏度就是其拟合直线的斜率 $K = \frac{y - y_0}{x}$，是一个常数。对于非线性传感器，如图 3-9(b)所示，其灵敏度不是常数，而是一个变量，用 $\frac{dy}{dx}$ 表示传感器在某一工作点的灵敏度。

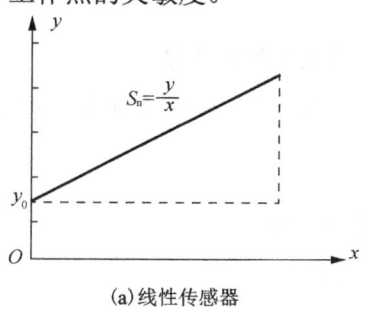
(a) 线性传感器

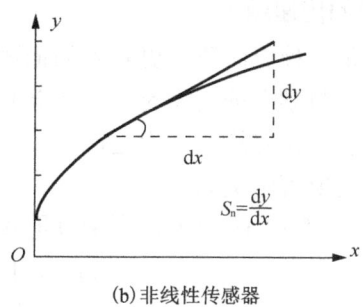
(b) 非线性传感器

图 3-9　灵敏度的定义

实际使用中，由于外源型传感器的输出量与供给传感器的电源电压大小有关，因此其灵敏度的表达中需要包含电源电压的因素。例如，某位移传感器，当电源电压为 1V 时，每 1mm 位移变化引起的输出电压变化为 100mV，则其灵敏度可表示为 100mV / mm。

5. 分辨率（力）

分辨力是指传感器在规定测量范围内所能检测出的被测输入量的最小变化量。有时，也用分辨力值相对于满量程输入值的百分数表示，称为分辨率。

6. 稳定性

稳定性有短期稳定性和长期稳定性之分，对于传感器，常用长期稳定性来描述其稳定性，即传感器在相当长的时间内仍保持其性能的能力。传感器的稳定性是指在室温条件下，经过规定的时间间隔后，传感器的输出与起始标定时的输出之间的差异。有时，也用标定的有效

期来表示传感器的稳定性程度。

7. 漂移

传感器的漂移是指在外界的干扰下,传感器输出量发生与输入量无关的、不需要的变化。漂移包括零点漂移和灵敏度漂移。

零点漂移和灵敏度漂移又可分为时间漂移(时漂)和温度漂移(温漂)。时漂是指在规定条件下,零点或灵敏度随时间的缓慢变化;温漂是指由于温度变化而引起的零点或灵敏度漂移。

8. 阈值

阈值是指传感器产生可测输出变化量时的最小被测输入量值。有的传感器在零位附近存在严重的非线性,形成"死区",将"死区"的大小作为阈值,更多情况下,阈值主要取决于传感器的噪声大小,因而只给出噪声电平。

9. 静态误差(精度)

静态误差是评价传感器静态性能的综合性指标,即传感器在满量程内任一点的输出值相对于其理论值可能偏离(逼近)的程度。

3.2.3 传感器的动态特性指标

当被测输入量是一个随时间变化的动态量时,传感器的输出与输入信号的关系,称为传感器的动态特性。它描述的是在被测输入量为动态量时,传感器的输出动态响应特性。有的传感器尽管其静态特性非常好,但由于其不能很好地反映输入量快速变化的情况,输出的动态响应特性差,导致严重的动态误差。因此,评价一个传感器的优劣,必须从其静态和动态两方面的特性来衡量。

1. 传感器的传递函数

传递函数是一种更简便、更实用的描述传感器动态模型的方法。

传递函数在数学上的定义是:初始条件为零时,输出量(响应函数)的拉普拉斯变换与输入量(激励函数)的拉普拉斯变换之比。

拉普拉斯变换可定义如下:

如果在 $t \leqslant 0$ 时,$y(t) = 0$,则 $y(t)$ 的拉普拉斯变换为

$$Y(s) = \int_0^\infty y(t) e^{-st} dt \tag{3-7}$$

式中,$s = \sigma + j\omega$ 称为拉普拉斯变换自变量,是个复数;σ 是收敛因子;ω 为角频率;$j = \sqrt{-1}$。

假设传感器在输入-输出存在线性关系(即传感器是线性的,特性不随时间变化)的范围内使用,则它们之间的关系可用高阶常系数线性微分方程表示:

$$a_n y^{(n)} + a_{n-1} y^{(n-1)} + \cdots + a_1 y^{(1)} + a_0 y = b_m x^{(m)} + b_{m-1} x^{(m-1)} + \cdots + b_1 x^{(1)} + b_0 x \tag{3-8}$$

式中,y 为输出量;x 为输入量;t 为时间;a_0、a_1、$\cdots\cdots$、a_n 为常数;b_0、b_1、$\cdots\cdots$、b_m 为常数;$y^{(n)}$ 为输出量对时间 t 的 n 阶导数;$x^{(m)}$ 为输入量对时间 t 的 m 阶导数。

当其初值为0时,对式(3-8)进行拉氏变换即可得系统传递函数 $H(s)$ 的一般式为

$$H(s) = \frac{Y(s)}{X(s)} = \frac{b_m s^m + b_{m-1} s^{m-1} + \cdots + b_1 s + b_0}{a_n s^{(n)} + a_{n-1} s^{(n-1)} + \cdots + a_1 s + a_0} \tag{3-9}$$

这样,就可以用传递函数 $H(s)$ 作为动态模型来描述传感器的动态响应特性。它具有如下一些特点:

案例 3-2 分析

　　静态特性指标主要有线性度、滞后、重复性、灵敏度、分辨力、阈值、稳定性、漂移、精度（静态误差）等。其中，线性度、滞后和重复性是三个较为重要的指标，AGV 运行的静态误差就可以由这三个指标综合给出。

　　先建立静态几何模型：AGV 有 2 个位置自由度（X、Y 轴上的位置）和 1 个姿态自由度（绕中心的旋转）。这里，取可全方位移动的 AGV 为例加以说明。由于 AGV 能全方位移动，所以可忽略 AGV 的方向（姿态的自由度）。这样，就能用以最大回转长度为半径的圆表示 AGV。在此基础上，可以把障碍物的几何尺寸径向扩张一个 AGV 圆的半径，同时把 AGV 缩成一个点。由此，在存在扩张了的障碍物的地图（XY 平面）上，可以规划成为几何点的 AGV 的路径。

　　当被测输入量是一个随时间变化的动态量时，传感器的输出与输入信号的关系，称为传感器的动态特性。它描述的是在被测输入量为动态量时，传感器的输出动态响应特性。有的传感器尽管其静态特性非常好，但由于其不能很好地反映输入量快速变化的情况，输出的动态响应特性差，导致严重的动态误差。因此，评价一个 AGV 运行的优劣，必须从其静态和动态两方面的特性来衡量。

　　基于静态模型设计动态数学模型的路径规划。

　　为了快速选取路径，用图的数据结构表示规划的数学模型（俗称"地图"）。所谓图就是用弧连接节点的数据结构，节点意味着 AGV 的位置，弧意味着两个位置间的移动。将移动的几何距离、工作量或时间加权折算得出两个位置间移动的模型。通过建立传感器之间的函数关系分析小车运动系统的动态特性，从而进行优化设计。

（1）传递函数 $H(s)$ 反映的是传感器系统本身的特性，只与系统结构参数 a_i、b_i 有关，而与输入量 $x(t)$ 无关。因此，用传递函数 $H(s)$ 可以简单而恰当地描述传感器的输入-输出关系。

（2）对于传递函数 $H(s)$ 描述的传感器系统，只要知道 $H(s)$、$Y(s)$、$X(s)$ 三者中任意两者，就可方便地求出第三者。如图 3-10 所示，只要给系统一个激励信号 $x(t)$，便可得到系统的响应 $y(t)$，系统的特性就可被确定，而无须了解复杂系统的具体内容。

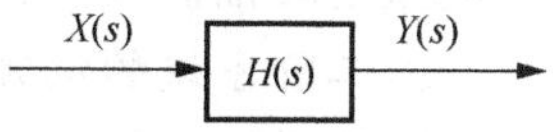

图 3-10　传递函数框图

（3）同一个传递函数可能表征着两个完全不同的物理系统，说明它们具有相似的传递特性。不同的物理系统有不同的系数量纲，即通过系数 a_i、b_j($i = 0$、1、……、n；$j = 0$、1、……、m) 反映出来的。

（4）对于多环节串、并联组成的传感器系统，如各环节的阻抗匹配适当，可忽略相互之间的影响，则传感器的等效传递函数可按代数方式求解而得。

2. 传感器的动态响应

　　传感器的动态响应应用到检测系统中就是分析检测系统的动态响应。在测量动态信号时，希望检测系统是理想不失真系统。所谓动态响应信号，就是指含有丰富的频率成分的信号（周期信号、瞬变非周期信号、随机信号），希望系统对任何频率的信号都能够有同样的灵敏度。

1）理想不失真系统

　　如果一系统的频率特性函数 $H(j\omega)$ 恒等于实常数，即

$$H(j\omega) = Y(j\omega)/X(j\omega) = b_0/a_0 \quad (3\text{-}10)$$

可知，系统的灵敏度和信号频率（即信号变化快慢）无关，即对任何频率信号具有同样的灵敏度。这样输出就能精确地复现输入信号，不存在动态误差。这是一个理想的零阶系统的特性，即对时域模型为直线方程的系统——$y(t) = Sx(t)$。

2）一阶系统的幅频特性和相频特性

　　一阶系统的频率特性函数、幅频特性和相频特性由式(3-11)～式(3-13)所表达，即

$$H(j\omega) = \frac{1}{1+j\omega\tau} \tag{3-11}$$

$$A(\omega) = \frac{1}{\sqrt{1+(\omega\tau)^2}} \tag{3-12}$$

$$\Phi(\omega) = -\arctan\omega\tau \tag{3-13}$$

$H(j\omega)$ 是将静态灵敏度 $S = b_0/a_0$ 归一化处理后的标准形式，因此在 $\omega = 0$ 时 $A(\omega) = 1$，但随着信号频率增加 $A(\omega)$ 则减小，$A(\omega)$ 是动态灵敏度。动态灵敏度和相位差随着信号频率变化给测量造成幅值误差和相位误差。

3) 二阶系统的幅频特性和相频特性

二阶系统的频率特性函数、幅频特性和相频特性由式(3-14)～式(3-16)所表达，即

$$H(j\omega) = \frac{1}{\left[1-\left(\frac{\omega}{\omega_n}\right)^2\right] + j2\xi\frac{\omega}{\omega_n}} \tag{3-14}$$

$$A(\omega) = \frac{1}{\sqrt{\left[1-\left(\frac{\omega}{\omega_n}\right)^2\right]^2 + 4\xi^2\left(\frac{\omega}{\omega_n}\right)^2}} \tag{3-15}$$

$$\Phi(\omega) = -\arctan\frac{2\xi\left(\frac{\omega}{\omega_n}\right)}{1-\left(\frac{\omega}{\omega_n}\right)^2} \tag{3-16}$$

对于二阶测量系统，其 $A(\omega)$ 和 $\Phi(\omega)$ 的含义和一阶系统的相同。$A(\omega)$ 是系统归一化的动态灵敏度。$\Phi(\omega)$ 是输出信号相对于输入信号的相位滞后。二阶系统是一个振荡系统，系统的特性是自身的固有频率 ω_n 或 f_n 和阻尼比 ξ 的函数。

3.3 常用传感器及应用

传感器技术是现代检测和自动化技术的重要基础之一，机电一体化系统的自动化程度越高，对传感器的依赖性也就越大。能将各种非电物理量转换成电量的传感器及其应用技术便成为机电一体化技术系统中不可缺少的组成部分。

3.3.1 光电编码器

编码器是将机械传动的模拟量转换成旋转角度的数字信号，进行角位移检测的传感器。编码器的种类很多，根据检测原理，它可分为电磁式、电刷式、电磁感应式及光电式等。由于光电编码器具有非接触和体积小的优点，且分辨率很高，在旋转一周内能产生数百万个脉冲。因此，

案例 3-3

AGV 设有的非接触式检测装置是障碍物接触式缓冲器的辅助装置，是先于障碍物接触式缓冲器发生作用的安全装置。为了安全，障碍物接近传感器是一个多级的接近检测装置，在预定距离内检测障碍物。在一定距离范围内，它会使 AGV 降速行驶，在更近的距离范围内，它会使 AGV 停车，而当解除障碍物后，AGV 将自动恢复正常行驶状态。

问题：

请根据上述要求选择设计所需要的合适的传感器。

它是目前应用最为广泛的一种编码器。光电编码器是面向数控行业、电梯行业、自动控制行业配套的重要装备部件，也是产业升级的关键部件之一，是自动化的标志，应用领域非常广泛。光电编码器根据其刻度方法及信号输出形式，分为增量式编码器和绝对式编码器。

1. 增量式光电编码器

增量式光电编码器采用圆光栅，通过光电转换，将轴转角位移转换成电脉冲信号，并利用光电方法，通过电路处理，将输入的机械量转换成相应的数字量。这种编码器具有精度高、结构紧凑、体积小、质量轻、启动力矩小和可靠性强等优点。增量式光电编码器由编码圆盘、指示标度盘、发光二极管、光敏三极管等组成，如图 3-11 所示。

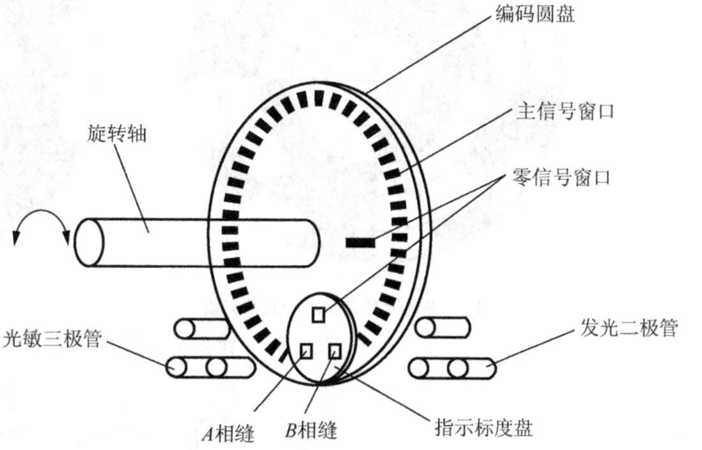

图 3-11 增量式光电编码器

编码圆盘与旋转轴固定并一起旋转，指示标度盘与传感器外壳固定。编码盘上刻有等分的明暗相间的主信号窗口及一个零信号窗口。在指示表盘上有三个窗口，一个作为零信号窗口；其余两个窗口，当一个窗口与编码圆盘窗口对准时，另一个窗口与编码圆盘上的相应窗口相差 90°。

2. 绝对式光电编码器

绝对式光电编码器的编码盘由透明及不透明区组成，这些透明及不透明区按一定编码构成，编码盘上码道的条数就是数码的位数。绝对式编码器能够直接给出对应于每个转角位置的二进制数码，便于计算机处理。图 3-12(a) 所示为一个 4 位自然二进制数据编码器的编码盘，编码盘的周围上刻有 4 条码道，代表 4 位二进制数码的 16(2^4=16) 种连续取值。假定处于圆周最外围的码道代表数码的最低位，离圆心最近的码道代表数码的最高位。码盘上的涂黑部分为不透明区，输出为"1"，空白部分为透明区，输出为"0"。如果编码盘有 4 条码道，则从里到外各码道依次对应为 2^3、2^2、2^1、2^0。16 个扇区分别对应二进制数据的 0000、0001、……、1111。绝对式光电编码器每一条码道对应有一个光电元件，当码道处于不同角度时，经过光电转换的输出就呈现出不同的数码。但是这种数码盘的编码方式使码值不止一次发生变化，可能由于各种不精确因素而导致出现读数失误，并且无法验证。因此在码盘设计中，通常采用新的编码技术(如图 3-12(b) 所示的格雷码)编制码盘，可将错码局限在只有一位上。绝对式光电编码器的结构示意图如图 3-13 所示。

绝对式光电编码器的码盘可以划分多个码道，最多可做成 20 个码道。绝对式编码器采用光码盘的最大特点是非接触式，因此它的使用寿命长，可靠性高，其精度和分辨率取决于光码盘的精度和分辨率。光电码盘的缺点是结构较为复杂，光源寿命较短。

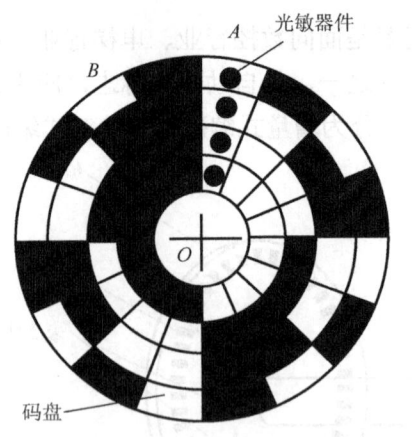
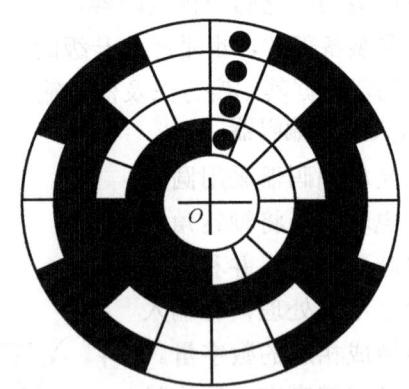

(a) 4 位二进制绝对式编码器的编码盘　　　　　　(b) 4 位格雷码盘示意图

图 3-12　绝对式光电编码器的编码盘

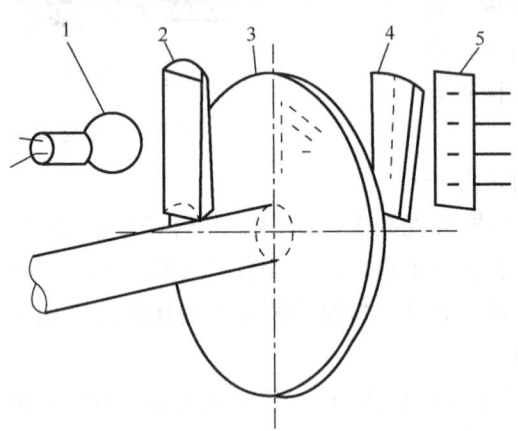

1-光源；2-透镜；3-编码盘；4-狭缝；5-光电元件

图 3-13　绝对式光电编码器的结构示意

3. 光电编码器的应用——转速测量

在大多数交流、直流伺服控制系统中，采用光电编码器进行位置检测，同时它在机电一体化系统的长度、角度等检测中也得到了广泛的应用，下面主要介绍光电编码器在转速测量方面的应用。

转速可由编码器发出的脉冲频率或周期来测量。利用脉冲频率测量是在给定的时间内对编码器发出的脉冲计数，然后由下式求出其转速 n (r/min)：

$$n = \frac{N_1}{N} \times \frac{60}{t} \tag{3-17}$$

式中，t 为测速采样时间；N_1 为 t 时间内测得的脉冲个数；N 为编码器每转的脉冲数。

图 3-14 所示为采用脉冲频率法测转速的工作原理，在给定时间 t 内，使门电路选通，编码器输出脉冲允许进入计数器计数，这样可计算出 t 时间内编码的平均转速。

采用脉冲周期计数法测量转速，是通过计数编码器一个脉冲间隔（脉冲周期）标准时钟脉冲个数来计算其转速的，转速 n (r/min) 可由下列公式计算：

$$n = \frac{60}{2N_2NT} \tag{3-18}$$

式中，N 为编码器每转脉冲数；N_2 为编码器一个脉冲间隔内标准时钟脉冲输出个数；T 为标准时钟脉冲周期(s)。

图 3-14(b)所示为采用脉冲周期法测量转速的工作原理，当编码器输出脉冲正半周时选通门电路，标准时钟脉冲通过控制门进入计数器计数，计数器输出 N_2，即可用式(3-18)计算其转速。

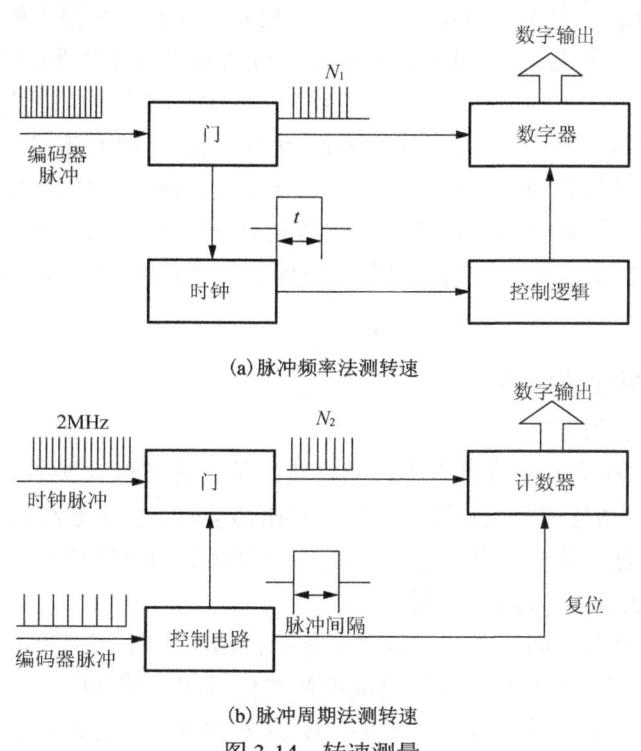

图 3-14 转速测量

3.3.2 光栅尺

光栅尺或称光栅，是一种高精度的直线位移传感器。光栅是通过在玻璃或金属基体上均匀刻划很多等节距的线纹而制成的。光栅的种类很多，在玻璃表面上制成透明与不透明间隔相等的线纹，称为透射光栅。在金属表面上制成全反射与漫反射间隔相等的线纹，称为反射光栅。也可把线纹做成具有一定衍射角度的定向光栅。根据用途，光栅可分为测量直线位移的长光栅和测量角位移的圆光栅。

光栅刻线为 25 条/mm、50 条/mm、100 条/mm 和 250 条/mm，主要利用光的透射和反射现象。由于应用了莫尔条纹原理，因而所测得的位置精度相当高，分辨率很容易达到 0.1 μm，最高分辨率可达到 0.025 μm。另外，光栅的读数速率可高达每秒数十万次，非常适用于动态测量，因此在检测系统中得到了广泛的应用。

1. 光栅结构和原理

光栅通常由一长一短两块光栅尺配套使用，其中长的一块称为主光栅或标尺光栅，短的一块称为指示光栅。标尺光栅和指示光栅都是由窄的矩形不透明的线纹和等宽的透明间隔线纹组成的。图 3-15 所示为两光栅互相平行放置，并保持一定的间隙(0.05mm 或 0.1mm)。光

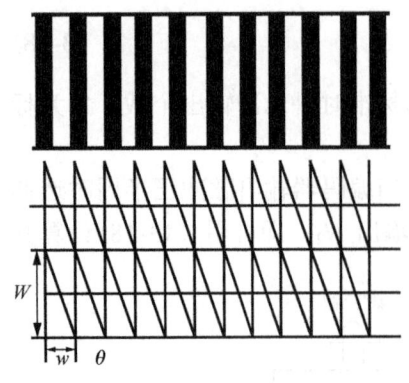

图 3-15 光栅尺的结构示意图

栅尺上均匀刻有很多条纹，从局部放大部分来看，白的部分为透光宽度，黑的部分为不透光宽度。通常情况下，光栅尺的不透光宽度和透光宽度(也称为黑白宽度)是一样的。

光栅尺上相邻两条光栅线纹间的距离称为栅距或节距 w，每毫米长度上的线纹数称为线密度 K，栅距与线密度互为倒数，即 $w=1/K$。标尺光栅和指示光栅相距 0.05～0.1mm 间隙，并且其线纹互为偏斜一个很小的角度 θ，在光源的照射下，就形成了与光栅刻线几乎垂直的明暗相间的宽条纹，称为莫尔条纹。产生莫尔条纹的原因是由于光的干涉效应。在亮线的附近，两块光栅尺的刻线相互重叠，光栅尺上的透光狭缝互不遮挡，透光性最强，形成亮带；在暗线附近，两块光栅尺的刻线互相错开，一块光栅尺的不透光部分恰好遮住另一块光栅尺的透光部分，透光性最差，形成暗带。莫尔条纹的方向与光栅线纹方向大致垂直。两条莫尔条纹间的距离称为纹距 W，则有近似几何关系为

$$W \approx \frac{w}{\theta} \tag{3-19}$$

2. 莫尔条纹与参数间的关系

光栅的莫尔条纹有如下特点：

(1) 起放大作用。因为 θ 角度非常小，所以莫尔条纹的纹距 W 要比光距 w 大得多。

(2) 莫尔条纹的移动与栅距成正比。当标尺光栅移动时，莫尔条纹就沿着垂直于光栅运动的方向移动，并且光栅每移动一个栅距 w，莫尔条纹就准确地移动一个纹距，若光栅尺移动方向改变，莫尔条纹的移动方向也改变。

为了判断光栅的移动方向，必须沿着莫尔条纹移动的方向安装两组相距相差 $w/4$ 的光电元件 A 和 B，使莫尔条纹经光电元件转换成的脉冲信号相位差 90°，由相位的超前和滞后来判断光栅的移动方向。光电元件 A、A_1 和 B、B_1 为差动输出，使其抗干扰能力增加。与光电编码器相同，增量式光栅尺也设有零标志脉冲，零标志脉冲可以设置在光栅尺的中点，也可以设置一个或多个零标志脉冲。光栅尺的光电元件安排如图 3-16 所示。

(3) 起均化误差的作用。莫尔条纹是由若干根纹线组成的，如 200 条/mm 的光栅，10mm 长的一根莫尔条纹就由 2000 条纹线组成。这样，栅距之间的固有相邻误差就被平均化了。

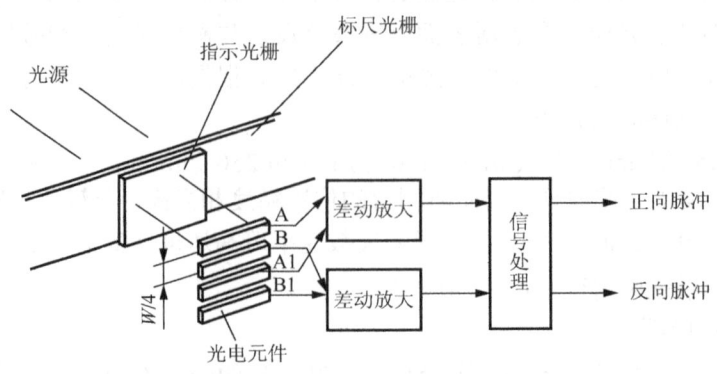

图 3-16 光电元件安排

3. 信号处理

光栅尺输出的信号有两种：一种是正弦波信号；一种是方波信号。正弦波输出有电流型和电压型，对正弦波输出信号需经过差动放大、整形及倍频处理后得到脉冲信号。倍频可提高光栅的分辨精度，如 5 倍频、10 倍频等。如原光栅线密度为 50 条/mm，经 10 倍频处理后，就相当于将线密度提高到 500 条/mm。

光栅尺除了增量式测量外，还有绝对式测量，输出二进制 BCD 码或格雷码编码。另外，光栅除了有光栅尺外，还有圆光栅，用于角度位移测量。圆光栅的组成和工作原理同光栅尺类似，同样有增量式和绝对式测量。

在最外一道信号的透光与不透光处，从外至内作为绝对编码器并进行若干编码，可根据读出的码盘编码，检测绝对位置。编码的设计可采用二进制码、循环码、二进制补码等。

3.3.3 温度传感器

温度传感器是一种将温度变化转化为电学量变化的装置，用于检测温度和热量，因此也称为热电式传感器。温度传感器一般分为接触式和非接触式两大类：接触式是指传感器直接与被测物体接触，从而进行温度测量，这是温度测量的基本形式。这种方式的特点是通过接触方式把被测物体的热量传递给传感器，因而降低了被测物体的温度，特别是被测物体热容量较小时，测量精度较低。因此，采用这种方式测量物体真实温度的前提条件是被测物体的热容量要足够大且大于传感器。而非接触式是通过测量物体辐射发出的红外线测量物体的温度，因此可进行遥测，这是接触式温度传感器无可比拟的。

在各种工业测温方法中，热电偶、热电阻使用最为广泛。下面就这两种测温方法进行深入的讨论。

1. 热电偶传感器

1) 热电效应

热电偶测温是基于热电效应。在两种不同的导体(或半导体)A 和 B 组成的闭合回路中，如果它们两个节点的温度不同，则回路中产生一个电动势，通常称这种电动势为热电势，这种现象就是热电效应，如图 3-17 所示为热电偶回路。回路中，把 A、B 两种导体的组合称为热电偶，A、B 两种导体称为热电极，两个节点分别称为工作端(热端)、自由端(冷端)，温度分别为 T、T_0。

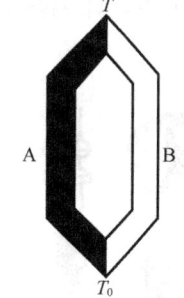

图 3-17 热电偶回路

热电效应的本质是热电偶本身吸收了外部的热能，并转换为内部电能的一种物理现象。热电偶的热电动势由两种导体的接触电动势和单一导体的温差电动势组成。接触电动势(又称玻尔电动势)是由于两种不同导体的自由电子密度不同而在接触处形成的电动势；温差电动势(又称汤姆逊电动势)是在同一导体中，由于两端温度不同而使导体内高温端的自由电子向低温端扩散形成的电动势。

2) 热电偶的种类

热电偶是目前应用广泛、发展比较完善的温度传感器，它在很多方面都具备一种理想温度传感器的条件。根据热电偶的用途、结构和安装形式，热电偶可分为多种类型，这里仅介绍几种常用的热电偶。

(1) 标准化和非标准化热电偶。标准化热电偶的工艺比较成熟，应用广泛，性能优良稳定，能成批生产，同一型号可以相互调换和同一分度，并且有配套显示仪表。

(2) 普通型热电偶。普通型热电偶外形如图 3-18 所示，这种类型的热电偶主要用于测量气体、蒸汽和液体气体、蒸汽和液体介质的温度。根据测温范围和测温环境不同，可选择合适的热电偶和保护套。按其安装时的连接形式可分为螺纹连接和法兰连接两种，按使用状态的要求又可分为密封式和高压固定螺纹式。

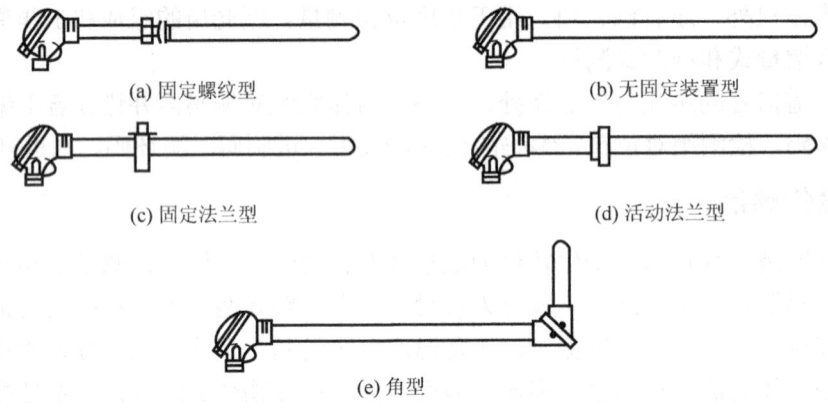

图 3-18　普通型热电偶外形

(3) 铠装热电偶。铠装热电偶的外形像电缆，也称缆式热电偶，是由金属套管、绝缘材料和热电偶丝组合而成的特殊结构热电偶。铠装热电偶具有体积小、精度高、响应速度快、可靠性高、抗振动、抗冲击、可挠性好、便于安装等优点，因此特别适用于复杂结构(如狭小弯曲管道内)的温度测量。使用时，可以根据需要截取一定长度，将一端护套剥去，露出热电极，焊成节点，即为热电偶。铠装热电偶外形及结构如图 3-19 所示。

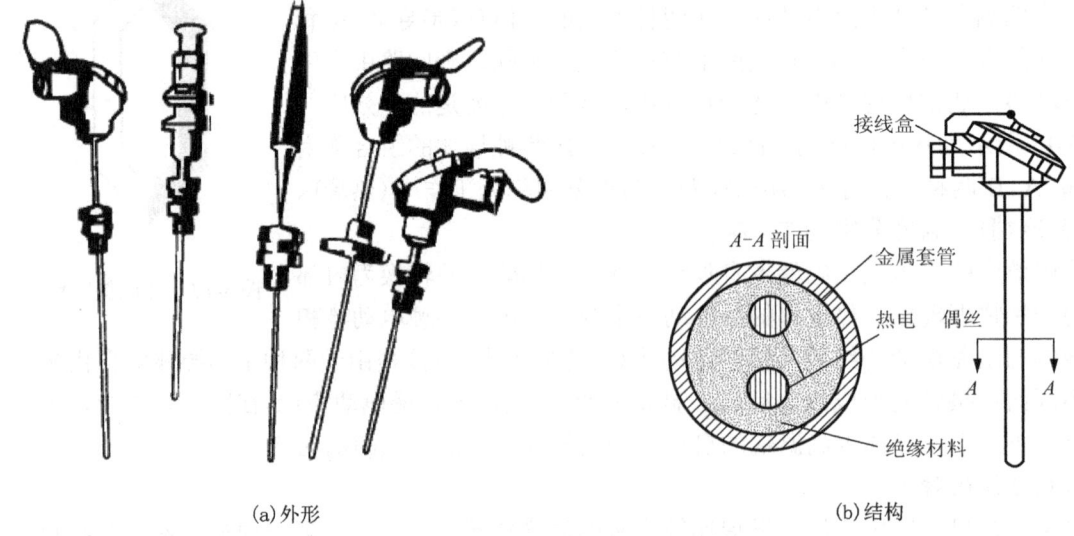

图 3-19　铠装热电偶外形及结构

3) 热电偶的特点

(1) 温度测量范围宽。随着科学技术的发展，目前热电偶的品种繁多，可测量自-271～+1800℃甚至更高的温度。

(2) 性能稳定、准确可靠。在正确使用情况下，热电偶的性能稳定，精度高，测量准确、可靠。

(3) 信号可以远传和记录。由于热电偶能将温度信号转换成电压信号，因此可以远距离传递，也可以集中检测和控制。此外，热电偶的结构简单，使用方便，其测量端能做得很小。因此，可以用来测量"点"的温度。又由于其热容量小，故反应速度很快。

2. 热电阻传感器

利用热敏电阻可以制成温度传感器。所谓热敏电阻是对热量敏感的电阻体，其电阻值随温度的变化而显著改变。热敏电阻是用锰、镍、钴、铜、钛、铝、镁等金属的氧化物和其他化合物混合制成。一般在温度上升时，其电阻值减小，即所谓具有负温系数。具体来讲，热敏电阻在温度升高时，阻值呈非线性(指数函数)下降。

3. 温度传感器的应用

温度传感器在机械设备温度测量方面应用非常广泛。在机床等设备中，利用挡块来定位是非常重要的方法。但如果温度变化，会引起机械设备的停止位置不准确。此时可利用温度检测并反向调整定位挡块机构。图 3-20 所示为这种热电偶方法的检测电路。

为了提高机床的加工精度，可以用两个热敏电阻来比较环境温度与冷却液或轴承的温度，以实现温度控制。图 3-20 中的热敏电阻，由于本身的阻值大，所以组成惠斯通电桥时，可以外加较高的供电电压。利用这种方法可以随时检测机床的定位情况并适当调整。

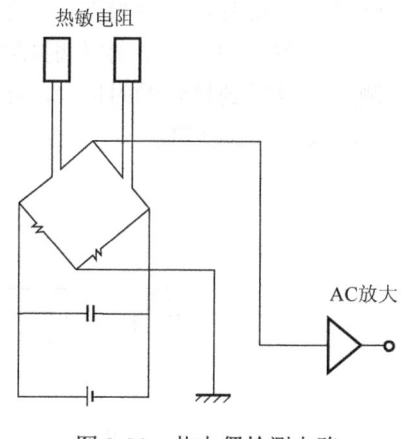

图 3-20　热电偶检测电路

3.3.4　霍尔传感器

霍尔传感器是利用霍尔效应实现磁电转换的一种线位移传感器。霍尔传感器具有灵敏性、线性度好、稳定性高、体积小和耐高温等特点，应用于非电量测量、自动控制、计算机装置和现代军事技术等各个领域。霍尔效应线位移传感器有接触式、差动式、非接触式和位移式等类型。

霍尔效应线位移传感器工作原理如图 3-21 所示。两块磁铁 1 和 2，分别使其 N、S 极处于相反方向置于两边，并用电工纯铁制成磁路(见图 3-21 中 3 和 4)，使其气隙中形成左、右两半方向相反的强磁场。在气隙中间置入长方形片状半导体霍尔元件。霍尔元件在其四个边上有电极，形成两对电极，即每一对边上的两个电极构成一对电极，其中一对电极上通以直流电流，另一对电极为输出端。被测位移作用在霍尔片上时，若起始位置时霍尔片处于气隙的几何中心，则左右两半边的磁场方向相反而作用面积相等，输出端的电动势为零。有位移之后，输出电动势 E 与位移 x 之间将有如图 3-22 所示的曲线关系，在距起始位置约 2mm 的范围内有很好的直线特性，因此可以测出位移。

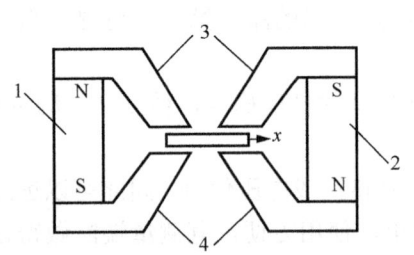
图 3-21 霍尔效应线位移传感器工作原理

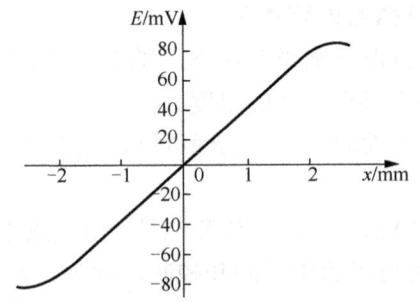
图 3-22 霍尔效应线位移传感器输出特性

3.3.5 超声波传感器

超声波传感器用超声波来测量距离,在机器人上用来检测障碍物。其原理与蝙蝠通过感觉自己所发出的超声波来测定距离的道理相同。超声波传感器实质上是一种可逆的换能器,将电振荡的能量转变为机械振荡,形成超声波,或者由超声波能量转变为电振荡。超声波传感器分为发射器和接收器,发射器可将电能转化为超声波,接收器可将超声波转化为电能。

如图 3-23 所示,由发射器发出的超声波碰到被测物体后反射回来,被接收器接收,同时测定从发射到接收的时间 T,设超声波的传播速度为 a,则从超声波传感器到被测物体的距离 L 可以用下式计算:

$$L = \frac{aT}{2} \tag{3-20}$$

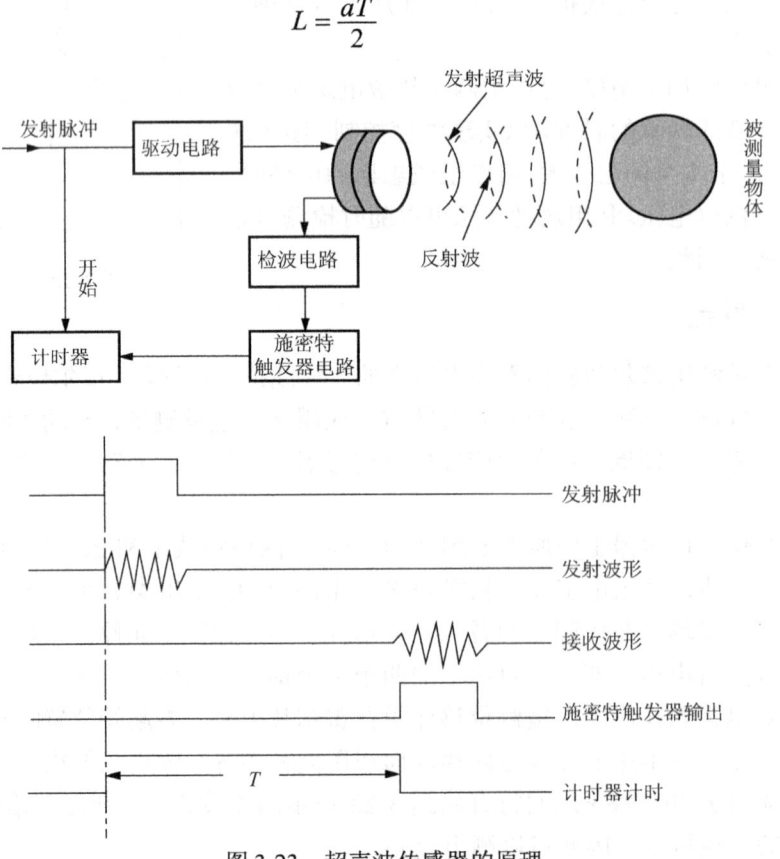

图 3-23 超声波传感器的原理

但是，由于超声波在空气中的传播速度与温度有关，所以会产生误差。此外，由于超声波的定向性不是很好，反射效果受被测物体的表面状态和材质影响，因此测量精度不是很高。

如图 3-23 所示，发射脉冲导通时，开始发射超声波。反射回来的超声波被接收后，经过放大和检波得到的波形上升沿由施密特触发器提取。通过计时器计量从发射脉冲的上升沿到施密特触发器上升沿的时间间隔，可以得到所测的距离。

3.3.6 智能传感器

智能传感器的概念起源于航天技术的发展、外太空的载人探测，为了保证航天器、航天人的安全，对外太空环境的认识，需要大量的传感器进行检测，并且所获取的数据也需要较多的计算机进行处理。这样，分立式传感系统的相互独立、信息处理存在滞后、大量布线、众多器件的安装调试等所带来的问题，促使了传感器智能化的发展，提出了由传感器系统本身对信号处理的理念，发展出能够对外界信息具有检测、逻辑判断、自诊断、数据自动处理、自适应等综合能力的多功能新型传感器。

传感器技术将是 21 世纪人们在高新技术方面争夺的一个制高点，各发达国家都将传感器技术视为现代高新技术发展的关键。从 20 世纪 80 年代起，日本就将传感器技术列为优先发展的高新技术之首，美国等西方国家也将此技术列为国家科技和国防技术发展的重点内容。中国从 20 世纪 80 年代以来也已将传感器技术列入国家高新技术发展的重点。21 世纪是人类全面进入信息化的时代，作为现代信息技术三大支柱之一的传感器技术必将有较大的发展。有专家认为，今后中国传感器方面的研究和开发方向应是微电子机械系统、汽车传感器、环保传感器、工业过程控制传感器、医疗卫生和食品工业检测传感器、新型敏感材料等。下面将传感器的发展概括为三个方面。

1. 结构型传感器

结构型传感器主要向高稳定性、高可靠性和高精度方向发展。目前，在国防工业和工业控制领域大量使用结构型传感器，但是结构型传感器在原理、材料和结构形式等方面都在不断发生变化，并且向有源化方向发展，即将敏感元件和电路组装在一起，减小装置体积，提高信噪比和精度。结构型传感器采用新结构、新材料和新工艺，可大幅度提高传感器的性能。

案例 3-3 分析

为确保 AGV 在运行过程中自身安全，现场人员及各类设备的安全，AGV 将采取多级硬件、软件的安全措施。在 AGV 的前面设有红外光非接触式防碰传感器和接触式防碰传感器——保险杠。AGV 安装醒目的信号灯和声音报警装置，以提醒周围的操作人员。一旦发生故障，AGV 自动进行声光报警，同时无线通信通知 AGV 监控系统。

（1）障碍物接触式传感器。障碍物接触式传感器是一种强制停车安全装置，它产生作用的前提是与其他物体相接触，使其发生一定的变形，从而触动有关限位装置，强行使其断电停车。

（2）障碍物接近传感器。非接触式检测装置是障碍物接触式缓冲器的辅助装置，是先于障碍物接触式缓冲器发生作用的安全装置。为了安全，障碍物接近传感器是一个多级的接近检测装置，在预定距离内检测障碍物。在一定距离范围内，它会使 AGV 降速行驶，在更近的距离范围内，它会使 AGV 停车，而当解除障碍物后，AGV 将自动恢复正常行驶状态。障碍物接近传感器包括激光式、超声波式、红外线式等多种类型。

2. 集成传感器

由于航空航天技术的发展及医疗器件的需要，传感器必须向小型化方向发展，以便减小体积和质量。而小型化的基础是集成化，它分为传感器本身的集成化和传感器与后续电路的集成化。现已有集成磁敏传感器、集成力敏传感器、集成温敏传感器、集成光敏传感器和集成场效应离子敏传感器等。集成化传感器由低级发展到高级，把各种调节和补偿电路与传感器集成在一起，降低了对环境的要求，提高了信噪比和精度。目前集成化传感器主要使用硅材料，它既可以制作电路，又可制作磁敏、力敏、温敏、光敏和离子敏器件。在制作敏感元件时，采用单晶硅的各向同性和各向异性腐蚀、等离子刻蚀、离子注入等工艺，利用微机械加工技术在单晶硅上加工出各种弹性元件。目前，发达国家正在把传感器与电路集成在一起进行研究。

3. 智能传感器

将传统的传感器和微处理器及相关电路组成一体的结构就是智能传感器。智能传感器可以分为三种类型，即具有判断能力的传感器、具有学习能力的传感器和具有创造能力的传感器。智能传感器具有以下功能。

(1) 具有自校准功能。操作者输入零值或某一标准量值后，自校准软件可以自动地对传感器进行在线校准。

(2) 具有自补偿功能。智能传感器在工作中可以通过软件对传感器的非线性、温度漂移、响应时间等进行自动补偿。

(3) 具有自诊断功能。智能传感器在接通电源后，可以对传感器进行自检，检查各部分是否正常。在内部出现操作问题时，能够立即通知系统，通过输出信号表明传感器发生故障，并可诊断发生故障的部件。

(4) 具有数据处理功能。智能传感器可以根据内部的程序自动处理数据，如进行统计处理、剔除异常数值等。

(5) 具有双向通信功能。智能传感器的微处理器与传感器之间构成闭环，微处理器不但接收、处理传感器的数据，还可以将信息反馈至传感器，对测量过程进行调节和控制。

(6) 具有信息存储和记忆功能。

(7) 具有数字信号输出功能。智能传感器输出数字信号，可以很方便地和计算机或接口总线相连。

智能传感器按其结构分为模块式智能传感器、混合式智能传感器和集成式智能传感器三种。模块式智能传感器是初级的智能传感器，由许多相互独立的模块组成。将微型计算机、信号处理电路模块、输出电路模块、显示电路模块和传感器装配在同一壳体内，组成模块式智能传感器。这种传感器的集成度不高、体积较大，但它是一种比较实用的智能传感器。混合式智能传感器将传感器、微处理器和信号处理电路制作在不同的芯片上。目前，混合式智能传感器作为智能传感器的主要类型而被广泛应用。集成式智能传感器是将一个或多个敏感元件与微处理器、信号处理电路集成在同一芯片上，其结构一般是三维器件，即立体器件。这种结构是在平面集成电路的基础上，一层一层向立体方向制作多层电路。制作方法基本上是采用集成电路制作工艺，如光刻、二氧化硅薄膜的生成、淀积多晶硅、激光退火、多晶硅转为单晶硅、PN结的形成等，最终是在硅衬底上形成具有多层集成电路的立体器件，即敏感器件。制作微电脑电路芯片的同时，还可以把太阳能电池电源制作在上面，这样便形成了集成式智能传感器。这种传感器具有类似于人的五官与大脑结合的功能，其智能化程度是随着集成化程度提高而不断提高的。今后，随着传感器技术的发展，还将研制出更高级的集成式智能传感器，并完全可以做到将检测、逻辑和记忆等功能集成在一块半导体芯片上。同时，冷却部分也可制作在立体电路中，利用帕尔贴效应来对电路进行冷却。目前，集成式智能传感器技术正在起飞，势必在未来的传感器技术中发挥重要的作用。

3.4 检测信号处理技术

3.4.1 检测信号概述

传感器输出信号一般比较微弱，有时夹杂其他信号（干扰或载波），因此，在传输过程中，需要依据传感器输出信号的具体特征和后端系统的要求，对传感器输出信号进行各种形式的处理，如阻抗变换、电平转换、屏蔽隔离、放大、滤波、调制、解调、A/D 和 D/A 等，同时还要考虑在传输过程中可能受到的干扰影响，如噪声、温度、湿度、磁场等，采取一定的措施，传感器信号处理电路的内容要依据被测对象的特点和环境条件来决定。

> **案例 3-4**
> 在 AGV 控制方案中，位置定位装置、位置限位装置、货物位置检测装置、货物形态检测装置、货物位置对中结构、机构自锁装置等结构设计尤为关键，因此检测信号的处理技术显得十分关键。
> **问题：**
> 那么你将如何设计传感器信号处理电路呢？

1. 检测系统的组成

检测系统是机电一体化产品的必备组成之一，可对产品的外界环境和工作状态进行检测。测量的物理量一般为：温度、流量、功率、位移、加速度等，这些非电量的检测系统首先通过传感器把各种非电量信息转化为电信号，再根据产品需求对转换后的电信号进行处理。非电量检测系统的基本结构如图 3-24 所示。

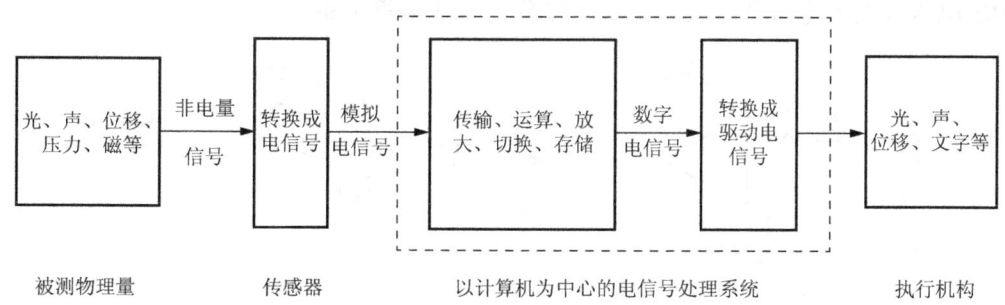

图 3-24 非电量检测系统的基本结构

2. 信号的处理

传感器输出信号一般比较微弱，同时还夹杂着其他干扰信号，因此，在传输过程中，需对传感器输出信号进行放大、滤波、调制、解调、屏蔽隔离、A/D 等各种形式的处理，同时还要考虑信号在传输过程中，噪声、温度、湿度、磁场等方面的干扰影响。

传感器信号处理主要考虑的问题包括：传感器输出的是模拟信号还是数字信号，是电压信号还是电流信号，输出信号幅值、阻抗、线性度、信噪比如何。

3.4.2 模拟信号的处理

1. 运算放大器

一般来说，模拟式传感器输出的信号往往比较弱，而且其中还包含工频、静电和电磁耦合等共模干扰，为了提高检测精度，需要对这种信号进行放大处理。测量放大器目前已经广泛应用于机电一体化系统中。如图3-24所示，运算放大器通过电阻组合就可以实现放大和运算。

图 3-25(a) 所示的电路中，由于运算放大器的输入输出端子之间的电位差为 0(虚短路)，所以通过 R_1 上的电流为 $I=V_1/R_1$。又由于运算放大器的输入阻抗很大，所以通过 R_2 上的电流与通过 R_1 上的电流 I 相等。因此输出电压 V_o 与输入电压 V_1 的比值(闭环电压放大倍数)为

$$\frac{V_o}{V_1} = -\frac{R_2}{R_1} \tag{3-21}$$

可以看出该电路构成了放大倍数为 $-R_2/R_1$ 的放大电路。因为该电路的放大倍数为负值，故称为反相放大电路。

图 3-25(b) 所示的电路 V_o 与 V_1 的比值为

$$\frac{V_o}{V_1} = 1 + \frac{R_2}{R_1} \tag{3-22}$$

其电压放大倍数为 $1+R_2/R_1$，故称为正相放大电路。

图 3-25(c) 所示的电路的输出电压为

$$V_o = -\frac{R_2}{R_1}(V_1 + V_2 + V_3) \tag{3-23}$$

因为输出电压与输入电压之和成正比，所以称为加法运算电路。

图 3-25(d) 所示电路的输出电压为

$$V_o = \frac{R_2}{R_1}(V_2 - V_1) \tag{3-24}$$

因为输出电压与输入电压之差成正比，所以称为减法运算电路。

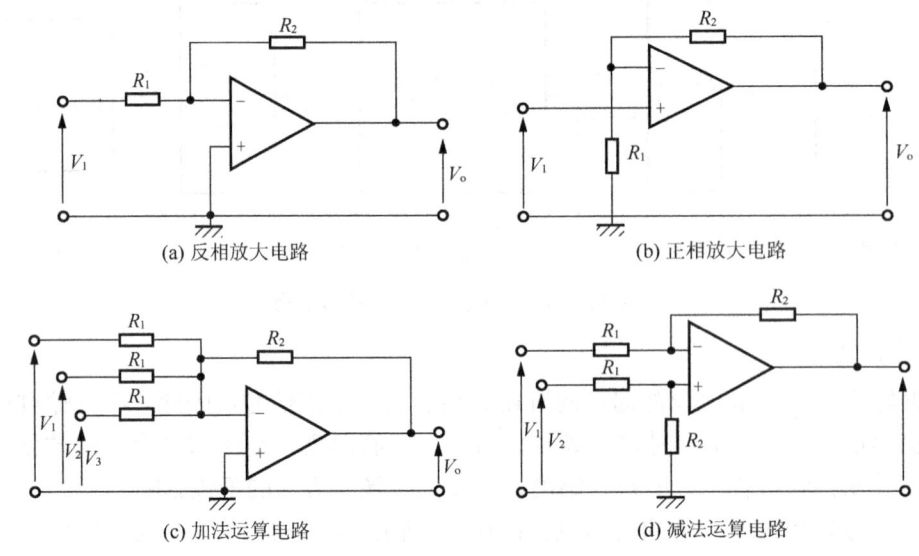

图 3-25 运算放大器

图 3-26 所示电路为由运算放大器、电阻和电容组成的微积分电路。

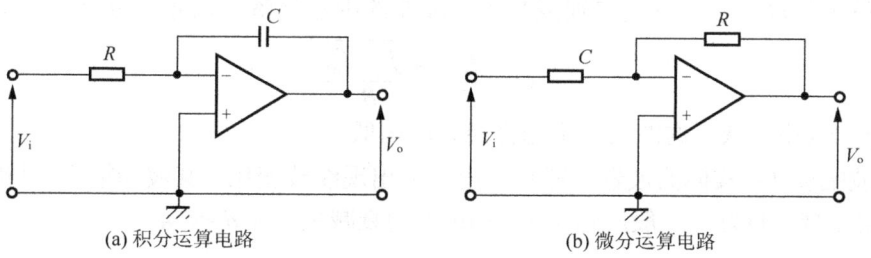

(a) 积分运算电路　　　　　　(b) 微分运算电路

图 3-26　采用运算放大器的微积分电路

图 3-26(a) 所示的积分电路中，输出电压为

$$V_o = -\frac{1}{RC}\int V_i \mathrm{d}t \tag{3-25}$$

输出电压与输入电压的积分值成正比。

图 3-26(b) 所示的微分电路中输出电压为

$$V_o = -RC\frac{\mathrm{d}V_i}{\mathrm{d}t} \tag{3-26}$$

输出电压与输入电压的微分值成正比。

2. 模拟滤波

由于传感器工作环境中的强电和电磁干扰，以及传感器和放大电路本身的影响，被测信号中往往夹杂着多种频率成分的噪声，因此在机电一体化系统中，通常需要采用滤波措施抑制噪声，提高系统的信噪比。因此模拟滤波器的作用是按频率把信号分离出来，提取有用的频率信号，使一定频率范围内的信号可以通过，而在此频率以外的信号不能通过。通常称可以通过的频率范围为通带，不能通过的范围为阻带。

根据模拟滤波器按通过频率范围，可分为低通滤波器、高通滤波器、带通滤波器和带阻滤波器四类。根据构成滤波器的电路性质，可分为有源滤波器和无源滤波器。

为了了解某一实际滤波器的特性，就需要通过一些参数指标来确定。图 3-27 所示为理想滤波器(虚线)和实际带通滤波器(实线)的幅频特性。

对于理想滤波器，其特征参数为截止频率，在截止频率之间的幅频特性为常数 A_o，截止频率以外的幅频特性为零；对于实际滤波器，其特征参数没有这么简单，其特性曲线没有明显的转折点，通带中幅频特性也不是常数。因此，需要下面所述的特性参数来描述实际滤波器的性能。

(1) 截止频率：定义幅频特性值等于 $A_o/\sqrt{2}$ 所对应的频率称为滤波器的截止频率。若以 A_o 为参考值，则 $A_o/\sqrt{2}$ 对应于 $-3\mathrm{dB}$ 点，即相对于 A_o 衰减 $-3\mathrm{dB}$。

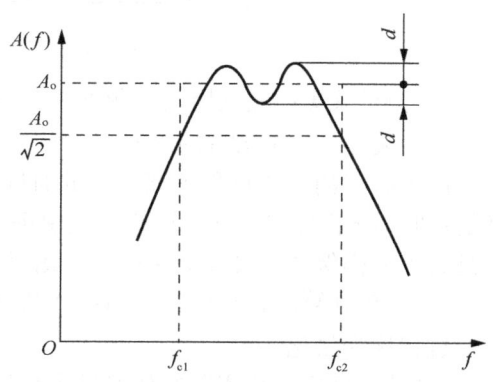

图 3-27　理想滤波器和实际带通滤波器的幅频特性

(2) 带宽 B：通频带的宽度称为带宽 B，这里为上、下两截止频率之间的频率范围，即 $B = f_{c2} - f_{c1}$ (Hz)。带宽决定着滤波器分离信号中

相邻频率成分的能力，即频率分辨力。

(3) 品质因数 Q：Q 定义为带通或带阻滤波器的中心频率 f_o 与带宽 B 之比，即

$$Q = \frac{f_n}{B} = \frac{\sqrt{f_{c1} \cdot f_{c2}}}{B} \tag{3-27}$$

品质因数 Q 的大小反映了滤波器频率选择能力的高低。

(4) 纹波幅度 d：实际滤波器在通频带内可能出现纹波变化，其波动幅度 d 与幅频特性的稳定值 A_o 相比越小越好，一般应远小于 -3dB 点的衰减量，即 $d \ll A_o / \sqrt{2}$。

(5) 倍频选择性：是指在上截止频率 f_{c2} 和 $2f_{c2}$ 之间，或在下截止频率 f_{c1} 与 $\frac{1}{2}f_{c1}$ 之间幅频特性的衰减值，即频率变化一倍频程时幅频特性的衰减量。

(6) 滤波器因素 λ：滤波器选择性的另一种表示方法，是用滤波器幅频特性的 -60dB 带宽与 -3dB 带宽的比值表示，即

$$\lambda = \frac{B_{-60\text{dB}}}{B_{-3\text{dB}}} \tag{3-28}$$

理想滤波器 $\lambda = 1$，一般要求滤波器 $1 < \lambda < 5$。如果带阻衰减量达不到 -60dB，则以标明衰减量（如 -40dB）的带宽与 -3dB 带宽之比来表示其选择性。

在实际工作中，根据滤波器参数和具体情况合理选用，以达到提取所需频率信号的目的。

3.4.3 数字信号的处理

1. A/D 转换

把连续时间信号转换为与其相对应的数字信号的过程称为 A/D（模拟-数字）转换过程，它们是数字信号处理的必要程序。经 A/D 转换后数字信号送入数字信号分析仪或数字计算机完成信号处理。

数字信号处理的基本步骤如图 3-28 所示。

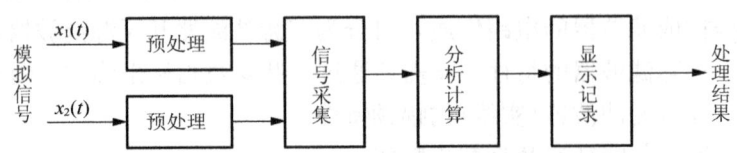

图 3-28 数字信号处理系统功能框图

(1) 信号采集：是利用采样脉冲序列 $p(t)$，从连续时间信号 $x(t)$ 中抽取一系列离散样值，使之成为采样信号 $x(nT_s)$ 的过程。T_s 称为采样间隔，或采样周期，$1/T_s = f_s$ 称为采样频率。

由于后续的量化过程需要一定的时间 τ，对于随时间变化的模拟输入信号，要求瞬时采样值在时间 τ 内保持不变，这样才能保证转换的正确性和转换精度，这个过程就是采样保持。正是有了采样保持，实际上采样后的信号是阶梯形的连续函数。

(2) 分析计算：把采样信号 $x(nT_s)$ 经过舍入或截尾的方法变为只有有限个有效数字的数，这一过程称为量化。

(3) 结果处理：将离散幅值经过量化以后变为二进制数字的过程。

信号 $x(t)$ 经过上述变换以后，即变成了时间上离散、幅值上量化的数字信号。

2. 数字滤波

检测信号被采入计算机后，尚需去除混杂在有用信号中的随机干扰信号，这时可采用数

字滤波的方法予以削弱或消除。

数字滤波就是通过一定的计算程序对采样信号进行平滑加工，以减少干扰在有用信号中的比重，提高信号真实性，以保证计算机系统的可靠性。数字滤波可以对各种干扰信号，甚至极低频率的信号进行滤波。数字滤波由于稳定性高，滤波参数修改方便，滤波子程序可以被各种控制回路调用，因此得到了广泛的应用。常用的数字滤波方法有以下几种。

1) 算术平均值法

平均值滤波法是对信号 Y 的 m 次测量值进行算术平均，作为时刻 n 的输出，即

$$\overline{Y}(n) = \frac{1}{n}\sum_{i=1}^{n} y(i) \tag{3-29}$$

n 值决定了信号平滑度和灵敏度。随着 n 的增大，平滑度提高，灵敏度降低。应视具体情况选取 n，以得到满意的滤波效果。为方便求平均值，n 值一般取 4、8、16 之类的 2 的整数幂，以使用移位来代替除法。

由上面的表达式可以看出，算术平均值滤波法对每次采样值给出相同的加权系数，即 $1/n$。实际上某些场合需要增加新采样值在平均值中的比重，可采用加权平均值滤波法，滤波公式为

$$\overline{y} = k_1 y_1 + k_2 y_2 + \cdots + k_n y_n \tag{3-30}$$

其中，k_1、k_2、……、k_n 为加权系数，且应满足 k_1、k_2、……、k_n 均大于 0，且它们的和为 1。

加权系数体现了各次采样值在平均值中所占的比例，可根据具体情况决定。一般采样次数越靠后，取的比例越大，这样可增加新的采样值在平均值中的比例。这种滤波方法可以根据需要突出信号的某一部分，抑制信号的另一部分。

2) 中值滤波法

所谓中值滤波是对某一参数连续采样 n 次（$n \geq 3$，且为奇数），然后把 n 次的采样值从小到大或从大到小排队，再取中间值作为本次采样值。中值滤波对于去掉由于偶然因素引起的波动或采样器不稳定而造成的误差所引起的脉动干扰比较有效，对快速变化过程的参数（如流量），则不宜采用此方法。

中值滤波法和平均值滤波法结合起来使用，滤波效果会更好。即在每个采样周期，先用中值滤波法得到 n 个滤波值，再对这 n 个滤波值进行算术平均，得到可用的被测参数。

3) 限幅滤波法

由于大的随机干扰或采样器的不稳定，使得采样数据偏离实际值太远，为此可采用上下限限幅，即

当 $y(n) \geq y_n$ 时，取 $y(n) = y_n$（上限值）；
当 $y(n) \geq y_1$ 时，取 $y(n) = y_1$（下限值）；
当 $y_1 < y(n) < y_n$ 时，取 $y(n)$。

而且采用限速（亦称限制变化率），即

当 $|y(n) - y(n-1)| \leq \Delta y_0$ 时，取 $y(n)$；
当 $|y(n) - y(n-1)| \geq \Delta y_0$ 时，取 $y(n) = y(n-1)$。

其中，Δy_0 为两次相邻采样值之差的可能最大变化量。

> **案例 3-4 分析**
> 对信号处理电路的设计基本要求是：①要求电路本身是低噪声的；②采用恰当合理的屏蔽、布线和接地；③选择对传感器输出信号进行处理的形式。

Δy_0 值的选取，取决于采样周期 T 以及被测参数 y 应有的正常变化率。因此，一定要按照实际

情况来确定。

以上讨论了三种数字滤波方法,究竟选择哪一种应视具体情况而定。平均值滤波法适用于周期性干扰,中值滤波法和限幅滤波法适用于偶然的脉冲干扰。如果应用不恰当,不但达不到滤波效果,反而会降低控制品质。

3.5 传感器接口技术

当模拟式传感器将非电物理量转换成电量,并经放大、滤波等一系列处理后,需经 A/D 变换将模拟量变成数字量,才能送入计算机。A/D 转换过程包括信号的采样/保持、多路转换(多传感器输入时)、A/D 处理等过程。下面主要介绍前两项内容。

> **小思考 3-1**
>
> AGV 完成一系列的动作,需要将采集的非电物理量信号转换成电量信号,才能通过计算机进行计算,因此控制电路的设计也是系统设计中的重要部分。
>
> 问题:
>
> 通过本章节的学习,请完成对模拟电路的设计。

3.5.1 传感器信号的采样/保持

在对模拟信号进行 A/D 变换时,从启动变换到变换结束的数字量输出,需要一定的时间,即 A/D 转换器的孔径时间。当输入信号频率提高时,由于孔径时间的存在,会造成较大的转换误差。要防止这种误差的产生,必须在 A/D 转换开始时将信号电平保持住,而在 A/D 转换结束后又能跟踪输入信号的变化,即对输入信号处于采样状态。能完成这种功能的器件叫采样/保持器,从上面分析也可知,采样/保持器在保持阶段相当于一个"模拟信号存储器"。

在模拟量输出通道,为使输出得到一个平滑的模拟信号,或对多通道进行分时控制时,也常使用采样/保持器。

1. 采样/保持器原理

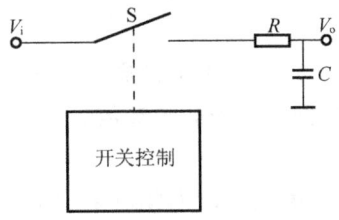

图 3-29 采样/保持器原理

采样/保持由存储电容 C,模拟开关 S 等组成,如图 3-29 所示。当 S 接通时,输出信号跟踪输入信号,称采样阶段。当 S 断开时,电容 C 两端一直保持断开的电压,称保持阶段。由此构成一个简单采样/保持器。实际上为使采样/保持器具有足够的精度,一般在输入级和输出级均采用缓冲器,以减少信号源的输出阻抗,增加负载的输入阻抗。在电容选择时,使其大小适宜,以保证其时间常数适中,并选用漏泄小的电容。

2. 集成采样/保持器

随着大规模集成电路技术的发展,目前已生产出多种集成采样/保持器,如可用于一般目的的 AD582、AD583、LF198 系列等;用于高速场合的有 HTS-0025、HTS-0010、HTS-0300 等;用于高分辨率场合的 SHA1144 等。为了使用方便,有些采样/保持器的内部还设有保持电容,如 AD389、AD585 等。

集成采样/保持器的特点如下:

(1) 采样速度快、精度高,一般在 2~2.5s,即达到 ±0.01%~±0.003% 精度。

(2) 下降速度慢,如 AD585,AD348 为 0.5mV/ms,AD389 为 0.1μV/ms。

集成采样/保持器有许多优点，因此得到了极为广泛的应用。下面以 LF398 为例，介绍集成采样/保持器的原理。

图 3-30 为 LF398 采样/保持器原理图。从图可知，其内部由输入缓冲级、输出驱动级和控制电路三部分组成。

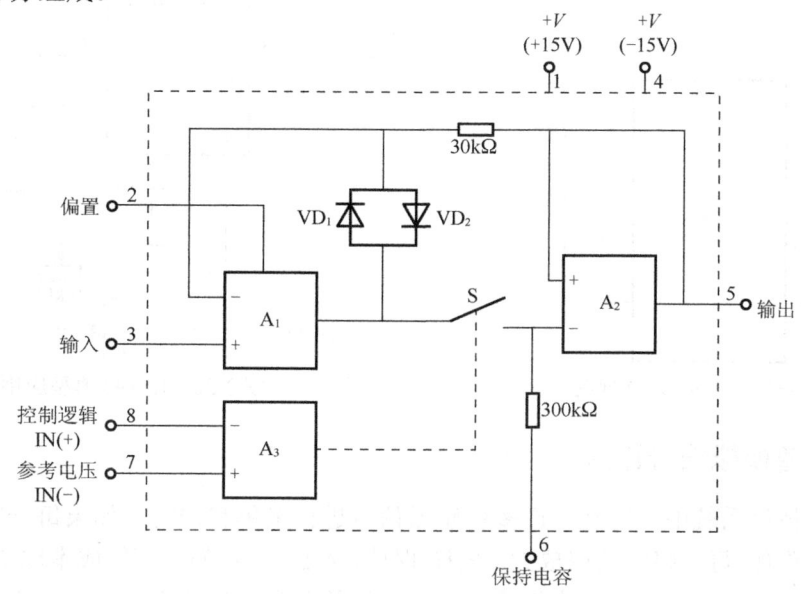

图 3-30　LF398 采样/保持器原理图

控制电路中 A_3 主要起到比较器的作用；其中 7 脚为参考电压，当输入控制逻辑电平高于参考端电压时，A_3 输出一个低电平信号驱动开关 S 闭合，此时输入经 A_1 后跟随输出到 A_2 再由 A_2 的输出端跟随输出，同时向保持电容（接 6 端）充电；而当控制端逻辑电平低于参考电压时，A_3 输出一个正电平信号使开关断开，以达到非采样时间内保持器仍保持原来输入的目的。因此，A_1、A_2 是跟随器，其作用主要是对保持电容输入和输出端进行阻抗变换，以提高采样/保持器的性能。

与 LF398 结构相同的还有 LF198、LF298 等，它们都是由场效应管构成，具有采样速度高、保持电压下降慢以及精度高等特点。当作为单一放大器时，其直流增益精度为 0.002%，采样时间小于 6μs 时精度可达 0.01%。输入偏置电压的调整只需在偏置端（2 脚）调整即可，并且在不降低偏置电流的情况下，带宽允许 1MHz，其主要技术指标如下。

(1) 工作电压：±5～±18V。
(2) 采样时间：≤10μs。
(3) 可与 TTL、PMOS、CMOS 兼容。
(4) 当保持电容为 0.01μF 时，典型保持步长为 0.05mV。
(5) 低输入漂移，保持状态下输入特性不变。
(6) 在采样或保持状态时高电源抑制。

图 3-31 为 LF398 外引脚图，图 3-32 为 LF398 典型应用图。在有些情况下，还可采取两级采样保持串联的方法，根据选用不同的保持电容，使前一级具有较高的采样速度而后一级保持电压下降速率慢。两级结合构成一个采样速度快而下降速度慢的高精度采样/保持电路，此时的采样总时间为两个采样/保持电路时间之和。

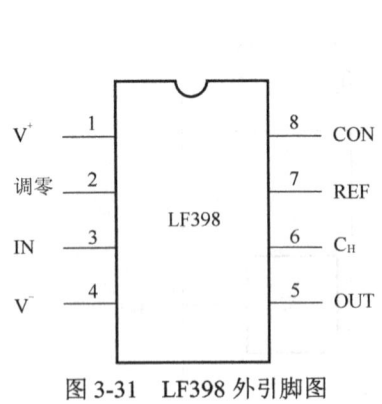

图 3-31　LF398 外引脚图

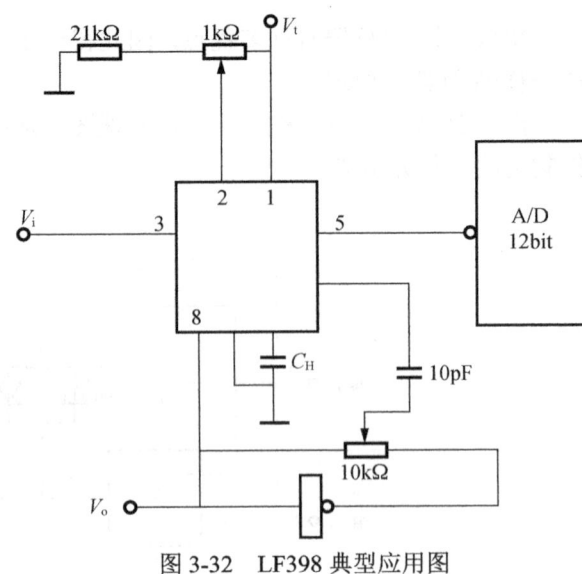

图 3-32　LF398 典型应用图

3.5.2　多通道模拟信号输入

在机电一体化系统中,经常对许多传感器信号进行采集和控制。如果每一路都单独采用各自的输入回路(即每一路都采用放大、采样/保持、A/D 等环节),不仅成本比单路成倍增加,还会导致系统体积庞大,且由于模拟器件、阻容元件参数和特性不一致,对系统的校准带来很多困难。因此除特殊情况下,多采用公共的采样/保持及 A/D 转换电路。要实现这种设计,往往采用多路模拟开关,常用的有 AD7501、AD7506、AD7502、LF13508 等。

1. 常用模拟多路开关集成电路

1) 单端 8 通道

AD7501 是单片集成的 CMOS8 选 1 多路模拟开关,每次只选中 8 个输入端的一路与公共端接通,选通通道是根据输入地址编码而得。所有数字量输入均可用,TTL 或 CMOS 电路。图 3-33 为 AD7501 的外引脚图和原理图。

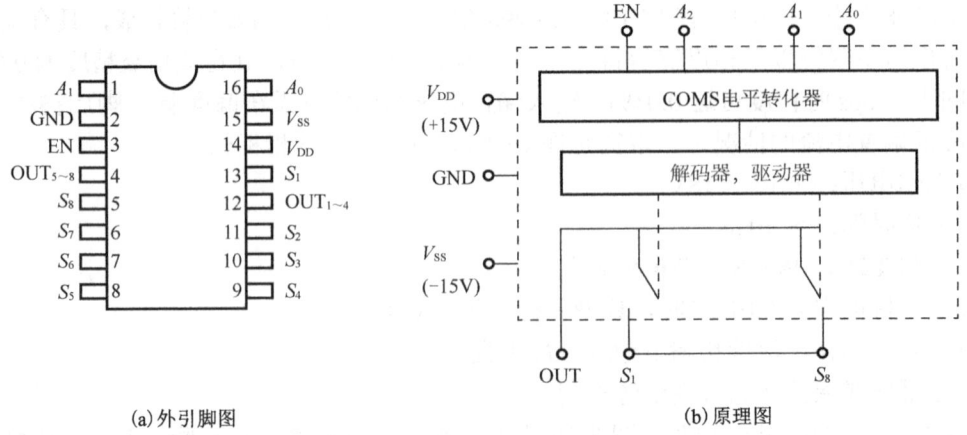

(a) 外引脚图　　　　　　　　　　(b) 原理图

图 3-33　AD7501 电路原理

AD7501 的主要参数有:

(1) 导通电阻尺 R_{on} 典型值为 170,($-10V \leqslant V_S \leqslant 10V$)导通电阻温漂 0.5%/℃,路间偏差 4%。

(2) 输入电容 3pF。
(3) 开关时间：$t_{on}=0.8\mu s$，$t_{off}=0.8\mu s$。
(4) 极限电源电压：$V_{DD}=+17V$，$V_{SS}=-17V$。

2) 单端 16 通道

AD7506 为单端 16 选 1 多路模拟开关，图 3-34 为 AD7506 的引脚图和原理图，其主要参数有：

(1) 导通电阻 $R_{on}=300$。导通电阻温漂 0.5%/℃，路间偏差 4%。
(2) 开关时间：$t_{on}=0.8\mu s$，$t_{off}=0.8\mu s$。
(3) 极限电源电压：$V_{DD}=+17V$，$V_{SS}=-17V$。

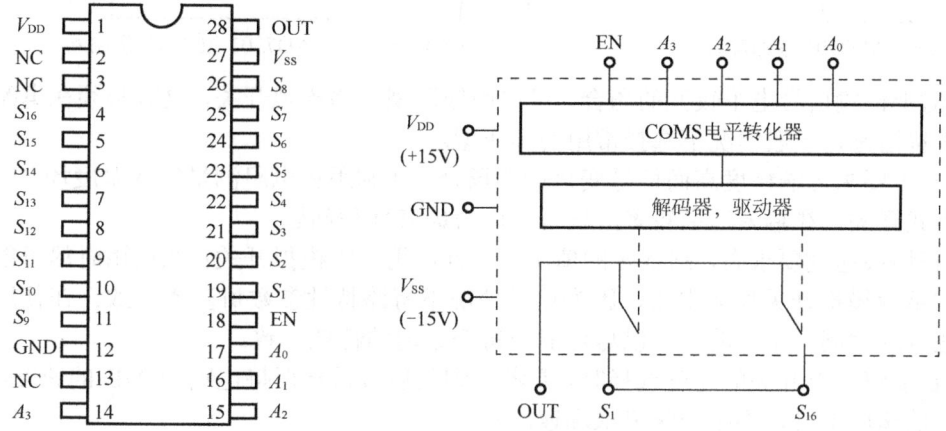

图 3-34 AD7506 电路原理

3) 差动 4 通道

AD7502 是差动 4 通道多路模拟开关，其主要特征与 AD7501 基本相同，但在同选通地址情况下有两路同时选通。其外引脚和原理如图 3-35 所示。

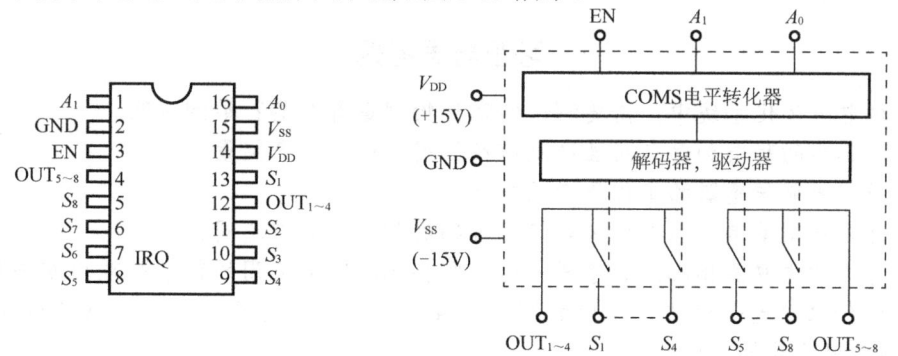

图 3-35 AD7502 电路原理

2. 多路模拟开关应用举例

在许多机电一体化产品中，都需要用到多路模拟量输入情况，此时可采用多路模拟开关来实现，图 3-36 为利用 AD7501 组成的 8 路模拟量输入通道。对于 16 路输入情况，可使用两片 AD7501 组合而成，见图 3-37，当然也可采用单片 AD7506 等。但对于更多输入情况，如 64 路、128 路输入，则只能使用多个多路模拟开关组合的方式。

3. 多路开关选用注意事项

在选用多路开关时，常要考虑许多因素，要单端型还是差动型的；开关电阻多大；控制电平多高；另外还要考虑开关速度及开关间互扰等诸多方面。

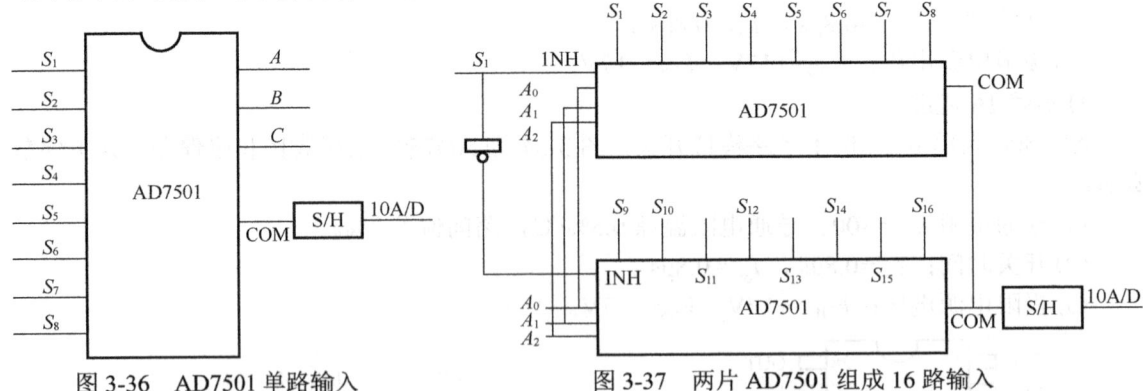

图 3-36 AD7501 单路输入　　　图 3-37 两片 AD7501 组成 16 路输入

(1) 对于传输信号电平较低的场合，可选用低压型多路模拟开关，这时必须在电路中有严格的抗干扰措施，一般情况下选择常用的高压型。

(2) 对于要求传输精度高而信号变化慢的场合，如利用铂电阻测量缓变温度场，就可选用机械触点式开关，在输入通道较多的场合，应考虑其体积问题。

(3) 在切换速度要求高，路数多的情况下，宜选用多路模拟开关；在选用时尽可能根据通道量选取单片模拟开关集成电路，因为这种情况下每路特性参数可基本一致；在使用多片组合时，也宜选用同一型号的芯片以尽可能使每个通道的特性一致。

(4) 在多路模拟开关的速度选择时，要考虑到其后级采样保持电路和 A/D 的速度，只需略大于它们的速度即可，不必一味追求高速。

(5) 在使用高精度采样、保持 A/D 进行精密数据采集和测量时，需考虑模拟开关的传输精度问题，尤其需注意模拟开关漂移特性，因为如果性能稳定，即使开关导通电阻较大，也可采取补偿措施来消除影响。但如果阻值和漏电流等漂移很大，将会大大影响测量精度。

习题与思考题

3-1　机电一体化系统中，需要测试的常见物理量有哪些？举例说明。

3-2　传感器的静态和动态特性区别何在？用哪些指标来衡量？

3-3　简述光栅传感器的工作原理及特点。

3-4　什么是增量编码器？什么是绝对编码器？二者有何不同？

3-5　与模拟滤波器相比，数字滤波器有哪些优点？常采用的数字滤波的方法有哪些？

3-6　为什么机电一体化系统中的测试过程往往要进行非线性补偿？试分析非线性补偿通常使用的几种方法的原理？

3-7　已知调幅波：

$$x_a(t) = (100 + 30\cos 2\pi f_\Omega t + 20\cos 6\pi f_\Omega t)(\cos 2\pi f_c t)$$

式中，$f_c = 10\text{kHz}$，$f_\Omega = 500\text{Hz}$。

(1) 试求 $x_a(t)$ 所包含的各分量的频率及幅值。

(2) 绘出调制信号与调幅波的频谱。

3-8　在家用电器中，有些传感器是借助敏感元件来进行测试的。举一个事例，并分析其检测原理（绘出原理图）。

3-9　设计一套较完整的液位测试及显示方案。要求有简图和文字说明。

扩展阅读：自动导引小车传感器

自动导引小车的传感器系统实际上就是障碍检测系统，是指由各种传感器组成的探测障碍信息的系统。它是移动机器人的一个重要组成部分。在移动机器人系统中，机器人需要实时的收集环境信息，以实现避障等任务。这些任务都要依靠能实现感知环境信息的传感器系统来完成。整个障碍探测系统就像是移动机器人的眼睛，收集周围环境的某些信息。

在自动导引小车的避障系统中，传感器起着举足轻重的作用。探针式、电感式、电容式、力学传感器、雷达传感器、光电传感器、声学传感器等都在实际系统中得到了广泛的应用。针对距离和障碍的探测，目前主要采用超声波传感器、电磁感应传感器、CCD 传感器。

(1) 超声波传感器。超声波传感器作为一种重要的检测手段，在现代机器人的研究和应用中起着独特的作用。从国外的研究情况来看，超声波装置主要用作测距，通过测量声源与目标物之间的往返传播时间，求得目标物的距离。超声波传感器的特性决定了它在有些情况下是光学系统无可比拟的。超声波传感器的优点主要表现在：对于黑暗的环境和物体，超声波传感器几乎不受恶劣环境的影响，仍然能够实时准确的探测到障碍物信息，反馈给信息处理设备；和光学传感器相比，超声波传感器不仅可以探测到障碍物的存在，而且能够得到障碍物距自动导引小车的距离，更便于机器人做出决策。

(2) 电磁感应传感器。这是在 AGV 的导引方式中应用最多的也是最成熟的一种方式，属于固定路线方式方法。是在 AGV 要行走的路线下埋设专门的电缆线，通以低频正弦波电流，从而在电缆周围产生磁场。AGV 上的电磁感应传感器检测到磁场强度，并实时送出小车感应出来的磁场强度差动信号。车上控制机构根据该信号进行纠偏控制。

其主要优点是该方法可靠性高，经济实用，导引线隐蔽，不易污染和破坏，导引原理简单，便于控制和通信，声光对其无干扰，是目前最为成熟且应用最广的导引方式。国内上海金山石化总厂涤纶车间、秦山核电站核废料仓库等处使用的 AGV，以及中国科学院沈阳自动化研究所为沈阳金杯汽车制造厂研制的 AGV，上海交通大学机械工程系与合肥叉车总厂合作开发的 AGV 等都采用了这种电磁感应导向技术；国外德国的汉堡码头的集装箱搬运车也是采用此类方法。

缺点是灵活性差，改变或扩充路径较麻烦，对导引线路附近的铁磁物质有干扰，电线铺设工作量大，维护困难。

(3) 视频导引——CCD 传感器。视频导引方式，主要是利用 CCD 传感器获取 AGV 周围的图像，通过实时的机器视觉处理来确定 AGV 的运动方式，这种导引方式又有固定路线和自由路线两种。固定路线方式一般情况下都将 CCD 放置到 AGV 的头部，视野为 AGV 前方的地面，并在地面上画下供 AGV 识别的导引线。这样，AGV 就可以实时的根据图像识别出导引线并沿着它的路线前进。有时候，根据需求也可以把 CCD 换成是能获取特殊光线的 CCD（如红外 CCD），以满足不同环境的需要。这种方式精度很高，而且 CCD 价格低廉，对场地的要求不高，实现起来不需要很高的成本，非常适合较特殊的场合。

固定路线方式在地面上画的引导线必须是标准的形式，否则，AGV 可能不认。如果 AGV 想改道，必须在地面上重新画导引线，也不是很方便。现在世界各国都在研究利用多 CCD 传感器，从不同的角度获取图像，利用机器视觉整合出立体的影像。就像人类的双眼一样，不仅可以识别出周围的事物，还可以测出事物的距离。

随着 CCD 传感器和微处理器的飞速发展，视频制导方式以低廉的价格、较高的精度和灵活性，受到各国 AGV 厂商的青睐。

第 4 章 伺服驱动技术

机电一体化系统中控制指令要顺利到达执行机构，并驱动机械系统的运动部件进行运动，必然离不开伺服系统。伺服系统是为执行机构提供控制和动力的重要环节，不仅控制执行机构的速度，而且能准确控制其位置和轨迹。伺服系统在数控机床、工业机器人、坐标测量机以及自动引导车等自动化制造、装配及测量设备中，得到了广泛的应用。

数控机床的伺服系统需要对机床移动部件的速度和位置进行控制。以配置了西门子 808D 数控系统的铣床为例，该数控系统可以控制三个进给轴和一个主轴的运动，其结构如图 4-1 所示。数控装置发出的主轴控制指令经变频器后，驱动主轴电动机按规定转速旋转。同时，进给轴控制指令信号经伺服驱动器 SINAMICS V60 进行功率放大后，驱动伺服电动机带动机床移动部件运动，并保证动作的快速和准确。因此，数控机床的加工精度、加工效率以及工件的表面粗糙度等关键技术指标往往取决于伺服系统。

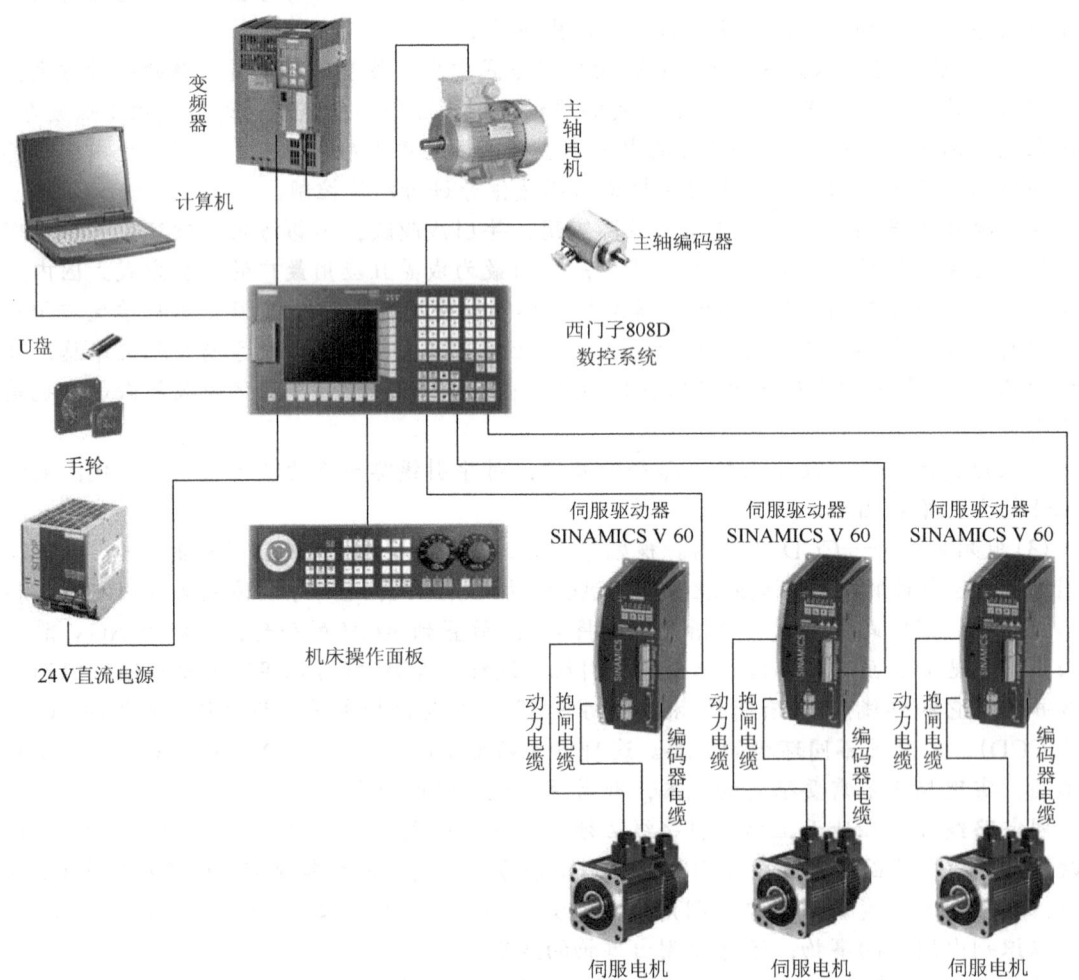

图 4-1 西门子 808D 数控铣床系统结构图

通过本章的学习，你能说出数控机床采用了几种伺服系统？使用了哪些伺服驱动元件吗？了解其工作原理和驱动控制方式吗？答案就在本章。

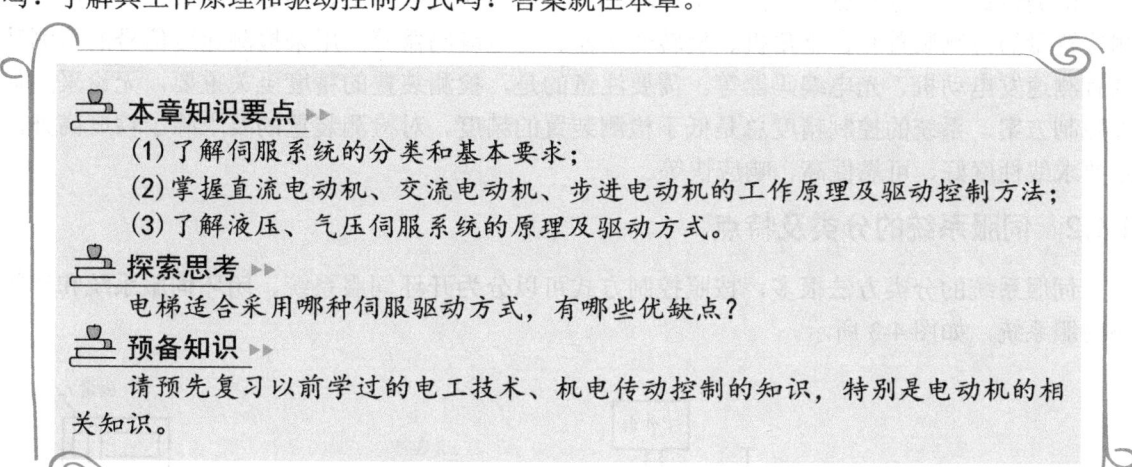

本章知识要点
(1) 了解伺服系统的分类和基本要求；
(2) 掌握直流电动机、交流电动机、步进电动机的工作原理及驱动控制方法；
(3) 了解液压、气压伺服系统的原理及驱动方式。

探索思考
电梯适合采用哪种伺服驱动方式，有哪些优缺点？

预备知识
请预先复习以前学过的电工技术、机电传动控制的知识，特别是电动机的相关知识。

4.1 伺服系统的组成与分类

4.1.1 伺服系统的结构组成

伺服驱动技术是根据一定的指令信息，并将其放大来控制驱动元件，使机械系统的执行装置按照指令运动的一种控制技术。伺服系统不仅能控制执行装置的速度，而且能精确控制其位置、力和力矩等，其结构类型多样，组成和工作状况也不尽相同。一般来说，伺服系统的基本组成包括控制器、功率放大器、执行机构和检测装置四部分，如图4-2所示。

1. 控制器

控制器的主要任务是根据输入信号和反馈信号确定控制策略。常用的控制算法有PID控制和最优控制等。控制器通常由计算机及电子线路组成。

2. 功率放大器

功率放大器的作用是将指令信号放大，并驱动执行机构完成某种操作。机电一体化系统中的功率放大装置主要由各种电力电子器件组成。

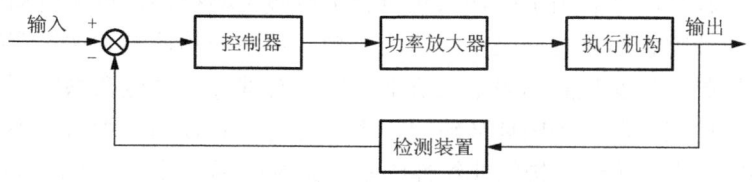

图4-2 伺服系统的组成

3. 执行机构

执行机构主要由伺服电动机、液压、气动伺服装置以及机械传动装置等组成。伺服电动机是最常见的一种驱动元件，主要包括步进电动机、直流伺服电动机、交流伺服电动机等。

4. 检测装置

检测装置的任务是测量被控制量(即输出量)，实现反馈控制。伺服驱动系统中，用来检测位置量的检测装置有自整角机、旋转变压器、光电编码器等；用来检测速度信号的检测装置有测速发电动机、光电编码器等。需要注意的是，检测装置的精度至关重要，无论采用何种控制方案，系统的控制精度总是低于检测装置的精度。对检测装置的要求除了精度高外，还要求线性度好、可靠性高、响应快等。

4.1.2 伺服系统的分类及特点

伺服系统的分类方法很多，按照控制方式可以分为开环伺服系统、闭环伺服系统和半闭环伺服系统，如图 4-3 所示。

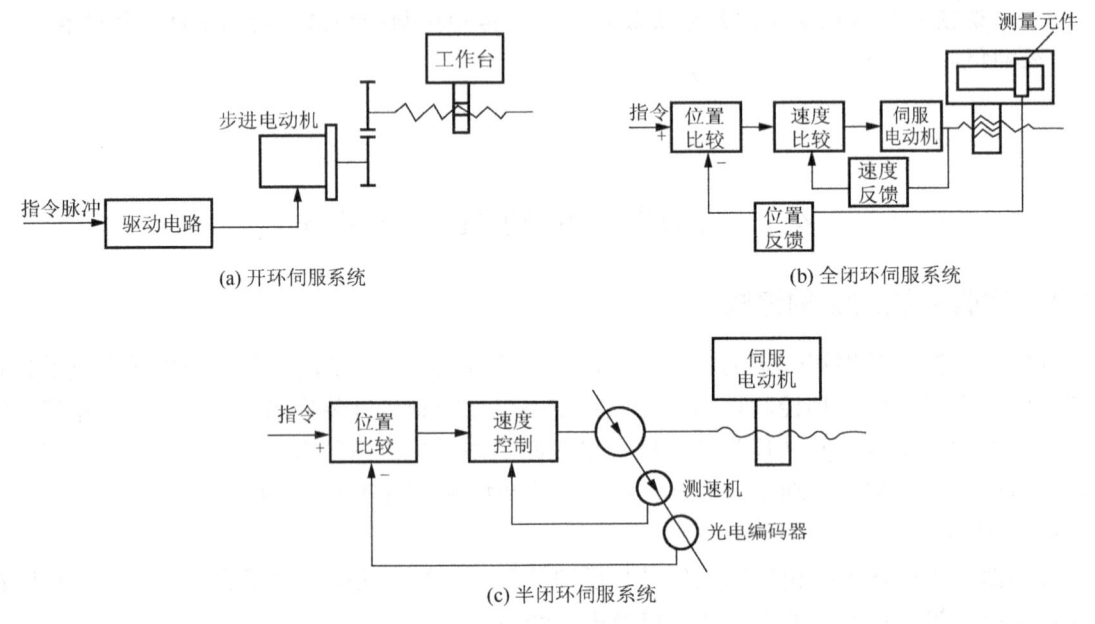

图 4-3 伺服系统结构框图

开环伺服系统无检测装置，常用步进电动机驱动实现，结构简单但精度较低。闭环和半闭环伺服系统都有检测装置，闭环系统的检测装置安装在移动部件上，可直接检测移动部件的位移，控制精度较高。然而由于闭环系统包含了机械传动机构，机械传动的惯性、间隙、摩擦、刚性等非线性因素都会对伺服系统造成影响，使系统的控制和调试变得异常复杂。半闭环系统将位置检测元件安装到伺服电动机上，由于有部分传动链在系统闭环之外，故其定位精度比全闭环的稍差。但由于闭环环路短，系统容易达到较高的增益，不会出现震荡，且快速性好，动态精度高，传动机构的非线性因素对系统的影响较小，因此应用较广泛。

按照驱动方式的不同，伺服系统可以分为电气、液压、气动等伺服系统。下面分别对三种伺服系统的特点进行分析，具体性能比较见表 4-1。

表 4-1　电气、液压、气动三种伺服系统性能比较

比较项目	电气伺服系统	液压伺服系统	气动伺服系统
输出功率/重量比	小	大	中
快速响应特性	中~20Hz	大~100Hz	小~10Hz
简单动作速度	慢	一般	快
控制特性	良好	一般	差
减速机构	需要	不需要	不需要
占用空间	小	大	大
使用环境	良好	差	良好
可靠性	良好	差	一般
价格	一般	贵	便宜

1. 电气伺服系统

电气伺服系统采用伺服电动机作为执行元件，根据执行元件的不同又分为直流伺服系统、交流伺服系统、步进伺服系统等。电气伺服系统以电源为能源，能源容易获得，具有良好的可控性、稳定性和环境适应性，与计算机等控制装置接口简单，因此在机电一体化产品中得到广泛应用。然而，电气伺服系统也有其自身的局限性，较难获得大功率，并且必须使用齿轮等运动传递和变换机构来实现旋转或直线运动。

2. 液压伺服系统

液压伺服系统常用的执行装置有液压油缸、液压马达等。液压伺服系统输出功率大，工作平稳，可以通过流量控制实现无级变速，能够实现高速、高精度的位置控制。因此，在轧制、成形、建筑等重型机械和汽车、飞机上得到了较广泛的应用。但是，液压系统中油源和进油、回油管路等附属设备占用空间较大，容易发生漏油危险，稳定性较差。

3. 气动伺服系统

气动伺服系统采用压缩空气作为工作介质，采用的执行装置包括气缸、气动马达等。气动伺服系统利用气缸可以实现高速直线运动，结构简单，价格低，适用于工件的夹紧、输送等生产线自动化方面。由于空气可压缩的特性，气动系统能够快速地完成撞停等简单动作，但较难实现高精度的位置控制和速度控制。

4.2　步进电动机及驱动

步进伺服系统中的执行元件是步进电动机，又称为脉冲电动机，它是一种将脉冲信号转换成角位移的执行元件。每当输入一个脉冲时，电动机就旋转一个固定的角度。因此，步进电动机转过的角度与输入的脉冲总数成正比，电动机的转速与输入脉冲的频率成正比。只要控制输入脉冲的数量、频率以及电动机绕组的通电相序即可获得所需的转角、转速和转向。

4.2.1　步进电动机的结构与分类

步进电动机结构形式很多，其分类方法也很多，按运动方式区分，有旋转运动、直线运动、平面运动和滚切运动式步进电动机。按工作方式区分，有功率式和伺服式，前者输出转矩较大，能直接带动较大的负载；后者输出转矩较小，

案例 4-1

炎热的夏天空调给人们带来清凉。空调冷气的方向可以通过调节出风口空气导流片的角度实现。壁挂式空调的风向调节通常采用是按一次按键，导流片转过一个固定角度的方式实现。

问题：

（1）这种工作方式的空调采用何种执行装置调节风向？

（2）如何进行执行元件的选择？

只能带动较小的负载,对于大负载需通过液压放大元件来传动。按各相绕组分布区分,有径向分相式和轴向分相式。按励磁相数来分,步进电动机有两相、三相、四相、五相和六相等。根据工作原理来分,步进电动机可分为永磁式步进电动机、可变磁阻式步进电动机(也称为反应式步进电动机)以及混合式步进电动机。

1. 永磁式(Permanent Magnet,PM)步进电动机

PM 式步进电动机用沿圆周方向磁化的圆柱形永磁体作转子,定子采用软磁钢制成,结构如图 4-4 所示。对定子绕组轮流通电,产生的电磁场与转子永磁体的恒定磁场之间的排斥力和吸引力相互作用,驱动转子转动。PM 式步进电动机的特点是励磁功率小,效率高,多用于计算机的外围设备和办公设备。

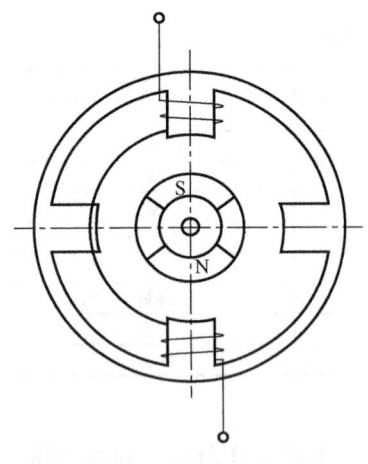

图 4-4 永磁式步进电动机的构造

由于转子磁铁的磁化间距受到限制,难于制造,故步距角较大为 7.5°～90°。

2. 可变磁阻式(Variable Reluctance,VR)步进电动机

VR 式步进电动机采用齿轮状铁心作转子,周围是电磁铁定子,定子铁心由硅钢片叠压而成,如图 4-5 所示。定子电磁铁与转子铁心之间的吸引力驱动转子转动。在定子磁场中,转子始终转向磁阻最小的位置。VR 式步进电动机的转子结构简单,转子直径小,有利于高速响应。转子和定子上可以加工许多小齿,因此步距角小。目前使用的步进电动机多为反应式步进电动机。

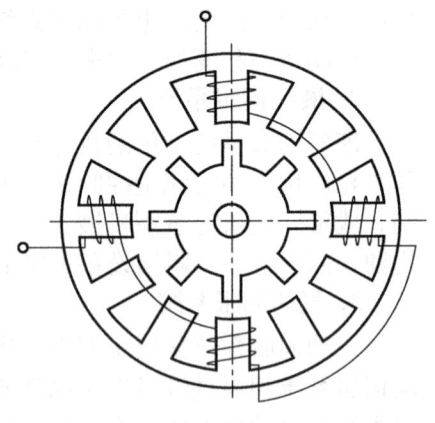

图 4-5 可变磁阻式步进电动机的构造

3. 混合式(Hybrid,HB)步进电动机

HB 式步进电动机是 PM 式与 VR 式的复合形式。这种电动机的转子采用永磁体材料,工作原理与 PM 式步进电动机相同。在转子和定子的表面上加工了许多轴向齿槽,形状与 VR 式相似,所以称为混合式,如图 4-6 所示。HB 式步进电动机不仅具有 VR 式步进电动机步距角小、响应速度快的优点,而且还具有 PM 式步进电动机励磁功率小、效率高的优点,因此应用较广。

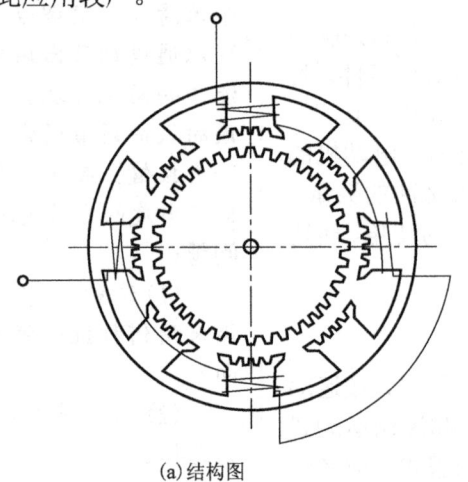

(a) 结构图

(b) 实物图

图 4-6 混合式步进电动机的构造

4.2.2 步进电动机的工作原理

以三相反应式步进电动机为例，说明步进电动机的工作原理，如图 4-7 所示。三相步进电动机的定子上有六个均匀分布的磁极，定子上沿直径方向相对的两个磁极用导线相连，构成"三相"，即 A 相、B 相、C 相。转子是四个均匀分布的齿，上面没有绕组。步进电动机的工作原理近似于电磁铁的工作原理。如果在绕组中通以直流电，就会产生磁场，当 A、B、C 三个磁极的绕组轮流通电时，A、B、C 三对磁极就会依次产生旋转磁场吸引转子转动。根据通电方式的不同分为三相单三拍、三相六拍、三相双三拍三种工作方式。

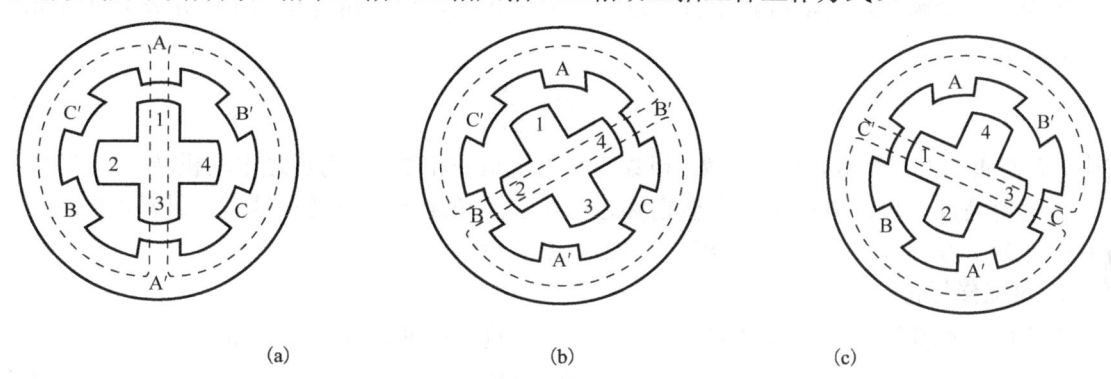

图 4-7 三相单三拍反应式步进电动机工作原理图

1. 三相单三拍

设 A 相绕组首先通电，B、C 相断电，由于磁通总是要沿着磁阻最小的路径通过，使得转子齿 1、3 的轴线与定子 A 极的轴线对齐，即转子 1、3 齿被磁极 A 吸引，停在 A 相通电的位置，如图 4-7(a) 所示。然后 A 相断电，B 相通电，磁极 A 的磁场消失，磁极 B 产生了磁场并把距离 B 最近的 2、4 齿吸引过来并停止在 B 相通电的位置上，此时转子转过 30°，如图 4-7(b) 所示。再使 B 相断电，C 相通电，转子又转过 30°，转子齿 1、3 与定子 C 相对齐，如图 4-7(c) 所示。当通电顺序为 A→B→C→A→… 时，电动机的转子就一步步按逆时针方向转动，每步转过的角度均为 30°，称为步距角。三相励磁绕组依次单独通电，三次换接完成一个通电循环，这种控制方式称为三相单三拍通电方式。若按 A→C→B→A→… 顺序通电，则电动机反向转动。

单三拍通电方式每次只有一相励磁绕组通电吸引转子，容易使转子在平衡位置附近产生振荡，运行稳定性较差。此外，在切换时一相绕组断电而另一相绕组开始通电，容易造成失步，因此在实际应用中较少采用这种通电方式。

2. 三相六拍

步进电动机如果按照 A→AB→B→BC→C→CA→A→… 的顺序单、双向轮流通电，换接六次完成一个通电循环，称为三相六拍通电方式，其步距角为 15°，这种通电方式输出转矩较大，转子过冲较小，是一种较常用的励磁方式。

3. 三相双三拍

步进电动机如果按照 AB→BC→CA→AB→… 的顺序通电，称为三相双三拍通电方式，步距角为 30°。这种通电方式由两相绕组同时通电，转子受到的感应力矩大，静态误差小，定位精度高。此外，切换时始终有一相励磁绕组通电，所以工作稳定，不易失步。

从上面的理论分析中可以看出，无论采用何种通电方式图，这种步进电动机的步距角都较大，不适合一般用途的要求。因此，真实的步进电动机为了减少每次通电的转角，会在转子和定子上开很多等分的小齿。而且定子上开的齿有意错开一个角度，当 A 相定子齿正对转子小齿时，B、C 相定子上的齿则处于错开状态。这种方法可以减小步距角，提高位置控制精度。

4.2.3 步进电动机的运行特性

1. 步距角

每输入一个脉冲，电动机转子就转过一个固定角度，这个角度称为步距角 α。步距角可按下式计算：

$$\alpha = \frac{360}{kmz} \tag{4-1}$$

式中，k 为通电方式系数，k = 拍数/相数；m 为绕组的相数；z 为步进电动机转子的齿数。

步距角是反应步进电动机的主要指标之一，步距角越小，分辨率越高。最常用的步距角有 0.6°/1.2°，0.75°/1.5°，0.9°/1.8°，1°/2°，1.5°/3° 等。

2. 角位移与转速

步进电动机受输入脉冲信号控制，其角位移与输入脉冲数成正比，即

$$\theta = \alpha N \tag{4-2}$$

式中，θ 为电动机转过的角度；α 为步距角；N 为控制脉冲数。

步进电动机的转速与输入脉冲的频率成正比，即

$$n = \frac{\alpha}{360} \times 60 f = \frac{\alpha f}{6} \tag{4-3}$$

式中，n 为电动机转速；f 为控制脉冲频率。

3. 转矩-转速特性

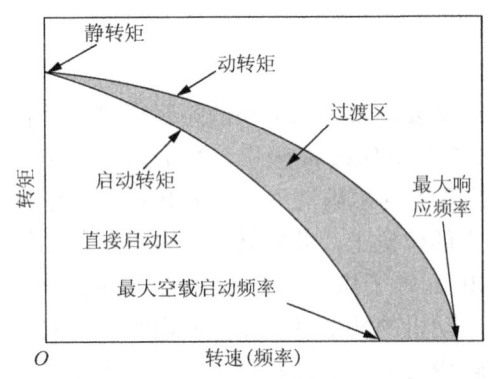

图 4-8 步进电动机的转矩-转速特性

步进电动机的输入脉冲频率(转速)与输出转矩之间的关系如图 4-8 所示。随着转速的增加，步进电动机的输出转矩逐渐降低。其中，步进电动机从停止状态迅速达到设定转速时，所能驱动的最大负载扭矩称为启动转矩。当输入脉冲频率一定，负载扭矩逐渐增大，或者负载扭矩一定，输入脉冲频率逐渐增加时，步进电动机不失步的极限转矩称为动转矩。启动转矩与动转矩之间的区域为过渡区，在此区间内步进电动机启动时的输入脉冲频率必须缓慢增加。步进电动机转子不转时的电磁转矩称为静转矩，它是步进电动机所能产生的最大转矩，反映了步进电动机带负载的能力。在空载静止状态下，要使电动机瞬时启动所需要的最大输入脉冲频率称为最大空载启动频率。输入脉冲频率缓慢上升时，步进电动机不失步运行的极限频率称为空载运行频率或最大响应频率。

4.2.4 步进电动机的驱动控制

步进电动机驱动系统主要实现由弱电到强电的转换和放大，即将逻辑电平信号转换成电动机绕组所需要的具有一定功率的电流脉冲信号。步进电动机驱动系统由环形分配器(又称脉

冲分配器)和功率放大器组成,如图4-9所示。

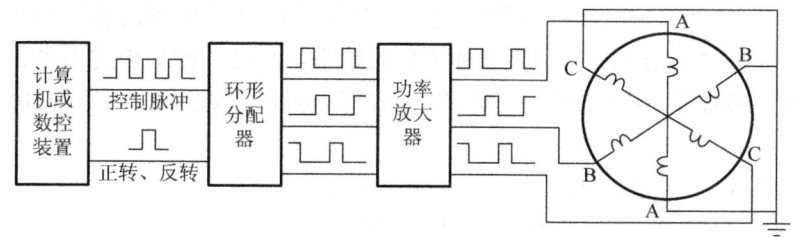

图 4-9　步进电动机驱动系统

案例 4-1 分析

(1)壁挂式空调一般采用步进电动机进行风向调节。

(2)步进电动机选择时首先要注意转矩和惯量的匹配条件,其次要选择合适的步距角和精度。

1. 环形分配器

环形分配器将计算机或数控装置发出的脉冲信号和方向信号按步进电动机所需要的通电方式分配给各相输入端,用来控制励磁绕组的开通和关断。实现环形分配的方法有硬件和软件两种。

硬件环形分配器由门电路、触发器等基本逻辑功能元件组成,按一定的顺序导通和截止功率放大器,使相应的绕组通电或断电。硬件环形分配器可以通过触发器或者专用集成芯片实现。硬件环形分配器必须根据步进电动机的种类、相数、分配方式进行设计或者选用不同的芯片,一旦条件改变必须重新设计。因此,硬件环形分配器虽然运算速度快但缺乏灵活性。

软件环形分配器是指完全用软件的方式进行脉冲分配,按照给定的通电换相顺序向驱动电路发出控制脉冲的分配器。下面以三相步进电动机工作在六拍方式为例,说明软件环形分配器的原理(表4-2)。利用软件进行脉冲分配过程中,将表中状态代码列入程序数据表中,控制电动机正转时利用软件按 01H→03H→02H→06H→04H→05H→01H→……顺序通过输出接口输出,电动机反转时按 01H→05H→04H→06H→02H→03H→01H→……顺序输出。电动机转速通过控制读取一次数据的时间间隔实现。软件环形分配器能够充分利用计算机软件资源,降低硬件成本,增加控制的灵活性。但由于软件环形分配器占用计算机的运行时间,会使插补一次的时间增加,容易影响步进电动机的运行速度。

表 4-2　三相步进电动机脉冲分配表

转向	1~2 相通电	CP	C	B	A	代码	转向
↓ 正	A	0	0	0	1	01H	反 ↑
	AB	1	0	1	1	03H	
	B	2	0	1	0	02H	
	BC	3	1	1	0	06H	
	C	4	1	0	0	04H	
	CA	5	1	0	1	05H	
	A	0	0	0	1	01H	

2. 功率放大器

功率放大器又称驱动电路,其作用是将环形脉冲分配器输出的脉冲进行功率放大,给步进电动机绕组提供足够的电流,驱动步进电动机正常工作。功率放大器的输出直接驱动电动机的控制绕组,因此功率放大电路的性能对步进电动机的运行状态有很大影响。步进电动机所使用的功率放大电路有电压型和电流型,其中电压型又分为单电压型和双电压型(又称高低电压型),电流型分为恒流驱动和斩波驱动等。

3. 步进电动机的加减速控制

通过分析步进电动机的工作原理可知，步进电动机的速度控制可以通过控制两相励磁状态之间的时间间隔来实现。对于硬件环分来讲，只要控制 CP 的频率，就可以控制步进电动机的速度。而对于软件环分来说，控制两相励磁状态之间的时间间隔也就是控制如下（图 4-10）循环流程中延时时间的长短。

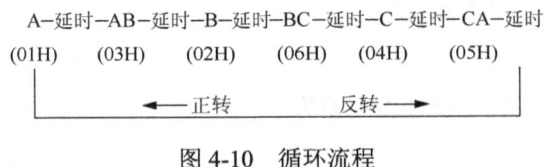

图 4-10 循环流程

在大多数应用步进电动机的场合中，要求其能够实现启动、停止和改变运行速度，这也就要求步进电动机的脉冲频率作相应的变化。为了防止步进电动机在变速过程中出现过冲或失步现象，要求步进电动机每次频率的变换量要小于其突跳频率。这也就是说当步进电动机的速度变化较大时，必须按一定规律完成一个升速或降速的过程。

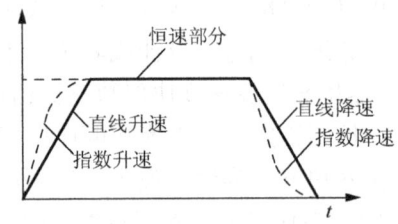

图 4-11 步进电动机加减速过程

在计算机控制的步进系统中，只要按一定规律改变延时子程序中延时常数的大小或定时器中定时常数的大小，即可完成步进电动机速度的改变。常用的加减速规律有直线规律和指数规律，如图 4-11 所示。按直线规律进行加减速时，其加速度理论上为恒定值，但实际上由于电动机转速升高时输出转矩有所下降，从而会导致加速度有所变化。按指数规律进行加减速时，加速度逐渐下降，比较接近步进电动机输出转矩随速度变化的规律。

4.3 直流伺服电动机及驱动

4.3.1 直流伺服电动机结构及特点

直流伺服电动机用直流供电，多用于各种调速传动中。直流电动机通常由定子、线圈转子（电枢）、电刷和换向器构成。当电流流过电刷、换向器流入转子线圈（电枢绕组）时，在定子磁场的作用下会产生带动负载转动的电磁转矩，驱动转子转动。

按照定子励磁方式的不同，直流伺服电动机可以分为电磁式和永磁式两大类。其中，永磁式电动机采用铁氧体、铝镍钴、稀土钴等软磁性材料产生激励磁场；电磁式电动机有他励式、并励式和串励式三种。

直流伺服电动机具有稳定性好、容易控制、响应快、控制功率低、转矩大等优点，因此在工业中得到了较广泛的应用。但是电刷和换向器的使用，增大了电动机维护的工作量，缩短了电动机的使用寿命。

4.3.2 直流伺服电动机的工作原理

直流伺服电动机既可以采用电枢控制，也可以采用磁场控制。这里以电枢控制他励直流伺服电动机为例说明其机械特性，其等效电路如图 4-12 所示。图中励磁绕组接于恒定电压

U_f,控制电压 U_a 接到电枢两端,E_a 为电枢绕组的感应电动势,I_a 为电枢电流,I_f 为励磁电流,R_a 为电枢回路总电阻。

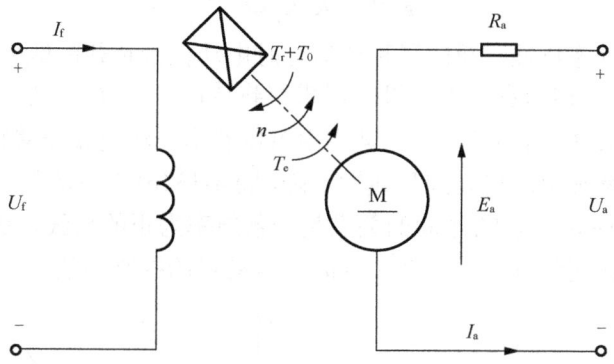

图 4-12 直流电动机等效电路原理图

1. 电动机电压平衡方程

电动机的电压平衡方程为

$$U_a = E_a + I_a R_a \tag{4-4}$$

电枢绕组中产生的感应电动势为

$$E_a = K_e \Phi n \tag{4-5}$$

式中,K_e 为电动势常数;Φ 为电动机的每极磁通;n 为电动机转速。电动机电压平衡方程表明:外接电压一部分用来抵消反电动势,一部分消耗在电枢电阻上。

2. 电动机转矩平衡方程

电枢绕组上的电磁转矩可由下面关系求得

$$T_e = K_m \Phi I_a \tag{4-6}$$

式中,K_m 为转矩常数。直流电动机的转矩平衡方程为

$$T_e = T_r + T_0 \tag{4-7}$$

式中,T_r 为输出转矩;T_0 为空载转矩。在稳定工作(转速恒定)情况下,电动机的输出转矩(T_r)与负载转矩(T_L)相平衡。

电动机转轴与生产机械的旋转机构直接相连时,电磁转矩 T_e 与负载转矩 T_L、转速变化关系的运动方程为

$$T_e - T_L = \frac{GD^2}{375} \frac{dn}{dt} \tag{4-8}$$

式中,G 为系统转动部分的重力;D 为系统转动部分的惯性直径;$T_e - T_L$ 为动转矩,动转矩等于零时系统处于恒转速运行的稳态,动转矩大于零时系统处于加速运行的过渡过程,动转矩小于零时系统处于减速运行的过渡过程。式(4-8)是常用的动力学方程,表征了机电伺服系统机械运动的普遍规律,是研究系统各种运转状态的基础。

3. 电动机的机械特性

联立式(4-4)和式(4-5),可以得到电动机的转速特性为

$$n = \frac{U_a - R_a I_a}{K_e \Phi} \tag{4-9}$$

从式中可以看出,通过改变电枢的电压、每极磁通或电枢电阻可以改变电动机转速。

将式(4-6)带入式(4-9)，可以得到直流伺服电动机的机械特性方程为

$$n = \frac{U_a}{K_e \Phi} - \frac{R_a}{K_e K_m \Phi^2} T_e \tag{4-10}$$

机械特性是电动机的静态特性，反映了稳定运行时电动机带负载的能力。

设 $n_0 = U_a/(K_e \Phi)$，称为直流电动机的理想空载转速。当 U_a、R_a、Φ 为常数时，直流电动机的机械特性曲线如图 4-13(a)所示。从图中可以看出，转速 n 随着转矩 T_e 的增大而降低，也就是说随着负载的增加电动机转速呈线性下降。图 4-13(b)为直流伺服电动机的控制特性曲线。当转矩 T_e 为常数时，n 与 U_a 之间的关系是一条斜率为正的直线，这说明负载一定时，电动机的转速和电枢电压呈线性关系。T_e 不同时，电动机的控制曲线为一组平行直线。

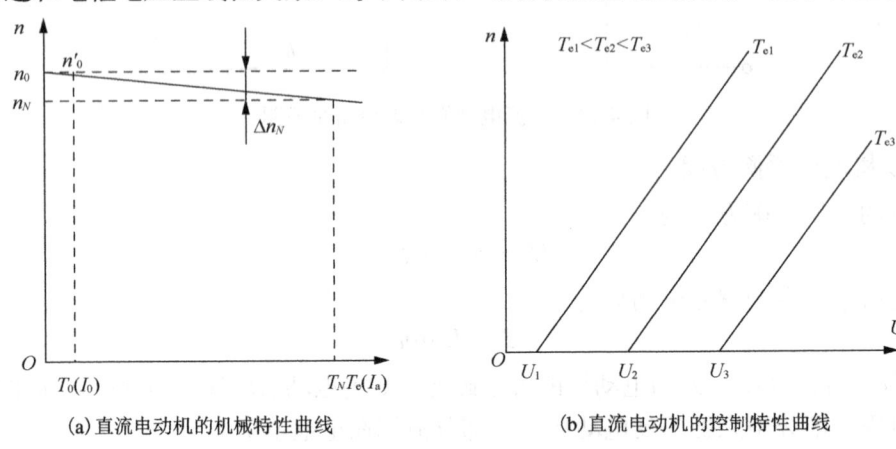

(a) 直流电动机的机械特性曲线　　　(b) 直流电动机的控制特性曲线

图 4-13　直流电动机的特性曲线

4. 电动机的调速方法

根据式(4-10)可知直流电动机调速的方式有三种：改变电枢电阻 R_a 调速、改变电枢电压 U_a 调速和改变磁通 Φ 调速，其调速曲线如图 4-14 所示。当增大电枢电阻时，直流电动机的空载理想转速不变，但电动机的机械特性变软，即当电动机负载增加时，电动机转速相对理想转速的下降值增加，稳定转速下降，输出机械功率下降，如图 4-14(a)所示。这是由于负载增加，电动机的电流增加，电阻所消耗的功率比原来增加所致。电枢电阻增大越多，所消耗的功率越多，输出机械功率越少。因此，调节电枢电阻进行调速的方法是不经济的。

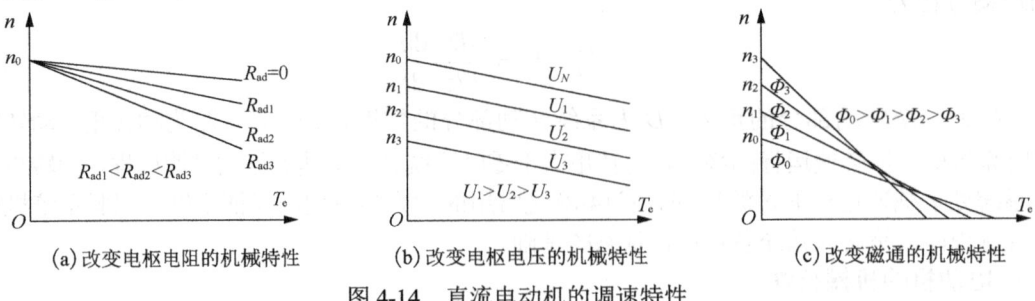

(a) 改变电枢电阻的机械特性　　(b) 改变电枢电压的机械特性　　(c) 改变磁通的机械特性

图 4-14　直流电动机的调速特性

调节电枢电压调速时，直流电动机的机械特性为一组平行线，即机械特性曲线的斜率不变，只改变电动机的理想转速，保持了较硬的机械特性，如图 4-14(b)所示。因此，直流电动机广泛使用调节电枢电压的调速方式。图 4-14(c)所示的调节磁通调速的方式不但改变了电动

机的理想转速，而且也使机械特性变软，使电动机抗负载变化的能力降低，且调节磁通量较困难，故较少使用。

4.3.3 直流伺服电动机的驱动控制

直流伺服电动机通常采用电枢电压控制方式调节电动机的转速和方向，目前常用的驱动方式有：直流线性驱动、晶闸管直流驱动和脉宽调制驱动三种。

1. 直流线性驱动方式

直流线性驱动方式将输入信号按比例进行功率放大，输出电压和电流，通过控制电压或者电流的大小来控制电动机的转速和转矩。线性驱动方式线性度好，失真小，快速性好，频带宽，不产生噪声和电磁干扰信号。此外，电流负反馈和限流装置简单可靠。线性驱动方式的缺点是效率低，本身功耗大，输出功率小，输出电流不能太大。在小功率直流控制系统中，线性驱动方式应用较广泛。电流为几安培，功率为几十瓦至上百瓦的直流电动机，一般都采用线性驱动方式。

2. 晶闸管直流驱动方式

晶闸管直流驱动方式通过调节触发装置控制晶闸管的触发延迟角（控制电压的大小）来移动触发脉冲的相位，从而改变整流电压的大小，使直流电动机电枢电压的变化易于平滑调速。由于晶闸管本身的工作原理和电源的特点，导通后利用交流（50Hz）过零来关闭的，因此在低整流电压时，其输出是很小的尖峰值（三相全波时每秒 300 个）的平均值，从而造成电流的不连续性。这种方式具有线路简单、控制灵活、效率高等优点，然而其功率因数低、谐波电流大，会引起电网电压波形畸变，造成所谓的"电力公害"。因此，过去主要用于大功率直流电动机的驱动控制，近年正逐渐被场效应管脉冲调制驱动方式所代替。

3. 脉宽调制驱动方式

脉宽调制（Pulse Width Modulation，PWM）驱动是当前应用较广泛的一种直流伺服电动机驱动控制方式。PWM 放大器的基本原理是：利用大功率晶体管的开关作用，将直流电压转换为一定频率的方波电压，加在直流电动机的电枢上，通过对方波脉冲宽度的控制，改变电枢电压的平均值，从而调节电动机的转速。

PWM 直流调速驱动的原理如图 4-15 所示。设外加电源电压 U 为常数，开关 S 周期性地闭合、断开，在一个周期 T 内闭合的时间为 τ，则电动机电枢两端的平均电压为

$$U_a = \frac{1}{T}\int_0^T U \mathrm{d}t = \frac{\tau}{T}U = \mu U \tag{4-11}$$

式中，$\mu = \tau/T$ 称为导通率或占空比；当 T 不变时，只要改变导通时间 τ，就可以改变电枢两端的平均电压 U_a；当 τ 在 $0 \sim T$ 之间连续变化时，U_a 由零连续增大到 U，从而达到连续改变电动机转速的目的。在实际应用的 PWM 系统中，采用大功率晶体管代替开关 S，其周期性通断由 PWM 脉冲信号决定，高电平时晶体管导通，低电平时晶体管截止。

PWM 脉冲信号产生原理如图 4-16 所示。三角波发生器输出电压与直流控制信号 U_{in} 进行比较，U_{in} 高于三角波瞬时电压值时输出高电平，否则输出低电平，由此得到一组 PWM 脉冲信号。当输入信号 U_{in} 变化时，输出脉冲信号的脉冲宽度也随之变化，实现了脉宽调制。脉宽调制驱动方式的输出级常采用桥式电路进行功率放大。

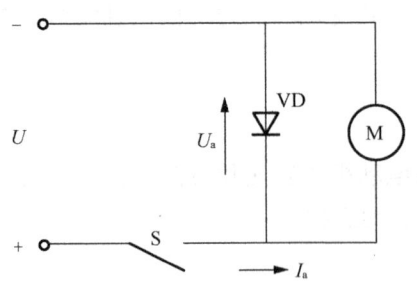
图 4-15　PWM 直流调速驱动的控制电路

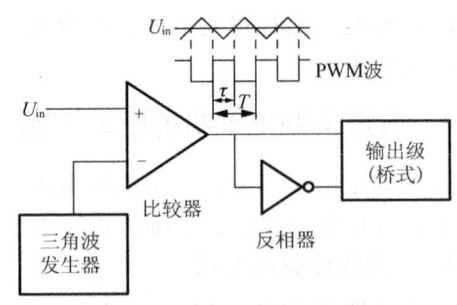
图 4-16　PWM 波产生原理

4.3.4　直流电动机闭环反馈控制调速系统

根据直流电动机的机械特性曲线，随着电动机负载的增加，电动机的运行速度随之下降，无法达到生产机械对静差率的要求。例如，由于毛坯表面不平整，龙门刨床加工时负载常有波动，但为了保证加工精度和表面粗糙度，速度却不允许有较大的变化。这种情况下，简单的开环控制无法满足要求。为了减小或消除静态转速降落，在开环系统的基础上，引入负反馈闭环调速系统。

在电动机轴上安装一台测速发电动机 TG，引出与转速成正比的电压信号 U_f，以此作为反馈信号与给定电压信号 U_n 比较，所得差值电压 ΔU_n，经过放大器产生控制电压 U_{ct}，再通过触发器与晶闸管整流装置控制电动机转速，从而构成速度负反馈调速系统，其控制原理如图 4-17 所示。系统中电动机负载增加时，转速 n 下降，转速反馈电压 U_f 随之降低，电压差值 ΔU_n 增大，放大器输出电压 U_{ct} 增大，经触发器与整流器的电压 U_a 增加，电枢电流 I_a 增加，从而使电动机电磁转矩增加，转速 n 也随之升高，补偿了负载增加造成的转速降低。

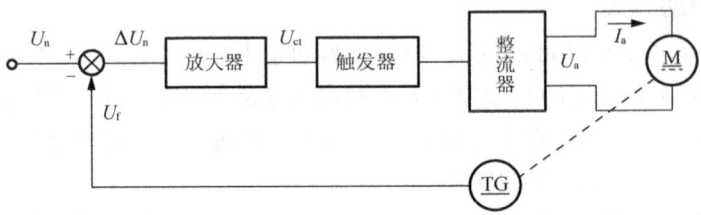
图 4-17　转速负反馈单闭环直流电动机调速系统

1. 闭环调速系统稳态分析

对单闭环直流电动机调速系统进行稳态分析时，为了简化分析，作如下假设：
(1) 各典型环节输入输出呈线性关系；
(2) 调速系统的开环机械特性是连续的；
(3) 直流电源和电位器的内阻忽略不计；
(4) 转速调节器采用比例控制。

根据以上假设，系统各环节输入输出量的稳态关系如下。

电压比较环节：$\Delta U_n = U_n - U_f$

放大环节：$U_{ct} = K_p \Delta U_n$

触发器与整流输出：$U_a = K_s U_{ct}$

速度反馈环节：$U_f = \alpha n$

系统开环机械特性为

$$n = \frac{U_a - R_a I_a}{C_e} = n_{0op} - \Delta n_{op} \tag{4-12}$$

式中，K_p 为放大器放大倍数；K_s 为触发器和整流器的放大倍数；α 为速度反馈系数；C_e 为额定磁通下的电动势系数，且 $C_e = K_e\Phi$；n_{0op} 为开环系统理想空载转速；Δn_{op} 为开环系统稳态速度降落。

从上述各式中消去中间变量，可以得到闭环系统的稳态特征方程为

$$n = \frac{K_p K_s U_n}{C_e(1+K)} - \frac{R_a I_a}{C_e(1+K)} = n_{0cl} - \Delta n_{cl} \tag{4-13}$$

式中，K 为闭环系统的开环放大系数，$K = K_p K_s \alpha / C_e$；n_{0cl} 为闭环系统理想空载转速；Δn_{cl} 为闭环系统稳态速度降落。

在同样的负载波动情况下，开环和闭环系统的转速降落分别为

$$\Delta n_{op} = \frac{R_a I_a}{C_e} \tag{4-14}$$

$$\Delta n_{cl} = \frac{R_a I_a}{C_e(1+K)} \tag{4-15}$$

从式(4-14)、式(4-15)可以看出，当 K 较大时 Δn_{cl} 比 Δn_{op} 小得多，即负载变化时闭环系统的速度波动比开环系统要小得多，因此闭环系统的机械特性较硬。

根据各环节的稳态关系可以得出系统的稳态结构框图，如图 4-18 所示，其中 $R_a I_a$ 代表扰动输入。反馈控制系统具有良好的抗干扰性能，可以有效抑制负反馈环节前向通道上的一切扰动，如交流电源电压波动、励磁电流变化等。这些扰动对转速的影响都会被测速装置检测出来，再通过负反馈环节的控制，减小其对转速的影响。然而，测速装置本身误差引起的转速变化，无法通过闭环系统进行调节。因此，反馈检测元件的精度对闭环速度控制系统的精确性和稳定性起到至关重要的作用。

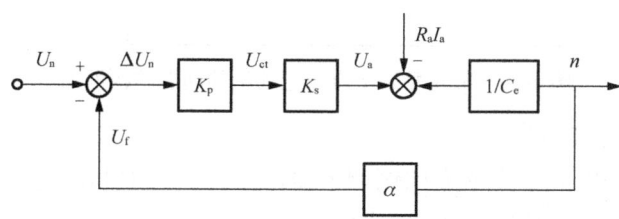

图 4-18 闭环系统静态结构图

2. 闭环调速系统动态分析

前面讨论了闭环调速系统的稳态性能，引入转速负反馈，且在放大系数足够大时，可以满足系统的稳态要求。然而，放大系数过大会引起闭环系统的失稳，必须采取动态校正措施才能使系统正常工作。此外，系统还需要满足各项动态指标的要求。因此，必须进一步分析闭环调速系统的动态性能。

1) 闭环调速系统的动态数学模型

(1) 直流电动机传递函数。

他励直流电动机在额定励磁下的等效电路如图 4-19 所示，其中 R 为电枢回路总电阻，L

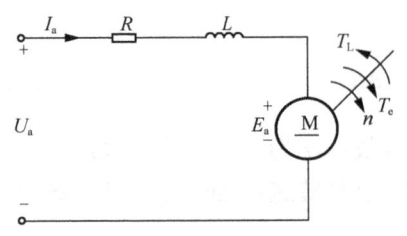

图 4-19 他励直流电动机在额定励磁下的等效电路

为总电感。

假定主电路电流连续，则动态电压方程为

$$U_a = RI_a + L\frac{dI_a}{dt} + E_a \tag{4-16}$$

设 T_l 为电枢回路电磁时间常数，且 $T_l = L/R$，则式(4-16)可以写为

$$U_a - E_a = R\left(I_a + T_l\frac{dI_a}{dt}\right) \tag{4-17}$$

设 T_m 为系统机电时间常数，且 $T_m = \dfrac{GD^2 R}{375 K_e K_m \Phi^2}$，将式(4-5)、式(4-6)代入式(4-8)，整理后得

$$I_a - I_{aL} = \frac{T_m}{R}\frac{dE_a}{dt} \tag{4-18}$$

式中，I_{aL} 为负载电流，且 $I_{aL} = T_L/(K_m\Phi)$。

初始条件为零时，对式(4-17)和式(4-18)分别进行拉氏变换，得到电压与电流间的传递函数以及电流与电动势间的传递函数，即式(4-19)和式(4-20)。

$$\frac{I_a(s)}{U_a(s) - E_a(s)} = \frac{1/R}{T_l s + 1} \tag{4-19}$$

$$\frac{E_a(s)}{I_a(s) - I_{aL}(s)} = \frac{R}{T_m s} \tag{4-20}$$

综合式(4-19)和式(4-20)得到额定励磁下直流电动机的动态结构框图，如图 4-20 所示。

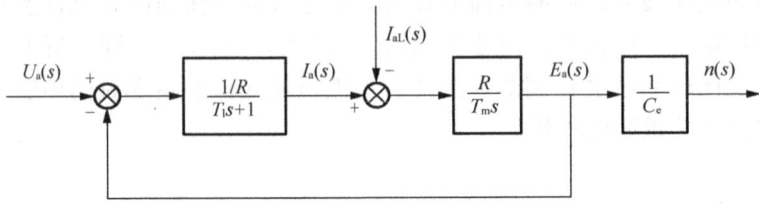

图 4-20 额定励磁下直流电动机的动态结构框图

(2) 放大器和速度反馈环节。

直流闭环调速系统中的放大器为比例调节器，因此放大器和测速反馈环节的响应都是瞬时的，它们的传递函数就是其放大系数，即

$$W_a(s) = \frac{U_{ct}(s)}{\Delta U_n(s)} = K_p \tag{4-21}$$

$$W_f(s) = \frac{U_n(s)}{n(s)} = \alpha \tag{4-22}$$

(3) 触发器和整流器的传递函数。

触发器和整流器的输入输出呈非线性余弦关系。为了简化计算，工程上常常将触发与整流环节近似成一阶惯性环节，即

$$W_c(s) = \frac{K_s}{T_s s + 1} \tag{4-23}$$

2) 闭环调速系统的动态结构图和传递函数

根据已经得到的各环节的传递函数，经过简化后，可以得到闭环调速系统的动态结构图，如图 4-21 所示。由图可知，闭环直流调速系统的开环传递函数为

$$W_{op}(s) = \frac{K_p K_s / C_e}{(T_s s + 1)(T_m T_l s^2 + T_m s + 1)} \tag{4-24}$$

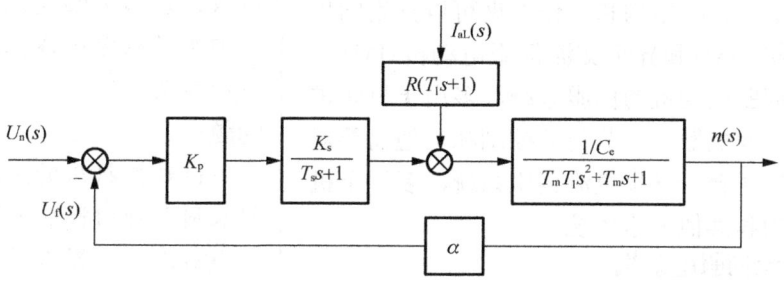

图 4-21 闭环调速系统的动态结构图

闭环直流调速系统为三阶线性系统，其闭环传递函数为

$$W_{cl}(s) = \frac{W_{op}(s)}{1 + \alpha W_{op}(s)} = \frac{K_p K_s / C_e (1+K)}{\frac{T_m T_l T_s}{1+K} s^3 + \frac{T_m (T_l + T_s)}{1+K} s^2 + \frac{T_m + T_s}{1+K} s + 1} \tag{4-25}$$

3) 闭环调速系统的稳定条件

根据式 (4-25) 可知，反馈控制闭环直流调速系统的特征方程为

$$\frac{T_m T_l T_s}{1+K} s^3 + \frac{T_m (T_l + T_s)}{1+K} s^2 + \frac{T_m + T_s}{1+K} s + 1 = 0 \tag{4-26}$$

根据三阶系统的劳斯-赫尔维茨判据，系统稳定的充要条件为

$$\frac{T_m T_l T_s}{1+K} > 0, \quad \frac{T_m (T_l + T_s)}{1+K} > 0, \quad \frac{T_m + T_s}{1+K} > 0;$$

$$\frac{T_m (T_l + T_s)}{1+K} \cdot \frac{T_m + T_s}{1+K} - \frac{T_m T_l T_s}{1+K} > 0$$

前三个不等式显然成立，因此系统稳定与否只需判断第四个不等式是否成立。整理得

$$K < \frac{T_m (T_l + T_s) + T_s^2}{T_l T_s} \tag{4-27}$$

式 (4-27) 右边部分称为系统的临界放大系数 K_{cr}，当 $K \geq K_{cr}$ 时系统将不稳定。

由闭环调速系统稳态分析可知，为了提高系统静特性硬度，希望系统的开环放大倍数 K 大些，但 K 增多到一定程度时会引起系统的不稳定。因此，根据系统稳态误差要求计算得出的 K 值还必须按系统稳定性条件进行校核，必须兼顾稳态和动态两种特性。

4.4 交流伺服电动机及驱动

4.4.1 交流伺服电动机的工作原理

直流伺服电动机虽然可控性和调速性能好，但电刷和换向器需要定时维护和更换，影响其使用寿命和广泛应用。与直流伺服电动机相比，交流伺服电动机的驱动电路相对复杂，价

格较高。但随着近年来集成电路、电力电子技术、微处理器技术的发展，交流伺服电动机驱动技术有了巨大的突破。交流伺服电动机和交流伺服控制系统逐渐成为机电一体化系统中伺服装置的主导产品，广泛应用于机电一体化的众多领域。

交流伺服电动机按结构和工作原理可以分为同步交流伺服电动机（SM）和异步交流伺服电动机（IM）。采用同步交流伺服电动机的伺服系统，多用于机床进给传动控制、工业机器人关节传动控制和其他需要运动和位置控制的场合。异步交流伺服系统，多用于机床主轴转速控制和其他调速系统。

> **案例 4-2**
> 数控机床是装备制造业的"工作母机"，是用于制造机器的机器。工业机器人是自动化生产线的重要组成，能够大幅度提高生产效率。它们都是机电一体化技术的集中体现和典型代表。
> 问题：
> （1）数控机床的主轴和进给轴通常采用哪种伺服系统？
> （2）工业机器人关节控制又采用的是哪种伺服系统？

1. 同步交流伺服电动机

同步交流伺服电动机的定子上装有能够产生旋转磁场的线圈，转子有两种结构形式：一种为永磁体转子；另一种转子由磁极铁心及缠绕在铁心上的线圈构成，通过直流电进行励磁。其中采用永磁体转子的同步电动机不需要磁化电流控制，只要检测转子位置即可，又称为无刷直流伺服电动机。当三相交流电流通过定子绕组，在定子上产生旋转磁场。旋转磁场与转子磁场相互作用驱动转子转动。

同步电动机转子的旋转速度与定子绕组所产生的旋转磁场的速度一致，因此称为同步电动机。由于电动机与旋转磁场二者转速保持同步，其转速可以表示为

$$n = 60\frac{f_1}{p} \tag{4-28}$$

式中，f_1 为定子供电频率；p 为定子线圈的磁极对数；n 为转子转速。

永磁同步电动机的交流伺服控制技术已趋于成熟，具备十分优良的低速性能，并可实现弱磁高速控制，拓宽了系统的调速范围，适应高性能伺服驱动的要求。随着永磁材料性能的大幅度提高和价格的降低，永磁同步伺服电动机在工业自动化领域中的应用越来越广泛。

2. 异步交流伺服电动机

异步交流伺服电动机又称为感应式伺服电动机，由硅钢片叠制而成。这类电动机同样由定子和转子组成，定子和转子上都装有绕组，其中定子有三相绕组和单相绕组两种结构，转子有鼠笼式和短路绕组式两种。

异步交流电动机转子转速与定子绕组所产生的旋转磁场的转速不同，其工作原理如下：当在定子绕组中通入三相电源时，定子绕组就会产生一个旋转磁场。假设磁场沿顺时针方向旋转，如图 4-22 所示。为了分析问题方便，假设旋转磁场固定不动，而相对的转子绕组沿逆时针方向旋转并切割磁感线。根据右手定则转子绕组中将产生感应电动势，有感应电流流动，方向如图 4-22 所示。于是，当磁场中转子绕组上有电流流动时，根据左手定则转子在顺时针方向上产生电磁力矩，驱动转子沿旋转磁场的相同方向旋转。

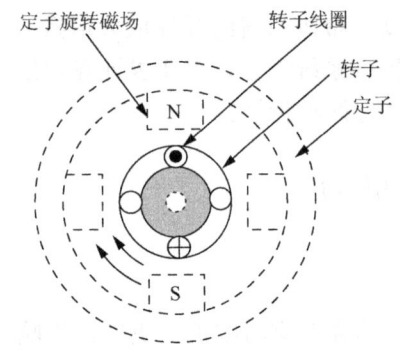

图 4-22　异步交流电动机工作原理

一般情况下，电动机的实际转速低于旋转磁场的转速。

假设二者相等,则磁场与转子之间没有相对运动,就无法切割磁感线,也就不存在电磁感应关系,无法产生感应电动势、感应电流和电磁转矩。所以转子转速必然小于磁场转速,也因此被称为异步电动机。

异步电动机的转速方程为

$$n = 60\frac{f_1}{p}(1-s) \tag{4-29}$$

式中,s 为转差率。

由式(4-29)可知,交流异步电动机的转速与磁极对数、供电电源的频率以及转差率有关。通过改变供电频率 f_1 来实现调速的方法称为变频调速;而改变磁极对数 p 进行调速的方法称为变极调速。变频调速一般是无级调速,变极调速是有级调速。改变转差率 s 也可以实现无级调速,但该办法会降低交流电动机的机械特性,一般不使用。变频调速的最大特点是:电动机从高速到低速,其转差率始终保持最小的数值,因此变频调速时,异步电动机的功率因数很高。可见,变频调速是一种理想的调速方式。但它需要由特殊的变频装置供电,以实现电压和频率的协调控制。

4.4.2 交流伺服电动机的特性

异步交流电动机的机械特性是指在一定的电源电压和转子电阻之下,电动机转速与电磁转矩的关系 $n = f(T)$ 或转差率与电磁转矩的关系 $s = f(T)$,如图 4-23 所示。从特性曲线上可以看出,其上有四个特殊点可以决定特性曲线的基本形状和异步电动机的运行性能,这四个特殊点是:

(1) $T=0$,$n=n_0$ ($s=0$),电动机处于理想空载工作点,此时电动机的转速为理想空载转速 n_0。

(2) $T=T_N$,$n=n_N$ ($s=s_N$),为电动机的额定工作点,此时额定转矩和额定转差率为

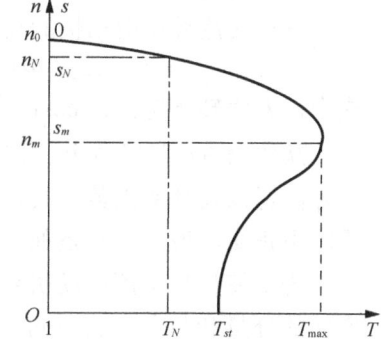

图 4-23 异步电动机的机械特性

$$T_N = 9.55\frac{P_N}{n_N} \tag{4-30}$$

$$s_N = \frac{n_0 - n_N}{n_0} \tag{4-31}$$

式中,P_N 为电动机的额定功率;n_N 为电动机的额定转速,一般 $n_N =(0.94\sim 0.985)n_0$;s_N 为电动机的额定转差率,一般 $s_N =0.06\sim 0.015$;T_N 为电动机的额定转矩。

(3) $T=T_{st}$,$n=0$ ($s=1$),为电动机的启动工作点,T_{st} 为电动机的启动转矩。

(4) $T=T_{max}$,$n=n_m$ ($s=s_m$),为电动机的临界工作点,T_{max} 称为最大转矩或临界转矩。当负载转矩超过最大转矩时,电动机就带不动负载了,发生所谓闷车现象。闷车后,电动机的电流立刻升高六七倍,电动机严重过热,以致烧坏。

4.4.3 交流伺服电动机的控制和驱动

交流伺服电动机作为机电一体化产品伺服系统的执行元件,可以实现精确的运动和位置控制,能在较宽范围内产生理想的转矩,其关键在于要解决对交流电动机的控制和驱动。

1. 同步交流伺服电动机的控制方法

永磁同步交流伺服电动机不需要磁化电流控制,只要检测磁铁转子的位置即可,因此比异步交流伺服电动机容易控制,其转矩产生机理与直流伺服电动机相同。当前永磁同步交流伺服电动机控制主要通过变频 PWM 方式模仿直流电动机的控制来实现。

2. 异步交流伺服电动机的控制方法

异步交流伺服电动机的控制方法主要有矢量控制和变频调速控制两种。

1) 矢量控制

矢量控制的基本思路是把交流电动机当成直流电动机来控制,即模拟直流电动机的控制特点进行三相异步电动机的控制。调速的关键问题是转矩控制,直流电动机调速性能好的根本原因就在于容易进行转矩控制。

直流电动机转矩如式(4-6)所示,其中电枢电流 I_a 与磁通 Φ 是两个相互独立的变量,分别由电枢绕组和励磁绕组来控制。由于电枢绕组产生的磁场与励磁绕组产生的磁场是相互正交的,可以认为电枢电流 I_a 与磁通 Φ 是正交的。

三相交流异步电动机的转矩为

$$T_e = K_M I_2 \Phi \cos\varphi \tag{4-32}$$

式中,I_2 为转子电流;$\cos\varphi$ 为转子功率因数。

> **案例 4-2 分析**
> (1) 数控机床的主轴主要进行速度控制,对功率要求较高,因此通常采用异步交流伺服系统。进给轴需要进行运动和位置控制,精度要求较高,多采用同步交流伺服系统。
> (2) 工业机器人关节控制同样进行位置和运动控制,因此通常使用同步交流伺服系统。

从式(4-32)可以看出,异步电动机的转矩与转子电流、气隙磁通以及功率因数有关,转子电流和气隙磁通两个变量既不正交,彼此也不是独立的。转矩的这种复杂性是异步电动机难于控制的根本原因。

为了使异步交流电动机获得与直流电动机一样的控制特性,必须把定子电流分解成磁场方向的分量和与之正交方向的分量。磁场方向的分量相当于励磁电流,与之正交方向的分量相当于转矩电流,二者分别控制,使得三相异步电动机得到与直流电动机类似的控制特性。

2) 变频调速控制

根据式(4-29)可知,异步交流电动机调速的方法有变频调速、变极调速和变转差率调速三种,其中变频调速是一种理想的调速方式。实现变频调速的方法有多种,可分为交-交变频、交-直-交变频、正弦波脉宽调制(SPWM)变频等。

交-交变频调速是将工频交流直接变换成频率、电压均可控制的交流,属于直接变频。交-直-交变频调速是先把工频交流通过整流器变成直流,然后再把直流变成频率、电压均可控制的交流,属于间接变频。

正弦波脉宽调制(SPWM)是把一个正弦波分成 N 个等幅而不等宽的方波脉冲,每一个方波的宽度与其所对应时刻的正弦波的值成正比,这样就产生了与正弦波等效的等幅矩形脉冲序列波。SPWM 中常用等腰三角波作为载波,与正弦波的电压进行比较,输出宽度不等的脉冲信号,如图 4-24 所示。当

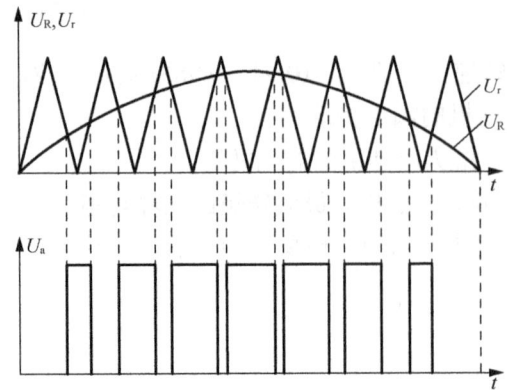

图 4-24 SPWM 调制波示意图

三角波电压低于正弦波电压时输出高电平,反之则输出低电平。输出脉冲信号的宽度由三角波和正弦波交点之间的距离决定,并随正弦波电压的大小而改变。工程上获得 SPWM 调制波的方法是根据三角波与正弦波的交点来确定逆变器功率开关的工作时刻。调节正弦波的频率和幅值便可以相应地改变逆变器输出电压基波的频率或幅值。SPWM 是一种比较完善的调制方式,目前国际上生产的变频调速装置几乎全部采用这种方法。

4.5 工程实践例题

【例 4-1】 一台三相反应式步进电动机,采用三相六拍驱动方式,转子有 80 个齿,脉冲频率为 600Hz。试求:(1)写出一个循环的通电程序;(2)步进电动机步距角;(3)步进电动机转速。

解:(1)由于步进电动机采用三相六拍驱动方式,其脉冲分配方式有两种,分别为

A→AB→B→BC→C→CA 或 A→AC→C→CB→B→BA

(2)根据式(4-1)可知 $\alpha = \dfrac{360}{kmz}$,其中 k=拍数/相数=2,m=3,z=80,步距角为

$$\alpha = \frac{360}{2 \times 3 \times 80} = 0.75 \text{ (°)}$$

(3)根据式(4-3),电动机转速为

$$n = \frac{\alpha f}{6} = \frac{0.75 \times 600}{6} = 75 \text{ (r/min)}$$

【例 4-2】 某数控铣床结构如图 4-25 所示,工作台及工件重量为 W=9800N,拖板与导轨间的摩擦系数 μ=0.05,进给传动系统的效率 η=0.9,切削时最大切削负载 F_c=980N,镶条锁紧力 F_g=490N,由切削力矩引起的滑动表面上工作台受到的力 F_{cf}=294N,传动比 i=1:1,滚珠丝杠直径 D_b=32mm,节距 P=8mm,丝杠总长 L_b=1000mm,快速移动时电动机速度为 V_m=3000r/min,加速时间 t_a=0.1s,位置回路增益 k_s=30s^{-1},试为该系统选择合适的交流伺服电动机。

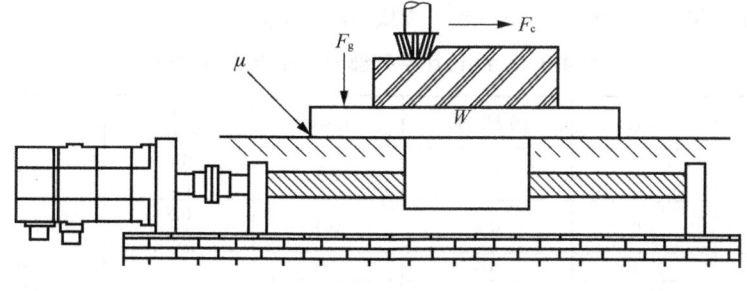

图 4-25 数控铣床结构图

解:(1)计算负载力矩 T_L。

$$T_L = \frac{F \times L}{2\pi\eta} + T_f$$

式中,F 为沿坐标轴移动工作台所需要的力;L 为电动机转一圈机床的移动距离;T_f 为电动机轴上的摩擦力矩。设 $T_f = 0.2\text{N·m}$,不切削时:

$$F = \mu(W + F_g) = 0.05 \times (9800 + 490) = 514.5(\text{N})$$

$$T_L = \frac{514.5 \times 0.008}{2\pi \times 0.9} + 0.2 = 0.9(\text{N} \cdot \text{m})$$

切削时：

$$F = F_c + \mu(W + F_g + F_{cf}) = 980 + 0.05 \times (9800 + 490 + 294) = 1509.2(\text{N})$$

$$T_L = \frac{1509.2 \times 0.008}{2\pi \times 0.9} + 0.2 = 2.3(\text{N} \cdot \text{m})$$

(2) 计算负载惯量。

滚珠丝杠的转动惯量 J_b 为

$$J_b = \frac{\pi D_b^4 L_b \rho}{32} = \frac{\pi 0.032^4 \times 1 \times 7.8 \times 10^3}{32} = 0.0008(\text{kg} \cdot \text{m}^2)$$

工作台折算到电动机轴上的转动惯量 J_w 为

$$J_w = \frac{W}{g}\left(\frac{P}{2\pi}\right)^2 = \frac{9800}{9.8} \times \left(\frac{0.008}{2\pi}\right)^2 = 0.0016(\text{kg} \cdot \text{m}^2)$$

总的负载惯量 J_l 为

$$J_l = J_b + J_w = 0.0008 + 0.0016 = 0.0024(\text{kg} \cdot \text{m}^2)$$

本例中，电动机与滚珠丝杠直接连接，因此总的负载惯量为滚珠丝杠与工作台转动惯量的和。如果电动机和滚珠丝杠之间通过齿轮减速机构相连接，则需要将各齿轮的转动惯量计入总的负载惯量中。

为了保证系统运行效率最高，理想情况下要求负载惯量与电动机的惯量相等。实际情况中，通常要求负载惯量小于电动机本身惯量的 3 倍。因为当负载惯量比电动机惯量的 3 倍大得多时，电动机的控制特性将大大下降。使用中应避免这种大惯量情况的出现。

(3) 初选电动机型号。

为了避免切削或加减速时电动机过热，要求机床无负载时电动机力矩应小于连续额定力矩的 50%。根据负载力矩计算结果，不切削时电动机力矩为 0.9N·m，最高转速应高于 3000r/min，初步选择 Fanuc α 2/3000 型伺服电动机，其堵转转矩为 2.0N·m，额定转速为 3000r/min 电动机惯量 J_m 为 0.0006 kg·m²，如表 4-3 所示。

表 4-3 Fanuc α 系列部分伺服电动机规格

参数	单位	a0.5/3000	a1/3000	a2/2000 a2/3000	a3/3000	a6/2000 a6/3000
输出功率	kW	0.2	0.3	0.4 0.5	0.9	1.0 1.4
	HP	0.3	0.4	0.5 0.6	1.3	1.4 1.9
停转扭矩	N·m	0.6	1.0	2.0	3.0	6.0
	kgf·cm	6.5	10	20	31	61
额定转速	1/min	3000	3000	2000 3000	3000	2000 3000
最大理论扭矩	N·m	3.4	8	16	27	56
	kgf·cm	35	80	160	280	571
转子惯量	kg·m²	0.000017	0.00036	0.00060	0.0014	0.0026
	kgf·cm·s²	0.00018	0.037	0.0061	0.014	0.027
最大理论加速度	rad/s²	190000	22000	26000	20000	21000
重量	kg	1	3	4	8	13

电动机初步选定后,根据电动机及机床的参数计算加速度力矩。以常用的直线加减速为例,其速度及转矩变化曲线如图 4-26 所示。

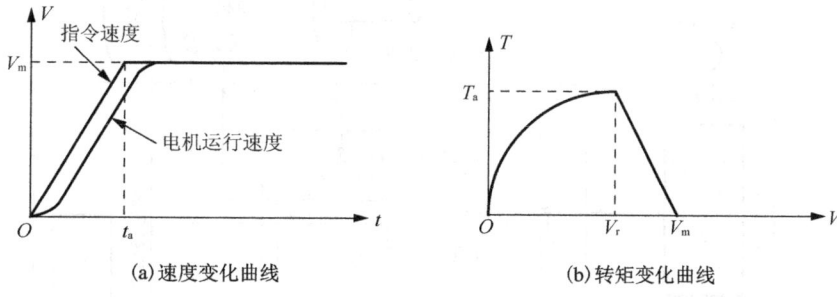

图 4-26　直线加速时电动机的转矩变化

图 4-26(a) 中,电动机加速阶段实际转速要滞后于指令速度,图 4-26(b) 中,V_r 为加速度力矩最大时刻所对应的电动机转速,加速度力矩等于总的转动惯量乘以加速度。

因此,加速度力矩 T_a 的计算为

$$T_a = \frac{2\pi V_m}{60 t_a}\left(1-e^{-k_s \cdot t_a}\right)\left(J_m + \frac{J_l}{\eta}\right) = \frac{2\pi \times 3000}{60 \times 0.1}\left(1-e^{-30 \times 0.1}\right)\left(0.0006 + \frac{0.0024}{0.9}\right) = 9.75(\text{N} \cdot \text{m})$$

根据 Fanuc α2/3000 型伺服电动机的速度-转矩特性曲线可知,9.75N·m 的加速度转矩处于断续工作区之外(图 4-27),因此 α2/3000 型电动机的力矩是不够的。于是,选择转矩更大的电动机 α3/3000,并重新计算加速度力矩为

$$T_a = \frac{2\pi \times 3000}{60 \times 0.1}\left(1-e^{-30 \times 0.1}\right)\left(0.0014 + \frac{0.0024}{0.9}\right) = 11.9(\text{N} \cdot \text{m})$$

加速度力矩最大时所对应的转速 V_r 为

$$V_r = V_m\left(1 - \frac{1}{k_s \cdot t_a}\left(1-e^{-k_s \cdot t_a}\right)\right) = 3000\left(1 - \frac{1}{30 \times 0.1}\left(1-e^{-30 \times 0.1}\right)\right) = 2050(\text{r/min})$$

因此,电动机加速过程中,转速为 2050r/min 时,要求加速度力矩为 11.9N·m。根据图 4-28 可以看出,此时处于断续工作区,因此 α3/3000 型电动机可以满足加速度要求。

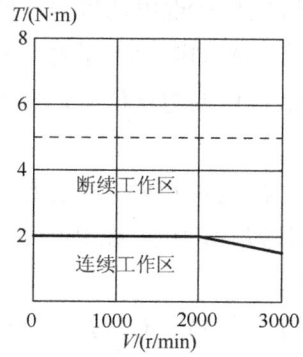
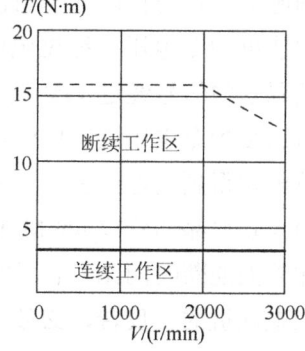

图 4-27　α2/3000 电动机的速度-转矩特性曲线　　图 4-28　α3/3000 电动机的速度-转矩特性曲线

【例 4-3】 分析图 4-29 所示用于驱动直流伺服电动机的伺服放大器的工作原理。

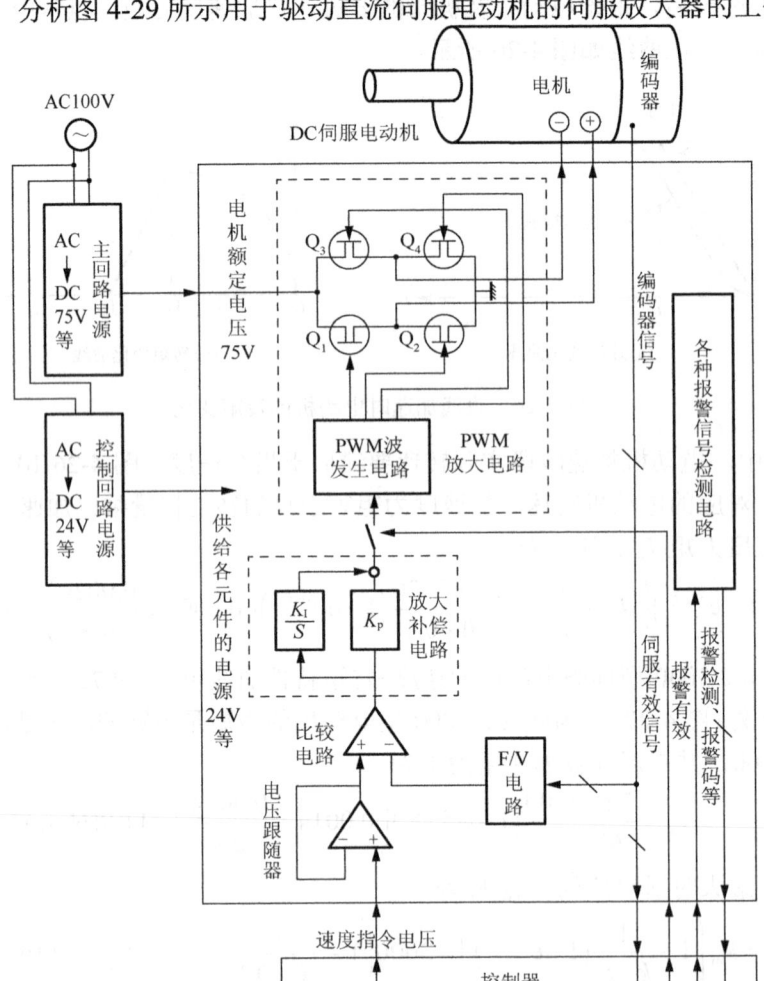

图 4-29 速度控制型伺服放大器框图

解： 伺服放大器与控制器和直流伺服电动机相连，通过闭环实现电动机的速度控制。控制器输出的速度指令电压，经过电压跟随器进行缓冲和隔离。在伺服放大器内，来自直流伺服电动机编码器的信号经过 F/V 转换器，输出与脉冲频率成比例的电压信号，再由比较电路将该信号与速度指令电压进行比较。

将比较电路得到的电压差经过 PI 电路进行放大和补偿，再送入 PWM 发生电路中。PWM 放大器采用大功率晶体管（功率 MOS FET）进行电力放大，驱动电动机。在 PWM 方式中，使大功率晶体管的通断时间比（占空比）与指令电压成比例变化。

要控制电动机的正反转，必须切换电动机输入电压方向。当 Q_1、Q_4 导通，Q_2、Q_3 截止时，驱动电流从电动机正极流入负极流出，电动机正转；当 Q_2、Q_3 导通，Q_1、Q_4 截止时，驱动电流从电动机负极流入正极流出，电动机反转。

习题与思考题

4-1 试举出几个具有伺服系统的机电一体化产品实例,分析其伺服系统的基本结构,指出其属于何种类型的伺服系统。

4-2 简述电气伺服系统、液压伺服系统、气动伺服系统各自的特点及应用场合。

4-3 简述步进电动机的分类及结构特点。

4-4 什么是步进电动机的步距角?一台步进电动机可以有两个步距角,如 3°/1.5°,这是什么意思?什么是单三拍、六拍还是双三拍?

4-5 设某步进电动机转子有 80 个齿,采用三相六拍驱动方式,与滚珠丝杠直连,工作台作直线运动。丝杠导程为 5mm,工作台最大移动速度为 6mm/s。试求:

(1) 步进电动机的步距角;

(2) 步进电动机的最高工作频率。

4-6 简述直流伺服电动机有几种调速方法,各自有哪些特点。

4-7 简述直流伺服电动机几种驱动方式的特点。

4-8 简述异步交流伺服电动机矢量控制的基本原理。

4-9 简述异步交流伺服电动机 SPWM 控制的基本原理。

4-10 交流伺服电动机(一对极)的两相绕组通入 400Hz 的两相对称交流电流时产生旋转磁场:

(1) 试求旋转磁场的转速 n_0;

(2) 若转子转速 $n = 1800 \text{r/min}$,试问转子导条切割磁场的速度是多少?转差率是多少?

第 5 章　计算机控制技术

你有过夜间行车的经历么？图 5-1 是夜间汽车弯道行驶前大灯照明效果对比图。可以看到，图 5-1(a)中弯道左边缘出现了照明(视野)盲区。由于车辆在转弯时速度较快，这时一旦有物体从视野盲区内突然出现，很容易发生意外事故。而图 5-1(b)中整个弯道均处于照明区域，无视野盲区。这时即使在速度较快的转弯状态下，驾驶员也能及时发现可能存在的安全隐患，从而采取调整方向、制动等措施，从容地避开危险。

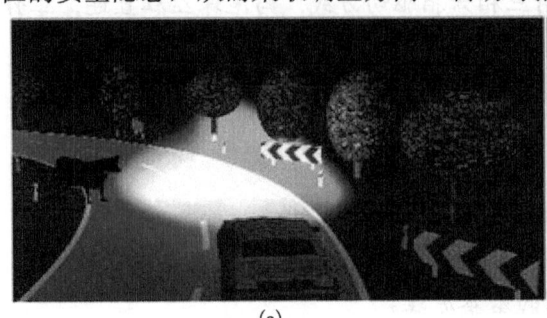 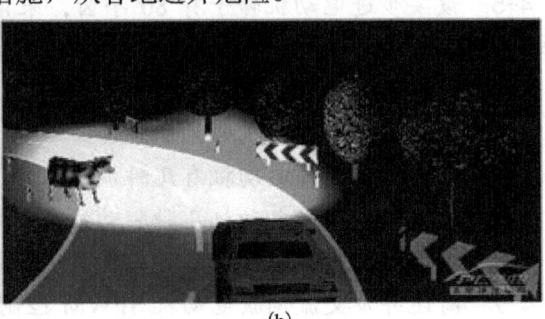

图 5-1　汽车前大灯随动转向系统照明效果图

上述照明情况不同的原因在于，图 5-1(b)中的汽车安装了前大灯随动转向控制系统(AFS)，而图 5-1(a)是没有 AFS 系统的前大灯普通照明系统。这里 AFS 系统就是一种计算机控制系统。具体来说，它是一个随动控制系统，可以使前大灯(叫做被控对象)跟随方向盘转向角(叫做控制量)而转动。以图 5-1(b)向左转弯为例，左侧的大灯可以向转弯中心处最大偏转 7°的照射角度，而右侧的大灯则可以最大偏转 15°，从而使得原本处于视野盲区的弯道边缘也能够进入驾驶员的视线中。

> **本章知识要点**
> (1) 了解控制计算机的种类及特点；
> (2) 理解控制计算机的组成；
> (3) 掌握控制系统的典型结构与数学模型的建立方法；
> (4) 掌握 PID 控制原理与设计方法；
> (5) 掌握常见复杂控制方法(串级控制、比值控制、前馈控制、自适应控制)；
> (6) 理解分布式、网络化控制和远程控制；
> (7) 理解机电一体化智能控制技术(专家控制、自学习控制、模糊控制、神经网络)；
> (8) 了解机器视觉智能控制系统。
>
> **探索思考**
> 机电一体化系统常用哪些控制器？使用了何种控制算法？
>
> **预备知识**
> 请预先复习以前学过的单片机、测试技术和控制工程基础等课程的知识。

5.1 控制计算机的组成及要求

1. 控制计算机的组成

控制计算机与一般计算机系统的组成相同，也是由运算器、控制器、存储器、输入装置和输出装置五大部件组成。运算器或称算术逻辑单元的主要功能是对数据进行各种运算；存储器的主要功能是存储程序和各种数据信息；控制器是整个计算机系统的控制中心，它指挥计算机各部分协调地工作，保证计算机按照程序规定的目标和步骤有条不紊地进行操作及处理；输入和输出设备合称为 I/O 设备，用来向计算机输入各种原始数据和输出计算机加工处理的结果。控制计算机与一般计算机系统的主要区别在于其 I/O 设备更加丰富，I/O 接口的可扩展性能更强，系统具有更好的电磁兼容性能和更高的可靠性，等等。

2. 机电一体化系统对控制计算机的要求

随着现代工业控制系统复杂性的增加，机电一体化系统对控制计算机的要求越来越高。除了通常的计算性能，存储性能和实时性等要求以外，对控制计算机的可靠性，接口形式等要求进一步增强。具体体现在以下几个方面。

1) 接口功能及可扩展性

控制计算机相当于机电一体化系统的大脑，需要处理信息以及发号施令，因此必须包含各种信息输入/输出接口。计算机接收的信息主要来自系统中的各种传感器。传感器不同，其输出的电量信号形式也不同。因此，计算机应配置不同的输入接口电路，如 A/D 转换器、数字输入接口电路、高速脉冲输入接口电路和并行(或串行)通信接口电路等。

同样，对于不同的驱动控制器，其所需的控制信号也不尽相同，控制计算机也应配置有相应功能的输出接口电路，如 D/A 转换接口电路、数字输出接口电路等。各种输入/输出接口电路既可以自行设计，也可以选择市场产品，作为控制计算机的接口扩展模块。

同时，控制计算机还需要相应的人机接口设备，这些设备包括电位计、可调电容器、编码盘、数码管，以及键盘、鼠标、触摸屏、显示器等，其接口电路繁简不等。如果控制计算机是作为总线网络控制系统的一个节点，还需要连接总线网络的总线通信接口。

控制计算机除了本身具有的接口外，还可以通过接口电路对其所连接输入/输出装置的数量和种类进行扩展，并且市场上也提供了种类丰富的接口电路产品。

2) 数据精度

控制计算机的数据精度要与传感器和控制器的精度相匹配。计算机内部处理器表达数据的精度可用字长来表示，即微处理器内部数据总线上一次处理二进制代码的长度，微处理器的字长越长，其所能表达数据的精度就越高。微处理器的字长有 1 位、4 位、8 位、16 位、32 位等。在选择微处理器的字长时既要考虑实际要求，也要考虑成本因素。虽然通过编程等手段也可使低字长的微处理器处理高精度的数据，但却使程序变得复杂，从而降低了运算速度。因此，微处理器的数据精度和运算速度之间是需要权衡的。

3) 运算速度

计算机控制系统的运算速度取决于系统的采样周期。而控制系统的采样周期是根据系统的响应速度要求和频带宽度要求，由采样定理来确定。采用现代控制和智能控制的理论方法，往往会需要更长的控制律运算时间，因此尤其要注意微处理器的运算速度。对于机电一体化系统,控制系统的频带宽度不是很宽,采样周期一般在毫秒级即可满足要求。不过需要注意的是,最后决定运算速度时还需要考虑接口电路的输入/输出时间的影响。

4) 电磁兼容和可靠性

电磁兼容性(Electromagnetic Compatibility,EMC)被定义为"设备(分系统、系统)在共同的电磁环境中一起执行各自功能的共存状态,即该设备不会由于受到处于同一电磁环境中其他设备的电磁发射导致或遭受不允许的降级;它也不会使同一电磁环境中其他设备(分系统、系统)因受其电磁发射而导致或遭受不允许的降级"。保证电磁兼容性的技术最常用的是屏蔽、滤波和接地。屏蔽可以隔断电磁辐射发射途径;滤波能够阻隔通过导线的传导发射途径;接地则直接改善设备内部和外部的电磁兼容性。

5.2 常用控制计算机的类型与特点

常用的控制计算机有单片机、数字信号处理器(DSP)、嵌入式系统、可编程控制器(PLC)、工业控制计算机和现场总线等类型,这些不同的计算机系统各有其应用范围和优缺点,下面分别进行简要介绍。

1. 单片机

随着大规模集成电路的出现和发展,将计算机的 CPU、RAM、ROM、定时/计数器和多种 I/O 接口集成在一片芯片上,形成了芯片级的计算机。因此,单片机早期的含义称为单片微型计算机,简称单片机。但目前国外多称为微控制器,这是因为单片机无论从功能还是从形态来说都是作为控制领域用计算机而发展的。

单片机的品种很多,有英特尔、Atmel 等几十家公司生产的 50 多个系列,300 多个品种的产品,有 4 位、8 位、16 位和 32 位等各种字长的单片机产品。其中以 MCS-51 系列单片机应用最为广泛。图 5-2 是 Atmel 公司生产的 MCS-51 系列单片机。

案例 5-1
城市路口的红绿灯对于交通安全与秩序至关重要。而红绿灯的控制就是由一种计算机控制系统实现的。
问题:
(1) 红绿灯系统是由何种控制结构实现的?
(2) 该控制器是如何实现红绿灯自动控制的?

图 5-2 MCS-51 系列单片机

由于单片机的特殊单片结构形式,在某些应用领域中,它承担了大中型计算机和通用的微型计算机无法完成的一些工作,使其具有很多显著的特点,在各个领域中都得到了迅猛的发展。单片机的主要特点有以下几个方面:

(1) 有优异的性价比。高性能、低价格是单片机最显著的一个特点。

(2) 集成度高、体积小、可靠性高。单片机把各功能部件集成在一块芯片上，内部采用总线结构，减少了各芯片之间的连线，大大提高了单片机的可靠性与抗干扰能力。此外，单片机体积小，在强磁场环境下易于采取屏蔽措施，适合于在恶劣环境下工作。

(3) 单片机非常适合控制领域。单片机的指令系统中有极丰富的转移指令、I/O 接口的逻辑操作以及位处理功能等，非常适用于专门的工业控制用途。

(4) 低电压、低功耗。许多单片机已可在 2.2V 的电压下运行，有的已能在 1.2V 或 0.9V 下工作，耗电电流达到微安级，一粒纽扣电池就可以长期使用。

2. 数字信号处理器 (DSP)

数字信号处理器 (DSP) 是为满足运算量大、快速实时信号处理的需要产生的，但它在复杂控制系统中也得到了大量的应用。在 DSP 出现之前，实时信号处理是用通用 CPU 完成的。由于集成电路制造工艺的不断提高，20 世纪 80 年代初出现了集成在单个芯片上的 DSP。

DSP 芯片分为定点 DSP 和浮点 DSP 芯片。除此之外，各个 DSP 厂家又根据 DSP 的结构和性能，把自己的产品划分了不同系列。TI 公司为其产品开发了汇编语言和 C 语言代码产生工具以及各种软硬件调试工具，使得 DSP 的开发难度大大降低。图 5-3 是 TI 公司的 DSP 芯片。

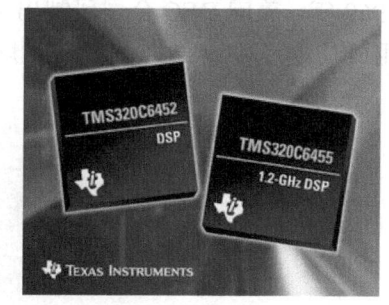

图 5-3　TI 公司的 DSP 芯片

DSP 的主要特点有：

(1) 高度的操作"并行性"，支持流水处理。流水处理是指在某一时刻同时对若干条指令进行不同阶段的处理。

(2) 运算速度高。DSP 芯片内含有专门的硬件乘法器和高性能的运算器及累加器，能够在每秒钟内处理数以千万次乃至数亿次定点或浮点运算；此外，多数 DSP 指令系统中还设置有循环寻址、位倒序指令和其他特殊指令，使得在做这些运算时速度大幅度提高。

(3) 新型 DSP 集成了越来越多的其他部件，如 A/D、比较器、捕捉器、PWM、串行口及看门狗等，因而这种 DSP 构成的嵌入式系统不仅具有其他微处理器和单片机嵌入式系统的优点，而且还具有独特的高速数字信号处理能力。

(4) 接口能力强，适于机电系统的伺服控制。DSP 除了具有数字 I/O、A/D 和 PWM 接口外，还为用户提供了正交编码器输入接口，为电动机等的伺服控制提供了极大的方便。

3. 嵌入式系统

嵌入式系统是以应用为中心，以计算机技术为基础，并且软硬件可裁剪，适用于对功能、可靠性、成本、体积、功耗有严格要求的专用计算机系统。它一般由嵌入式微处理器、外围硬件设备、嵌入式操作系统以及用户的应用程序四部分组成，用于实现对复杂设备的控制。嵌入式操作系统主要有 Palm OS、WinCE、嵌入式 Linux 等。嵌入式系统按形态可分为设备级(工控机)、板级(单板、模块)、芯片级(MCU、SoC)三种形式。

嵌入式系统与对象系统密切相关，其主要技术发展方向是满足嵌入式应用要求，不断扩展系统的外围电路，形成满足对象系统要求的应用系统。因此，嵌入式系统作为一个专用计算机系统，在不断向计算机应用系统发展。

嵌入式系统存在两种应用模式：一种是电子技术应用模式，该模式以电子技术应用工程师为主体，实现传统电子系统的智能化；另一种是计算机应用模式，该模式以计算机专业人士为主体，带有明显的计算机工程应用特点，即基于嵌入式系统软、硬件平台，以网络、通信为主的非嵌入式底层应用。

4. 可编程控制器(PLC)

可编程控制器(PLC)是在继电器控制和计算机技术的基础上开发出来的，并逐渐发展成以微处理器为核心，集计算机技术、自动控制技术及通信技术于一体的一种新型工业控制装置。由于汽车制造工业的发展，传统的继电接触器控制系统被淘汰，PLC应运而生。1969年，美国DEC公司研制出世界上第一台PLC，并在GM公司的汽车生产线上首次应用成功。其后，日本、德国相继引入。图5-4为常见的西门子公司的PLC控制器。

图 5-4 西门子 PLC 控制器

PLC系统主要由CPU模块、输入模块、输出模块和编程器组成。PLC控制系统主要由硬件和软件两部分组成。硬件部分由PLC系统，输入/输出电路和PLC外围设备组成。PLC系统包括主控模块、输入/输出模块和电源模块组成；输入/输出电路是PLC与工业生产现场的桥梁；而PLC外围设备包括编程器、可编程终端、打印机、条码读入机等。

5. 工业控制计算机

工业控制计算机简称工控机，主要应用于工业现场。工控机硬件由计算机系统和过程I/O系统组成。计算机基本系统由系统总线、主机模板、存储器板、人机接口板与CRT、磁盘机、打印机等通用外设组成。过程I/O系统由输入信号调理板、A/D转换器、D/A转换器和输出信号调理板等组成。工控机软件按其功用可分为系统软件、工具软件和应用软件三部分。随着硬件技术的高速发展，

> **案例 5-1 分析**
>
> (1) 红绿灯控制不是反馈控制，它是一个顺序控制器。可以由PLC来方便的实现。
>
> 所谓顺序控制，就是整个控制任务在时间上划分成能够实现不同功能的阶段，这些阶段称为步，根据系统要求的步间转换条件，使各步相互衔接，按顺序依次执行控制任务。
>
> (2) 对于红绿灯控制来说，可以根据红绿灯的变化规律，将工作过程分为四种依设定时间而顺序循环执行的步，分别是：红绿→红黄→绿红→黄红。根据各步所需产生的动作，可以画出控制顺序流程图，由PLC的顺序控制指令根据流程图控制继电器实现红绿灯的工作。

计算机控制系统对软件也提出了更高的要求。目前，工业控制软件正向组态化、结构化的方向发展。图5-5是研华公司的工业控制计算机。

6. 现场总线

现场总线是工业设备自动化控制的一种计算机局域网络，它是依靠具有检测、控制和通信能力的微处理芯片，数字化仪表在现场进行分散控制，并以这些分散的测量设备作为网络节点，将这些点以总线形式连接起来，形成一个现场总线控制系统。

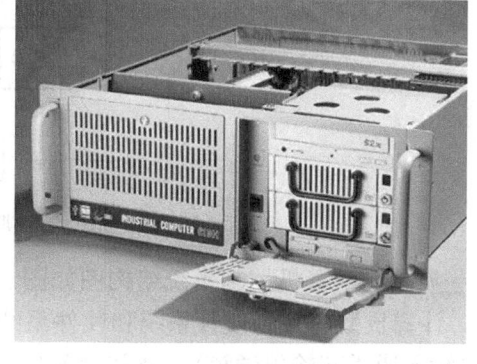

图 5-5　工业控制计算机

现场总线控制系统(FCS)作为新一代控制系统，一方面突破了 DCS 系统采用通信专用网络的局限，采用了基于公开化、标准化的解决方案，克服了封闭系统所造成的缺陷；另一方面把 DCS 的集中与分散相结合的集散系统结构，变成了全分布式结构，把控制功能彻底下放到现场。可以说，开放性、分散性与数字通信是现场总线系统最显著的特征。

5.3　机电一体化系统的常用控制方法

所谓计算机控制，就是在一定的结构中，由计算机按照规定的方法对被控对象（系统或设备）进行的自动控制。而这里的结构是自动控制系统工作的基础，规定的方法就是所谓的控制算法，因此，控制算法的正确与否直接影响控制系统的品质，甚至决定整个系统的成败。控制算法种类繁多，包括最简单开环控制算法，如计算机直接控制、顺序控制等，到复杂的自适应控制、智能控制算法，等等。常用的一些控制算法都是基于系统的数学模型的，也就是说，这些决定着机电一体化系统性能的控制算法是由其数学模型推导得到的。

5.3.1　控制系统的结构

一般来说，按照结构控制系统可以分为开环控制（顺序控制）系统和闭环控制（反馈控制）系统两类。所谓开环控制系统指控制系统的输出量对系统的控制不产生任何影响，即系统的输出量仅受输入量的控制，输入量到输出量之间的信号属于单向传递的。例如，自动门、自动声光控灯、定时红绿灯等。而闭环控制系统是指系统的输出量返回到输入端，并对控制过程产生影响的系统。例如，游泳池定时注水控制系统运行时，虽然注水时间到了，但游泳池有时满有时未满。此时，自动注水系统需要通过增加液位检测装置来形成闭环（反馈）控制系统。

> **案例 5-2**
>
> 图1-1介绍的汽车前大灯随动转向系统对于汽车安全行驶起着重要作用。而这个系统也是一种由计算机控制的自动控制系统（并且该系统与案例5-1中的控制系统是不同的）。可见，计算机控制技术已不是工业领域专用的技术，而是进入了我们日常生活中。
>
> 问题：
>
> （1）汽车前大灯随动转向是由何种控制结构实现的？
>
> （2）该控制器由何种控制算法实现？

一个典型的闭环控制系统由调节器、执行器、传感器和被控对象等组成,如图 5-6 所示。

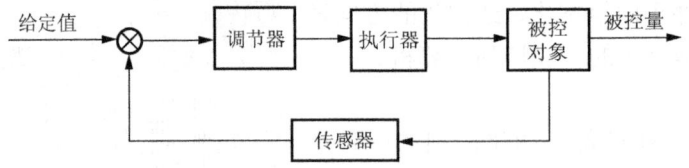

图 5-6　典型控制系统结构图

典型的计算机控制系统结构图如图 5-7 所示。其中计算机系统作为控制系统的调节单元,计算机系统分为硬件系统和软件系统,硬件系统包括计算机、输入/输出接口、过程通道(输入通道和输出通道)、外部设备(交互设备和通信设备等)。

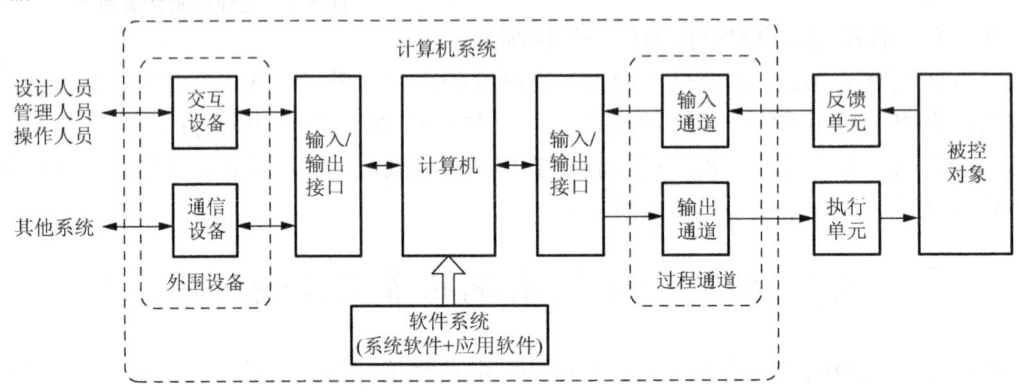

图 5-7　典型的计算机控制系统结构图

5.3.2　控制系统的数学模型

控制系统的数学模型是其性能分析与综合设计的基础。所谓系统的数学模型,就是能够正确地描述系统输入变量、输出变量及系统内部各变量之间关系的数学表达式。

控制系统的数学模型分为静态模型与动态模型。静态模型是指在静态条件下,描述系统变量之间关系的代数方程。而动态模型则是描述变量各阶导数之间关系的微分方程。动态数学模型又有多种形式,包括微分方程、传递函数、结构图等,它们之间可以相互转化,其中传递函数是控制系统最重要的动态模型。需要指出的是,数学模型是具体系统的数学抽象,因此,不同类型的系统可能具有相同的数学模型。

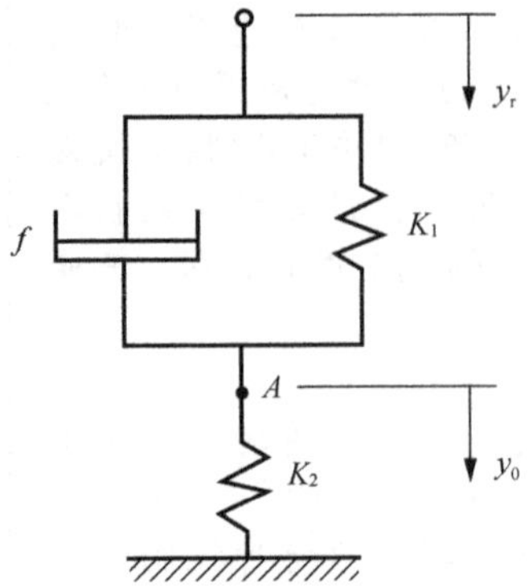

建立数学模型的方法主要有分析法和实验法两种。分析法是将对象按结构分解成若干单元,根据每个单元所遵循的规律,用数学或物理方法分别写出各自的运动规律方程式,从而得到以方程式表达的整个被控对象的数学模型。这种数学模型又称为机理模型。

实验法是在实测系统输入和输出数据的基础上,建立一个与所测系统等效的数学模型。这种模型又称辨识模型。常用的方法有时域法、频率法和统计法三种。

【例 5-1】　弹簧阻尼系统如图 5-8 所示,系统为无质量模型,试建立系统的微分方程和传递函数模型。

图 5-8　弹簧阻尼系统

解：（1）设输入为 y_r，输出为 y_0。弹簧与阻尼器并联平行移动。

（2）列写原始方程式，由于无质量，由受力平衡方程，满足 $\sum F = 0$，对于 A 点有
$$F_f + F_{K1} - F_{K2} = 0$$
式中，F_f 为阻尼摩擦力；F_{K1}、F_{K2} 为弹性恢复力。

（3）写中间变量关系式为
$$F_f = f \cdot \frac{d(y_r - y_0)}{dt}$$
$$F_{K1} = K_1(Y_r - Y_0)$$
$$F_{K2} = K_2 y_0$$

（4）消中间变量得
$$f\frac{dy_r}{dt} - f\frac{dy_0}{dt} + K_1 y_r - K_1 y_0 = K_2 y_0$$

（5）化为标准形式，即得到系统的微分方程为
$$T\frac{dy_0}{dt} + y_0 = T\frac{dy_r}{dt} + K y_r$$
式中，$T = \dfrac{5}{K_1 + K_2}$ 为时间常数(s)；$K = \dfrac{K_1}{K_1 + K_2}$ 为传递系数，无量纲。

（6）由微分方程求传递函数，对微分方程两边求拉普拉斯变换，即
$$Ts Y_o(s) + Y_o(s) = Ts Y_r(s) + K Y_r(s)$$
于是系统的传递函数为
$$H(s) = \frac{Y_o(s)}{Y_r(s)} = \frac{Ts + K}{Ts + 1} = \frac{s + K/T}{s + 1/T}$$

5.3.3 PID 控制

比例-积分-微分(PID)控制器是过程控制中应用最为广泛的控制方法。自 20 世纪 70 年代以来，PID 控制器的理论研究正日益受到重视。一个原因是微电子技术的飞速进步推动了 PID 自动整定技术的发展；第二个原因是模型预测控制的发展要求底层 PID 控制器有良好的整定。

目前，PID 控制器已经发展成一种鲁棒的、可靠的、易用的控制器。从气动控制到电气控制到电子控制再到数字控制，PID 控制器的体积逐渐缩小，性能不断提高。

1. PID 控制的基本原理

PID 控制的原理框图如图 5-9 所示。

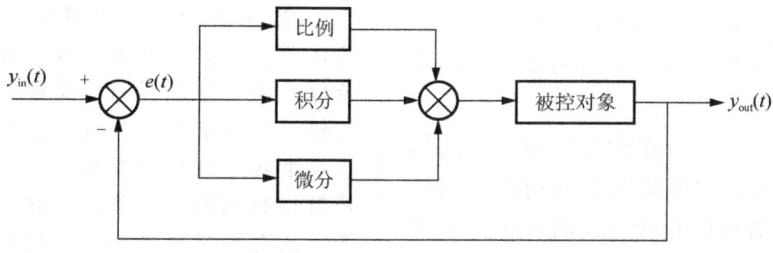

图 5-9 PID 控制原理框图

PID 控制利用系统误差 $e(t)$（$e(t) = y_{\text{out}}(t) - y_{\text{in}}(t)$）的比例（$P = Ke(t)$）、积分（$I = \int e(t)\,\mathrm{d}t$）和微分$\left(D = \dfrac{\mathrm{d}e(t)}{\mathrm{d}t}\right)$的组合构成控制规律 $u(t)$，对被控对象进行调节。具有实现方便、成本低、效果好、适用范围广等优点。

根据 P、I、D 不同的组合，可以实现 P、PD、PI 和 PID 不同的校正方式。其时域数学模型为

$$u(t) = K_{\text{P}}\left(e(t) + \frac{1}{T_{\text{I}}}\int e(t)\mathrm{d}t + T_{\text{D}}\frac{\mathrm{d}e(t)}{\mathrm{d}t}\right) \tag{5-1}$$

传递函数为

$$G(s) = \frac{U(s)}{E(s)} = K_{\text{P}}\left(1 + \frac{1}{T_{\text{I}}s} + T_{\text{D}}s\right) \tag{5-2}$$

其中，各个环节的作用如下：

(1) 比例环节：成比例地反映控制系统的偏差信号 $e(t)$，偏差一旦产生，控制器立即产生控制作用，以减小偏差。当比例增益大时，PID 控制器可以加快调节，但是过大的比例增益会使调节过程出现较大的超调量，从而降低系统的稳定性。

(2) 积分环节：主要用于消除静差，提高系统的无差度，以保证实现对设定值的无静差跟踪。假设系统已经处于闭环稳定状态，此时的系统输出和误差保持为常值，只有动态误差 $e(t) = 0$ 时，控制器的输出才为常数。因此，从原理上看，只要控制系统存在动态误差，积分调节就产生作用，直至无差，积分作用才停止。积分作用的强弱取决于积分时间常数 T_{I}，T_{I} 越大，积分作用越弱，反之则越强。积分作用的引入会使系统稳定性下降，动态响应变慢。

(3) 微分环节：微分作用能反映系统偏差信号的变化趋势，因此能产生超前的控制作用。简单地说，就是微分作用能在偏差还没有形成之前，就已经消除偏差。因此，微分作用可以改善系统的动态性能，同时使控制信号的相位超前，提高系统的相位裕度，增加系统的稳定性。微分作用的强弱取决于微分时间常数 T_{D} 的大小，T_{D} 越大，微分作用越强，反之则越弱。在微分作用合适的情况下，系统的超调量和调节时间可以被有效地减小。从滤波器的角度看，微分作用相当于一个高通滤波器，因此它对噪声干扰有放大作用，使控制器对系统噪声敏感，而这是

案例 5-2 分析

(1) 汽车大灯随动系统是一个闭环反馈控制系统。

(2) 其控制器参数的调节是由 PID 算法实现的。其工作过程为：

① 系统启动时，安装在灯体内的灯体姿态传感器、车身传感器将车身的姿态、车速、方向盘转角、灯体基准位置等一些重要参数与 MCU 单元中的预置参数对比，通过控制算法处理确立灯体的基准位，写入储存器，经过数据传输模块完成自检。

② 当车辆前行时，MCU 采集前后轴高度传感器和轴向加速度的信号，比照灯体状态存储器中的灯体水平基准点的数据，经运算后发出控制指令给电动机，完成水平调光。

③ 当车辆进入弯道时，MCU 采集轮速信号，方向盘转向信号，旋转加速度信号以及车身侧向信号，将检测出的车身转向信号演算成车身转向角，比照灯体旋转基准数据后发出控制信号给调光电动机，将灯体转到制定位置，与此同时，系统监测方向盘的持续转动，继续驱动旋转调节电动机，直至大灯随动转向动作完成。

在设计控制系统时不希望看到的。所以不能过强地增加微分调节,否则会对控制系统抗干扰产生不利的影响。

2. PID 控制器的整定

1) PID 整定概述

从根本上讲,设计 PID 控制器也就是确定其 K_P、T_I 和 T_D。如果控制方案已经确定,则系统的控制质量就取决于这三个参数值的设置。这三个系数取值的不同,决定了比例、积分和微分作用的强弱。PID 控制器的整定就是在控制系统结构已经确定的情况下,决定控制器的比例、积分和微分常数,使控制器的特性和控制过程特性相配合,以改善系统的静态和动态指标。

2) PID 整定方法

为了自动整定 PID 控制器,通常将 PID 控制器的参数表示为由过程的简单模型参数表示的整定公式,即把 PID 控制器的 K_P、T_I 和 T_D 等参数用已得到的系统模型参数如 k、L 和 T 组成的整定公式表示。

1942 年 Ziegler 和 Nichols 提出了两种经典的获取 PID 控制器参数的方法:一种方法是通过一次调节试验从系统开环阶跃响应中辨识系统的 FOPDT 模型参数 k、L 和 T,然后由 Ziegler-Nichols(Z-N) 阶跃响应整定公式直接求得对应的 PID 参数;另一种方法是由频率响应方法辨识系统的临界增益 K_u 和临界周期 T_u,由 Z-N 临界比例度整定公式求得对应的 PID 参数(表 5-1)。这两种方法及其改进至今仍在使用,许多自整定方法都是以 Z-N 法为基础的。

表 5-1 Ziegler-Nichols 整定公式

控制器类型	阶跃响应法			频率响应法		
	K_P	T_I	T_D	K_P	T_I	T_D
P	$T/(kL)$	∞	0	$0.5K_u$	∞	0
PI	$0.9\,T/(kL)$	$3L$	0	$0.45K_u$	$0.833T_u$	0
PID	$1.2\,T/(kL)$	$2L$	$0.5L$	$0.6K_u$	$0.5T_u$	$0.125T_u$

案例 5-3

锅炉是工厂常用的产生蒸汽的设备。为了保证锅炉的正常运行,需要维持锅炉液位为正常标准值。锅炉液位过低,易烧干锅炉而发生严重事故;液位过高,则易使蒸汽带水并且易发生溢水事故。因此,必须严格控制锅炉液位的高低,以保证锅炉安全的运行。

问题:

(1) 该锅炉液位的控制由何种控制器实现的?

(2) 该控制器是如何工作的?

3. 数字 PID 控制器

在计算机控制系统中,使用的是数字 PID 控制器。数字 PID 控制器可以由上述模拟 PID 控制器得到。在模拟 PID 控制器中,用离散的差分方程代替连续的微分方程就得到了数字 PID 控制器。具体来说,以采样时刻点 kT 代表连续时间 t,以矩形法数值积分近似代替积分,以一阶后向差分近似代替微分,即

$$\begin{cases} t \approx kT \quad (k=0,1,2,\cdots) \\ \int_0^t e(t)\mathrm{d}t \approx T\sum_{i=0}^{k} e(i) \\ \dfrac{\mathrm{d}e(t)}{\mathrm{d}t} \approx \dfrac{e(kt)-e((k-1)t)}{T} = \dfrac{e(k)-e(k-1)}{T} \end{cases} \quad (5\text{-}3)$$

于是得到离散化的 PID 控制器为

$$u(k) = K_P\left(e(k) + \frac{T}{T_I}\sum_{i=0}^{k}e(i) + \frac{T_D}{T}e(k) - e(k-1)\right) \tag{5-4}$$

$$= K_P e(k) + K_I T\sum_{i=0}^{k}e(i) + K_D \frac{e(k)-e(k-1)}{T}$$

式(5-4)就是位置式数字 PID 控制器。位置式数字 PID 控制器在应用上有较大缺点。从式(5-4)可以看出,计算位置式 PID 控制器的控制量 $u(k)$ 时,不仅需要知道本次及上次偏差信号 $e(k)$ 和 $e(k-1)$,而且在积分项中还要对历次的偏差信号 $e(i)$ 进行求和,这样用计算机实现时,内存占用过大。另外,计算时对误差进行累加,控制量 $u(k)$ 对应的是实际位置偏差,当位置传感器出现故障时,$u(k)$ 大幅度变化,会导致执行机构的大幅度变化,损害被控对象。在工程应用上,一般使用增量式数字 PID 控制器。增量式 PID 控制器可以由位置式增量式数字 PID 控制器变换得到。其形式为

$$u(k) = u(k-1) + K_P(e(k)-e(k-1)) + K_I e(k) + K_D(e(k)-2e(k-1)+e(k-2)) \tag{5-5}$$

增量式 PID 控制器只需用到当前时刻的偏差 $e(k)$、前一时刻的偏差 $e(k-1)$ 和前两时刻的偏差 $e(k-2)$,这大大节约了内存和计算的时间;另外,计算机只输出控制增量,即执行机构位置的变化部分,因而系统受操作切换冲击影响较小,不产生积分失控,输出较平稳,易于获得较好的调节效果,在工程中应用较多。

4. 数字 PID 控制器的设计

数字 PID 控制器有模拟化设计法与数字设计法两种设计方法。数字 PID 控制器的模拟化设计方法又叫间接法,其原理是将系统看成是连续系统,用已知的连续系统的设计方法设计一个闭环控制系统的模拟控制器 $D(s)$,然后再用离散化方法将 $D(s)$ 化为 $D(z)$。具体步骤如下:

(1)设计控制器的传递函数 $D(s)$;

(2)选择合适的离散化方法,将 $D(s)$ 离散化,获得与 $D(s)$ 性能近似的 $D(z)$;

(3)检验计算机控制系统闭环性能,进行优化,必要时,重新修正 $D(s)$ 后,再离散化;

(4)对 $D(z)$ 满意后,将其变为数字算法,在计算机上编程实现。

$D(s)$ 的离散化方法有以下三种。

1) 差分变换法

一般只采用后向差分法。

一阶后向差分:

> **案例 5-3 分析**
> (1)采用闭环 PID 控制器来控制锅炉的液位。
> (2)原理框图如图 5-9 所示。控制器参数由 PID 算法求得。进行其工作过程为:由传感器测量出实际液位信号,与设定液位进行对比,得到偏差信号 $e(t)$;然后根据偏差情况,由前述方法设计 PID 控制率并进行参数整定,以得到控制信号去控制调节阀动作;调节阀是系统中的执行元件,根据控制信号对锅炉的进水量进行调节。从而使锅炉液位与设定值保持一致。

$$\frac{du(t)}{dt} \approx \frac{u(k)-u(k-1)}{T} \tag{5-6}$$

二阶后向差分:

$$\frac{d^2u(t)}{dt^2} \approx \frac{\dot{u}(k)-\dot{u}(k-1)}{T} = \frac{u(k)-2u(k-1)+u(k-2)}{T^2} \tag{5-7}$$

【例 5-2】 求惯性环节 $D(s) = \dfrac{1}{T_1 s + 1}$ 的差分方程。

解：由上式可以得到 $(T_1 s + 1)U(s) = E(s)$，化为微分方程得

$$T_1 \frac{\mathrm{d}u(t)}{\mathrm{d}t} + u(k) = e(t)$$

离散化，用一阶后向差分近似 $\dfrac{\mathrm{d}u(t)}{\mathrm{d}t} \approx \dfrac{u(k) - u(k-1)}{T}$，于是有

$$\frac{T_1}{T}[u(k) - u(k-1)] + u(k) = e(k)$$

化为标准形式为

$$u(k) = \frac{T_1}{T + T_1} u(k-1) + \frac{T}{T + T_1} e(k)$$

2) 零阶保持法

其基本思想是保持离散化后的数字控制器 $D(z)$ 的阶跃响应序列与模拟控制器 $D(s)$ 的阶跃响应的采样值相等。

$$D(z) = z\left[\frac{1 - \mathrm{e}^{-\tau s}}{s} D(s)\right] = z[H(s)D(s)] \tag{5-8}$$

式中，$H(s) = \dfrac{1 - \mathrm{e}^{-\tau s}}{s}$ 称为零阶保持器。

3) 双线性变换法

它是将 s 域函数变换到 z 域的一种近似方法，即

$$D(z) = D(s)\big|_{s = \frac{2(1-z^{-1})}{T(1+z^{-1})}} \tag{5-9}$$

数字 PID 控制器 $D(z)$ 的解析设计方法如下：

(1) 根据系统的 $G(z)$、输入 $R(z)$ 及主要性能指标，选择合适的采样频率。
(2) 根据 $D(z)$ 的可行性，确定闭环传递函数 $\Phi(z)$。
(3) 由 $\Phi(z)$、$G(z)$，确定 $D(z)$。
(4) 分析各点波形，检验计算机控制系统闭环性能；若不满意，重新修正 $\Phi(z)$。
(5) 对 $D(z)$ 满意后，将其变为数字算法，在计算机上编程实现。

5.3.4 常见复杂控制

常见复杂控制有串级控制、比值控制、前馈控制、自适应控制等。

1. 串级控制

1) 串级控制基本原理

串级控制系统是由两只调节器串联起来工作，控制一个执行器，其中一个调节器的输出作为另一个调节器的给定值的系统，如图 5-10 所示。

第一个调节器称为主调节器，它所控制的变量称主变量(主被控参数)，即控制指标；第二个调节器称为副调节器，它所控制的变量称副变量(副被控参数)，是为了稳定主变量而引入的辅助变量。

整个系统包括两个控制回路，即主回路和副回路。副回路由副变量检测变送器、副调节器、执行器和副对象构成；主回路由主变量检测变送器、主调节器、副调节器、执行器、

副对象和主对象构成。一次扰动是作用在主被控过程上的，而不包括在副回路范围内的扰动。二次扰动是作用在副被控过程上的，即包括在副回路范围内的扰动。

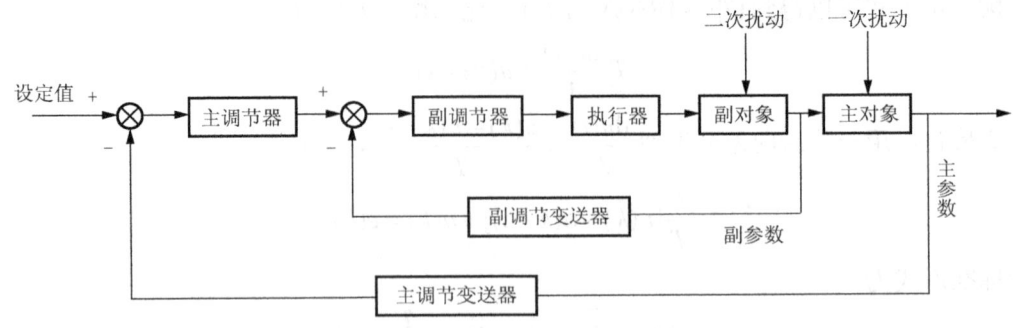

图 5-10 串级控制系统原理图

2) 串级控制系统的工作过程

当扰动发生时，破坏了稳定状态，调节器进行工作。根据扰动施加点的位置不同，具有以下几种工作过程：

(1) 扰动仅作用于副回路。此时仅有二次扰动，若扰动不大，则主要由副调节器进行调节，即可使主回路稳定；若扰动过大，则由主回路进一步调节，即可实现主回路稳定。

(2) 扰动仅作用于主过程。此时仅有一次扰动，由主回路调节，即可实现主回路稳定。

(3) 扰动同时作用于副回路和主过程。若一次扰动和二次扰动使主参数和副参数同时变大或变小，则主副调节器调节量同时变大或变小，即可实现主回路稳定，且速度很快。若一次扰动和二次扰动使主参数和副参数变化相反，相当于两种干扰作用相互抵消，则主副调节器调节量变化相反，即可实现主回路稳定，并且调节量变化很小就可以满足要求。

通过上述分析可以看到，在串级控制系统中，由于引入了一个副回路，不仅能及早克服进入副回路的扰动，而且又能改善过程特性。副调节器具有"粗调"的作用，主调节器具有"细调"的作用，从而使其控制品质得到进一步提高。

2. 比值控制

1) 比值控制概述

工业过程中，经常需要控制两种或两种以上的物料保持一定的比例关系。例如，造纸过程中，纸浆和水要成一定的比例关系；石化重油气化，重油和氧气量要成一定的比例关系，等等。这种实现两个或两个以上参数符合一定比例关系的控制系统就称为比值控制系统。

在比值控制系统中，主物料/主流量 F_1 是处于比值控制中的主导地位的量，而从物料/从流量 F_2 一般供应有余，按主物料进行配比，配比为

$$K = \frac{F_2}{F_1} \tag{5-10}$$

式中，K 为流量比值。

2) 比值控制系统的类型

根据生产过程中工艺容许的负荷、干扰、产品质量等要求不同，实际采用的比值控制方案也不同。比值控制系统按结构分可以分为开环和闭环比值控制系统；按实施方案可以

分为相乘和相除方案；按比值可以分为定比值和变比值控制。

(1) 开环比值控制系统。

开环比值控制系统工艺流程图和原理图如图 5-11 所示。

其工作过程为：

整个控制系统处于开环状态，F_2 流量根据 F_1 流量，按比例系数开闭阀门，保持两物料的比值关系。当从动量受到外界干扰波动时，由于是开环控制，没有调节从动量自身波动的环节，也没有调整主动量的环节，故两种物料的比值关系很难保持不变。

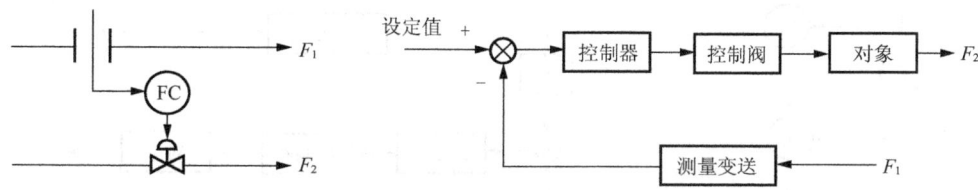

图 5-11　开环比值控制系统工艺流程图和原理图

(2) 单闭环比值控制系统。

单闭环比值控制系统工艺流程图和原理图如图 5-12 所示。

其工作过程为：

当主物料流量不变，副物料流量受到扰动时，可通过副流量的闭合回路调整副物料流量使之恢复到原设定值，保证主、副物料流量比值一定。

当主物料流量受到扰动变化，而副物料不变时，则按预先设置好的比值使比值器输出成比例变化。

当主、副物料流量同时受到扰动时，调节器在调整副物料流量使之维持原设定值的同时，系统又根据主物料流量产生新的给定值，改变调节阀的开度，使主、副物料流量在新流量数值的基础上，保持原设定值的比值关系不变。

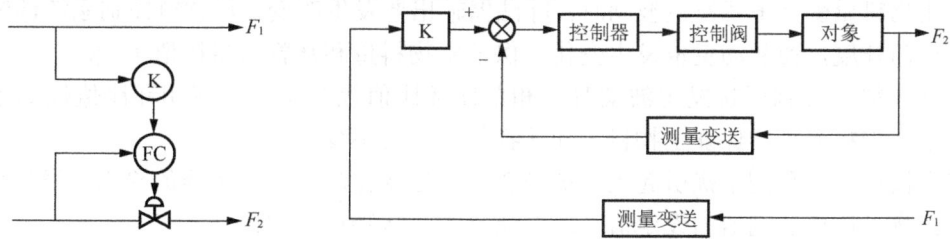

图 5-12　单闭环比值控制系统工艺流程图和原理图

(3) 双闭环比值控制系统。

双闭环比值控制系统工艺流程图和原理图如图 5-13 所示。

其工作过程为：

在双闭环比值控制系统工作时，若主动量受到干扰发生波动，则主动量回路对其进行定值控制，使主动量始终稳定在给定值附近，同时从动量控制回路也会随主动量的波动进行调整；当从动量受到扰动发生波动时，从动量控制回路对其进行定值控制，使从动量始终稳定在定值附近，而主动控制回路不受从动量波动的影响。因此，因扰动而发生的主动量和从动量波动利用各自控制回路分别实现实际值与给定值吻合，从而保证主、副物料流量的比值恒定。

当调节主动量给定值时，主动量控制回路调节主动量实际值和给定值吻合；同时，根据主动量与从动量的比值及新的主动量给定值，系统给出从动量控制回路的输入值。通过从动控制回路的调节使从动量的实际值与该输入值吻合，即从动控制量的实际值与主动量变动后的数值相对应，保持主动量和从动量的比值不变。

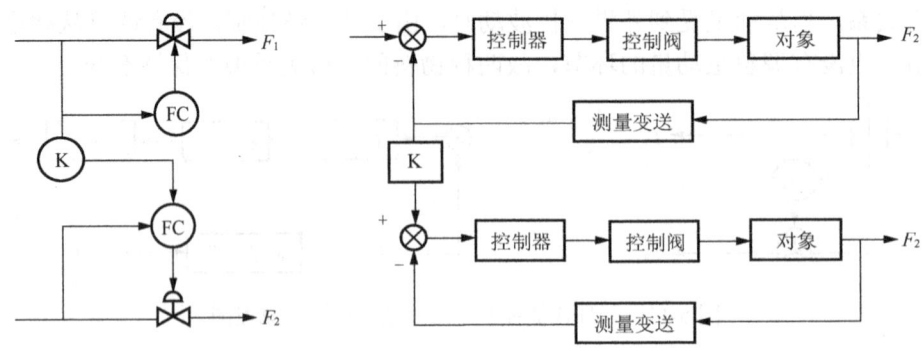

图 5-13　双闭环比值控制系统工艺流程图和原理图

(4) 变比值控制系统。

变比值控制系统工艺流程图和原理图如图 5-14 所示。

其工作过程为：

变比值控制是一种内外环嵌套的复合控制，内环控制从物料的变化，外环控制第三参量的变化。通过第三参量的变化实现系统的变比值控制。主动量和从动量经检测、变送后送入除法器相除，除法器的输出即为它们的比值，同时又是比值控制器的测量值。

系统在稳定工作状态下，主被控变量稳定，主控制器的输出稳定不变并和比值控制器信号相等，从物料量控制阀门稳定于某一开度，控制器的比值恒定。

当主物料量受到干扰发生波动时，除法器输出要发生改变，从物料控制系统调节从物料控制阀门开度，使从动量也发生变化，保证主物料量和从物料量比值不变。

当从物料量受到干扰发生波动时，和单闭环比值控制系统及双闭环比值控制系统一样，调节从物料流量，保证主物料量和从物料量比值不变。

当主被控对象受到干扰引起主、被控变量发生变化时，主控制器的输出将发生变化，也就是改变了比值控制器的设定值，即改变了主、从物料的比值。

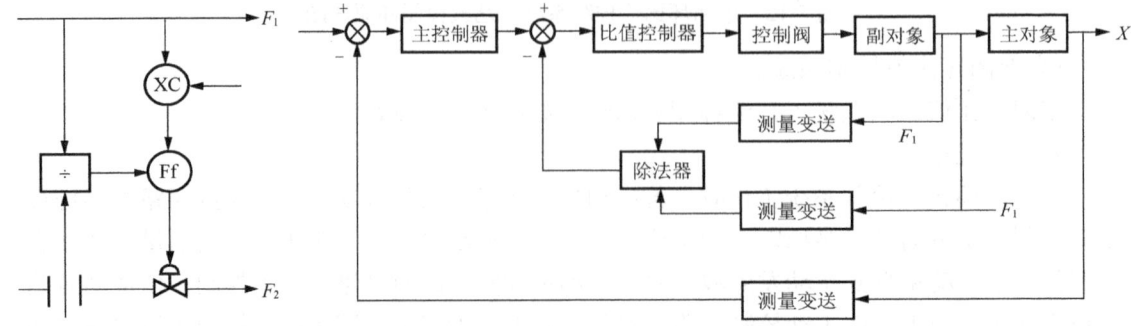

图 5-14　变比值控制系统工艺流程图和原理图

3. 前馈控制

1) 前馈控制概述

前馈控制器是基于扰动来消除对被控量的影响的控制器，又称为"扰动补偿器"。扰动发生后，前馈控制器"及时"动作，对抑制由扰动引起的偏差比较有效。前馈控制属于开环控制，但只要系统中各环节是稳定的，则控制系统必然稳定。一条前馈只对被前馈的可测而不可控的扰动有校正作用，而对系统中的其他扰动无校正作用。

2) 前馈控制器的设计

前馈控制器的设计依据是不变性原理。前馈控制系统由两部分组成。当扰动发生后，通过扰动通道引起被控量的变化；同时，前馈控制器根据扰动的性质和大小对过程的控制通道施加控制，使被控量发生与前者相反的变化，以抵消扰动对被控对象的影响。其典型结构如图 5-15 所示。

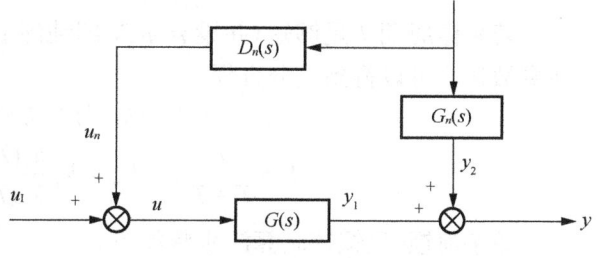

图 5-15 前馈控制器结构图

图 5-15 中，$G_n(s)$ 是扰动通道的传递函数；$D_n(s)$ 是前馈控制器的传递函数；$G(s)$ 是被控对象的传递函数；n 为可测不可控的干扰；y 为被控参数；假定 $u_1=0$，有

$$Y(s) = Y_1(s) + Y_2(s) = [D_n(s)G(s) + G_n(s)]N(s)$$

整理得

$$\frac{Y(s)}{N(s)} = D_n(s)G(s) + G_n(s) \tag{5-11}$$

根据绝对不变性原理，有

$$\frac{Y(s)}{N(s)} = D_n(s)G(s) + G_n(s) = 0$$

由此得前馈控制器的传递函数为

$$D_n(s) = -\frac{G_n(s)}{G(s)} \tag{5-12}$$

3) 数字前馈控制器设计

前馈控制器有静态前馈控制、动态前馈控制和前馈-反馈控制系统等结构形式。在计算机控制中主要应用数字前馈控制器，它属于前馈-反馈控制系统结构。数字前馈控制器原理图如图 5-16 所示。

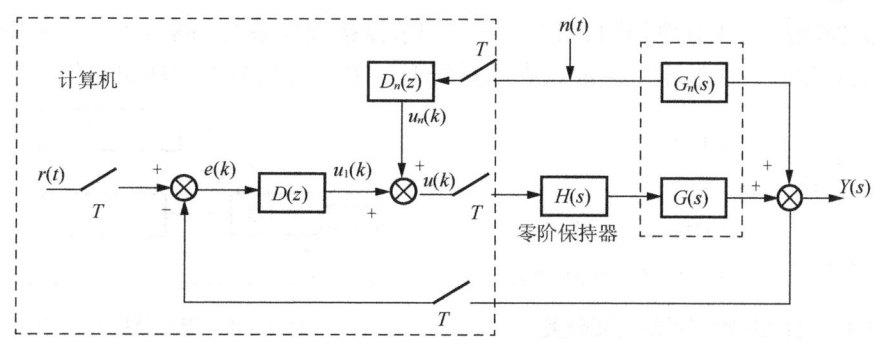

图 5-16 数字前馈控制器原理图

图 5-16 中，T 为采样周期；$D_n(z)$ 为前馈控制器；$D(z)$ 为反馈控制器；$H(s)$ 为零阶保持器。假设：

$$G_n(s) = \frac{K_1}{1+T_1 s}e^{-\tau_1 s}, \quad G(s) = \frac{K_2}{1+T_2 s}e^{-\tau_2 s}, \quad \tau = \tau_1 - \tau_2$$

$$D_n(s) = -\frac{u_n(s)}{N(s)} = K_f \frac{s+1/T_2}{s+1/T_1}e^{-\tau s}, \quad \frac{du_n(t)}{dt} + \frac{1}{T_1}u_n(t) = K_f\left(\frac{dn(t-\tau)}{dt} + \frac{1}{T_2}n(t-\tau)\right)$$

若采样周期 T 足够短（并设 $t=mT$，即纯滞后时间 t 是采样周期 T 的整数倍），可对微分项离散化，可以得到差分方程。

$$u_n(k) = A_1 u_n(k-1) + B_m n(k-m) + B_{m+1} n(k-m-1)$$

$$A_1 = \frac{T_1}{T+T_1}, \quad B_m = K_f \frac{T_1(T+T_2)}{T_2(T+T_1)}, \quad B_{m+1} = -K_f \frac{T_1}{T+T_1} \tag{5-13}$$

数字前馈-反馈控制算法步骤如下。

(1) 计算反馈控制的偏差：

$$e(k) = r(k) - y(k)$$

(2) 计算反馈控制器的输出 $u_1(k)$：

$$u_1(k) = u_1(k-1) + K_P \Delta e(k) + K_I \Delta e(k) + K_D[\Delta e(k) - \Delta e(k-1)]$$

(3) 计算前馈控制器 $D_n(s)$ 的输出 $u_n(k)$：

$$\Delta u_n(k) = A_1 \Delta u_n(k-1) + B_m \Delta n(k-m) + B_{m+1} \Delta n(k-m-1)$$

$$u_n(k) = u_n(k-1) + \Delta u_n(k)$$

(4) 计算前馈-反馈控制器的输出 $u(k)$：

$$u(k) = u_n(k) + u_1(k)$$

4. 自适应控制

1) 自适应控制的概念

一个自适应控制系统是同时具有以下几个功能的控制系统：必须能够提供被控系统当前状态的连续信息，也就是要辨识对象；必须能够将当前的系统性能与期望的性能相比较，并做出使系统趋向期望性能的决策；最后，必须能够对控制器进行适当的修正以驱使系统走向最优状态。

自适应控制系统主要有三种形式：变增益控制、模型参考自适应控制和自校正控制。模型参考自适应控制和自校正控制又有直接和间接之分，如图 5-17 所示。

2) 变增益控制

变增益控制结构和原理如图 5-18 所示，调节器按被控系统的参数变化规律进行设计。当参数发生变化时，通过测量当前状态的系统变量来改变调节器的增益结构。

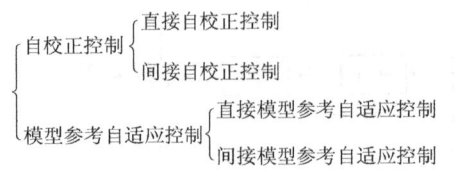

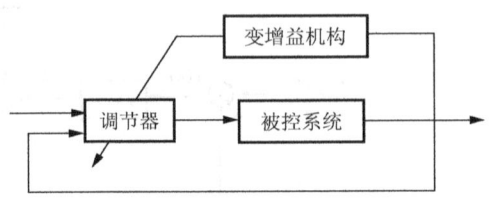

图 5-17 自适应控制系统主要分类　　　图 5-18 变增益控制结构图

这种系统虽然仅仅是对增益的变化进行自适应调节,难以完全克服系统模型未知或模型参数变化带来的影响,以实现完善的自适应控制,但是由于系统结构简单,响应迅速,所以在许多实际系统中得到应用。

3) 模型参考自适应控制

模型参考自适应控制器结构如图 5-19 所示。

模型参考自适应控制器由两个环路组成,内环由调节器与被控系统组成可调系统,外环由参考模型与自适应机构组成。内环形成一个一般的反馈控制系统,只是其控制器的参数不是固定的,而是由外环进行调整。

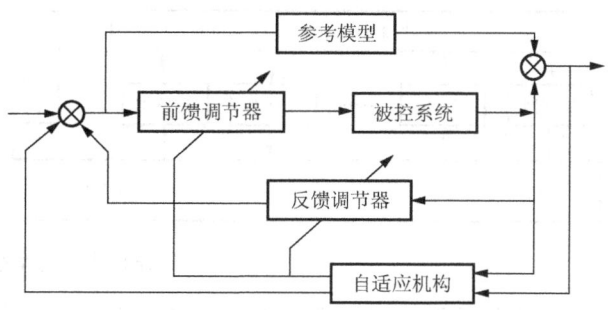

图 5-19 模型参考自适应控制结构图

当被控系统受干扰而偏离了输出的期望轨迹时,则通过被控系统和参考模型的输出差产生的广义误差来修改调节器的参数,使可调系统与参考模型相一致。

4) 自校正控制系统

自校正控制结构如图 5-20 所示。自校正控制系统有两个环路:一个环路由参数可调的调节器和被控系统所组成,称为内环,它类似于通常的反馈控制系统;另一个环路由递推参数估计器与调节器参数计算环节所组成,称为外环。

自校正控制系统的工作过程是,首先进行被控系统参数的在线估计,然后基于估计结果进行调节器参数的选择设计或计算,并根据设计结果在线修改调节器的参数并在线控制,以消除被控系统参数扰动所造成的影响;基于系统控制结果,再进行下一周期的被控系统的模型辨识,控制器相关参数设计及在线控制。如此循环下去,即构成一边在线辨识系统模型,一边控制的自校正控制系统。

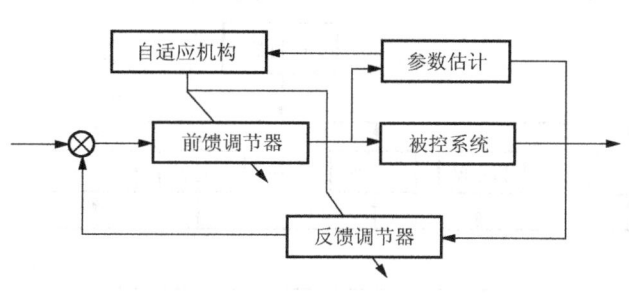

图 5-20 自校正控制系统结构图

5.3.5 分布式、网络化控制

1. 分布式控制系统概述

分布式控制系统(DCS)又称为集散控制系统,是一种操作显示集中、控制功能分散、采用分级分层体系结构、局部网络通信的计算机综合控制系统。其目的在于控制或管理一个工业生产过程或工厂。

2. 分布式控制系统组成

尽管分布式控制系统品种繁多,但其都包含分散过程控制装置、集中操作管理装置和通信系统三部分。其结构如图 5-21 所示。

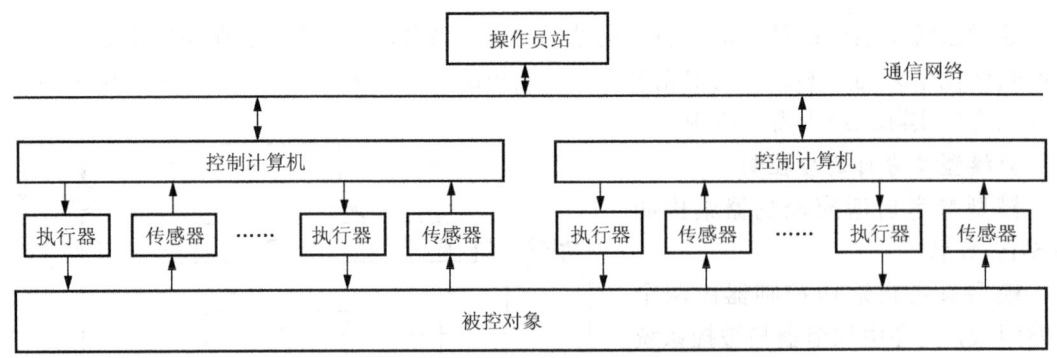

图 5-21　分布式控制系统结构图

(1) 分散过程控制装置：是 DCS 系统与生产过程之间的界面，又可分为控制装置和输入/输出模块两部分。其完成各种信息的输入、处理、输出和控制的功能。

(2) 操作管理装置：是 DCS 系统与操作人员之间的界面，即人机界面。操作员通过操作管理装置获得生产过程的运行信息，并通过它对生产过程进行操作和控制。

(3) 通信系统：是分散过程控制装置和操作管理装置之间的桥梁。传递各工作站之间的数据、指令及其他信息，使整个系统协调一致工作，从而实现数据和信息资源的共享。

3. 网络化控制系统概述

网络化控制系统(NCS)是指通过实时数据通信网络形成闭环回路的控制系统，即控制系统中的控制器、传感器和执行器等元件通过通信网络来交换控制及传感等信号。传感器和执行器可以带有网络接口，并成为实时控制网络中的独立节点。其结构如图 5-22 所示。

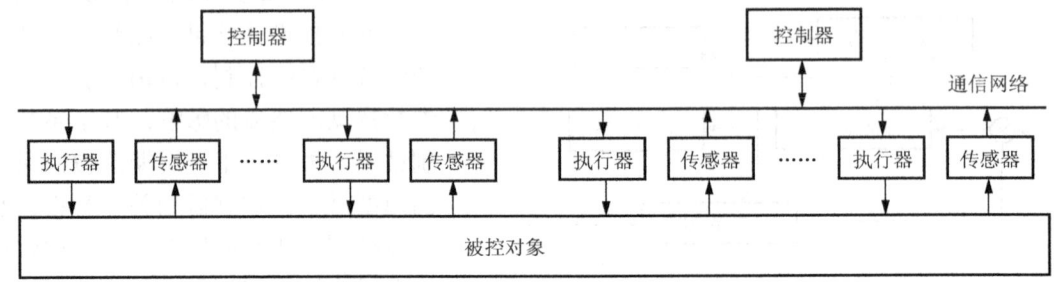

图 5-22　网络化控制系统结构图

网络化控制系统的特性与问题：

网络化控制系统相对于传统的点对点控制方式而言，具有很大的优势和长处，具有模块化、分散控制、易于开发及成本低廉的特点。但网络本身的特性也给网络化控制系统带来了新的问题。由于网络带宽有限，所以存在系统中组件对带宽的争用，从而引起控制信号延迟和扭曲。因此，如何保证网络化控制系统的实时性和稳定性，是网络化控制系统必须解决的主要问题。具体来说，网络化控制系统存在的问题有以下几点。

(1) 网络诱导时延。网络化控制系统中，传感器到控制器的时延 τ_{sc} 和控制器到执行器的时延 τ_{ca} 合称为网络诱导时延。从控制的角度看，系统中的时延将使系统相位滞后，大大降低控制系统的性能，甚至可能导致系统不稳定。

(2) 通信约束。在大多数系统设计中，通过减小每次通信信息量的方法，来避免有限带宽造成的时滞影响。则每次通过网络得到的反馈数据只能反映系统的部分而非全部状态信息，这种情况就是通信约束。由于通信约束的存在使得控制系统的性能和稳定性都受到影响。

(3) 数据包丢失。网络的阻塞和连接中断是导致数据包丢失的因素。另外，数据在网络传输过程中可能会发生错误而被要求重发，如果该节点的数据在规定的重发时间内仍然没有成功发送数据，则该数据包被丢弃。这些现象可视为数据包丢失。数据包丢失会对闭环控制系统造成性能下降，严重时将导致系统不稳定，需要寻找行之有效的解决方法。

(4) 信息调度。在网络化控制系统中，由于网络带宽的限制，使得信息在系统中传输容易出现阻塞。因而有必要设计优化的信息调度方法来避免网络中的冲突和阻塞现象，从而减小网络数据诱导时延，减少数据包丢失等事件的发生。在一定程度上，网络调度策略的优劣会对闭环控制系统的性能产生影响。这就需要通过调度来协调控制网络。

5.3.6 远程控制

1. 远程控制概述

所谓远程控制，就是由本地计算机通过通信系统，对远端的生产过程或实验过程实现监视和控制。一般包括本地终端计算机，通信系统和现场控制系统等部分。而通信系统则是远程控制的关键技术。按通信系统的不同，远程控制系统可以分为基于无线的远程控制、基于有线的远程控制(包括基于公用电话网远程控制、专用线路的远程控制)以及基于网络的远程控制。

2. 远程控制系统组成

典型的远程控制系统可以划分为：远程监控终端系统、远距离数据传输系统、现场设备监测与控制系统三部分。其系统框图如图 5-23 所示。

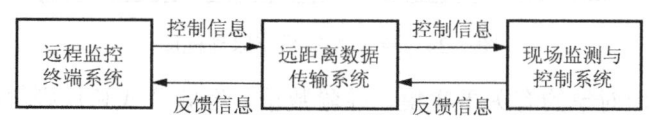

图 5-23　远程控制系统框图

远程监控终端系统提供用户与现场设备进行交互的界面。主要包括输入控制命令及其参数、显示被控设备的反馈信息等操作；远距离数据传输系统进行各类控制数据与现场信息的传输，它通常由通信介质、通信协议、通信软件、硬件系统等组成；现场设备监测与控制系统根据远程终端的控制数据对设备进行控制，现场监控系统就是一个计算机集中控制系统。远程控制系统的性能要求主要包括实时性、可靠性、稳定性和可操作性四个方面。

5.4　机电一体化系统的智能控制技术

所谓智能控制技术，是指机电一体化系统能够在无人干预的情况下自动实现控制目标的控制技术。对许多复杂的系统，难以建立有效的数学模型，因此难以用基于模型的常规控制理论去分析和设计控制器。为此人们提出使用类似于人的智慧和经验的知识来引导求解过程，即是一种基于知识的启发式解决问题的过程。这个过程能够使系统不断感知环境、获得信息以减小不确定性,进而增强计划、产生以及执行控制行为的能力。智能控制与传统的控制有密切的关系,又存在着本质的区别。与传统自动控制系统相比,智能控制系统具有运用人的控制策略、被控对象及环境的有关知识的能力,能以知识表示过程的非数学广义模型,能够采用开闭环控制和定性及定量控制结合的多模态控制方式,具有变结构特点,能够总体自寻优,具有自适应、自组织、自学习和自协调能力,有补偿及自修复能力和判断决策能力。总之,智能控制系统通过智能机自动地完成其目标的控制过程,可以在熟悉或不熟悉的环境中自动地完成控制任务。

智能控制的主要技术方法有模糊逻辑、神经网络、专家系统、遗传算法等理论和自适应控制、自组织控制、自学习控制等技术。下面对几种主要的智能控制系统作简要的介绍。

5.4.1 专家智能控制系统

1. 专家系统和专家控制系统的概念

专家系统指模拟人类专家解决某一领域问题的计算机程序系统。专家系统一般由知识库、推理机、综合数据库、解释接口和知识获取五部分组成。将专家系统的理论和技术同控制理论和技术相结合,在未知环境下,仿效专家的经验,实现对被控对象的控制就形成了专家控制系统。

2. 专家控制系统的结构

专家控制系统由知识库、算法库和人机接口等部分组成。其原理图如图 5-24 所示。

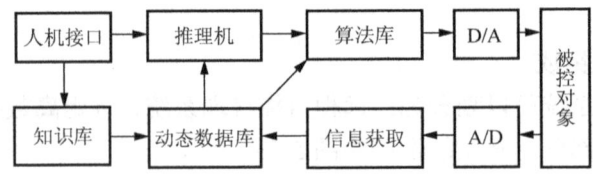

图 5-24 专家控制系统原理框图

知识库由与被控对象的有关事实集、经验数据、经验公式和规则等构成;算法库中存放控制算法,如 PID、Fuzzy、神经控制、预测控制等算法;实时推理机从知识库中选择有关知识,根据实时数据对控制算法进行推理,得出相应的控制决策。动态数据库用来存放系统实时采集与处理的数据。在设计专家控制系统时应根据生产所遇到的被控系统复杂程度建造相应的知识模型、推理策略及控制算法集。

3. 专家控制系统的类型

根据专家控制在控制系统中的作用和功能,专家控制器可以分为以下两种类型。

1) 直接型专家控制器

这指基于知识的控制器直接影响被控对象的专家控制器,如图 5-25 所示。

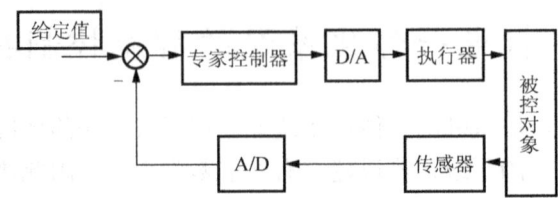

图 5-25 直接型专家控制器结构图

2) 间接型专家控制器

指基于知识的控制器仅仅间接影响控制系统，如图 5-26 所示。

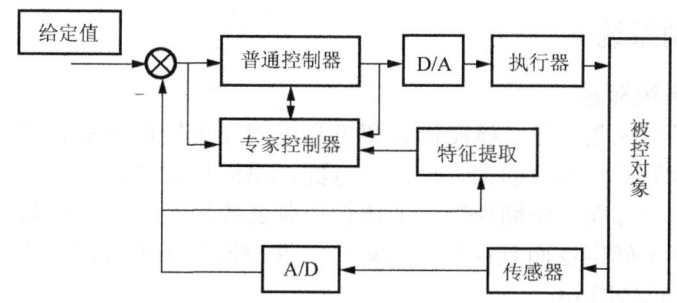

图 5-26 间接型专家控制器结构图

5.4.2 自学习智能控制系统

1. 自学习与自学习控制系统的概念

自学习就是不具有外来校正的学习，或即不具惩罚和奖励的学习。

一个开放性系统，如果能够通过对环境与系统自身的学习获得经验，并在运用此经验于系统的控制之后，能够基于人机交互的性能评价器，使系统的某个预先要求的性能指标得到改善，则称此系统为学习控制系统；如果性能评价器在无人参与的情况下完全自动实现，则称此系统为自学习控制系统。

2. 自学习控制系统的分类

1) 基于模式识别的学习控制

基于模式识别的学习控制包括三种方法，第一种是基于模式识别方法的双重控制的学习控制理论；第二种是把线性再励技术用于学习控制系统；第三种是基于 Bayes 学习估计的方法。

2) 异步自学习控制

异步自学习控制系统结构如图 5-27 所示。

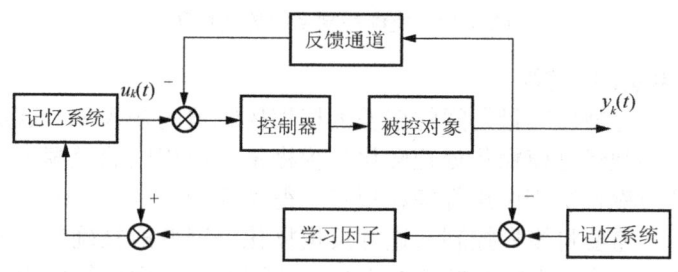

图 5-27 异步自学习系统结构图

异步自学习控制系统使用迭代与重复控制的方法进行学习，其基本过程是第 $k+1$ 次学习时的输入将基于第 k 次学习时的经验和输入获得，并且随着其中"有效"经验的不断积累而使实际输出经过"学习"逐渐逼近其期望输出。

3) 连接主义学习控制方法

连接主义学习控制就是基于目前的神经网络进行自学习的控制，其基本思想是：利用具有学习能力的多层前馈神经网络对学习动态特性进行建模，使其或者作为学习控制器，或者作为性能评价估计器,通过与基于模式识别学习控制和异步自学习控制的结合,从而能够在有人或无人监督的情况下,使系统的性能随着学习次数的增加而不断改善。

5.4.3 模糊控制系统

1. 模糊控制系统概述

模糊控制是以模糊集合论、模糊语言变量和模糊逻辑推理为基础的一种计算机控制技术。模糊控制的价值可从两方面来考虑:一方面,模糊控制提供一种实现基于规则的控制规律的新机理;另一方面,模糊控制为非线性控制器提出一个比较容易的设计方法,尤其是当受控对象含有不确定性而且很难用常规非线性控制理论处理时,更是有效。

2. 模糊控制的基础知识

模糊理论是建立在模糊集合基础之上的,是描述和处理人类语言中所特有模糊信息的理论。它的主要概念包括模糊集合、隶属函数、模糊运算、模糊关系和模糊推理等。边界不很明确的同一类模糊事物的"集合",称为"模糊集合";集合中元素的取值范围称为论域;隶属函数是表示模糊集合中元素属于该模糊集合的程度。

3. 模糊控制系统结构

模糊控制系统通常由模糊控制器、输入/输出接口、广义被控对象和测量装置四部分组成,如图 5-28 所示。

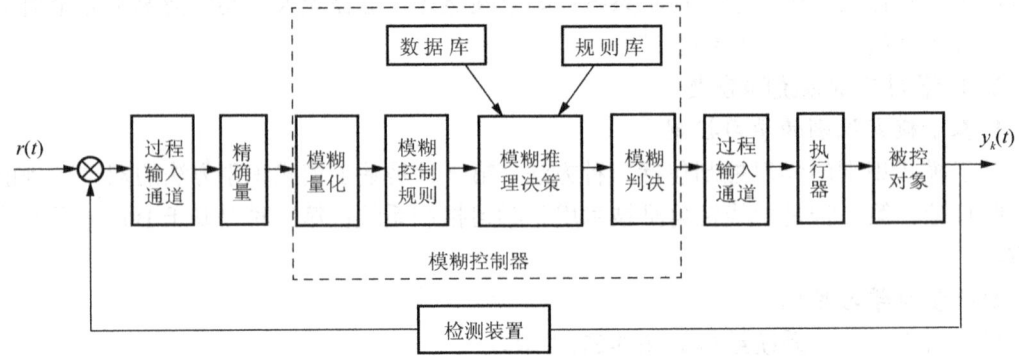

图 5-28 模糊控制系统的结构图

4. 模糊控制器的工作过程

首先,把给定值与被控制量之间的偏差为模糊控制器的输入量,这是一个精确量,为了适合模糊控制,必须经过模糊化处理转化为模糊量,用相应的模糊子集表示。接着,根据输入的模糊量及模糊控制规则进行模糊决策,得到模糊控制量;由于实际被控对象的控制量是精确量,因此需要将模糊控制量进行反模糊化处理变成精确量;再经过输出量化处理得到实际输出值,最后经过 D/A 转换变为精确的模拟量送到执行机构对被控对象进行控制。这样周而复始地循环下去,就实现了被控过程的模糊控制。

5. 模糊控制器的实现

模糊控制器的控制规律是由计算机的程序实现的,具体步骤如下:

(1) 根据本次采样值得到模糊控制器的输入量,并进行输入量化处理;

(2) 量化后的变量进行模糊化处理,得到模糊量;

(3) 根据输入的模糊量及模糊控制规则,按模糊推理规则计算输出的模糊量;

(4) 对得到的模糊输出量进行反模糊化处理,得到精确的控制量。

5.4.4 基于神经网络的智能控制系统

1. 神经网络控制系统概述

神经网络具有很多适于控制的特性：神经网络可以处理难以用模型描述的系统；神经网络是分布式信息处理器，具有很强的容错性；神经网络是本质非线性系统，可实现任意非线性映射；神经网络具有很强的信息综合能力，能处理不同类型的输入，能很好解决信息之间的互补性和冗余性。因此，基于神经网络的控制系统，能够对不确定系统及扰动进行有效的控制，使控制系统达到所要求的动态、静态特性。

2. 神经网络控制系统的结构类型

神经网络在控制系统中可以充当对象的模型、控制器、优化计算环节等。因此神经网络控制器的结构形式较多，对于不同结构的神经网络控制系统，神经网络在系统中的位置和功能各不相同。以下是几种实际的神经网络控制系统。

1) 神经网络监督控制

神经网络监督控制结构图如图 5-29 所示。神经网络控制器建立被控对象的逆模型，基于传统控制器的输出，在线学习调整网络的权值，使反馈控制输入趋近于零，从而使神经网络控制器逐渐在控制作用中占据主导地位，并最终取消反馈控制器的作用。

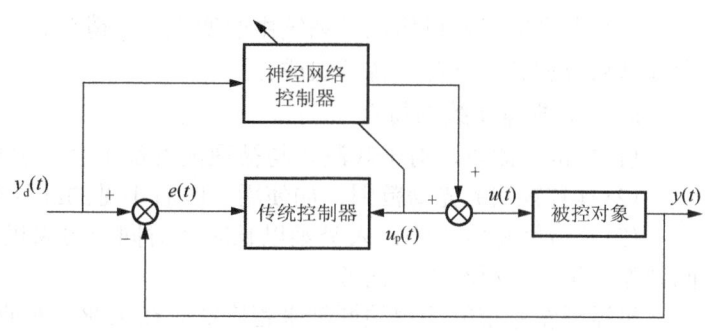

图 5-29 神经网络监督控制结构图

2) 神经网络直接逆控制

用评价函数 $E(t)$ 作为性能指标，调整神经网络控制器的权值；当性能指标为零时，神经网络控制器即为对象的逆模型。其结构如图 5-30 所示。

3) 神经网络自适应控制

根据系统正向或逆模型的输出结果来调节神经或传统控制器的内部参数，使系统满足给定的指标。其结构如图 5-31 所示。

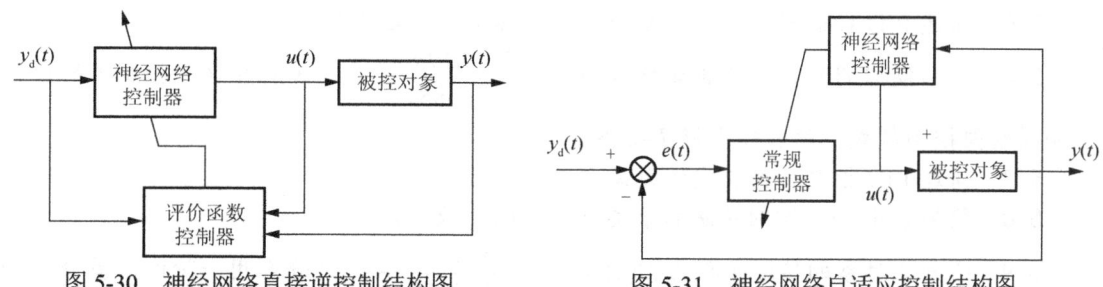

图 5-30 神经网络直接逆控制结构图   图 5-31 神经网络自适应控制结构图

3. 神经网络控制的学习机制

神经网络控制器的学习就是寻找一种有效的途径进行网络连接权阵或网络结构的修改，从而使得网络控制器输出的控制信号能够保证系统输出跟随系统的期望输出。它分为监督式学习(有导师指导下的控制网络学习)和增强式学习(通过某一评价函数指定的学习)。

5.4.5 机器视觉智能系统

1. 机器视觉系统概述

机器视觉就是用机器代替人眼来做测量和判断。机器视觉系统是指通过机器视觉产品(即图像获取装置,分 CMOS 和 CCD 两种)将被获取目标转换成图像信号,传送给专用的图像处理系统,根据像素分布和亮度、颜色等信息,转变成数字化信号;图像系统对这些信号进行各种运算来抽取目标的特征,进而根据判别的结果来控制现场的设备动作。机器视觉系统的目的就是给机器或自动生产线添加一套视觉系统,其原理是由计算机或图像处理器以及相关设备来模拟人的视觉行为,完成得到人的视觉系统所得到的信息。人的视觉系统是由眼球、神经系统及大脑的视觉中枢构成,计算机视觉系统则是由图像采集系统、图像处理系统及信息综合分析处理系统构成。

2. 机器视觉系统构成

一个典型的工业机器视觉系统由照明光源、镜头、工业摄像机、图像采集/处理卡、图像处理系统和其他外部设备等组成。

3. 机器视觉系统的特点

(1)非接触测量,对于观测者与被观测者都不会产生损伤,从而提高系统的可靠性。

(2)具有较宽的光谱范围,如使用人眼看不见的红外测量,扩展了人眼的视觉范围。

(3)长时间稳定工作,人类难以长时间对同一对象进行观察,而机器视觉则可以长时间地作测量、分析和识别任务。

机器视觉系统的应用领域越来越广泛。在工业、农业、国防、交通、医疗、金融,甚至体育、娱乐等行业都获得了广泛的应用,可以说已经深入到我们的生活、生产和工作的方方面面。

习题与思考题

5-1 机电一体化系统对控制计算机有什么要求?

5-2 常用的控制计算机有哪几种?各有什么特点?

5-3 一个控制系统由哪些部分组成?

5-4 简述 PID 控制算法的基本原理。

5-5 简述 PID 控制器中比例、积分和微分环节的主要作用。

5-6 已知模拟调节器的传递函数为 $D(s) = \dfrac{1+0.17s}{1+0.085s}$,试写出相应数字控制器的位置型和增量型控制算式,设采样周期 $T=0.2s$。

5-7 简述 PID 控制参数整定的意义与方法。

5-8 简述数字 PID 控制算法的分类及各自的优缺点。

5-9 已知某对象的传递函数为 $D(s) = \dfrac{0.1}{(0.1s+1)(0.5s+1)}$,试分别用一阶向后差分法和双线性变换法求出相应的脉冲传递函数,设采样周期 $T=1s$。

5-10 简述常见复杂控制(串级控制、比值控制、前馈控制、自适应控制)的原理。

5-11 简述分布式、网络化控制的基本原理。

5-12 简述机电一体化系统的主要智能控制技术。

第6章 机电一体化系统设计方法

当一个机电一体化系统(机电系统)在自动协调的工作,除了显而易见的支撑件和外壳,有的已经分不清哪些是属于机械部分,哪些是电子部分,这就是机电系统设计展现的魅力。机电系统设计的任务就是解决如何把机电及相关技术有机结合成整体,形成内部合理匹配,对外性能最佳的系统。图 6-1 是随处可见的汽车,看似一个机械的庞然大物,但是当今的汽车是由多个机电结合的功能结构、多个电子控制单元和数量众多的传感器等有机集成的系统,是机电系统设计的良好范例。高速高精度的加工中心、工业机器人等都是当今机电系统的典型代表,也是机电产品中机电融合度最高的产品。它们是如何被设计出来的?本章将回答这个问题。

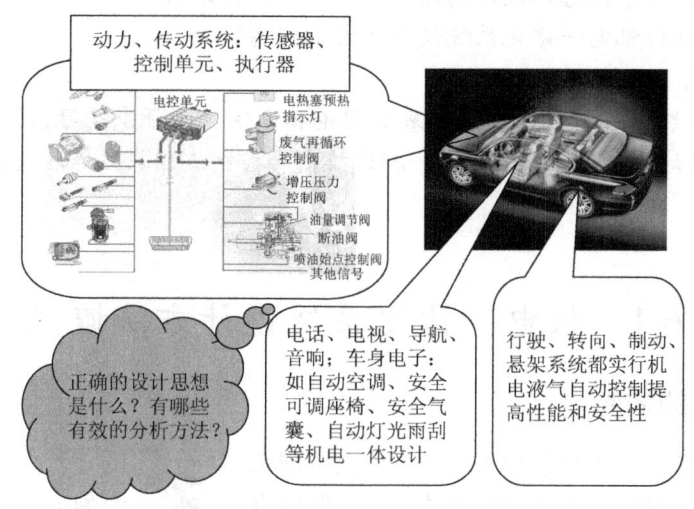

图 6-1 汽车——机电一体化设计范例

实现机电系统的良好设计,需要正确的设计思想、有效的分析方法和坚实的技术基础。本章明确把机电一体化系统纳入系统工程领域,以系统工程理论为基础导出机电一体化系统设计方法论,强化系统总体技术在设计中的作用。阐述并总结了系统总体技术在机电一体化系统设计中的应用方法,以实例演示了系统方案确定、系统优化、系统评价等关键设计步骤。系统地给出了机电系统总体开发性设计所需的理论方法、技术和实践过程。

本章知识要点

(1) 用系统工程的观点定义机电一体化系统,充分理解机电系统具有整体性、层次性、相关性、目的性和适应性的特征;掌握机电一体化系统设计方法论——霍尔三维结构图。

(2) 系统总体技术的定义、方法论、内容和应用。系统总体技术的核心——系统的整体性、技术的等效性和互补性原则。掌握机电系统总体方案的提出过程中的功能分解、提出方案、组合方案、筛选方案的方法。特别是等效性、互补性原理的应用。

(3) 对系统总体方案进行优化和性能分析方法。掌握机电一体化系统总体方案优化设计过程及其优选方法。掌握系统动态分析的建模、仿真方法。

(4) 机电一体化系统数学模型的建立方法，模型的种类及其选择，机电一体化系统的建模特点，相似性原理及其系统建模方法。

(5) 建立系统的技术性能指标体系。性能指标的种类、性能指标建立方法和性能指标对于系统结构的影响、对于设计方法的影响。

(6) 实践从提出性能指标到完成系统方案设计全过程，进一步理解机电系统设计的思想方法、系统总体技术的原理和应用方法。

探索思考

(1) 如何利用系统总体设计的理论进行机电系统设计？
(2) 如何评价机电一体化系统设计方案的优劣？

预备知识

请学习系统工程、优化设计的基本理论和方法；请预先复习前续章节、机械原理、机械设计、电子计算机技术、测试技术和控制工程基础等相关课程的知识。

6.1 机电一体化系统设计方法概述

6.1.1 设计方法的演变

机电一体化系统不同于传统机械系统，是在机械系统的基础上，经过长时间的新技术的渗透，逐步发展进步的。相应的设计方法也是在传统的机械工程设计方法的基础上探索实践逐步形成了理论基础和方法。

传统的机械设计方法有很多，能够称为有体系的方法是三步设计法：总体方案设计、具体结构设计和性能评价修改。传统的设计过程中，注意力更多地集中于局部，或设计对象的功能实现原理，对性能评价依据的条件比较局限或是评价的方法更多依赖于经验。机电一体化系统是融合了机、电和其他技术的综合系统，技术的综合性、系统的复杂性都远比传统的机械系统高得多。而机电一体化高新技术群的发展必然导致其系统结合更多的新技术以人们意想不到的速度产生更新和提升。如果仍然依赖于传统机械设计方法的演变，将会导致设计的落后和无能为力。因此，机电系统的设计方法要从思想、方法论和技术各个层面上建立一套适应发展的理论和方法。总体设计在整个设计过程中成为最关键的环节，也是决定机电一体化系统能否达

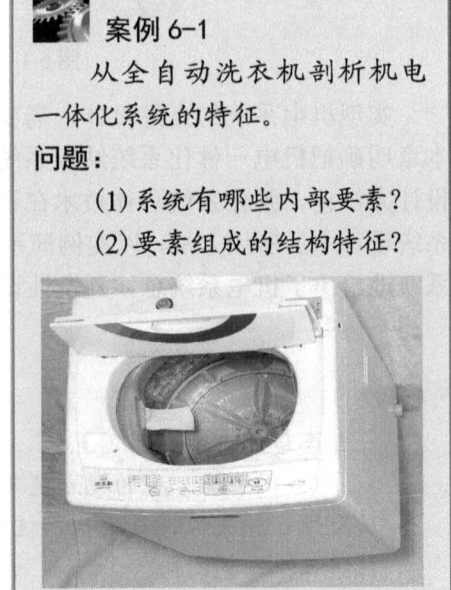

案例 6-1

从全自动洗衣机剖析机电一体化系统的特征。

问题：
(1) 系统有哪些内部要素？
(2) 要素组成的结构特征？

到合理地有机结合多种技术与一体、整体性能最佳的保证。系统总体技术作为机电一体化共性关键技术之一，以系统工程的思想和方法论为基础，为系统的总体设计提供了正确的设计思想和有效的分析方法。采用系统总体技术，将机电一体化共性关键技术综合应用，是系统设计的主要工作内容。

作为一个设计者，你是否真正了解机电系统呢？通常所说机电系统就是机电融合的系统，实际上用系统工程的观点看这种定义是狭义的。比如在信息系统中最广泛地应用到数据融合技术，即通过使用来自多源且不同性质的数据手段、工具和方法的集合，来增强所需信息的质量。而机电一体化系统要做到各种技术融合，也不仅是机和电两方面的事，而是要使用各种技术领域、人文、社会、经济、法律等各个领域的思想、工具和方法的集合，来提高技术的融合度，提升机电系统的设计品质。这就是系统工程的思想方法，是机电系统设计理论发展的基础。

6.1.2 机电一体化系统的特征

如同系统工程描述的系统特征一样，机电一体化系统也是多学科技术综合的系统，是由相互作用和相互依赖的若干组成部分结合的具有特定功能的有机整体，具有整体性、层次性、相关性、目的性和适应性几大特点。如果用图形来表示，树形结构、网状结构和鱼刺图是表示一个系统常用的简洁方法。图 6-2 为机电一体化系统结构层次图，该图既能反映系统的结构内容，又能反映内部各组成部分之间的关系。

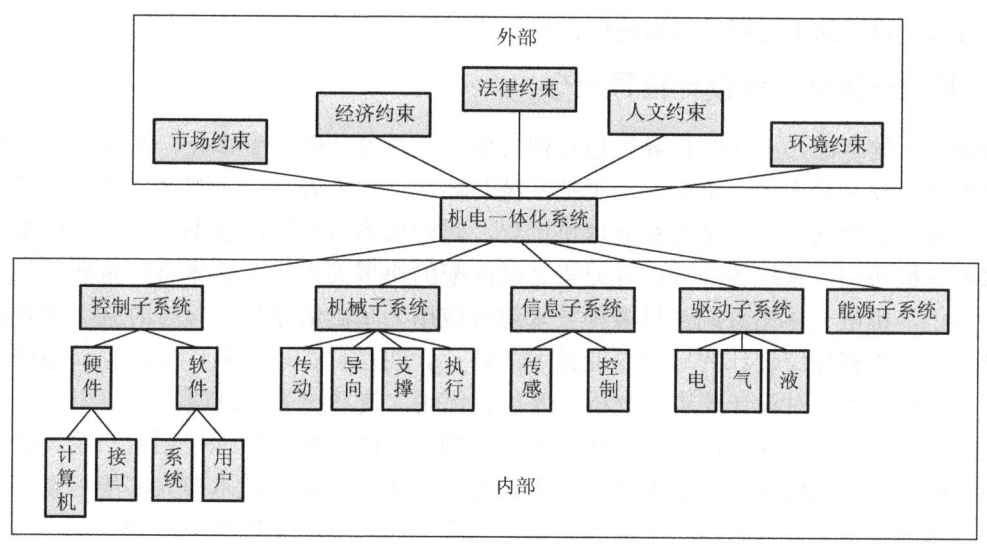

图 6-2 机电一体化系统结构层次图

系统的整体性说明其外部性能是由内部各要素相互作用产生的整体效果，不是内部都是优良要素就能组成一个优良系统的，也不因有差的要素就一定不能组成符合要求的系统。层次性表明系统由多个子系统构成，而子系统又可分解为由其各子系统构成，向上可合，向下可分。相关性是指系统内各部分或各要素之间的相互联系、相互作用的关系。目的性是指一个系统能干什么？性能如何？可用指标来描述。适应性指系统在环境、应用条件等作用下性能的保持性，也可用指标来描述。全自动洗衣机的系统结构图层次如图 6-3 所示。

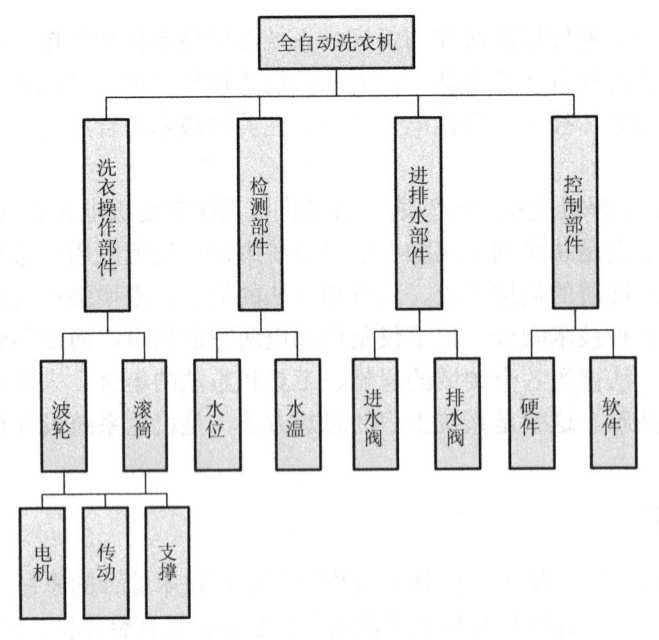

图 6-3　全自动洗衣机结构层次图

> **案例 6-1 分析**
> 图 6-3 为案例 6-1 的参考答案，图中各方框内容为洗衣机内部要素，各要素连接关系反映了结构层次特征。
> 建议根据对其他机电系统的分析绘制全自动洗衣机结构层次图，以加强对机电系统的了解，以及其结构组成关系、相互作用关系的理解。

一个机电系统具有系统工程所指系统的所有特征，因此，系统设计也应以系统工程的理论为基础，以系统工程方法论为指导，才能设计出内部元素合理匹配，外部性能最佳的机电系统。那么，设计的主要指导思想是什么呢？

6.1.3　机电一体化系统设计指导思想

根据系统的特征，主要的指导思想有四方面：一是设计研究整体化，在设计时把系统内部和外部所有要素看成一个整体，甚至把系统与环境、与人看成一个整体，统一思考、规划和解决系统设计的问题。二是关系处理协调化，对构成系统整体的各部分之间的联系和结合关系强调有机协调，系统各部分或各元素之间匹配的协调关系比元素本身还重要。三是技术应用综合化，机电一体化系统是以多种技术综合应用为基础的系统，设计时强调多种技术的有机结合，不再有传统设计的单一专业技术的特点。四是目标追求最优化，强调系统设计达到目标的有效程度，对设计要进行分析、评价、优化，使系统达到最佳。

对于机电一体化系统，应该把系统和产品等同，不能只是抽象地谈系统，系统的设计最终需要转化为产品的设计。产品的设计涉及社会、市场、文化、技术等大环境因素，是系统工程中巨系统的范畴。只有这样才真正把系统工程的思想方法正确地应用到机电产品设计中来，设计的机电系统才会是被市场接受的产品。

6.1.4　机电一体化系统设计方法论

方法是完成一个特定任务的技术或操作，而方法论是给出完成任务所进行研究和探索的一般规律和方法，即用于指导如何使用方法。

系统工程方法论最具代表性的有还原论和整体论、霍尔"三维结构"法、切克兰德"学习调查法"、并行工程、WSR(物理-事理-人理)法、综合集成法等。机电一体化系统本身有它的专业特性，不能生搬硬套。图 6-4 为机电一体化系统设计的霍尔三维结构图，是以霍尔"三维结构"法为基础，结合其他几个方法中适合工程技术领域特点的方法提出的。该图较全面表达了机电系统设计所经历的进程安排(时间维所表达的)、系统设计过程中所要进行的工作(逻辑维所表达的)、系统设计应用到哪些科学与技术(专业维所表达的)，是机电一体化系统设计方法论的图形表达，用以指导机电系统设计。尽管下面独立描述图中各坐标轴的内容，但是每点都存在三维的表达。

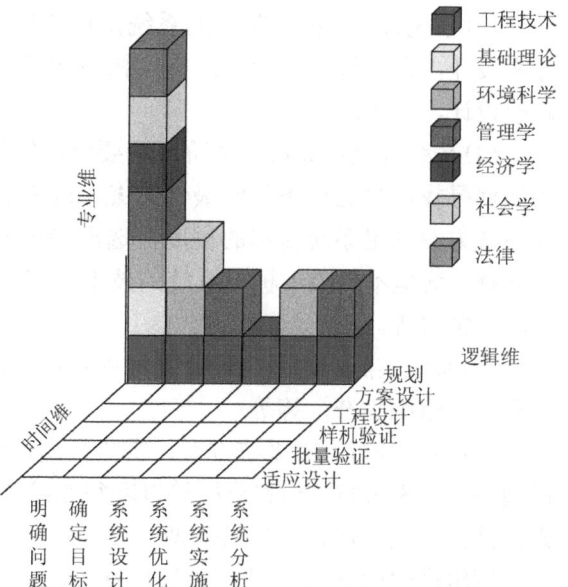

图 6-4 机电一体化系统设计霍尔三维结构图

1. 时间维

在时间维中有以下几个阶段。

(1) 规划阶段：在此阶段进行市场和产品的充分调查研究、明确目标，提出所要设计的机电一体化产品的性能指标，规划系统设计的方针、政策、人员组织、资金调配、行动计划。

(2) 方案设计阶段：根据规划阶段所提出的要求设计系统总体方案，提出方案、比较、优选，并从市场、社会、经济、技术、可行性方面进行综合分析，选择最优总体方案。

(3) 工程设计阶段：主要按技术与管理两条线进行，技术方面为根据总体方案进行系统的工程设计(结构和工艺设计)、系统性能评价、样机制造、样机测试、修改设计等；管理方面进行以制定的规划为指南，组织人、财、物及各个环节、各个部门的协调工作，以保证有序的工作过程。

(4) 样机试验阶段：对样机进行安装和调试，按系统的运行计划、试验目标进行试验、采集数据、分析并给出结论和数据；修改设计直至样机实验数据达到目标要求。

(5) 批量验证阶段：按照批量生产的技术工艺进行生产和管理，可能是先进行小批量生产验证后再扩大批量。批量生产后进行性能测试，找问题修改设计结构和工艺，以期达到批量生产各项指标均达到要求的目的。

(6) 适应设计阶段：产品投放市场后，要进行市场反应、用户反馈信息的调查分析，对系统进行进一步的修改设计，使产品适应市场和用户的要求。

经过以上 6 个步骤，一个机电系统的产品设计工作周期才结束，这就是整体化设计思想一个方面的体现。

2. 逻辑维

逻辑维是表达作为一个系统设计者所要进行的工作归纳。

(1) 明确问题：在每个阶段设计者都要明确要解决的问题，为此要尽量全面地收集资料和数据、与决策者甚至用户沟通，明确意图，并且了解所要设计的系统所处的用户环境、操作水平等相关的信息，以便设计时统一考虑。

(2) 确定目标(系统指标设计)：在充分分析所掌握信息的基础上，制定出系统的目标和目标值。具有多目标(指标)时，应提出系统目标体系，确定达到目标的程度标准，以此来作为衡量系统方案的优劣。各个阶段都有相应的确定目标。

(3) 系统设计：根据制定的系统指标和目标进行系统设计，在方案设计阶段进行系统总体方案设计，在工程设计阶段进行结构设计等，在样机试验阶段进行试验工艺设计和方案结构修改设计，等等。

(4) 系统优化：针对每个阶段所要解决的问题，都要有多个方案的提出，系统优化就是解决如何寻找满足约束条件的最优方案，或者说挑选出最好地满足系统目标的方案。有时会根据系统方案满足系统目标的程度，选出最优方案、次优方案、满意方案等多个方案提交决策者选择。这里不局限于机电系统的技术方案，包含整体过程的一切活动方案，如管理、制造、试验、销售等。

(5) 系统实施：为系统设计过程中一切计划的具体运作，如总体方案设计如何进行，制造过程如何组织生产，等等。

(6) 系统分析：对系统方案、实验数据、进行分析计算，系统建模、计算机仿真、对系统模型进行静态分析、动态分析等以获得系统性能参数，为系统设计进程中各环节的方案调整、设计修改、系统优化等提供依据。

逻辑维中的 6 个步骤是循环进行的，逐步深化不断递进达到理想的结果。比如当设计方案经过分析优化确定，进行具体实施后，再进行试验分析；找出问题明确目标后，进行修正设计后再行实施。

3. 专业维

时间维和逻辑维仅表明了系统设计过程中的进程及内容、做好设计应该做哪些方面的工作等。就像在你面前展现了一张画好方格的纸，而在各个方格中按要求合理填充内容，就是专业维所要解决的问题。那么一个机电系统的设计究竟需要涉及哪些专业领域呢？

方案设计和工程设计阶段主要用到专业技术(6 项共性关键技术)和基础理论(数学、物理)；在样机验证、批量验证、适应设计阶段主要用到经济、管理、环境和专业技术；规划阶段要用到所有涉及的科学领域(法律、社会、经济、管理、环境、工程技术、基础理论)。

系统工程方法论是一个全面解决机电一体化系统(产品)从规划到投入市场乃至整个产品生命周期的问题的指导。在专业层面上涉及众多专业学科，作为一个具体的专业技术人员需要具备所研究的某项技术的专业知识，同时也要了解进行社会经济系统的规划研究、环境科学、管理科学、法律等学科的知识对于系统设计的影响规律和特性。这样，才能在团队中很好地明确问题、提出有效的方案和设计、正确地评价系统。

6.2 系统总体技术

机电一体化系统总体方案设计是整个设计最关键的逻辑步骤，是直接影响后续设计、有关系统成败的部分。既然机电一体化系统是一个多种技术结合形成的相对复杂的系统，因此，人们早就希望通过一种理论、技术来解决设计问题。机电一体化系统设计方法论展现了系统设计的计划、过程、内容和技术综合，是系统设计总方法论和指导。如果要问：当已经明确了所要设计的系统的目标和参数，作为一个具体的设计人员，应该如何设计系统总体方案呢？那就需要应用方法论所产生的具体的技术来解决设计问题。系统总体技术就是以系统工程思想和方法论为指导产生的设计技术，为解决如何将系统工程的方法论实际应用到总体方案设计中的技术。系统总体技术在系统设计霍尔三维结构图中属于技术维中的技术之一，主要在时间维的方案设计阶段、逻辑维中的系统设计中用于设计系统的总体方案，这也是机电一体化系统设计最关键和最主要的部分。在整个过程中需要对所要解决的问题进行规划和提出方案时，都会用到其思想方法。

6.2.1 系统总体技术的定义

系统总体技术是在系统工程方法论的基础上获得机电系统总体设计的思想和方法。它的指导思想和系统工程方法论的指导思想一样，只是更具体化。

首先，是整体观念，把系统内部所有要素看成一个整体，并且可以分解，即系统是由各组成要素有机结合的整体。对内强调各要素合理匹配，对外强调系统整体性能最佳。

第二，是系统内部功能和结构要素有机结合形成互补、协调的关系，内部功能和结构都可以按层次逐级分解，最终分解成不可分的功能元和结构元。

第三，是综合采用各学科专业技术，认为各学科专业技术从实现功能的角度具有相似性。

第四，是目标追求最优化，是指对系统方案按照目标、因素等进行综合分析或比较，确定出内部合理匹配、外部性能最佳的系统方案。

系统总体技术的定义：应用系统工程的观点，从整体目标出发，综合分析产品的性能要求及各机、电单元的特性，选择最合理的单元组合方案，实现机电一体化产品整体优化设计的技术。

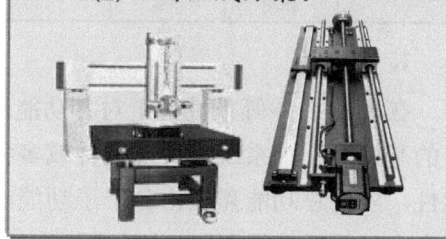

案例 6-2

在数控机床、机器人等很多自动化设备中，位置伺服系统是关键的子系统。如何设计一个位置伺服系统的总体方案呢？

设计要求：直线位移伺服系统，位置工作范围 200mm，定位精度 0.005mm，各向负载 1000N，工作速度 100mm/s，空载最高速度 300mm/s。

问题：

(1) 如何分解功能？

(2) 如何组成方案？

6.2.2 系统总体技术方法论

系统总体技术方法论是机电一体化系统设计方法论在总体方案设计阶段技术指导。把图 6-4 的机电一体化系统设计霍尔三维结构图中沿着逻辑维取出时间维中方案设计阶段图形，并把专业维转化为具体技术内容，如图 6-5 所示。图 6-5 直观地描述了系统总体设计的内容和方法，其中 A、B、C、……、G 分别表示所需要的技术过程或任务。表 6-1 所示为技术维的具体内容，其中：整体性、互补性、等效性三原则是系统总体技术方法论的核心。

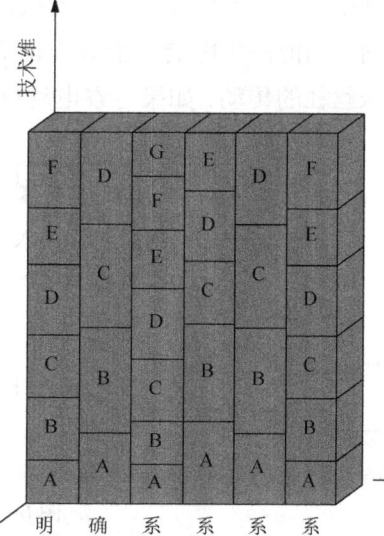

图 6-5　系统总体技术三维结构图

表 6-1 系统总体技术霍尔三维结构

时间维 技术维 逻辑维	系统方案设计阶段						
	A	B	C	D	E	F	G
明确问题	市场需求	使用环境	同类产品技术	产品生命周期	制造条件、水平	规划组织	—
确定目标	功能指标	经济指标	安全指标	设计指标	优化指标	—	—
系统设计	性能指标分析	功能分析	功能规划	功能分解	等效原理设计	方案组合	方案筛选 互补性指标分配
系统优化	性能指标分析	确定目标函数	制定约束条件	数学模型	优化算法	结果分析	—
系统实施	绘制方案原理图	列出关键技术实施难点	工程设计准备	工艺制定	—	—	—
系统分析	系统建模	系统仿真	静态分析	动态分析	系统测试	性能评价修改方案	—

1. 等效性

在表 6-1 中等效性用于对各功能元的原理设计，是系统方案设计的基础。一个系统以实现某种或多种功能为目的，根据系统的层次性，实现总功能需要由各个子功能综合完成。这样实现同一功能会有多种原理结构方案，比如图 6-6 中，某功能采用机械方式、电子方式的硬件、软件均能实现，各原理或结构存在等效性。

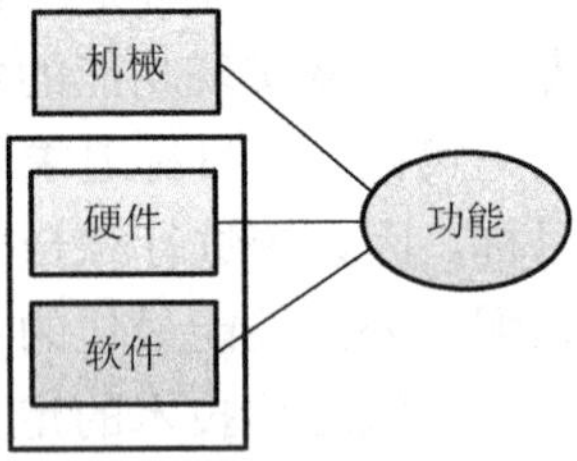

2. 互补性

在表 6-1 中互补性原则用于对组合后的方案进行筛选，是系统方案选择的基础原则。系统由多个元素组成，而各个元素服务于系统中的功能，同时也会有多个元素对同一功能产生影响。图 6-7 说明互补性原理，如图 6-7(a)中步进电动机通过一对齿轮带动滚珠丝杠的传动。如果考察电动机到丝杆螺母之间的传动系数（脉冲当量a/p）这一功

图 6-6 等效性原理

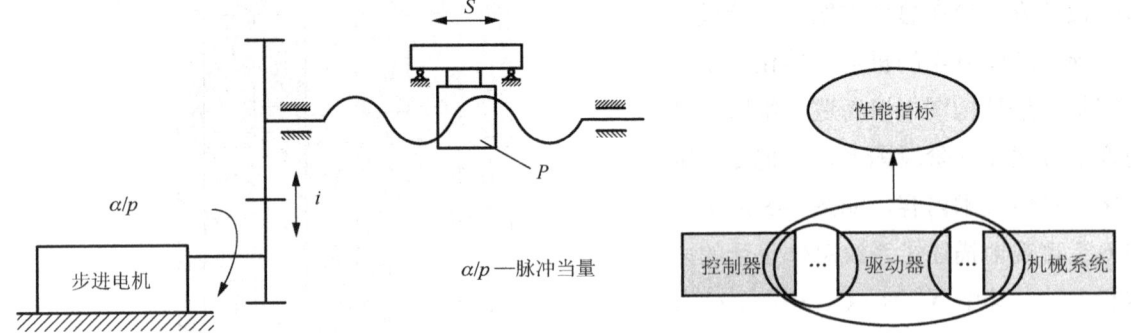

(a) 步距角、传动比、丝杆导程对脉冲当量的共同作用　　(b) 控制器、驱动器、机械系统对同一性能指标的共同作用

图 6-7 互补性原理

能，则步进电动机步距角 α、齿轮传动比 i、丝杠导程 P 这些元素均对传动系数有影响。如果考虑获得最佳传动系数，则需要合理搭配各个元素的传动系数才能达到目的。图 6-7(b)表明一个控制器控制驱动器带动执行元件使机械装置工作，为了整体达到某性能指标，系统中控制器、驱动器、机械系统都对该性能指标有影响，要合理地配置各器件的性能才能达到目的。互补性原理是达到整体性能最佳的系统各要素的连接剂。

3. 整体性

机电系统是有机的整体，性能好坏并不是各环节单独作用的结果，也不是要求每个环节的功能都尽善尽美。只要从整体角度出发，正确制定各环节的相互联系和性能要求，使各环节的先进性、可靠性、经济性达到和谐统一，就能使机电系统具有满意的整体功能。

6.2.3 系统总体方案的提出过程

按照系统总体技术的三个原则提出系统总体技术方案的提出过程如图 6-8 所示。总体方案的提出需要经历 5 个阶段：功能分解、提出功能元方案、组合总体方案、筛选总体方案、优选总体方案。

(1) 功能分解，即根据系统要求和指标总结出系统的总功能(或多个)，对各功能进行分解为多个子功能，各子功能再分解，直至分解到无法分解的各功能元。

(2) 利用等效性原则提出功能元方案，即针对各功能元，以技术维中所涉及的技术和理论基础为支撑，提出可能的解决方案(头脑风暴)。

(3) 如果每个功能有 N 个功能元，每个功能元都有可以实现其功能的 M 个方案，则组合方案时就可获得 $M \cdot M \cdot (N-1)$ 个方案(如 $N=3$，$M=2$，则可组合 8 个总体方案)。

(4) 在众多方案中筛选出候选方案的做法分成两步：第一步粗选，就是根据确定目标首先去除掉显见的不符合要求的方案；第二步筛选，进行性能和成本评价，最终选择给出 1~3 个候选方案。

(5) 最后采用优化设计的方法选择出最优方案，或者在选定的方案中用优化设计法对方案的内部结构进行优化，再进行比较后确定。

在筛选和优选方案时更多地采用互补性原则进行，才能获得内部合理匹配、外部性能最佳的方案。

在系统方案设计阶段的 6 个逻辑步骤中都需要产生相关的设计文件，比如逻辑维的"明确问题"，需要进行市场调研最终给出对机电产品的需求报告，即明了要设计一个什么样的机电系统、满足什么样的需求。接下来"确定目标"就是表明设计什么品质的系统，就要根据前面提出的需求和定位，具体制定该系统的性能指标。根据提出的性能指标进行系统总体方案设计，总体方案的呈现根据系统涉及的技术要素需要提供一系列的技术文件，一般需要完成以下文件：系统总体构成原理图、机构运动简图(系统简图)、总装配图、部件装配图、电气、光学、气动、液压原理图、总体设计分析报告等，以作为后续设计的依据和指导。

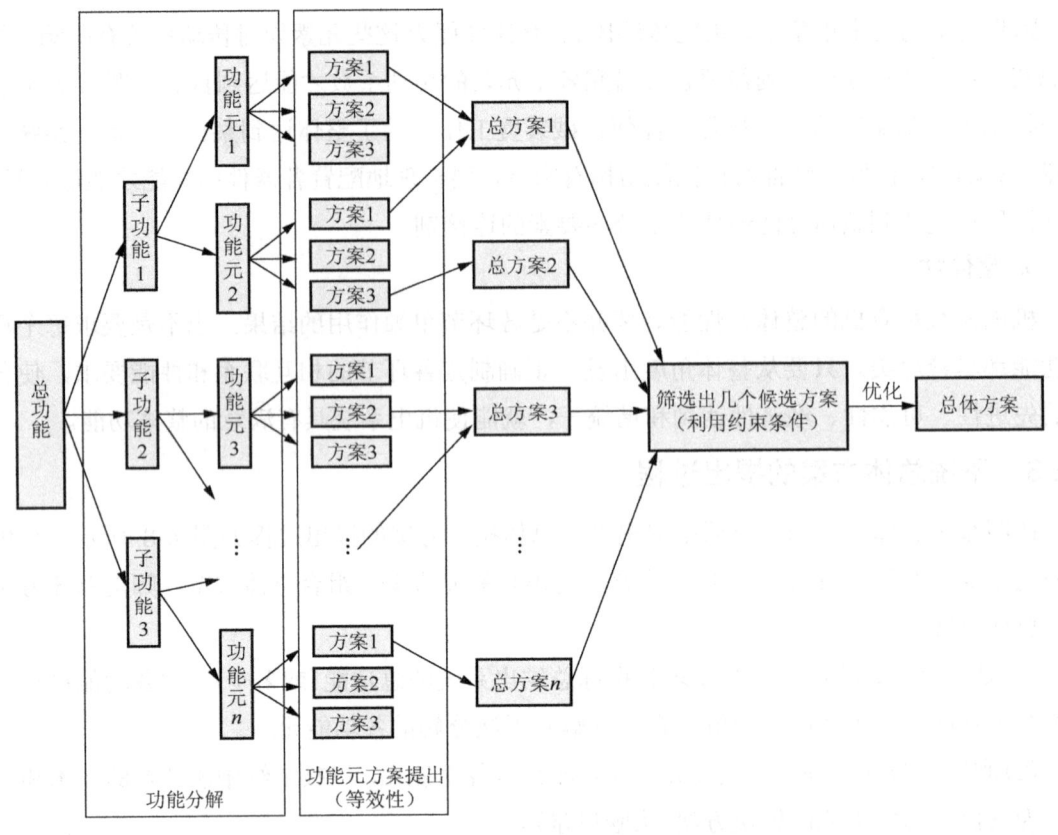

图 6-8 系统总体方案的提出过程

6.2.4 系统总体技术的应用案例(案例 6-2 分析)

以案例 6-2 为例，进行位置伺服系统的总体方案设计。根据提出的功能及性能指标，演绎逻辑维中的系统设计步骤，说明在系统总体方案的产生过程中如何应用等效性、互补性和整体性原理。案例 6-2 中的性能指标：位移工作范围 200mm，定位精度 0.005mm，各向负载 1000N，工作速度 100mm/s，空载最高速度 300mm/s。

当设计者明确了要解决的问题(系统总体方案设计之前应该明确的问题)、各种约束条件，并且已经制定了合理的各项技术指标后，就可以开始方案设计。系统方案设计阶段，逻辑维的系统设计要进行功能规划、功能分解、原理设计、方案组合、方案筛选一系列步骤，如图 6-9 所示。

图 6-9 系统方案设计步骤

1. 功能规划和功能分解

功能规划是原理设计的第一步，根据技术维知识对系统要实现的主功能及次功能进行正确规划，如果规划得不合理将直接影响方案的合理性。功能规划是为了定义功能或设计功能，功能分解是将定义的功能分解出子功能，并将子功能继续分解直至不可分解的功能元。功能规划和功能分解一般是相随进行的。

图 6-10 表示分解后的位移伺服系统功能结构层次图,控制、操作、传动、计测四个主要功能最终分解成由 12 个子功能(功能元)。下一步将针对这 12 个功能元进行原理设计(方案设计)。

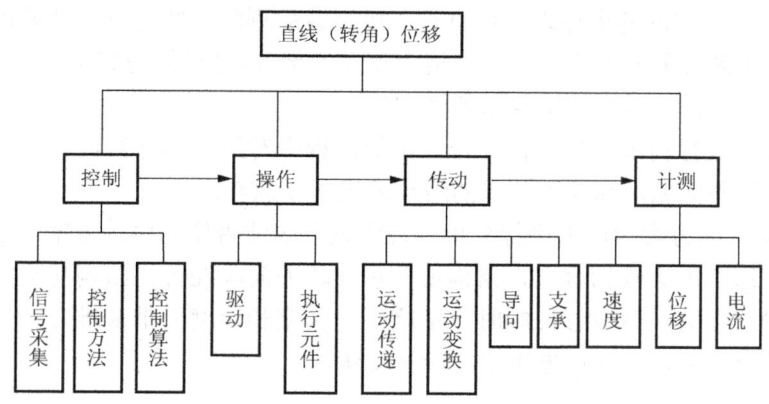

图 6-10 位移伺服系统功能分解图

2. 原理方案设计

原理方案设计是在等效性原则的驱动下,依赖技术维所包含的共性关键技术的联合应用。要全面地对机械技术、电子技术、计算机信息处理技术、传感技术、伺服驱动技术、自动控制技术等综合应用,并在设计者的思想上形成整体的技术群,不可偏废其中的任一个。

对最终分解为 12 个功能元的位置伺服系统进行方案设计,将各功能列入表 6-2,然后分别对各功能元提出方案。等效性原则是要以功能指标为依据的,即给出的方案应满足功能指标要求。比如,在表 6-2 中,控制方法为闭环和半闭环,为什么没有填开环呢?因为按照目前的技术水平开环控制方式达不到 0.005mm 定位精度。在 6-2 表中虽然还存在不易满足性能指标的功能元方案,但是有可能通过内部合理匹配使整体功能达到。表 6-2 中颜色加深的方案都是经分析后慎用方案。如果对表格中各功能方案进行组合,可以组合出约 60 个方案,但是有些方案是无效方案,可以立刻剔除,如半闭环不能和光栅测位移组合同一方案中。为了减少众多的方案给筛选环节带来了较大的工作量,应该在提出和组合方案的同时经较细致地分析,尽可能提出的是有效方案。

表 6-2 位移伺服系统功能元方案设计表

方案 功能	各功能原理方案			备注
	A	B	C	
信号采集	细分计数	不细分	——	选择细分,可以降低光栅和编码盘的分辨率
控制方法	闭环	半闭环	——	——
控制算法	PID	前馈	——	——
驱动	智能型	功放型	——	——
执行元件	直流伺服电动机	交流伺服电动机	直线电动机	——
运动传递	齿轮	同步齿形带	直接驱动	直接驱动需采用无间隙联轴器
运动变换	滚珠丝杠	梯形螺纹丝杠	——	在半闭环方式下应消除丝杆螺母间隙
导向	滚动直线导轨	滑动导轨	——	——
支承	两端固定	预紧	固定-游动	滚珠丝杠轴支撑方式
测速度	编码盘	光电式	霍尔式	——
测位移	光栅	磁栅	编码盘	——
测电流	驱动器内测	外接霍尔传感	——	——

3. 方案组合

方案组合可以分 3 个步骤：

第一，对表 6-2 中的各个原理方案进行分析，首先剔除一些达不到性能指标要求、成本高、结构复杂、工艺性差的方案，比如表格中加深的部分(这里只是起示范作用)；

第二，组合方案，可以用框图表示各个方案；

第三，对方案进行初步剔除，在组合方案的过程中对组合的方案进行初步分析判断，对于明显成本高、达不到精度和速度要求的组合方案予以放弃。

以图 6-11 所示的方案为例来进行分析，说明该方案能否作为候选方案。这是一个半闭环方案，从原理上这个方案较为合理，结构组合总体较为简单经济，结构易于实现。但是，导向采用"滑动导轨"会在微位移控制时产生爬行，精度和速度上带来难度；另外"无细分"会增加编码盘的分辨率，因此该方案最终会被淘汰。

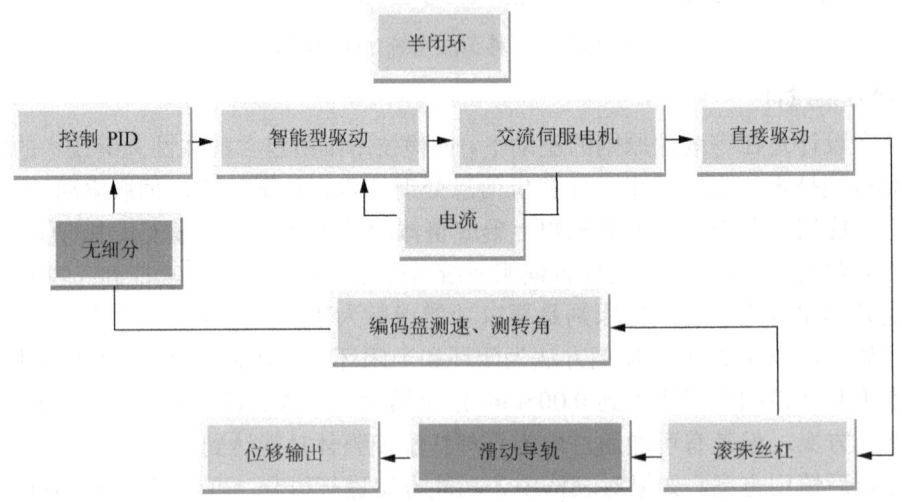

图 6-11　被淘汰的组合方案之一

4. 方案筛选

方案组合阶段的结果是给出了基本合理的多个候选方案，然后进一步对方案进行分析筛选，选出几个较为合适的方案，再通过互补性原理选出最优方案，或采用优化设计方法选出最优方案。以下是经过初步筛选后获得的两个可选方案，如图 6-12 和图 6-13 所示。

图 6-12 是控制方式为半闭环的候选方案 1，在这个方案中由于位移检测是采用检测滚珠丝杠转角的方法间接获得的，丝杆和螺母的传动间隙没有被检测，会带来定位误差，因此要采取措施消除丝杆和螺母的反向间隙。另外，为了增加传动刚度和精度采用无间隙联轴器。

图 6-13 所示的候选方案 2 为闭环方案，采用光栅传感器测量位移，由于传动间隙能够被光栅传感器测量，因此丝杆和螺母的间隙无需消除。

比较上述两个候选方案，哪个方案是优先采用的方案呢？需要根据性能指标的要求进行分析。前面给出关于工作范围、定位精度、负载、工作速度等参数是系统功能所必须具有的性能参数，实际上系统还应该有一些隐性指标，比如系统结构简单、成本低、体积小、寿命长、外形美观等。这些隐性指标往往是较重要的指标，比如同样都能满足功能指标的系统，成本低的系统往往是具有生命力的。如果选择的比较参数是成本，则在以上两个方案中采用半闭环方式的方案 1 较之采用闭环方式的方案 2 具有结构简单、成本低的特点，前提是方案 1 必须达到所要求的其他性能指标。

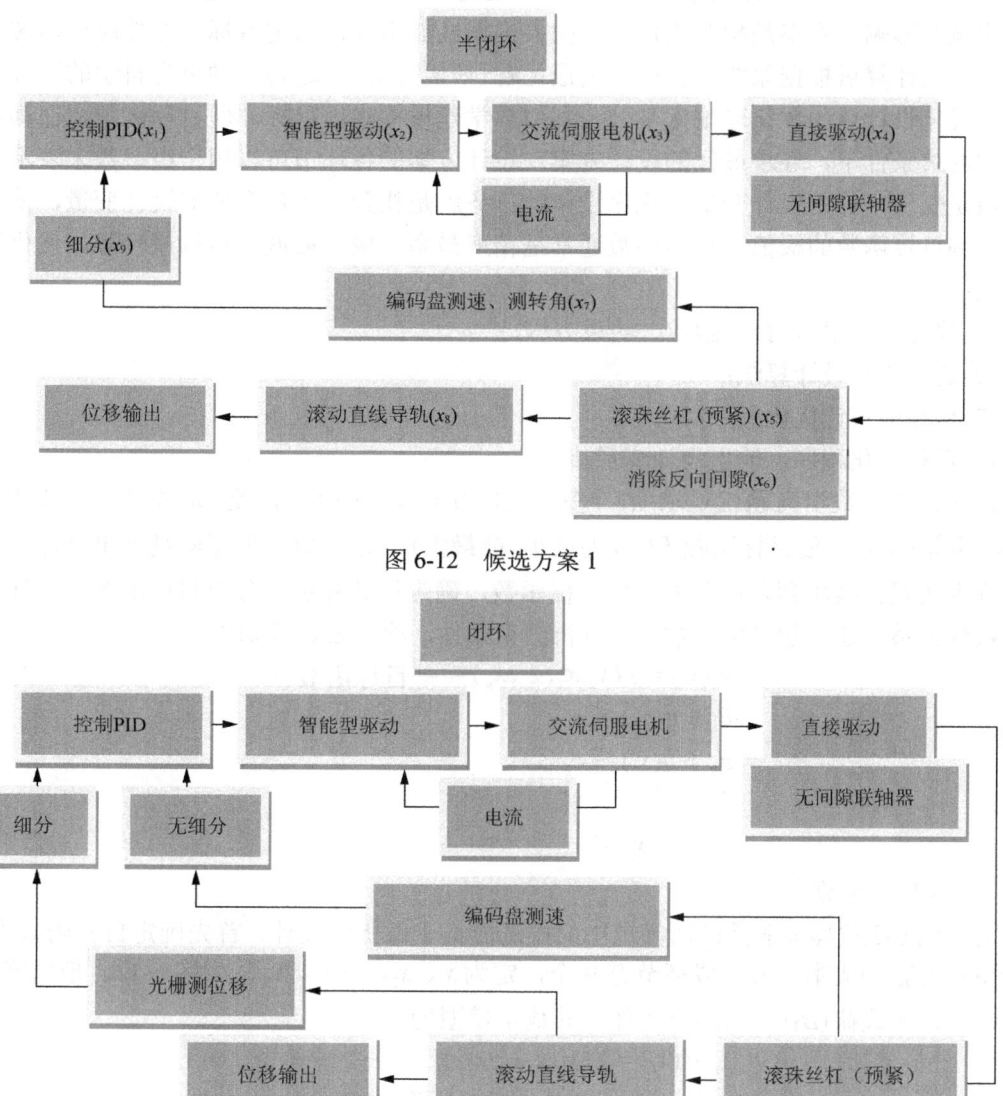

图 6-12　候选方案 1

图 6-13　候选方案 2

6.3　系统分析评价方法

从图 6-4 霍尔结构图可得知，系统分析评价在设计进程的各个阶段都要进行。在调研阶段分析评价类似产品的功能性、经济性和安全性以及市场的反应和未来需求；在总体设计时对各种系统方案进行分析、比较、优选；方案初选后要对系统性能进行定性和定量的分析以期得到明确的参数。在设计的各个不同阶段应该采用不同的分析手段、不同的评价内容。以下重点介绍优选方案的分析评价和对系统性能进行定量分析，当系统指标确定后，通过系统评价得到系统满足指标的量化关系。

6.3.1 方案的优化设计

在第 6.2.3 节的方案筛选中，采用互补原理选出了优选方案，但是这种方法是人工的，受到样本量的影响，方案是相对优化的。如果根据性能指标，给定目标，把性能指标转化为约束条件，用计算机根据系统目标计算出最优解(最优方案)，这是一种更为科学的优选方案的方法。优化设计以最优化理论为基础，利用数学建模构建出目标，即目标函数，在满足给定的各种约束条件下，寻求最优的设计方案。设计方案的各环节可以用一组参数来表示，这一组参数是变量，称为设计变量，优化设计的任务就是找到一组最合适的设计变量，使得设计方案达到目标函数的极值，目标函数通常是精度最高、成本最低、结构最轻等。优化设计的步骤是：

(1) 建立数学模型(目标函数、约束方程)；
(2) 选择优化设计算法；
(3) 选择或设计优化程序；
(4) 运行优化程序，输出设计变量值。

优化设计的数学问题就是求 n 个变量 $x_i(r)(i=1,2,\cdots,n)$，满足 m 个约束条件 $B_j(x_i) \leqslant c$ $(j=1,2,\cdots,m)$，使目标函数 $F(x_i)$ 为最小(或最大)。建立数学模型就是列出目标函数和约束条件表达式。其步骤是：首先定出目标函数，确定设计变量，分析目标函数和设计变量之间的数学关系，建立起目标函数；再分析约束条件，给出表达式如下。

$$F(x_i) = f(x_1, x_2, \cdots, x_n) \quad \text{——目标函数} \tag{6-1}$$

$$B_1 = g(x_i) \leqslant c_1$$
$$B_2 = h(x_i) \leqslant c_2$$
$$\vdots \qquad \vdots$$
$$B_m = k(x_i) \leqslant c_m$$

式中，c 为某一常数。

对案例 6-2 位移伺服系统所筛选出的候选方案 1 做优化设计，首先确定目标函数为成本，设计变量为影响成本的各组成环节有 9 个，定为 x_1、x_2、……、x_9，如图 6-12。把精度(B_1)、速度(B_2)、和载荷(B_3)作为约束条件。其数学模型为

$$F(x_i) = f(x_1, x_2, \cdots, x_9) \tag{6-2}$$
$$B_1 = g(x_1, x_2, \cdots, x_9) \leqslant 0.005\text{mm}$$
$$B_2 = h(x_1, x_2, x_3, x_5, x_7, x_9) \geqslant 100\text{mm/s}$$
$$B_3 = k(x_2, x_3, x_4, x_5, x_8) \geqslant 1000\text{N}$$

在某具体结构优化设计时，变量 x_i 表示某结构中可以变化的各种结构参数，如长度、直径、截面积、材料性质等。在方案优化设计中，设计变量要复杂得多，变量 x_i 表示某个结构，根据目标函数还要构建各个结构和目标函数的关联函数，因此数学建模较为复杂，需进行充分分析。如式 6-2 中，目标函数 $F(x_i)$ 是成本，可以写为

$$F(x_i)\big|_{\min} = F(x_1) + F(x_2) + \cdots + F(x_8) + F(x_9) \tag{6-3}$$

式中，$F(x_1)$、……、$F(x_9)$ 是各结构的成本函数，如 $F(x_5)$ 是滚珠丝杠的成本函数，它和滚珠丝杠的几何尺寸、精度、承载能力、材料等有关，这表明 x_5 这个设计变量是一个多维变量，可以通过对 $F(x_5)$ 先进行优化设计获得最优结果，再进行目标函数 $F(x_i)$ 的最优解搜寻。

优化设计算法是指如何根据数学模型来找到符合条件的设计变量，即在以设计变量为坐标的多维空间里搜索最优点的方法。如果有 n 个设计变量，则相应的 n 维设计变量空间中的每个点都代表一个设计方案。在无限多的点中要尽快地搜索出既满足所有的约束条件，又能使目标函数尽量接近最小值(或最大值)的点，一般采用逐步逼近法，有线性规划和非线性规划法。线性规划法用在目标函数和约束条件都是关于设计变量的线性函数时，求解算法较成熟。如果是非线性函数也可以转化成线性函数进行求解。

完成数学建模，并选择了优化算法后，就需要在计算机上运行优化设计程序进行求解。早期优化设计程序由设计人员自行编制，随着计算机技术发展，各种设计环境和工具包都可以在 CAD、仿真计算软件、动态设计软件中找到，选择优化算法进行优化设计。目前最常用的仿真计算机软件是 MATLAB 等。

优化设计根据目标函数的个数分为单目标优化问题和多目标优化问题，多目标优化问题可以转化为单目标求解，转化方法有降维法、顺序单目标法、评价函数法。①降维法：选一个主导作用指标作为目标函数，其余转化为约束条件。②顺序单目标法：把指标排序，单个求出优化解，对解进行折中处理，得出一个优化解。③评价函数法：将优化指标按一定关系进行组合，从而构造出一个单目标问题的目标函数，称为评价函数。用该评价函数对各个方案进行评价，最终确定出最优方案。三种方法中，评价函数法虽复杂，但效果优于前两种。

另外，优化设计的方法除了前面介绍的数学规划法外，还有其他方法，如优化准则法。优化准则法是以满足某种准则来代替目标函数在约束条件下取极值的方法。这种方式通过数学推演，求满足某种优化准则的设计。用这个准则，可以建立一套迭代算法，从某个初始方案开始，用迭代方法逐步使这个准则得到满足，最后获得优化方案。

结构优化设计在工程设计阶段已经成为不可缺少的环节，计算机辅助优化设计的方法在机械零件的结构设计中已经用的相对成熟。但是对于大系统方案优化设计，在建模、优化算法等方面还需要发展更多的工具和方法。

6.3.2 系统性能分析方法

在总体方案设计阶段，系统性能分析主要用于对系统方案的评价。当通过方案优化获得了一个或多个方案后，得到的是在约束条件下满足优化目标的内部结构优化组合的方案，但系统重要的性能参数到底是多少还没有定论。因此，需要通过性能分析对系统进行定量的评价，以指导对系统进行进一步的方案修正。

1. 性能分析内容

性能是表达系统本身功能和对外界作用效果的集合，用性能指标来描述(具体内容见第 6.5 节)。性能指标规定了性能的量化参数，是设计的依据。任何一个机电系统尽管内部结构千差万别都可以抽象成如图 6-14 所示的仅考虑输入输出的模型。图中所示的输入、输出(横向箭头表示)为系统工作的输入输出，笼统所指输入系统的物质、能量、信息，而系统的输出为新的物质、能

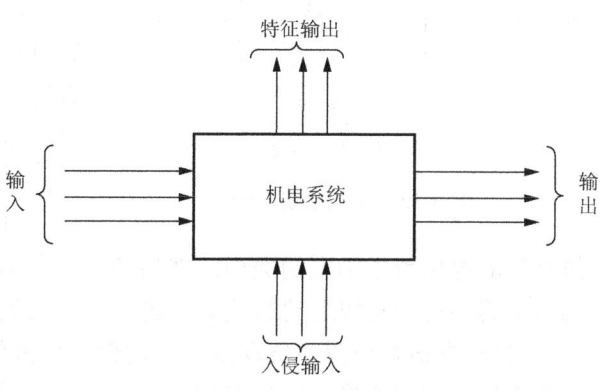

图 6-14 机电系统黑箱模型

量、信息。入侵输入是指不需要的输入，即扰动输入，如环境变化、电磁干扰等。特征输出是指系统其他特征，如系统稳定程度、系统寿命等。系统的性能是指在正确的输入条件下系统能够快速、准确、稳定产生输出的能力，即使在有入侵输入的情况下也能保持正确的输出能力，同时具备好的特征输出。

案例 6-2 是一个位置伺服系统，其主要输入的是运动信息和驱动能量，而输出的是运动和能量。运动信息包含位移、速度、加速度、方向等参数，能量包含力、力矩、功率等。该位置伺服系统的性能体现在：①能否按照输入的运动信息(指令)给出精确的运动输出(准确性)；②运动输出能否快速的响应输入指令(快速响应性)；③在任何情况下，包括有入侵输入时，系统能否保持稳定(稳定性)；④系统性能的保持寿命等(特征输出)。可见系统的稳定性、准确性、快速响应性是系统性能分析的主要内容，它们分别有参数指标来表征：如准确性用稳态误差、动态误差、静态误差表示；快速响应性用上升时间、调整时间，或用系统固有频率等表示；稳定性用稳定裕度等表示。

2. 性能分析方法

1) 两种性能分析法

系统的性能分为动态性能和静态性能，准确性、快速响应性、稳定性所表示的性能是系统的动态性能，但其中准确性包含由动态过程误差和静态误差的共同作用。系统性能分析方法一般采用数字仿真法和实验法分析。

数字仿真法是当今普遍采用的方法，首先根据物理机理建立系统的数学模型，利用计算机仿真技术对模型进行仿真计算获得系统的性能参数，能够对系统进行预测。仿真法的优点在于不需要做出实际系统，精确性取决于数学模型、仿真模型和实际系统的吻合程度。实验法是利用系统输入和输出信号的分析获得系统性能参数。需要建立起系统的物理模型(试验样机)和一套实验系统。该实验系统具有向被实验系统发出输入信号，并采集系统输出信号，再经过计算机辅助分析信号的功能，如图 6-15 所示。该方法用于难以对系统建立数学模型的场合，有时在系统需要对样机进行实际验证时也会采用。实验法用于验证实际系统，分析结果易和实际系统接近。

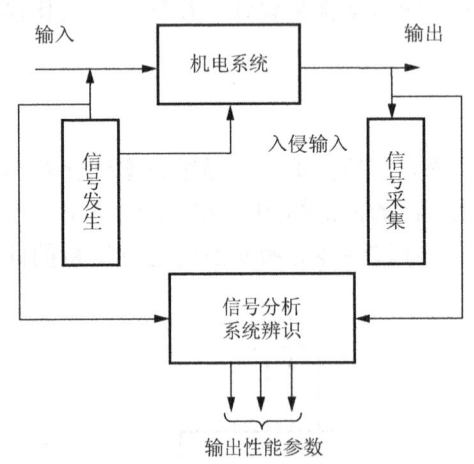

图 6-15　实验系统框图

2) 数字仿真法

计算机数字仿真法必须具备系统数学模型、计算机仿真系统(包括仿真软件)。其仿真过程：分析系统→建立数学模型→建立仿真模型→确定仿真方案→编制程序→仿真实验→修改模型→仿真实验→输出结果。

(1) 建立数学模型　首先要分析系统类型结合仿真目的选择数学模型的类型，然后建立系统数学模型。为提高仿真精度需要修改数学模型以缩小其和实际系统之间的差异。建模的方法见第 6.4 节。

(2) 建立仿真模型　仿真模型是适合计算机仿真软件下分析计算的模型，有时需要对建立的数学模型进行变换。比如求解高阶微分方程的数值解对于计算机比较困难，如果转换成状态方程就容易求取数值解。

(3)**确定仿真方案** 仿真方案是指规划系统输入形式和需要获得的仿真结果。比如，需要获得系统的时间响应性能时，根据系统的工作性质，仿真的系统输入类型选取阶跃输入、脉冲输入还是斜坡输入等；选取仿真输出结果，曲线、图标、数值等。

(4)**编制程序** 在仿真软件下编制仿真程序，将仿真方案连同仿真模型转化为执行程序。不同的仿真软件有不同的编程规则。

(5)**仿真实验** 在计算机仿真软件的相应环境下运行仿真程序，通过仿真实验可以观察系统模型表现的特性是否和原系统相当，可以修改模型后再次进行仿真实验，这个过程可以反复进行，直到具有满意的结果。

需要说明的是，选取不同的仿真软件模型的要求有可能不同，前面谈到的数学模型，适合用于较为通用的 MATLAB 仿真软件。有的仿真软件需要的模型是参数化图形模型，如 ADAMS 软件等。随着计算机仿真技术的发展，各个领域都有相应的仿真软件，机电系统是综合多个领域技术结构的系统，单一仿真软件无法满足要求时可交叉应用多种仿真软件。

3. 性能分析实例

1) 仿真实现

以案例 6-2 的方案作为分析对象进行性能分析。图 6-12 所示方案是一个直流伺服电动机半闭环的位置伺服系统，分析该动态系统的稳定性、准确度和快速响应性。数学模型类型为传递函数，把传递函数作为仿真模型。

图 6-16 为系统的数学模型，其中，$G_3(s) = \dfrac{K_m}{1+\tau_j s}$ 为电动机速度传递函数；$G_4(s) = \dfrac{1}{s}$ 为速度到位移的积分；设 $G_1(s)$ 为位置控制传递函数具有 PID（比例积分微分）特性，$G_1(s) = \dfrac{U(s)}{E(s)} = K_P\left(1+\dfrac{1}{T_I s}+T_D s\right)$；$G_2(s)$ 为速度控制传递函数同样具有 PID 特性；K_ω 和 K_θ 分别为速度检测和位移检测传递函数，均为比例环节；$N(s)$ 为干扰信号。（实际应用时，在图 6-16 的数学模型中根据具体情况加入干扰输入，对干扰情况下系统的稳定性、产生的误差要做评估。）

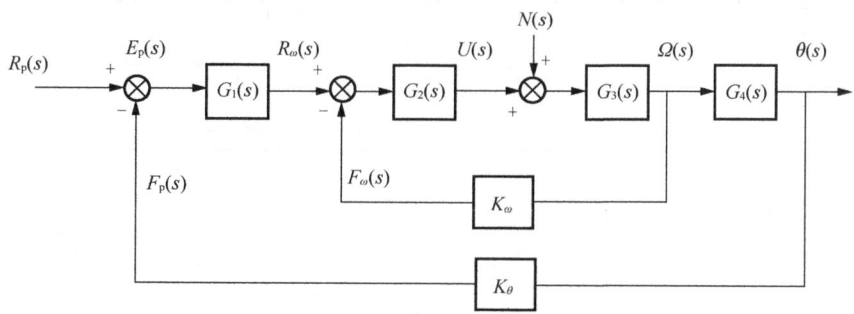

图 6-16 图 6-12 方案数学模型

用 MATLAB 的 SIMULINK 进行仿真实验，获得图 6-17 的阶跃响应曲线。经过调整模型参数，获得图 6-18 调整后的阶跃响应曲线和图 6-19 的频率特性曲线。

2) 分析评价

分析图 6-17 未调整参数的阶跃响应曲线。系统响应性：读取上升时间 0.19s，调整时间

1.24s,系统稳态误差 0.001。系统响应较快,但超调量较大,振荡时间较长,在位置伺服系统中不允许出现输出的振荡。

超调大说明系统的增益过大;稳态误差随时间消减太慢,说明系统的积分环节作用不明显。通过调节 $G_1(s)$、$G_2(s)$ 传递函数中系数:减小比例系数 K_P、减小积分常数 T_i、适当增加微分常数 T_d,经过多次调整给出了调整后的阶跃输入仿真曲线图 6-18。调整后系统无振荡,上升时间虽延长,整个响应时间变短为 0.28s,稳态误差迅速减到 0。

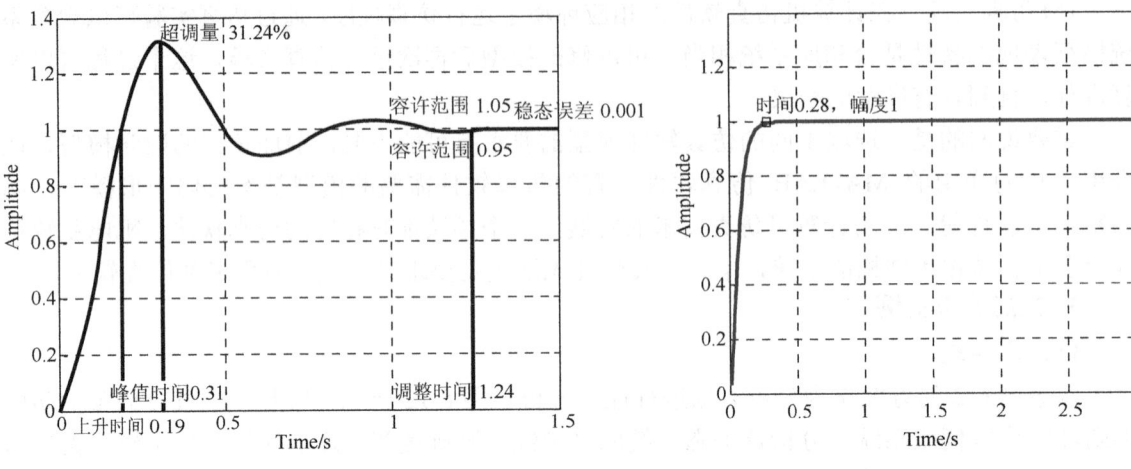

图 6-17 调整前阶跃输入的响应 　　　　　　　图 6-18 参数调整后阶跃响应

系统稳定性的判别可以近似从图 6-19 频率特性图判断,读到相位裕度 P_m 为 75°、幅值裕度 G_m 为 25dB,一般相位裕度大于 45°系统稳定(闭环系统的频率特性可近似用相位裕度来判别稳定性)。

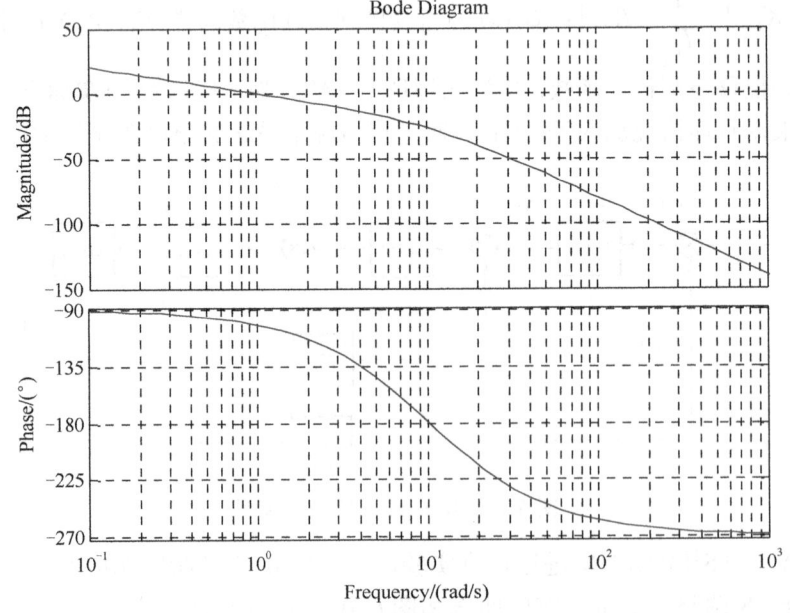

图 6-19 参数调整后频率特性

系统稳定性的判别方式还有多种，如极点零点判定法、奈奎斯特(Naquist)判据、BIBO准则、罗斯准则等。极点零点判定法包含丰富的信息量，通过传递函数极点零点判定，除了可以判断系统稳定性外，还可判断时域响应特性和频率特性。BIBO准则对一般系统都适用，包括非线性时变系统。

系统性能分析不局限于动态分析，关键的指标参数也需要用相应的方法进行分析，比如采用可靠性理论进行寿命分析、系统全误差分析和综合等。

6.4 建立系统的数学模型

数学模型就是系统特性的数学抽象，要对系统进行性能分析或计算机仿真分析，建立系统的数学模型是关键。建立机电一体化系统的数学模型需要解决两个问题：第一，建立什么类型的(what)数学模型，即采用什么形式的数学表达；第二，如何(how)建立数学模型，即建模的方法。

6.4.1 数学模型的种类

对一个特定的机电系统建立什么形式的数学模型需要看两方面：第一，考察机电系统的性质(类型)，如是连续系统还是离散系统、线性系统还是非线性系统等，系统不同数学模型也不同；第二，考察建立数学模型的目的，是进行动态分析还是静态分析，是进行末端分析还是中间状态分析等。表6-3简要给出了系统类型和相应的数学模型。

表6-3 数学模型类型

系统类型	静态系统	动态系统						
		连续系统				离散系统		
		集中参数			分布参数	时间离散		随机离散
数学模型	代数方程	微分方程	传递函数	状态方程	偏微分方程	差分方程	脉冲传递函数	离散状态方程	概率分布

连续系统和离散系统分别都有几种数学模型，具体采用哪一种数学模型，要根据建模的目的。用于控制和动态性能分析的模型应选择动态模型，而用于系统优化的模型则应选择静态模型。当注重分析系统的输出效果，把系统看作一个抽象的整体时，对于连续集中参数系统，建立系统微分方程、传递函数。如果需要分析系统内部结构状态和输出之间的关系，需要建立状态方程。采用状态方程的系统模型可知系统内部各环节的特性，可以对内部各环节参数进行调整，这样可进一步优化系统结构。离散系统以此类推。

机电一体化系统基本为动态系统，并且是由计算机控制的系统，具有离散系统的特性，不能完全由连续系统的数学模型来表达。但是由于连续系统数学模型如微分方程、传递函数等的建立较为经典，建模方便，因此往往对离散系统的建模采用先建立连续系统数学模型，再将其离散化的方法。机电一体化系统的微分方程、传递函数是系统性能分析时最常建立的数学模型，下面着重介绍其建模方法。

绝大多数实际系统都是分布参数的、含有随机性因素的非线性的时变系统，但目前研究得最透彻的、最易于处理的模型是集中参数的、确定性的、线性时不变系统。因此，在满足精度要求的前提下，可用集中参数模型来近似地描述分布参数系统，用线性时不变模型来近似地描述非线性时变系统等，以便采用成熟的理论和方法进行系统建模。

6.4.2 数学模型的建模方法

1. 建模过程

机电一体化系统是由多种技术结构组成的集合体。当根据系统类型和建模目的选择了数学模型种类后,首先要对系统进行功能分解,画出系统结构连接图。针对各子功能(或功能元)结构进行建模后,再根据子功能结构之间的连接方式组合成整体数学模型,见图6-20。

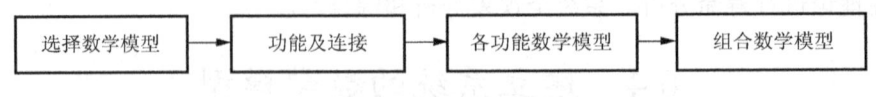

图 6-20 建模过程

在建模过程中,系统功能分解的合理性很重要,原则上使分解的建模功能既要简单易于建模又要形成具有输入/输出关系的独立结构。如机电一体化系统的各建模子功能的划分一般为控制、驱动、操作(执行元件)、传动、检测,如图6-16所示的数学模型。如果某子功能结构复杂可以继续分解。

2. 建模方法

系统的数学建模方法一般分两种:一种是数学分析法,以各种物理原理建立系统参数或变量之间的关系,并取得系统近似数学描述(机理模型);另一种是实验分析法,根据合理的实验结果进行分析获得满足系统输入/输出关系的数学描述(辨识模型)。

由于机电一体化系统组成的功能结构主要为机械系统和电子系统,机械系统由质量、惯量、阻尼、弹簧组成,以力学基础理论建模;电子系统由电阻、电容、电感、电子器件组成,以电学和电子学理论为基础建模;系统中的传感器和执行元件基本有较完善的物理学理论描述。因此,机电一体化系统的数学模型大多建立机理模型,而实验法大多用于系统的实际验证。

3. 相似性原理

相似性原理是系统数学建模的一种规律或有效工具。相似性原理表明:不同的系统,如机械系统和电学系统,实际上存在相似的数学抽象,甚至物理相似。比如在机械系统中的质量和惯量具有储能性质,而电路中的电感、电容也具有储能性质;机械系统中的阻尼和电路中的电阻都具有耗能的特性。这就导致了不同的系统具有相似的数学模型,或一种数学模型能代表不同的系统。

无论是机械还是电路系统,有两个储能元件的系统为二阶系统。如图6-21所示的机械和电路两系统具有相似的二阶系统模型,其数学模型推导如下:

1) 机械系统

力平衡方程为

$$K_1(x_i - x_o) + b_1(\dot{x}_i - \dot{x}_o) = b_2(\dot{x}_o - \dot{x}), \quad K_2 x = b_2(\dot{x}_o - \dot{x})$$

式中,x 为位移;x_i 为输入位移;x_o 为输出位移。所以有

$$K_1(x_i - x_o) + b_1(\dot{x}_i - \dot{x}_o) = K_2 x$$

对上式取微分得

$$K_1(\dot{x}_i - \dot{x}_o) + b_1(\ddot{x}_i - \ddot{x}_o) = K_2 \dot{x}$$

代入 $K_1 K_2(x_i - x_o) + K_2 b_1(\dot{x}_i - \dot{x}_o) = K_2 b_2 \dot{x}_o - b_2 K_1(\dot{x}_i - \dot{x}_o) - b_1 b_2(\ddot{x}_i - \ddot{x}_o)$,整理可得

$$b_1 b_2 \ddot{x}_o + b_2 K_1 \dot{x}_o + K_2 b_2 \dot{x}_o + K_2 b_1 \dot{x}_o + K_1 K_2 x_o = b_1 b_2 \ddot{x}_i + b_2 K_1 \dot{x}_i + b_1 K_2 \dot{x}_i + K_1 K_2 x_i$$

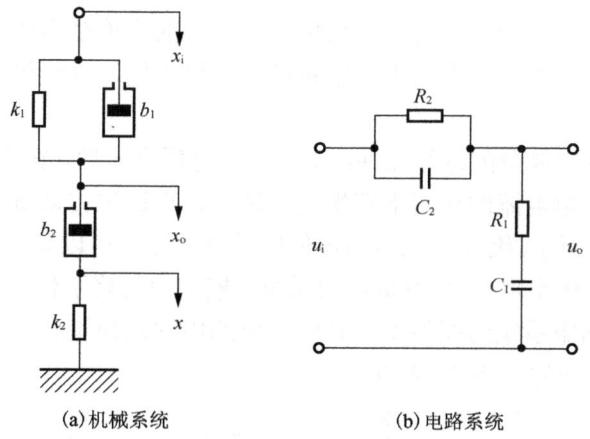

(a) 机械系统　　　　　　(b) 电路系统

图 6-21　二阶相似系统

对上式取拉氏变换得

$$[b_1b_2s^2+(b_2K_1+b_2K_2+b_1K_2)s+K_1K_2]X_o(s)=[b_1b_2s^2+(b_2K_1+b_1K_2)s+b_1b_2]X_i(s)$$

故

$$\frac{X_o(s)}{X_i(s)}=\frac{b_1b_2s^2+(b_2K_1+b_1K_2)s+K_1K_2}{b_1b_2s^2+(b_2K_1+b_2K_2+b_1K_2)s+K_1K_2}=\frac{\frac{b_1b_2}{K_1K_2}s^2+\left(\frac{b_1}{K_1}+\frac{b_2}{K_2}\right)s+1}{\frac{b_1b_2}{K_1K_2}s^2+\left(\frac{b_1}{K_1}+\frac{b_2}{K_2}\right)s+1+\frac{b_2}{K_1}}$$

$$=\frac{\left(\frac{b_1}{K_1}s+1\right)\left(\frac{b_2}{K_2}s+1\right)}{\left(\frac{b_1}{K_1}s+1\right)\left(\frac{b_2}{K_2}s+1\right)+\frac{b_2}{K_1}} \quad (6\text{-}4)$$

2) 电路系统

u_i 为输入电压，u_o 为输出电压。利用阻抗法可得

$$Z_1=R_1+\frac{1}{C_1s}=\frac{1}{C_1s}(R_1C_1s+1)=\frac{1}{C_1s}(T_1s+1)$$

$$Z_2=R_2//\frac{1}{C_2s}=\frac{R_2\frac{1}{C_2s}}{R_2+\frac{1}{C_2s}}=\frac{R_2}{R_2C_2s+1}=\frac{R_2}{T_2s+1}$$

所以

$$\frac{U_o(s)}{U_i(s)}=\frac{Z_1}{Z_1+Z_2}=\frac{\frac{T_1s+1}{C_1s}}{\frac{T_1s+1}{C_1s}+\frac{R_2}{T_2s+1}}=\frac{(T_1s+1)(T_2s+1)}{(T_1s+1)(T_2s+1)+R_2C_1s} \quad (6\text{-}5)$$

比较式(6-4)和式(6-5)可知，两系统具有相同的数学模型。

6.4.3　机电一体化系统的数学模型

机电一体化系统是一个机电耦合系统。这种耦合通常是电气系统与机械系统有电磁上的耦合。电磁耦合基于两个定理：有关电能向机械能转化的洛伦兹定律以及有关机械能向电能转化的法拉第定律。下面以直流电动机伺服系统的建模为例，介绍机电一体化系统数学建模的基本方法。

电动机是机电系统中典型的执行元件，是一个机电耦合元件。在直流电动机伺服系统中，直流电动机的转子在电枢电流的作用下产生驱动转矩，再通过传动机构传递给负载，驱动负载产生运动，如图 6-22 所示。因此直流电动机伺服系统实际上可以简化为图 6-23 所示的模型，它描述的是电动机驱动一个惯性-摩擦负载的系统，模型中忽略了传动系统刚度的影响，认为传动系统是刚性的。伺服系统的模型主要有电动机的电回路模型和传动机构的力平衡方程组成。直流电动机的等效电路如图 6-24 所示。

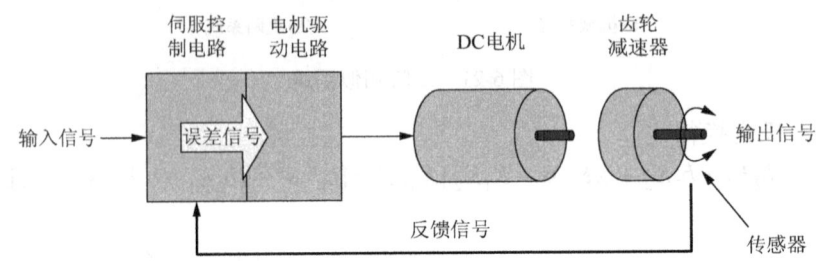

图 6-22　直流电动机伺服系统原理图

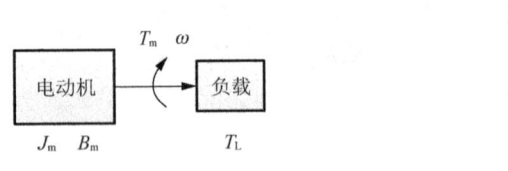

图 6-23　直流电动机的模型　　　　图 6-24　直流电动机的等效电路

图 6-24 中，U_a、E_a 分别为电动机电枢端电压和反电势；I_a 为电动机电枢电流；R_a、L_a 分别为电枢电路电阻和电感；ω 为电动机的角速度；J_m 为电动机轴上的转动惯量；B_m 为电动机轴上的黏性阻尼系数；T_m、T_L 为电动机转矩和负载阻转矩。

1) 电动机的电回路方程

根据基尔霍夫定律，有

$$L_a \frac{di_a}{dt} + R_a i_a + e_a = u_a \tag{6-6}$$

$$e_a = C_e \omega \tag{6-7}$$

式中，C_e 为反电动势常数。

2) 力矩方程

当励磁电流为常值时，转矩 T_m 与电流 i_a 成正比，即

$$T_m = C_m i_a \tag{6-8}$$

式中，C_m 为直流电动机的力矩常数。当采用国际单位时，C_m 与 C_e 在数值上相等。

3) 力平衡方程

电动机的输出端，根据牛顿第二定律，有

$$T_m - T_L = J_m \frac{d\omega}{dt} + B_m \omega \tag{6-9}$$

式中，B_m 为电动机及负载折算到电动机轴上的黏性阻尼系数。

将式(6-6)、式(6-7)联立，经过拉氏变换得到电动机的电回路模型为

$$I_a(s) = \frac{U_a(s)}{L_a s + R_a} - \frac{C_e \omega(s)}{L_a s + R_a} \tag{6-10}$$

再将式(6-8)、式(6-9)拉氏变换后与式(6-10)联立，可得到直流电动机的控制电流与输出转速之间的模型为

$$\omega(s) = \frac{C_m}{J_m s + B_m} I_a(s) - \frac{T_L}{J_m s + B_m} \tag{6-11}$$

由式(6-10)和式(6-11)可知，电动机的输出转速由电枢电压和负载力矩共同决定。当负载不变时，改变电枢电压就可以改变电动机的转速，从而可以通过对电枢电压的控制实现对电动机转速的控制。另一方面，当电枢电压一定时，负载的变化会引起电动机转速的变化。为了克服负载变化对转速的影响，要通过速度反馈的闭环控制实现直流伺服系统转速的精确控制。图6-25给出了直流电动机伺服驱动系统的速度环控制方框图。

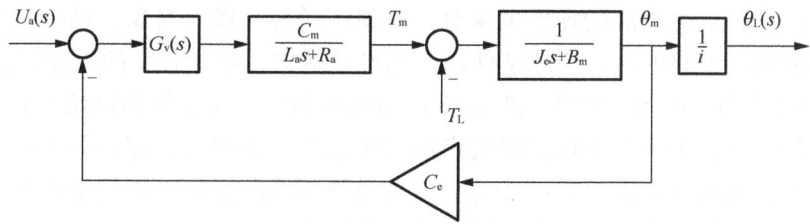

图6-25 直流电动机伺服驱动系统的速度环控制方框图

6.5 建立系统的指标体系

科学地制定机电一体化系统的性能参数是系统设计的第一步。图 6-4 机电一体化系统设计霍尔三维结构图逻辑维中的明确问题和确定目标表明：明确问题是明确该机电系统所要解决的问题，具备什么功能；确定目标就是提出参数指标。指标太高，会加大设计难度和制造成本，可能导致产品不被市场接受。指标太低则达不到功能要求，也不会被市场接受。所以制定性能指标要在广泛深入的市场调查、技术调研、研究分析后才能制定并经反复修正。机电一体化系统的指标体系包含多方面的内容，总的分为对用户的指标和对设计制造的指标，有的指标是统一的。例如：一辆汽车指标很多诸如油耗、最高时速、发动机功率、悬架形式、驱动轮数量等是使用者关注的指标，而目标成本、标准化率等就是设计制造指标。

6.5.1 性能指标的种类

一般把性能指标分成四方面：功能性指标、经济性指标、安全性指标、寻常性指标。

(1) 功能性指标 包括功能范围，如功能、规格、尺寸、速度等方面的指标；精度指标，即实现规定功能的准确程度；可靠性指标，是指在规定的条件下，规定的时间内，完成规定

的功能的能力。如数控机床工作台的运动范围、最大切削功率、主轴转速等为功能范围；进给精度等为精度指标；使用寿命为可靠性指标。

(2) 经济性指标 是指系统的设计制造的控制成本、系统作为产品的售价、产品在用户处的使用成本等。设计制造成本和工艺、标准化程度等有关；产品的售价与成本和管理水平等相关，产品的使用成本和产品的设计性质、易耗品种类数量有关。比如用户购买汽车后，其使用成本除了消耗燃油外，主要是汽车的定期保养、维修更换备件所带来的费用。

(3) 安全性指标 是指对系统自身的保护性能、对操作人员的保护性能、对环境的影响指标等。对系统的安全保护包括误操作的保护、故障诊断、故障避免等；对操作人员的保护包括危险区域防护、电、碰撞、高压、高温等主动防护等；对环境的影响指标包括对空气、水的污染程度、对周边产生振动、噪声的影响等。

(4) 寻常性指标 是指一些公认的、默认的指标，可以不必特地提出来。比如成本低、设计新颖、外形美观、符合人机工程学、体积小、重量轻、工艺性好、操作简单等。寻常指标对一个产品往往是很重要的用户热点。

6.5.2　确定性能指标的途径

1. 技术资料准备

(1) 调查研究。了解国内、国际技术状况和发展，研究成果等，确定系统(产品)的技术构成和市场定位；了解有关产品的使用要求等，如使用场合、操作对象、精度水平等，确定产品技术指标的依据；了解生产、管理条件，作为设计结构、原理方案的重要依据。

(2) 制定技术文件。技术文件作为制定性能指标和为进一步设计和制造的指导性文件。比如有以下种类的文件：①有关市场情况及市场定位报告；②国际、国内关于同类型产品的技术现状；③有关技术难点分析报告；④有关专利及查新情况报告；⑤同类产品的使用性能调查报告；⑥开发技术条件分析；⑦生产技术及工艺条件分析。

2. 制定性能指标和技术要求

设计人员更多碰到的名词是技术要求，技术要求包含性能指标，往往把能够量化的技术要求称为性能指标。

1) 制定功能性指标

(1) 功能范围：每个产品都不可能包括所有功能，如何取舍？比如案例 6-2，功能是输出可控位移，在确定指标时一定是经过调查分析，明确该位置系统的目的，和其他生产环节的关系等。比如工作速度每秒 100 毫米是根据生产节拍的需要指定的，速度太快没有必要，既增加设计难度和工艺难度，又提高了成本。

(2) 精度指标：是指产品实现规定功能的准确程度。精度高成本高，受使用要求约束合理制定精度指标。如案例 6-2 给出运动的定位精度，根据使用目的制定精度指标，如果是为了自动检测，就要考察检测方法、检测精度等要求；如果是为了装配，要考察装配精度、装配方法。精度对设计、成本的反作用是最明显的，大多数场合，精度提高一点，而成本会大幅提高。

(3) 可靠性指标：产品可靠性是指在规定的条件下，规定的时间内，完成规定的功能的能力。可靠性制约指的是产品的寿命，不是越长越好，要根据产品的市场寿命期来制定。为了节省资源，采用等寿命理论进行设计是方向，即组成产品内部结构的各环节具有相同的寿命，这样使得生命周期结束各环节同时失效，物尽其用。另外和可靠性密切相关的是维修性或维修周期，产品性能变差可以通过维修调整来恢复，这是延长寿命的直接方法。但是维修的程度和维修的频次是要受到限制的，维修频繁或大修频繁造成产品发挥功能的有效时间变短，同时增加了使用成本。性能及故障自诊断技术的应用可以根据检测结果对性能和故障进行预测，给出合理的维修时间。

2) 制定经济性指标

制定经济性指标的参考依据是产品的市场定位或售价，产品制造过程的成本虽然和制造商的工艺水平和管理水平相关，但是设计阶段对成本的作用也是相当大的，比如，一个不考虑成本的设计、一个不考虑工艺性的设计必然会带来附加的成本。也可以说经济性指标是靠好的设计来实现的。

设计阶段降低成本的主要方法：合理采用元器件、考虑工艺性、标准化、通用化和系列化、合理选用新技术、新材料、新结构、新器件等。

设计阶段降低产品使用费用的主要方法：提高自动化程度、选用效率高的器件、合理确定维修周期(预防性维修周期)。

3) 确定安全性指标

安全性指标大多数没有具体参数，除了某些系统对环境造成影响的规定，比如汽车的安全性指标有对排放的废气指标的国家标准参数等，还有些机电设备的排泄物(气体、液体)要经过特殊的处理装置达到一定的标准要求。

人身安全要求根据系统的形式采用相应的措施：设置安全检测和防护装置，产品表面无尖锐危险角、边、面等，危险区域设警示、合理防护电缆、电器等，漏电、安全操作方式等。

机电一体化产品本身的安全要求措施：设置各种保护器件、安装限位、报警、急停等装置、状态检测、故障诊断、互锁防故障和误操作、抗干扰措施等。

制定性能指标产生的技术文件：①设计任务书；②系统的技术要求和性能指标；③设计计划和进度。

6.5.3 性能指标对设计的影响

设计时对性能指标应充分反复分析，其目的：一是获得满足性能指标的结构要素，二是性能指标合理分配给各环节或单元。因此性能指标会左右设计过程甚至设计方法。

设计的实质就是用合理的单元结构和合理的单元组合满足整体性能指标。系统分解成各个功能单元，把性能指标分配给各功能单元，各功能单元以怎样的结构满足分配到的性能指标是设计要解决的问题。

从设计角度来划分，性能指标又可分为特征指标、优化指标、寻常指标。

特征指标决定产品的功能、参数、精度、可靠性等，有确定量值，是设计中一定要达到的，对产品设计的约束作用大。优化指标是优化设计中的评价指标，优化目标值，如生产成本最低、体积最小等。

不同指标对系统设计的限定作用不同。例如，把可靠度作为特征指标，就要严格按可靠性设计法达到；如把可靠度作为优化指标，在保证达到特征指标的条件下优化可靠度。这些表明，要根据指标的用途选择设计方法。

6.6 机电系统总体设计实例

1. 设计任务

帽形零件自动上料总体方案设计。要求:将无序堆放的帽形料自动整理成按同一方向、同一形态成一列直线排列出料,并上料到工作位置。上料速度:1只/秒。图6-26表示了零件的几何尺寸。

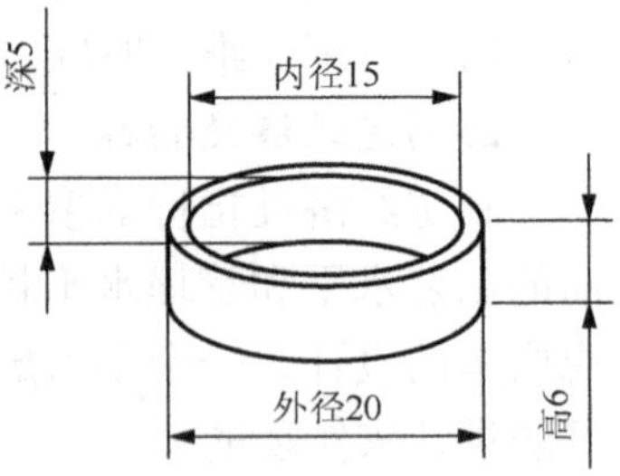

图6-26 零件图

2. 性能指标制定

1) 明确问题

(1) 自动上料机干什么?(明确功能)

(2) 用于何处?(明确环境、供电形式、有无压缩空气、周边磁环境状况等;上料机对周边影响的限制:噪声限制、空气油雾限制、漏油限制、漏磁限制等),明确限制后在制定指标时作为约束条件或直接作为指标提出。另外,可针对限制在提出或筛选方案时考虑,如现场没有压缩空气提供,则方案中慎用气动元件等。

(3) 类似上料机国内和国外技术现状以及性能指标作为参考。

2) 性能指标制定

(1) 功能性指标:上料速度1只/s,上料定位误差小于0.1mm,误上料率十万分之一,使用寿命10年,每天工作8h。零件无损伤。

(2) 经济性指标:维修保养每月一次2h,大修保养半年一次1天。

(3) 安全性指标:机器噪声不大于70dB,机器无油气污染;操作安全,达到无漏电、无撞击。

3. 总体方案设计

1) 功能规划和功能分解

首先分析零件的形状,根据零件的特征和要求,分析在上料过程中需要的功能。要对杂乱无章的零件进行排料,还要按一定方向排列,排好后出料,出料后要将零件放到特定的位置。这样对总功能定义为"顺序上料",下分几个子功能分别定义为:排料、整向、出料、上料。考察子功能是否还可以继续分解,整向子功能还可分解成测向、分拣(翻转);出料还可分解成隔料和放料;上料也可分解成送料、定位、给信号。继续考察直到不可分解为止。总结功能规划的结果,用图6-27的结构层次图表示。图6-27显示顺序上料最终由排料、测向、分拣/翻转、隔料、放料、送料、定位和给信号9个功能元构成,加上控制功能共10个功能元(常规功能未在图中出现,有必要时还需要把控制功能分解成硬件和软件等功能元),下一步将针对这10个功能元进行原理设计(方案设计)。

2) 原理方案设计

对前面所建立的上料系统10个功能进行方案设计,表6-4所示。

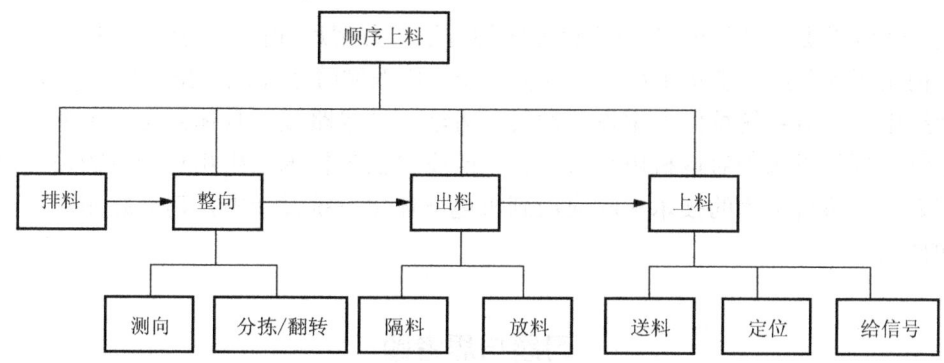

图 6-27　上料系统功能规划图

表 6-4　上料系统各功能方案设计表

序号	子功能	结构方案				
1	排料	扰动式限位式	气动抽拉式	振动料斗	搅拌式料斗+自重	旋转盘带式
2	测向	接近开关式	霍尔式	机械探针式	电涡流式	光电式
3	分拣	气缸推料	电动推料	机械挡块式	---	---
4	翻转	气动式	电动式	自重式	---	---
5	隔料	抽拉式(气动)	抽拉式(电动)	---	---	---
6	放料	自重式	推料式	输送带式	---	---
7	送料	气动推料	电动推料	自重送料	输送带式	转盘式
8	定位	弹性夹道式	气定心式	料道式	伺服平台式	检测式
9	给信号	触点式	光电式	霍尔式	磁电式	---
10	控制	PLC	单片微机	工控机	混合	---

3) 方案组合

按照第 6.2.4 节中的方案组合的 3 个步骤对表格中各功能方案进行组合，剔除或不组无效方案，如采用振动料斗的方案，在测向和分拣/翻转的方案中最方便的是采用机械探针和挡块，和其他方案组合显然是不合理的。

以表 6-4 中颜色加深的结构方案为例来进行分析，该方案采用结构简单的搅拌式料斗，在料道形状限制下，被搅拌的料进入规定的料道，在自重的驱动下排成一列；但是帽形零件的开口方向随机，为了使得上料为统一的开口向上方向，采用了接近开关检测方向；并通过气动原理将背向的零件推出，使其不能达到送料的位置；为了使料有序放出，采用气动隔料，当隔料器处于放料状态，则零件在重力作用下到达送料位置；气动推杆将零件推到上料位置，在弹性夹道作用下定位在正确位置；此时零件接触定位面，触点闭合送出电信号，使控制系统能检测到零件已到位；控制功能采用 PLC。从原理上这个方案较为合理，结构组合总体较为简单经济，结构易于实现。但是，还要分析是否能达到技术指标和技术要求。首先分析 1 只/秒的上料速度能否达到；在该方案中影响速度的是排料和方向分拣部分。由于零件体积相对较大，搅拌速度高会破坏零件表面质量，因此只能采用慢速搅拌，致使出料速度不会很快。另一方面，出料中还有一部分因背向而被分拣，这样出料的效率会受到很大影响，因此速度很难保证。这是该方案的致命缺陷。

4) 方案筛选

按照第 6.2.4 节中的方法对方案组合阶段给出的基本合理的几个方案进行分析筛选。

> **小思考**
>
> 在本节设计的基础上，丰富功能方案设计表的内容，组合筛选方案，提交有分析结论的方案，完成设计任务。

至此，后续还要按照第6.3.1节优化方案的方法对方案进行优化，接下来根据系统总体技术三维结构图还需要进一步实施系统、分析系统，修改完善才能确定出总体方案。

本章给出了机电系统总体方案设计的思想方法、技术路线、具体做法。主要目的是引导读者用系统工程的思想来对待机电系统设计，改变过去各技术应用相对割裂的设计习惯。同时，力图真正把系统工程的技术实际应用到机电一体化系统设计中，建立起相对系统性的设计理论和技术。

习题与思考题

6-1　试调研分析典型机电系统如数控加工中心、机器人、自动检测机等的结构特征，并绘制结构层次图。

6-2　如何理解机电系统设计的霍尔三维结构图？时间维和逻辑维各交叉点表明了在特定的工作时间段需要做的工作，请分析说明相应的专业维上涉及哪些专业技术领域？

6-3　针对焊接机器人进行功能划分和功能分解，并画出功能分解框图。

6-4　某一机电一体化系统，需要检测某轴的转速，请采用等效性原理，至少提出3个能达到相同功能的传感方案（说明原理）。

6-5　系统总体技术的指导思想是什么？并针对某机电系统进行说明，等效性原理和互补性原理的含义。

6-6　说明应用系统总体技术进行某机电系统总体方案设计的过程，每个步骤解决哪些关键问题？

6-7　方案的优化设计和一个具体机械零件的优化设计有什么不同？试说明如何用优化设计方法匹配机电系统内部结构。

6-8　相位裕度和增益裕度为什么能反映系统的稳定性？

6-9　试将文中图6-16表示的系统数学模型，用状态方程模型表示。并在MATLAB下进行仿真。（数学模型系数通过实际系统结构确定或通过仿真找到合适的系数）

6-10　对文中6.5节的帽形零件自动上料机总体方案进行完整的设计，要求给出方案草图和系统性能分析说明。

6-11　针对身边常见的某个机电系统，尝试确定其性能指标。

6-12　了解机电系统各种误差来源，学习如何分析确定误差并综合系统的总误差。

6-13　分析机械系统、电系统、流体系统、热系统中元件的相似性。

扩展阅读：系统工程

系统工程概念和方法论的应用价值在 20 世纪 70 年代被大力发掘和应用。1976 年的美国科技辞典表明：系统工程是研究彼此密切联系的许多元素组成的复杂系统设计的科学。设计这种复杂系统时，应有明确的预定功能及目标，并协调各元素之间以及和总体之间的有机联系，以使系统能总体达到最优目标。在设计系统时要考虑到参与系统的人的因素和作用。当时被公认为系统工程应用的成功范例是 1969 年 7 月美国阿波罗飞船 11 号首次登月成功。日本工业标准(JIS.1967)定义：系统工程是为了更好地达到系统目标而对系统的构成要素、组织结构、信息流动和控制机制等进行分析与设计的技术。可见系统工程不同于其他单一工程技术，它是一大类新的工程技术群，是定性研究与定量研究相结合，注重整体化研究和解决问题，以期达到总体效果最优的科学。

1980 年 11 月在我国成立了中国系统工程学会，以钱学森为代表的一批学者经过多年的努力提出多个独创性的理论：1978 年钱学森定义系统工程是组织管理系统的规划、研究、设计、制造、试验和使用的科学方法，是一种对所有系统都具有普遍意义的方法。1981 年钱学森提出"系统科学体系"。1990 年初钱学森发表《一个科学新领域——开放的复杂巨系统及其方法论》。本章提到的 WSR 系统方法论就是由顾基发和朱志昌在 1994 年提出的。我国在系统工程领域的研究成果和应用成果很多，如神舟号载人飞船一次次发射成功等。

系统工程的理论基础是运筹学、控制论和信息论，在自然科学、工程技术和社会科学之间建起了一座桥梁。现代数学理论、电子计算机技术和通信技术，再通过一大类工程技术群，为系统设计研究构建了集成方法、定量方法、模型方法、模拟实验和优化方法。系统是由相互作用和相互依赖的若干组成部分结合的具有特定功能的有机整体，系统具有整体性、层次性、相关性、目的性和适应性特点。一个机电系统具有系统工程所指的系统的所有特征，以系统工程的方法论为基础，解决如何设计性能优良的机电系统的问题是科学的发展观和方法论。

应 用 篇

第 7 章 机电一体化产品设计——机器人设计

作为 2012 年最"聪明"的人工智能机器人 NAO(图 7-1)，是一款多功能双足仿人机器人，它具有 25 个自由度，配有摄像头、多媒体设备及多种传感器。NAO 机器人拥有着讨人喜欢的外形，并能和人亲切地互动。该机器人还如同婴儿一般拥有学习能力，可通过学习身体语言和表情来推断出人的情感变化，并且随着时间的推移认识更多的人，并分辨出不同的行为及面孔。NAO 机器人还能够表现出愤怒、恐惧、悲伤、幸福、兴奋和自豪的情感。NAO 会的本领还不止这些。通过开放的软件接口编程，能灵活模拟人类动作，包括行走、打太极、跳舞等。

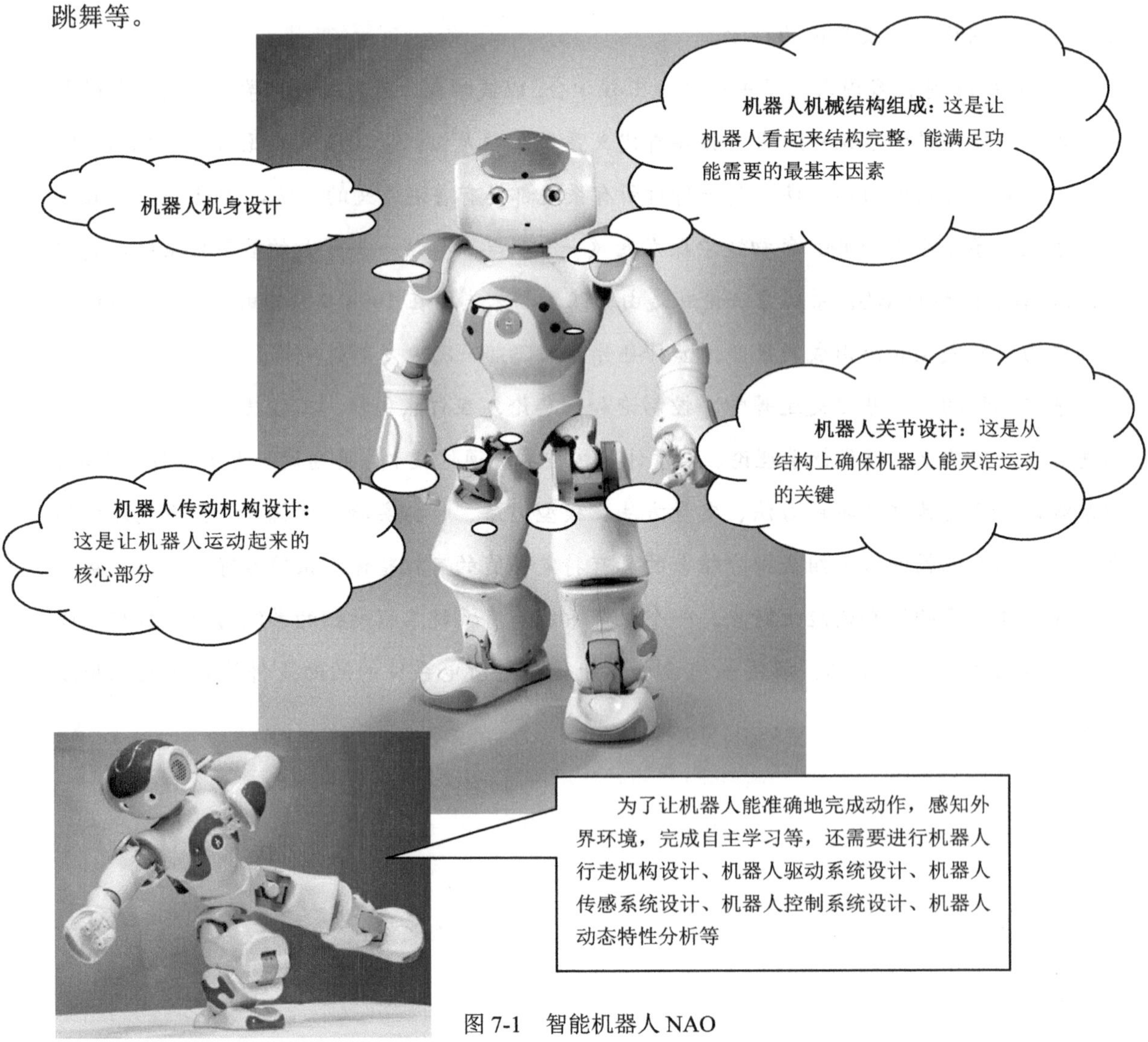

机器人机身设计

机器人机械结构组成：这是让机器人看起来结构完整，能满足功能需要的最基本因素

机器人关节设计：这是从结构上确保机器人能灵活运动的关键

机器人传动机构设计：这是让机器人运动起来的核心部分

为了让机器人能准确地完成动作，感知外界环境，完成自主学习等，还需要进行机器人行走机构设计、机器人驱动系统设计、机器人传感系统设计、机器人控制系统设计、机器人动态特性分析等

图 7-1　智能机器人 NAO

第 7 章 机电一体化产品设计——机器人设计

> **本章知识要点**
> (1) 了解机器人的发展历程和分类;
> (2) 理解机器人的主要组成部分和技术参数;
> (3) 掌握机器人机械结构设计方法;
> (4) 掌握机器人常用驱动方式;
> (5) 掌握机器人中使用的传感器类型及常用的机器人传感器系统;
> (6) 理解机器人控制系统结构及常用控制方法;
> (7) 掌握机器人动态特性分析方法。
>
> **探索思考**
> 工业机器人采用了哪些传感器?使用了何种控制方法?
>
> **预备知识**
> 请预先复习以前学过的机械原理、机械设计、测试技术和控制工程基础等课程的知识。

7.1 机器人设计概述

1. 机器人发展历史

机器人是当代科学技术的产物,机器人技术是 20 世纪人类最伟大的发明之一,自 20 世纪 60 年代初问世以来,机器人发展已取得令人瞩目的进步和成果。正如宋健院士 1999 年 7 月 5 日在国际自动控制联合会第 14 届大会报告中所指出的:"机器人学的进步和应用是本世纪自动控制最有说服力的成就,是当代最高意义上的自动化。"

机器人的广泛应用是以从事焊接、搬运吊装、喷涂、装配等工业生产方面的工业机器人开始的,目前已有工业机器人、服务机器人、家用清扫机器人、医疗机器人、康复机器人、军用机器人、排爆机器人、娱乐机器人、教育机器人、仿人机器人等繁多的产品种类,而且还有更多的行业和领域正在积极探索机器人技术的工程应用。

机器人一词最早出现在 1920 年捷克作家 Karel Capek 发表的一个科幻剧 *Rossums Universal Robots*,robot 是由捷克文 robota(意为农奴,苦力)衍生而来的。世界上第一台机器人于 1954 年诞生于美国,虽然它只是一台试验样机,然而它体现了现代工业广泛应用的机器人的主要特征。机器人产品问世于 1960 年,代表性的有美国 Unimation 公司的 Unimate 工业机器人和美国 AMF 公司的 Versatran 机器人。1967 年,日本川崎重工业公司从美国引进机器人及其技术,建立起生产车间,并于 1986 年试制出第一台川崎的机器人。20 世纪 70 年代,机器人进入工业化生产的实用化时代。到 80 年代,工业机器人进入普及时代,汽车、电子等行业开始大量使用工业机器人,推动了机器人产业的发展。近十几年来,欧洲的德国、意大利、法国及英国的机器人产业发展比较快。目前,世界上机器人无论是从技术水平上,还是从已装备的数量上,主要集中在以日本、美国、欧洲为代表的发达工业化国家。

自 20 世纪 70 年代末,我国的蒋新松院士在国内率先开始机器人及相关技术的研究与实践，并研制开发了我国第一台示教在线机器人和第一台水下机器人，创建了我国机器人示范工程。1986年，我国开展了"七五"机器人攻关计划，1987年，我国的"863"高技术计划将机器人方面的研究开发列入其中。经过十几年的艰苦奋斗，我国在水下、空间、核领域等特殊机器人方面取得了令人欣慰的成果，一批机器人产品和机器人应用工程应运而生。到20世纪90年代末，我国共完成了100多项工业机器人应用工程，建成了20个机器人产业化基地，从事机器人研究、开发和应用工程单位200多家，专业从事机器人产业开发的50家左右，全国工业机器人用户近800家，拥有工业机器人约4000台。2006年发布的《国家中长期科学和技术发展规划纲要》前沿技术中，我国将智能服务机器人列为重点发展方向，提出加大科技投入与科技基础条件平台建设。

机器人技术综合了计算机、控制论、机构学、信息和传感技术、人工智能、仿生学等多学科而形成的高新技术，是典型的集机械、电子、信息、自动化、光学于一身的技术，该技术的发展直接关系到国家的产业竞争力、国防实力、经济实力等综合国力要素。先进机器人的发展代表着一个国家的综合科技实力和水平，机器人的应用情况是一个国家工业自动化水平的重要标志。

> **案例7-1**
>
> 在第1章中提到的扫地机器人，是智能家用电器的一种，能凭借一定的人工智能，自动在房间内完成地板清理工作。一般采用刷扫和真空方式，将地面杂物先吸纳进入自身的垃圾收纳盒，从而完成地面清理的功能。扫地机器人的机身以圆盘型为主，前方有设置感应器，可侦测障碍物，如碰到墙壁或其他障碍物，会自行转弯，并依每间不同厂商设定，而走不同的路线，有规划清扫地区。
>
> **问题：**
>
> (1) 扫地机器人前方设置的感应器为何种感应器？
>
> (2) 扫地机器人的主要工作原理是什么？

2. 机器人分类与组成

机器人有多种分类方法，可以从不同角度对其分类。

按机器人负载能力划分为：超大型机器人，负载能力为1000kg以上；大型机器人，负载能力为100~1000kg；中型机器人，负载能力为10~100kg；小型机器人，负载能力为0.1~10kg；超小型机器人，负载能力为0.1kg以下。

按照从低级到高级的发展程度可分为三代机器人。第一代机器人主要以顺序控制和示教再现为基本控制方式工作；第二代机器人对工作对象、外界环境具有一定的感知能力，对感知的信息可控制运算；第三代机器人对工作对象、外界环境具有较高适应性和自治能力，可进行复杂逻辑思维和决策，是一种高级智能机器人。

按照机器人用途可分为工业机器人、农业机器人、医疗机器人、海洋机器人、军用机器人、太空机器人、管道机器人和娱乐机器人等。通常研究的是工业机器人，因而也把除工业机器人以外的所有机器人通称为特种机器人。

按照机器人结构坐标系特点方式和运动形态可分为直角坐标型机器人、圆柱坐标型机器人、球坐标型机器人、关节坐标型机器人、SCARA型机器人和并联机构机器人。

按机器人驱动方式可分为电动机器人、液压机器人、气动机器人、新型驱动方式(如压电驱动器、形状记忆合金驱动器、人工气动肌肉等)机器人。

机器人是一种机电一体化的设备,从控制观点来分,机器人系统可以分成四部分:机器人、控制器、环境和任务,如图 7-2(a)所示。图 7-2(b)为其简化形式。

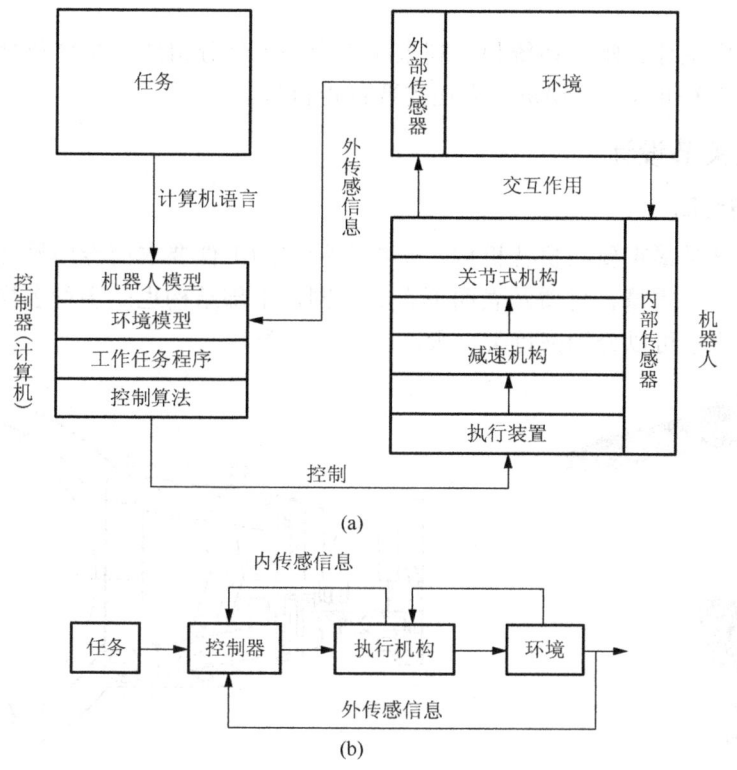

图 7-2 机器人系统的基本结构

3. 机器人主要技术参数

设计机器人,首先要确定机器人的主要技术参数,机器人的技术参数主要包括自由度、精度和分辨率、工作范围、承载能力、工作速度等。

(1)自由度:是指机器人所具有的独立坐标轴运动的数目,不包括手爪(末端操作器)的开合自由度。

(2)精度和分辨率:机器人精度是指定位精度和重复定位精度。定位精度是指机器人手部实际到达位置与目标位置之间的差异。重复定位精度是指机器人重复定位其手部于同一目标位置的能力,可以用标准偏差这个统计量来表示。它是衡量一系列误差值的密集度,即重复度。分辨率是指机器人每根轴能够实现的最小移动距离或最小转动角度。

(3)工作范围:是指机器人手臂末端或手腕中心所能到达的所有点的集合,也称为工作区域。

(4)承载能力:是指机器人在工作范围内的任何位姿上所能承受的最大负载。

(5)工作速度:是指机器人在工作载荷条件下、匀速运动过程中,机械接口中心或工具中心点在单位时间内所移动的距离或转动的角度。

7.2 机器人机械结构设计

工业机器人由主体、驱动系统和控制系统三个基本部分组成。主体包括机身、臂部、腕部和手部,如图 7-3 所示,移动机器人还需要行走机构。

7.2.1 机器人关节设计

1. 手部关节机构

机器人的手部是最重要的执行机构,是根据特定的工件要求而专门设计的,由于被握持工件的形状、尺寸、重量、材质及表面形态的不同,手部结构也是多种多样的。常用的机器人手部按其握持原理可以分为夹持类、吸附类和仿人类。

1-手指;2-传动机构;3-驱动装置;4-支架;5-工件

图 7-3 工业机器人　　　　图 7-4 夹钳式手部的组成

1)夹持类手部

夹持类手部最常用的为夹钳式。夹钳式是工业机器人最常用的一种手部形式,一般夹钳式手部(图 7-4)由手指、传动机构、驱动装置和支架四部分组成,完成手部松开与夹紧。一般情况下,机器人的手部只有两个手指,少数有三个或多个手指。

2)吸附式手部

吸附式手部靠吸附力取料。根据吸附力的不同分为磁吸附和气吸附两种类型。吸附式手部适应于大面积(单面接触无法抓取)、易碎(玻璃、磁盘)、微小(不易抓取)的物体,因此使用面较大。

(1)磁吸式手部　是利用永久磁铁或电磁铁通电后产生的磁力来吸附工件的,其应用较广。磁吸式手部与气吸式手部相同,不会破坏被吸附表面质量。磁吸附式手部的优点是:有较大的单位面积吸力,对工件表面粗糙度及通孔、沟槽等无特殊要求。图 7-5 所示为盘状磁吸附取料手的结构图。

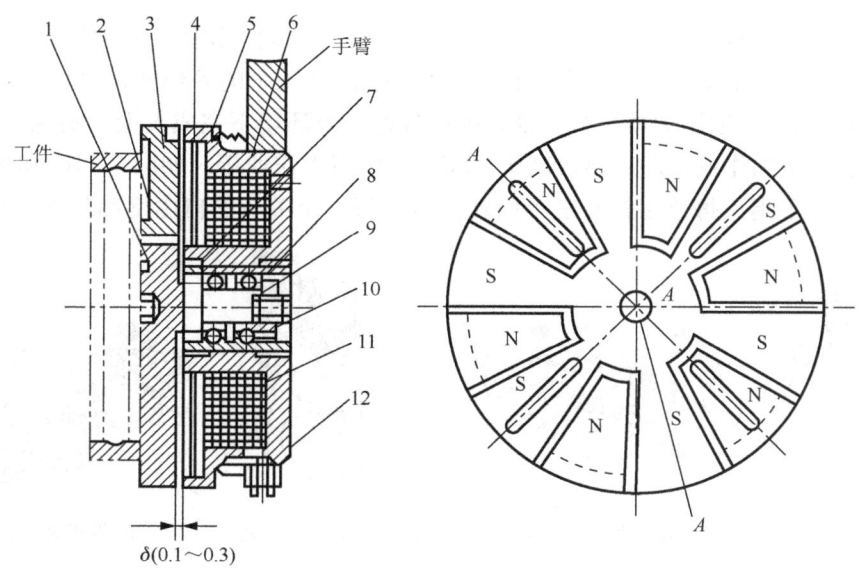

1-铁心；2-隔磁环；3-磁盘；4-卡环；5-盖；6-壳体；7、8-挡圈；
9-螺母；10-轴承；11-线圈；12-螺钉

图 7-5 盘状磁吸附取料手结构

(2) 气吸式手部　是工业机器人常用的一种吸持工件的装置。它由吸盘(一个或几个)、吸盘架及进排气系统组成，具有结构简单、重量轻、使用方便可靠等优点。广泛应用于非金属材料(如板材、纸张、玻璃等物体)或不可有剩磁的材料的吸附。按形成压力差的方法，可分为真空气吸、气流负压气吸、挤压排气负压气吸三种类型，如图 7-6 所示。

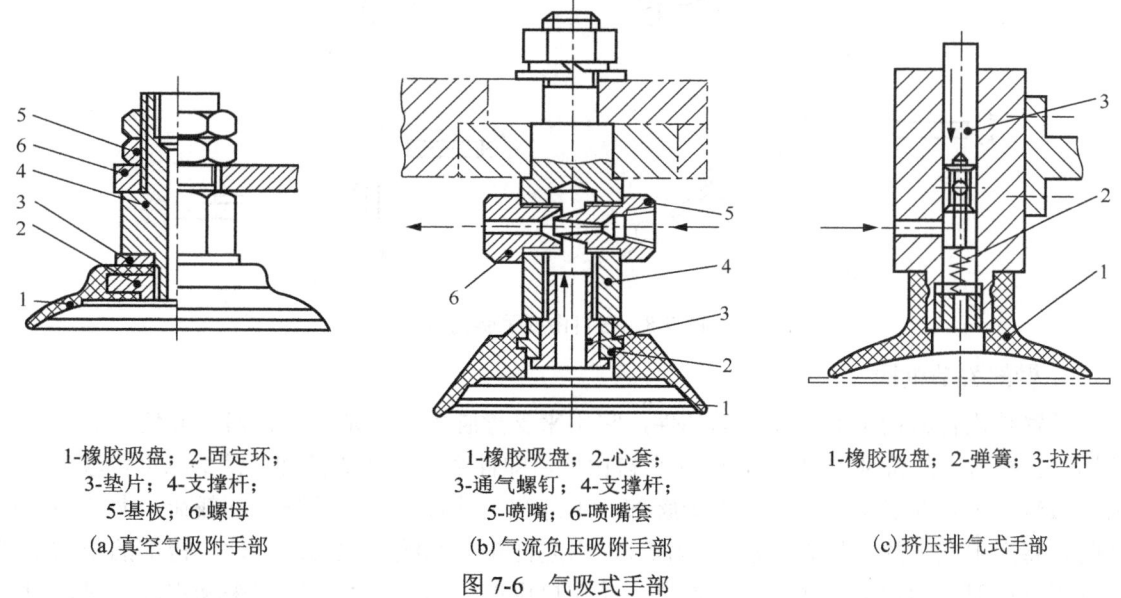

| 1-橡胶吸盘；2-固定环；
3-垫片；4-支撑杆；
5-基板；6-螺母 | 1-橡胶吸盘；2-心套；
3-通气螺钉；4-支撑杆；
5-喷嘴；6-喷嘴套 | 1-橡胶吸盘；2-弹簧；3-拉杆 |

(a) 真空气吸附手部　　(b) 气流负压吸附手部　　(c) 挤压排气式手部

图 7-6 气吸式手部

3) 仿人机器人手部

为了提高机器人手部和手腕的操作能力、灵活性和快速反应能力，使机器人能像人手一样进行各种复杂的作业，就必须有一个运动灵活、动作多样的灵巧手，即仿人手。

(1) 柔性手　可抓取不同外形的物体，并且使其受力均匀。如图 7-7(a) 所示，多关节柔性手每个手指由多个关节串联而成。这样的结构可抓取凹凸不平的外形并使物体受力较为均匀。

(2) 多指灵巧手　应用前景十分广泛，可在各种极限环境下完成人无法实现的操作，如核工业领域，宇宙空间作业，在高温、高压、高真空环境下作业等。如图 7-7(b) 和 (c) 所示，多指灵巧手有多个手指，每个手指有三个回转关节，每一个关节的自由度都是独立控制的。

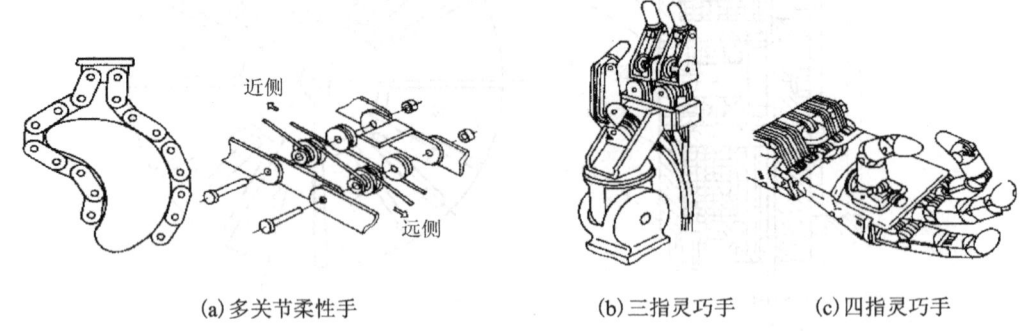

(a) 多关节柔性手　　　(b) 三指灵巧手　　　(c) 四指灵巧手

图 7-7　仿人灵巧手

2. 腕部关节机构

腕部是臂部与手部的连接部件，起支撑手部和改变手部姿态的作用。为了使手部能处于空间任意方向，要求腕部具有偏转、俯仰和回转三个自由度。三自由度手腕的构形通常有以下四种形式：BBR 型、BRR 型、RBR 型和 RRR 型，如图 7-8 所示。

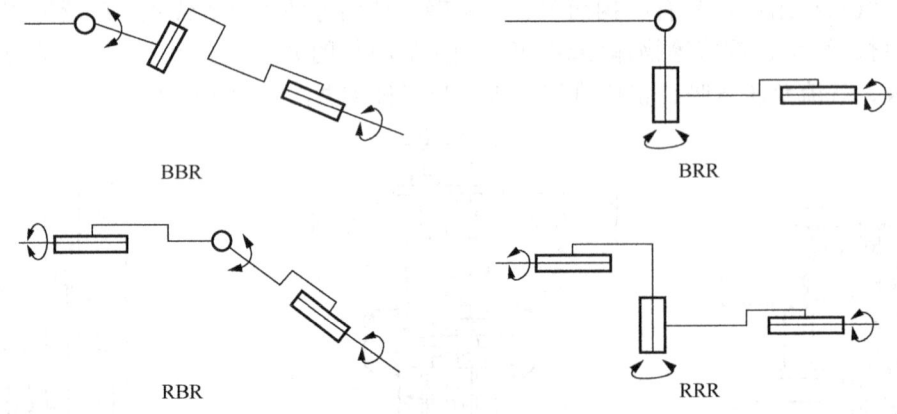

图 7-8　三自由度手腕构形

3. 臂部关节机构

手臂是执行机构中的主要运动部件，它用来支撑腕关节和末端执行器，并使它们能在空间运动。机器人的臂部一般具有 2~3 个自由度，即伸缩、回转或俯仰。臂部总重量较大，受力一般较复杂，在运动时，直接承受腕部、手部和工件(或工具)的静、动载荷，尤其高速运动时，将产生较大的惯性力(或惯性力矩)，引起冲击，影响定位的准确性。臂部的结构形式必须根据机器人的运动形式、抓取重量、动作自由度、运动精度等因素来确定。同时，设计时必须考虑到手臂的受力情况、油(气)缸及导向装置的布置、内部管路与手腕的连接形式等因素。因此，臂部设计需满足刚度高、导向性好、重量轻、运动平稳和定位精度高等要求。关节型机械人臂部常用的结构如图 7-9 所示。

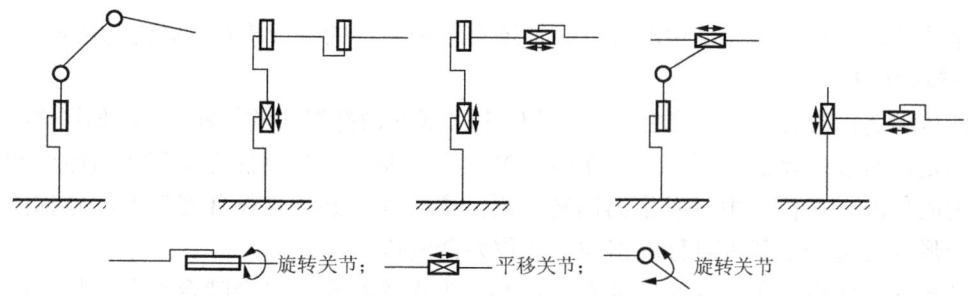

图 7-9 几种多自由度机器人手臂结构

7.2.2 机器人机身设计

机器人机身是直接连接、支撑和传动手臂及行走机构的部件。常用的机身结构有：升降回转型机身结构、俯仰型机身结构、直移型机身结构和类人机器人机身结构。机身和臂部的配置形式基本上反映了机器人的总体布局。目前常用的有立柱式、基座式等形式，如图 7-10 和图 7-11 所示。

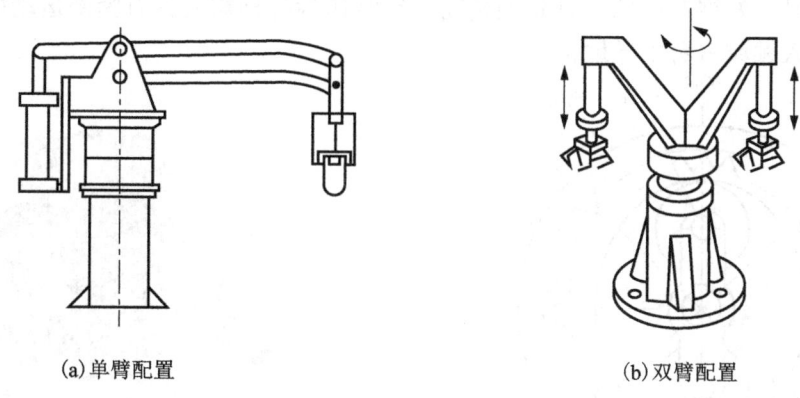

(a) 单臂配置　　　　　　　　(b) 双臂配置

图 7-10　立柱式

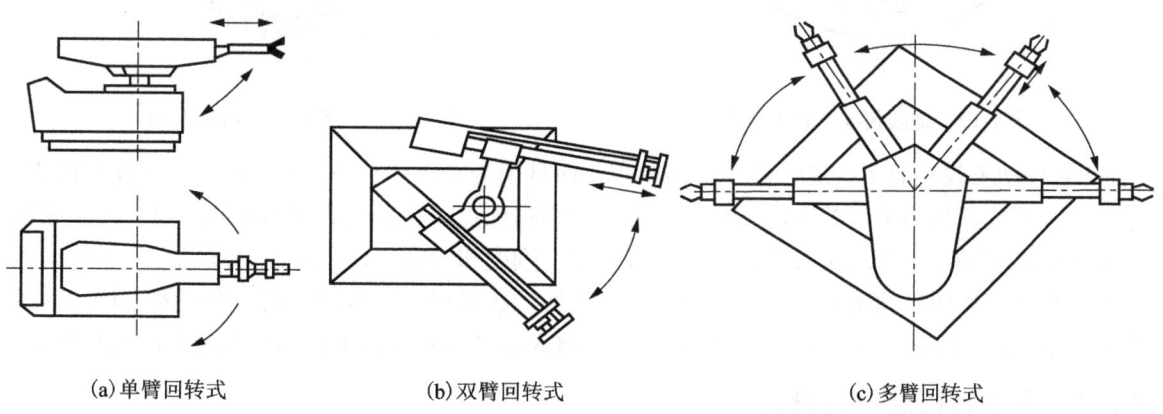

(a) 单臂回转式　　　　(b) 双臂回转式　　　　(c) 多臂回转式

图 7-11　基座式

7.2.3 机器人传动机构设计

传动机构用来将原动机发出的机械能传递给关节或其他工作部分，以实现机器人各种必要的运动。传动机构有减速装置、力（力矩）和速度传递转换装置。常用的有谐波传动、螺旋传动、带传动、齿轮传动、链传动等，此外还有一种新型的减速机构 RV 传动装置。

1. 谐波传动

谐波传动是由波发生器、柔性件和刚性件 3 个基本构件组成的机械传动，如图 7-12 所示。这种传动是在波发生器的作用下，使柔性件产生弹性变形并与刚性件相互作用而达到传递运动或动力的目的。在传动中波发生器回转一周，柔性件上某一点循环变形的次数称波数。柔性件的变形过程是一个基本对称的谐波，故称为谐波传动。

谐波传动的优点：①尺寸小、惯量低；②因为误差均布在多个啮合点上，传动精度高；③因为预载啮合，传动侧隙非常小；④因为多齿啮合，传动具有高阻尼特性。

谐波传动的缺点：①柔轮的疲劳问题；②扭转刚度低；③以输入轴速度 2、4、6 倍的频率产生振动；④谐波传动与行星传动相比具有较小的传动间隙和较轻的重量，但是刚度比行星减速器差。

2. RV 传动

RV（Rotate Vector）传动是一种新型的二级封闭行星轮系，如图 7-13 所示。RV 传动是在摆线针轮传动基础上发展起来的一种新型传动，经常作为各种需要具有紧密运动的装置牵系减速器，在机器人领域占着主导地位。

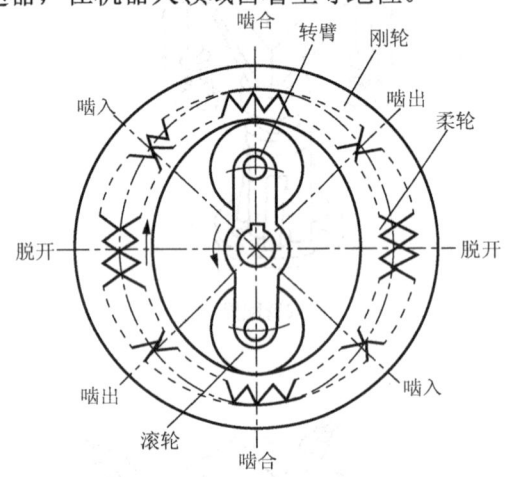
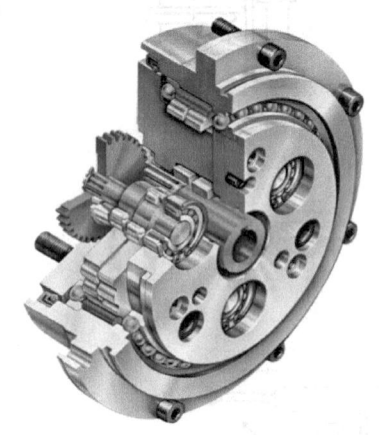

图 7-12　谐波传动工作原理图　　　　图 7-13　RV 减速器剖面图

RV 传动不仅克服了一般针摆传动的缺点，而且因为具有体积小、重量轻、传动比范围大、寿命长、精度保持稳定、效率高、传动平稳等一系列优点，日益受到国内外的广泛关注。它较机器人中常用的谐波传动具有高得多的疲劳强度、刚度和寿命，而且回差精度稳定，不像谐波传动那样随着使用时间增长运动精度就会显著降低，故世界上许多国家高精度机器人传动多采用 RV 减速器，因此，该种 RV 减速器在先进机器人传动中有逐渐取代谐波减速器的发展趋势。

7.2.4　机器人行走机构设计

行走机构是行走机器人的重要执行部件，它由驱动装置、传动机构、位置检测元件、传感器、电缆及管路等组成。行走机器人的行走机构主要有车轮式行走机构、履带式行走机构和足式行走机构，此外还有步进式行走机构、蠕动式行走机构、混合式行走机构和蛇行式行走机构等，以适合于各种特别的场合。

1. 车轮式行走机构

车轮式行走机器人是机器人中应用最多的一种机器人。车轮行走机构依据车轮的多少分为 1 轮、2 轮、3 轮、4 轮以及多轮机构。1 轮和 2 轮行走机构在实现上的主要障碍是稳定性问题，实际应用的车轮式行走机构多为 3 轮和 4 轮。3 轮行走机构具有一定的稳定性，代表性的车轮配置方式是一个前轮，两个后轮。图 7-14(a) 所示的是两个后轮独立驱动，前轮仅起支撑作用，靠后轮的转速差转向；图 7-14(b) 采用前轮驱动，前轮转向的方式；图 7-14(c) 利用两后轮差动减速器驱动，前轮转向。

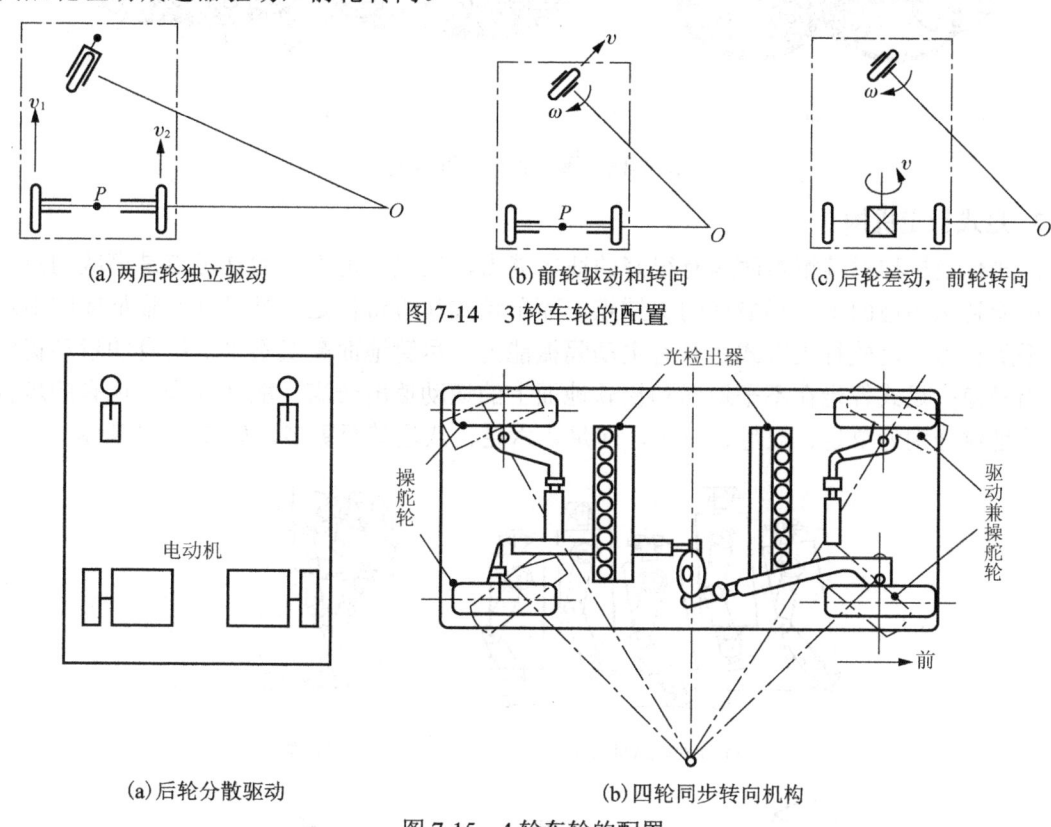

(a) 两后轮独立驱动　　　　(b) 前轮驱动和转向　　　　(c) 后轮差动，前轮转向

图 7-14　3 轮车轮的配置

(a) 后轮分散驱动　　　　(b) 四轮同步转向机构

图 7-15　4 轮车轮的配置

4 轮行走机构的应用最为广泛，它可采用不同的方式实现驱动和转向。图 7-15(a) 为后轮分散驱动，图 7-15(b) 则为用连杆机构实现四轮同步转向的机构，当前轮转向时，通过四连杆机构使后轮得到相应的偏转。和仅有前轮转向的车辆相比，这种车辆可以实现更小的转向半径。

2. 履带式行走机器人

履带式移动机构是车轮式行走机构的拓展，履带本身起着给车轮连续铺路的作用，着地面积较大，压强较小，与路面的黏着力较强，能在不平和松软的路面上稳定移动，可以在一些凸凹的地面上行走，可以跨越障碍物，能爬梯度不太高的台阶，具有很强的越野能力，控制也简单。但功耗较大，运动灵活性差，且没有自位轮，依靠左右两个履带的速度差转弯，会产生滑动，转弯阻力大，不能准确地确定回转半径。图 7-16(a) 所示为装有转向机构的履带式机器人，图 7-16(b) 为双重履带式六自由度机器人。

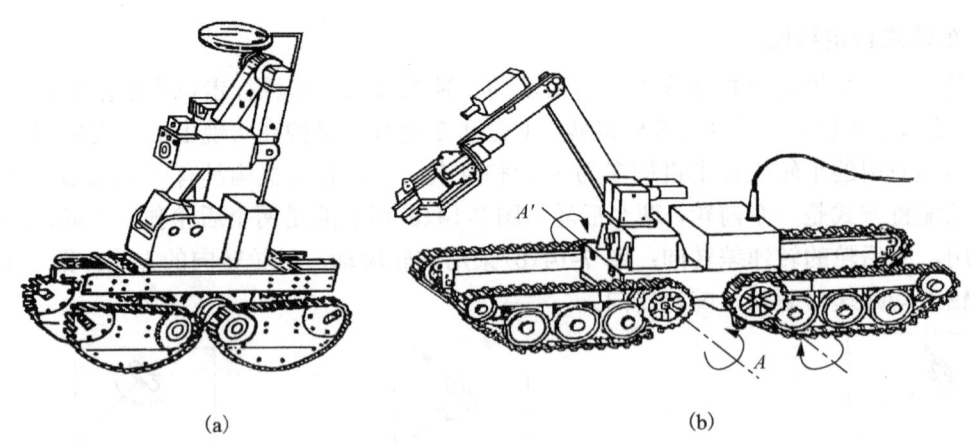

图 7-16 履带式行走机器人

3. 足式行走机构

足式行走机构对崎岖路面具有很好的适应能力,足式行走方式的立足点是离散的点,可以在可能到达的地面上选择最优的支撑点,而车轮式和履带行走工具必须面临最坏的地形上的几乎所有点;足式行走方式还具有主动隔振能力,尽管地面高低不平,机身的运动仍然可以相当平稳;足式行走在不平地面和松软地面上的运动速度较高,能耗较少。现有的步行机器人的足数分别为单足、双足、三足、四足、六足、八足甚至更多,如图 7-17 所示。

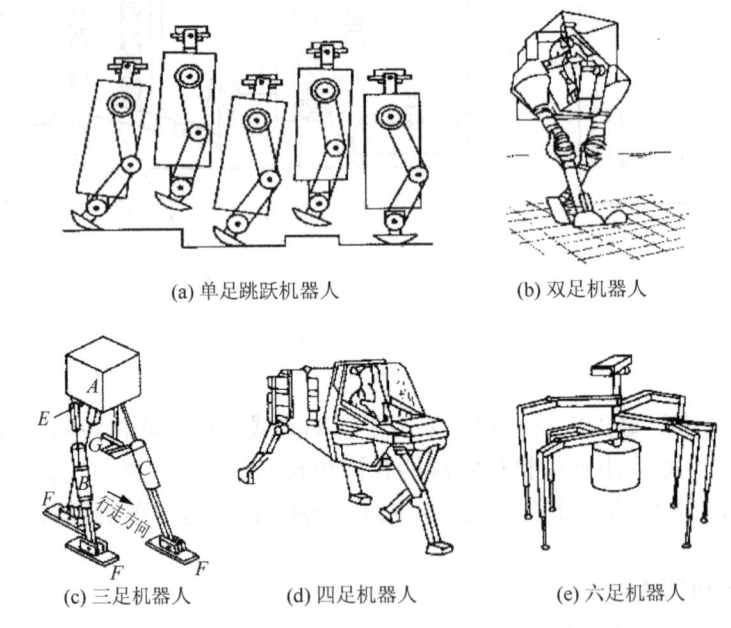

(a) 单足跳跃机器人　　(b) 双足机器人

(c) 三足机器人　　(d) 四足机器人　　(e) 六足机器人

图 7-17 足式行走机器人

7.3 机器人驱动系统设计

机器人驱动就是机电一体化系统中的执行装置,也就是按照电信号的指令,将来自电、液压和气压等各种能源的能量转换成旋转运动、直线运动等方式的机械能的装置。按利用的能源来分类,主要可分为电动执行装置、液压执行装置和气动执行装置。

1. 机器人电气驱动系统

电气驱动是利用各种电动机产生的力或力矩，直接或经过减速机构去驱动机器人的关节，以获得要求的位置、速度和加速度。电气驱动具有无环境污染，易于控制，运动精度高，成本低，驱动效率高等优点，应用最为广泛。电气驱动可分为步进电动机驱动、直流伺服电动机驱动、交流伺服电动机驱动、直线电动机驱动。交流伺服电动机驱动具有大的转矩质量比和转矩体积比，没有直流打击的电刷和整流子，因而可靠性高，运行时几乎不需要维护，可用在防爆场合，因此在现代机器人中广泛应用。

2. 机器人电液驱动系统

电液伺服系统通过电气传动方式，将电气信号输入系统来操纵有关的液压控制元件动作，控制液压执行元件使其跟随输入信号而动作。这类伺服系统中电液两部分之间都采用电液伺服阀作为转换元件。电液伺服系统根据物理量的不同可分为位置控制、速度控制、压力控制和电液伺服控制。

图 7-18 所示为机械手手臂伸缩电液伺服系统原理图。

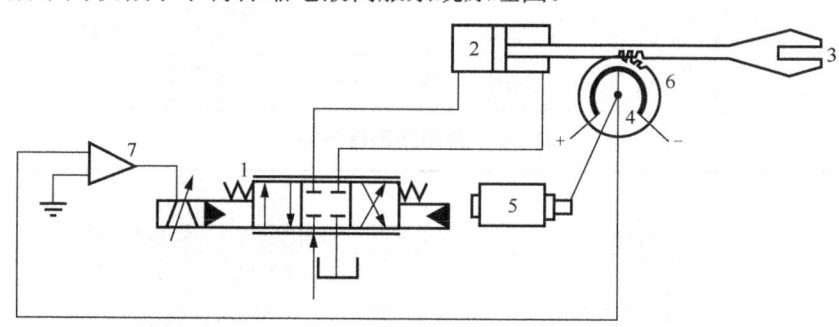

1-电液伺服阀；2-液压缸；3-机械手手臂；4-电位器；5-步进电动机；6-齿轮齿条；7-放大器

图 7-18　机械手手臂伸缩电液伺服系统原理图

3. 机器人新型驱动方式

随着机器人技术的发展，出现了利用新工作原理制造的新型驱动器，如磁致伸缩驱动器、压电驱动器、静电驱动器、形状记忆合金驱动器、超声波驱动器、人工肌肉、光驱动器等。下面简要介绍几种驱动器。

形状记忆合金是一种特殊的合金，一旦使它记忆了任意形状，即使它变形，当加热到某一适当温度时，则它恢复为变形前的形状。已知的形状记忆合金有 Au-Cd、In-Tl、Ni-Ti、Cu-Al-Ni、Cu-Zn-Al 等几十种。超声波驱动器是利用超声波振动作为驱动力的一种驱动器，即由振动部分和移动部分所组成，靠振动部分和移动部分之间的摩擦力来驱动的一种驱动器。由于超声波驱动器没有铁心和线圈，结构简单、体积小、重量轻、响应快、力矩大，不需要配合减速装置就可以低速运行，因此，很适合用于机器人、照相机和摄像机等驱动。随着机器人技术的发展，驱动器从传统的电动机-减速器的机械运动机制，向骨架→腱→肌肉的生物运动机制发展。人的手臂能完成各种柔顺作业，为了实现骨骼→肌肉的部分功能而研制的驱动装置称为人工肌肉驱动器。为了更好地模拟生物体的运动功能或在机器人上应用，已研制出了多种不同类型的人工肌肉，如利用机械化学物质的高分子凝胶，形状记忆合金制作的人工肌肉。

7.4 机器人传感系统设计

7.4.1 机器人传感器分类

机器人在执行任务时,需要同其所处的环境进行交互,获取环境信息,并感知自身状态,这都需要使用不同的传感器来实现。

机器人中使用的传感器种类广泛,按照不同的分类标准可以有多种不同的分类。按照传感器的功能来分类,可以分为视觉传感器、力觉传感器、触觉传感器、听觉传感器、接近传感器、姿态传感器、距离传感器等。按照感知信息对于机器人的作用,则可以分为内部传感器和外部传感器两大类。常用的内部传感器和外部传感器如表7-1和表7-2所示。

表7-1 常用内部传感器

传感器	功能
电位器、编码器、微动开关、光栅	位移、角度
测速发电动机、编码器	速度、角速度
陀螺(机械陀螺、压电陀螺、光学陀螺等)	角度、角速度、角加速度
加速度传感器	加速度
力敏电阻、应变片、三维力/力矩传感器	力、力矩

表7-2 常用外部传感器

传感器	功能
视觉(摄像机)	获取环境的图像信息
接触和触觉	了解所接触物体的形状和硬度等信息
接近觉	获知两个物体是否接近
听觉	获知声音信息
力觉	获取力和力矩信息

内部传感器主要用于检测和感知机器人本身的状态,如位置、速度、加速度等;外部传感器则主要用于感知机器人所处的物理环境,如工件位置、工件与机器人的距离、接触受力等。

7.4.2 装配机器人传感系统

在装备机器人中,传感器的作用日益重要。一般装备机器人中采用的传感器主要有位置传感器、速度传感器、加速度传感器、视觉传感器、力学传感器等。

装配机器人对工作位置的要求高,需要根据传感器反馈的信息对机器人末端执行器或工作台进行调整,补偿装配件间的位置偏差。根据传感方式的不同,可以分为基于力传感器的位置控制、基于视觉传感器的位置控制和基于接近觉传感器的位置控制。

下面简要介绍装配机器人中常用的几种传感器及构成的检测系统。

装备机器人在作业过程中需要与周围环境接触,在接触的过程中往往存在力和速度的不连续问题。腕

> **案例 7-1 分析**
> (1)扫地机器人采用的传感器主要有两种:一种是红外线传感,这种传感器传输距离远,但对使用环境有相当高的要求,当遇上浅色或是深色的家居物品它无法反射回来,会造成机器与家居物品发生碰撞;另一种是采用仿生超声波技术,类似鲸鱼、蝙蝠,采用声波来侦测判断家居物品及空间方位,灵敏度高,但技术成本高。
> (2)扫地机器人的机身为可移动的自动化装置,有集尘盒的真空吸尘装置,配合机身设定控制路径,在室内反复行走,如沿边清扫、集中清扫、随机清扫、直线清扫等路径打扫,并辅以边刷、中央主刷旋转、抹布等方式,加强打扫效果,以完成拟人化居家清洁效果。

力传感器安装在机器人手臂和末端执行器之间，更接近力的作用点，受其他附加因素的影响较小，可以准确地检测末端执行器所受外力/力矩的大小和方向，为机器人提供力感信息，有效地扩展了机器人的作业能力。

柔性腕力传感器一般有固定体、移动体和连接两者的弹性体组成。固定体和机器人的手腕连接，移动体和末端执行器相连接，弹性体采用矩形截面的弹簧，其柔顺功能就是由能产生弹性变形的弹簧完成。柔性腕力传感器利用测量弹性体在力/力矩的作用下产生的变形量来计算力/力矩。

柔性腕力传感器的工作原理如图 7-19 所示，柔性腕力传感器的内环相对于外环的位置和姿态的测量采用非接触式测量。传感元件由 6 个均布在内环上的红外发光二极管(LED)和 6 个均布在外环上的线性位置敏感元件(PSD)构成。PSD 通过输出模拟电流信号来反映照射在敏感面上光点的位置，具有分辨率高、信号检测电路简单、响应速度快等优点。

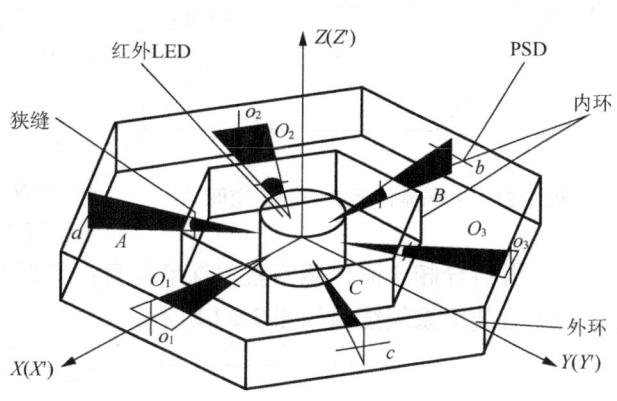

图 7-19　柔性腕力传感器工作原理图

装配过程中，机器人使用视觉传感系统可以解决零件平面测量、字符识别(文字、条码、符号等)、完善性检测、表面检测(裂纹、刻痕、纹理)和三维测量。类似人的视觉系统，机器人的视觉系统是通过图像和距离等传感器来获取环境对象的图像、颜色和距离等信息，然后传递给图像处理器，利用计算机从二维图像中理解和构造出三维世界的真实模型。

电涡流位姿检测传感系统是通过确定由传感器构成的测量坐标系和测量体坐标系之间的相对坐标系变换关系来确定位姿。当测量体安装在机器人末端执行器上时，通过比较测量体的相对位姿参数的变化量，可完成对机器人的重复位姿精度检测。图 7-20 所示为位姿检测传感系统框图。检测信号经过滤波、放大、A/D 变换送入计算机进行数据处理，计算出位姿参数。

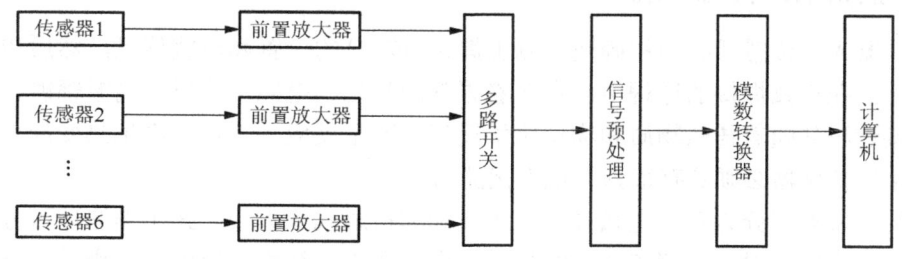

图 7-20　电涡流位姿检测传感系统框图

为了能用测量信息计算出相对位姿，由 6 个电涡流传感器组成的特定空间结构来提供位姿和测量数据。传感器的测量空间结构如图 7-21 所示，6 个传感器构成三维测量坐标系，其中传感器 1、2、3 对应测量坐标系 xOy，传感器 4、5 对应测量面 xOz，传感器 6 对应测量面 yOz。每个传感器在坐标系中的位置固定，这 6 个传感器所标定的测量范围就是该测量系统的测量范围。当测量体相对于测量坐标系发生位姿变化时，电涡流传感器的输出信号会随测量距离成比例的变化。

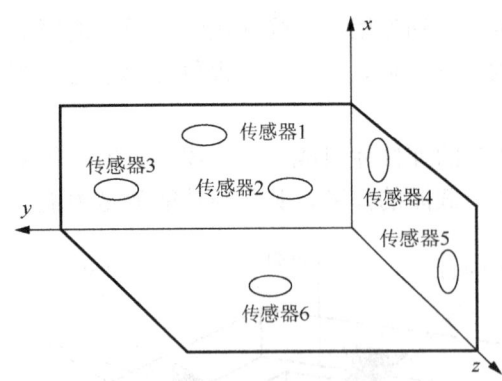

图 7-21　电涡流传感器的测量空间结构

自动生产线上，被装配的工件初始位置时刻在运动，属于环境不确定的情况。机器人进行工件抓取或装配时使用力和位置的混合控制是不可行的，而一般使用位置、力反馈和视觉融合的控制来进行抓取或装配工作。

多传感器信息融合装配系统由末端执行器、CCD视觉传感器和超声波传感器、柔顺腕力传感器及相应的信号处理单元等构成。CCD视觉传感器安装在末端执行器上，构成手眼视觉；超声波传感器的接收和发送探头也固定在机器人末端执行器上，由CCD视觉传感器获取待识别和抓取物体的二维图像，并引导超声波传感器获取深度信息；柔顺腕力传感器安装于机器人的腕部。多传感器信息融合装配系统结构如图7-22所示。

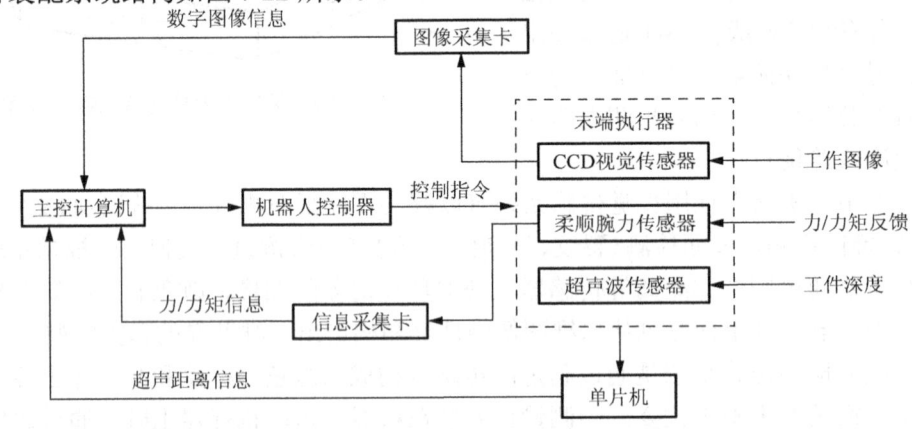

图 7-22　多传感器信息融合装配系统结构

7.4.3　焊接机器人传感系统

焊接机器人用传感器必须精确地检测出焊缝（坡口）的位置和形状信息，然后传递给控制器进行处理。在电弧焊接的过程中，存在着强烈的弧光、电磁干扰以及高温辐射、烟尘、飞溅等，焊接过程伴随着传热物质和物理化学反应、冶金反应，工件会产生热变形，因此，用于电弧焊接的传感器必须具有很强的抗干扰能力。

弧焊用传感器可分为直接电弧式、接触式和非接触式三大类。按工作原理可分为机械、机电、电磁、电容、射流、超声波、红外、光电、激光、视觉、电弧、光谱及光纤式等。按用途分有用于焊缝跟踪、焊缝条件控制（熔宽、熔深、熔透、成形面积、焊接、冷却速度和干伸长）及其他（如温度分布、等离子体粒子密度、熔池行为等）。目前我国用得较多的是电弧式、机械式和光电式。

摆动电弧传感器是从焊接电弧自身直接提取焊缝位置偏差信号，实时性好，不需要在焊枪上附加任何装置，焊枪运动的灵活性和可达性最好，尤其符合焊接过程低成本自动化的要求。但是摆动电弧传感器的摆动频率一般只能达到5Hz，限制了电弧传感器在高速和薄板搭接接头焊接中的应用。与摆动电弧传感器相比，旋转电弧传感器的高速旋转增加了焊枪位置偏差的检测灵敏度，极大地改善了跟踪的精度。

高速旋转扫描电弧传感器结构如图 7-23 所示，其原理是，在直流电动机的驱动下，利用导电嘴上的偏心孔使得焊丝和电弧旋转，来实现电弧的高速扫描，一般扫描频率为 15～35Hz。

超声传感器跟踪系统中使用的超声波传感器分两种类型：接触式超声波传感器和非接触式超声波传感器。在弧焊过程中，由于存在弧光、电弧热、飞溅以及烟雾等多种强烈的干扰，这是使用何种视觉传感方法首先需要解决的问题。在弧焊机器人中，根据使用照明光的不同，可以把视觉方法分为"被动视觉"和"主动视觉"两种。这里被动视觉指利用弧光或普通光源和摄像机组成的系统，而主动视觉一般指具有特定结构的光源和摄像机组成的视觉传感系统。

为了获取接头的三维轮廓，人们研究了基于三角测量原理的主动视觉方法。图 7-24 和图 7-25 分别为激光扫描法结构和激光结构光法示意图。由于采用

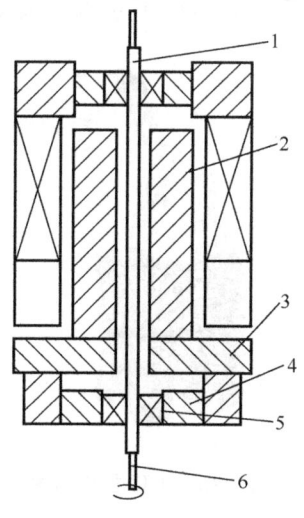

1-电极；2-电动机；3-光码盘；
4-偏心机构；5-调心轴承；6-焊丝

图 7-23 高速旋转扫描电弧传感器结构

的光源能量大都比电弧的能量要小，一般把这种传感器放在焊枪的前面以避开弧光直接的干扰。主动视觉一般有激光扫描法和激光结构光法等几种方法。

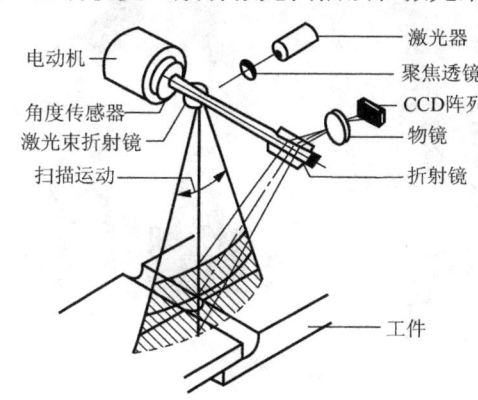

图 7-24 激光扫描法结构示意图

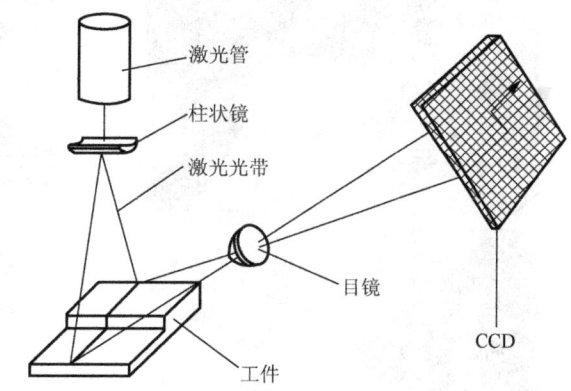

图 7-25 激光结构光法结构示意图

7.4.4 多传感器集成手爪系统

机器人手爪是机器人质心精巧和复杂任务的重要部分，机器人为了能够在存在着不确定性的环境下进行灵巧的操作，其手爪必须具有很强的感知能力，手爪通过传感器来获得环境的信息，以实现快速、准确、柔顺地触摸、抓取、操作工件或装配件等。一般机器人手爪配置的传感器主要包括视觉传感器、接近觉传感器、力/力矩传感器、位置/位姿传感器、速度/加速度传感器、温度传感器及触觉/滑觉传感器等。

目前，机器手的研究已经获得了很大的进展。在国外，美国在 20 世纪 80 年代中期研制出了 Utah/MIT 灵巧手；图 7-26 所示为美国 Barrett 公司 2007 年研制出携有独立处理器的 BH8

型机器手；图 7-27 所示为英国 shadow robot 公司研制出和人手非常相似的阴影机器手。

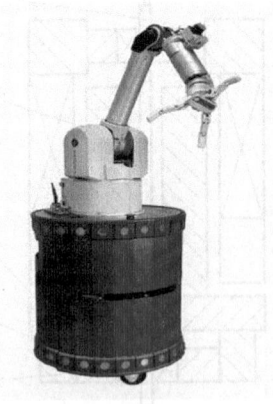

图 7-26　BH8 型机器手

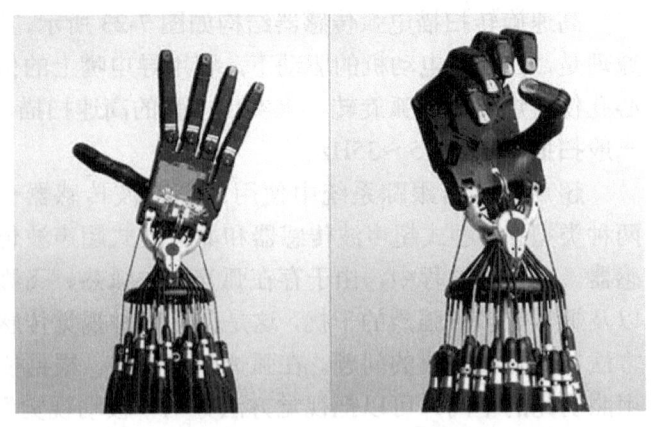

图 7-27　阴影机器手

在国内，哈尔滨工业大学和德国宇航中心（DLR）联合研制出了 HIT/DLR 机器人灵巧手，如图 7-28 所示，该机器人灵巧手在希腊举行的 2007 年度欧洲机器人研究会年会中荣获欧盟机器人技术转化一等奖，在各个方面均达到了世界领先水平。北京航空航天大学机器人所从 1987 年以来先后研制开发出 BH-1、BH-2 和 BH-3 型 3 指 9 自由度灵巧手和 BH-4 型 4 指 16 自由度灵巧手，填补了国内相关领域内的空白，图 7-29 为 BH-3 型灵巧手。

图 7-28　HIT/DLR 机器人灵巧手

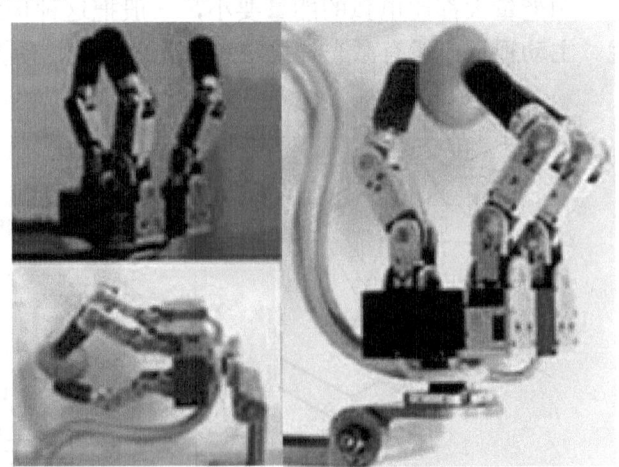

图 7-29　BH-3 型灵巧手

图 7-30 所示为 Utah/MIT 柔性手爪多传感器系统框图，其中触觉传感器与控制器之间的数据通道是双向的，这样既可以获取触觉数据，也可以根据数据融合方法对触觉传感器进行选配。触觉传感器必须融合其他类型的传感器，如关节姿态、关节速度、关节力/力矩、接近觉及视觉等传感器才能稳定、快速、可靠地抓捏或操作物体。从图 7-29 可知，传感系统信息处理依次为传感器数据的采集及转换；传感器数据项处理；传感器数据的多路传输；触觉传感器数据选择；触觉传感器数据解释；对触觉传感器、视觉传感器、接近觉传感器、关节角度传感器的数据进行多传感器融合；构造全局模型结构；机器人手爪控制器控制完成相应的操作。

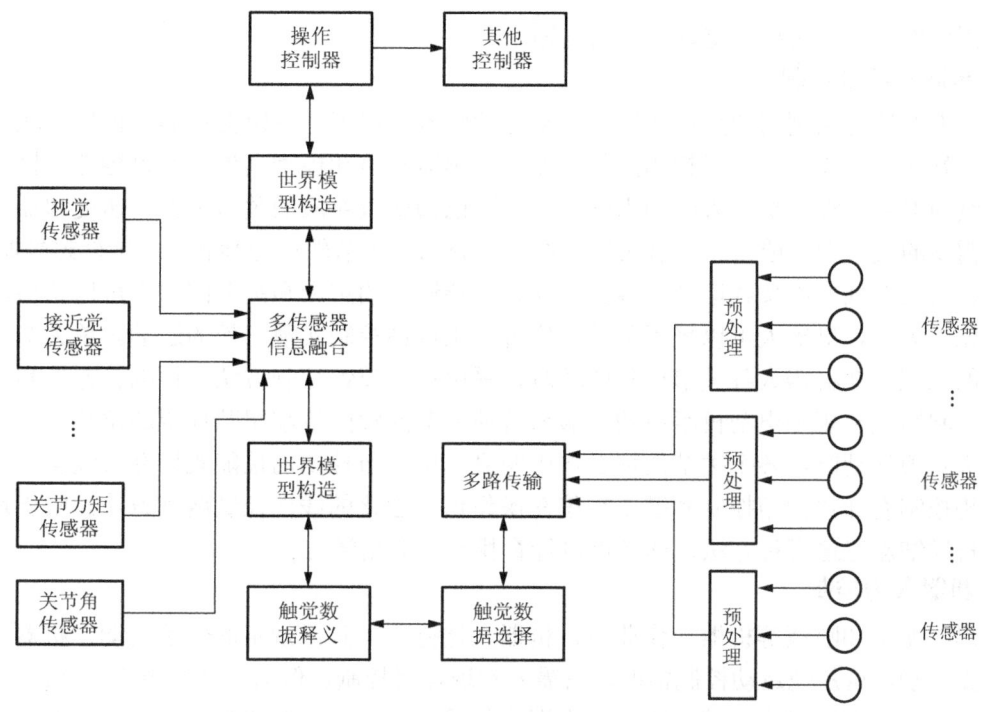

图 7-30 Utah/MIT 柔性手爪多传感器系统框图

7.5 机器人控制系统设计

1. 机器人控制系统结构

机器人的控制系统类似于人的大脑,是机器人的指挥系统,它控制驱动系统使执行机构按照要求工作,因此,控制系统的性能直接影响机器人的整体性能。

机器人控制系统一般是以机器人单轴或多轴运动协调为目的的控制系统,包括高性能的计算机及相应的系统硬件和控制算法及软件。机器人的控制系统可分为 4 个部分:机器人及感知器、环境、任务、控制器。

控制器包括软件(控制策略与算法以及实现算法的软件程序)和硬件两部分,相当于机器人大脑,它以计算机或专用控制器运行程序的方式来完成给定任务。机器人控制器是控制系统的核心部分,直接影响机器人性能的优劣。目前,机器人控制技术与系统的研究已由专用控制系统发展到采用通用开放式计算机控制体系结构,并逐渐向智能控制技术及其实际应用发展,其技术特点归纳起来主要在两个方面:①智能控制、多算法融合和性能分析的功能结构;②实时多任务操作系统、多控制器和网络化的实现结构。

控制系统硬件一般包括以下三部分。

(1)感知部分:用来收集机器人的内部和外部信息,如位置、速度、加速度传感器可感受机器人本体状态,而视觉、触觉、力觉等传感器可感受机器人工作环境的外部状态。

(2)控制装置:用来处理各种信息,完成控制算法,产生必要的控制指令,它包括计算机及相应的接口,通常为多 CPU 层次式控制模块结构。

(3)伺服驱动部分:为了使机器人完成操作及移动功能,机器人各关节的驱动机构视作业要求不同可为气动、液动、交直流电动机等。

2. 机器人轨迹控制

机器人的轨迹控制问题是指在给定期望运动轨迹情况下，确定使机器人再现该轨迹的关节力矩。好的控制策略，对于初始条件误差、传感器噪声和模型误差具有鲁棒性。机器人的轨迹控制问题主要涉及机器人的动力学问题，即已知轨迹对应的关节位移、速度和加速度，求出所需要的关节力矩或力。机器人轨迹控制可分为单关节轨迹控制和多关节轨迹控制。

当机器人在低速小负载运动，各关节动力学特性中的重力和关节间耦合可以忽略，惯量参数变化不大时，机器人可以采用单关节位置伺服反馈控制实现有效的运动。单关节伺服控制技术的原理是在机器人各关节单独闭环时，采用经典反馈控制方法，根据稳定性和误差设计准则，利用关节驱动电动机组成的伺服系统使关节的实际位移跟踪期望的位移。当机器人在高速大负载运动时，各个关节的耦合作用明显，单关节控制的性能难以令人满意。目前多关节轨迹控制有计算力矩控制和基于系统在操作点线性化的线性控制两种方法。限于篇幅，这里不再详细叙述这两种方法，读者可自行查找有关书籍学习。

3. 机器人力控制

弧焊、搬运和喷漆等机器人作业时，机器人把持着工具沿规定的轨迹运动，机器人与被控对象无接触，这是纯运动控制情况，只需要实现位置控制。但另一类机器人作业，如装配、抛光、打毛刺、擦窗和步行等，需要对末端执行器（工具）不但要施加运动命令，而且还要保持一定的接触力，作业末端执行器与所接触的对象和环境之间除存在位置约束外，还有作用力或力矩约束，需要控制此作用力的大小和方向，这就是所谓的机器人力控制或柔顺控制。柔顺控制技术方法有被动力柔顺控制和主动力柔顺控制两种方式，前者靠末端弹性装置实现柔顺控制，特点是价廉、响应快，后者通过控制方法使末端呈现需要的刚度和阻尼或力作用要求，以达到柔顺控制的目的。

对机器人机械手进行力控制，就是对机械手和环境之间的相互作用力进行控制。机械手力控制器的种类很多，但其主要原理是位置和力的混合控制，或速度和力的混合控制，以便适应因作业结构而产生的位置约束。

实现柔顺力控制的方法主要有阻抗控制法和混合控制法。阻抗控制不是直接控制期望的力和位置，而是通过控制力和位置之间的动态关系来实现柔顺功能。这样的动态关系类似于电路中阻抗的概念，因而称为阻抗控制。如果只考虑静态，力和位置关系可用刚性矩阵来描述。如果考虑力和速度之间的关系，可用黏滞阻尼矩阵来描述。因此，所谓阻抗控制，就是通过适当的控制方法以使机械手末端呈现需要的刚性和阻尼。还有一类柔顺控制方法为混合控制，是指机器人末端执行器的某个方向因环境关系受到约束时，同时进行不受方向约束的位置控制和受方向约束的力控制方法。其基本思想是在柔顺坐标空间将任务分解为某些自由度的位置控制和另一些自由度的力控制，并在任务空间分别进行位置控制和力控制的计算，然后将计算结果转换到关节空间合并为统一的关节控制力矩，驱动机械手以实现所需要的柔顺功能。

4. 机器人高级控制

随着机器人应用领域的不断扩大，一些场合对机器人提出了更高的要求：①更高的精度要求；②特殊的结构和作业性能要求；③作业模型的不确定要求。

因为机器人动力学特性的高度复杂性，使一般控制技术性能降低或失效，所以需研究具有自适应和学习智能的高级机器人控制技术。下面简单介绍几种高级控制技术的控制特点。

(1) 滑膜和自适应控制技术。特点是：不确定对象控制，高度鲁棒性，参数的实时校正，优秀的动态控制性能，稳定性分析复杂。

(2) 学习控制技术。特点是：基于感知信息，黑箱控制，具有自学习构成和优化动态控制器的能力。

(3) 模糊控制技术。特点是：黑箱控制，较好的鲁棒性，优于PID的动态性能，可与专家系统和神经网络技术结合实现一定的学习功能。

(4) 神经网络控制技术。特点是：黑箱控制，较好的鲁棒性，具有自学习能力。

关于以上几种高级控制技术，均有相关理论书籍，这里限于篇幅，就不再详细叙述。

7.6 机器人动态特性分析

一台操作机器人的动态特性包括其稳定性、空间分辨度、工作精度、重复性等。

1. 稳定性

稳定性涉及系统、装置或工具运动过程中无振荡问题。振荡可分为两种类型，即衰减振荡和非衰减振荡。前者随时间减弱至停止振荡(暂时振荡)，后者可能维持振荡幅值不变甚至增大(维持振荡或发散振荡)。非衰减振荡是最严重的，它们可能给周围物体和人员造成巨大的破坏或伤害。维持振荡是一种临界情况。由于把机械手作为具有严重非线性的动态系统来研究，所以我们有必要观察维持振荡。衰减振荡不大可能造成破坏，然而，它们也是不可取的。

2. 空间分辨度

空间分辨度是描述机器人工具末端运动的一个重要因素。分辨度是设计机器人控制系统的特性，它指明系统能够区别工作空间所需要的最小运动增量。分辨度可以是控制系统的最小位置增量函数，或者是控制测量系统能够辨别的最小位置增量。空间分辨度与机械偏差一起构成控制分辨度。

3. 工作精度

精度这一术语常常与分辨度及重复性能相混淆。用下列三个因素的集合来描述机器人的工作精度：

(1) 各控制部件的分辨度；

(2) 各机械部件的偏差；

(3) 某个任意位置的从未接近的固定位置(目标)。

4. 重复性

重复性又称重复定位精度，指的是机器人自身重复到达原先被命令或训练位置的能力。重复性与精度有相似之处，不过它们定义着稍微不同的性能概念。上面描述精度的三个因素，可被修正用来说明重复性。简单地说，这三个因素为分辨度、部件偏差和某个任意位置。重复性受分辨度和部件偏差的影响，但与目标位置无关。当谈及重复性时，只考虑机器返回预先训练过位置的能力。根据精度的定义(最接近某个任意目标的两相邻位置间距离的一半)，并且由于任意位置被减去而以优先示教过的最好分辨位置来代替。所以，如果后面将要计算的其他影响减小至最小,那么重复性总是比精度好。

重复性有两种:短期重复性和长期重复性。当要求机器人在几个月内执行同一任务时,要考虑长期重复性问题。一个长时期内,部件磨损和老化对重复性的影响必须加以考虑。在许多应用场合,机器人常常需要对新的任务重新编程。这时,只有短期重复性才是重要的。影响短期重复性的主要因素是控制系统和周围环境内的温度变化以及系统停车与启动之间的瞬态响应条件。同时影响长期重复性和短期重复性的因素通常为漂移。

7.7 工程实例

本节以六自由度焊接机器人为例,简述对机器人进行动态特性分析的方法。在以下机器人建模过程中,机器人的各个构件均被看作理想刚体来分析。

7.7.1 机器人运动学分析

机器人的运动学主要是把机器人相对固定的参考系的运动作为时间的函数进行分析研究,而不考虑引起这些运动的力和力矩。也就是要把机器人的空间位移解析地表示为时间的函数,特别要研究关节变量空间和机器人末端执行器位置和姿态之间的关系。

下面以六自由度焊接机器人为例,来说明串联机器人的动力学分析过程。

焊接机器人的运动学分析主要包括运动学正解和逆解,本节所研究的是工业六自由度焊接机器人的运动特性,图 7-31 所示为焊接机器人的三维建模图。

焊接机器人运动学描述了组成机器人的各个连杆与机器人的各个关节之间的运动关系,本文研究的焊接机器人有六个自由度,为了研究方便,简化结构,采用 DH 坐标表示法,建立六自由度焊接机器人连杆坐标系,如图 7-32 所示。相关连杆参数和关节变量如表 7-3 所示。

表 7-3 焊接机器人各关节参数表

关节	1	2	3	4	5	6
α_{i-1}	0°	-90°	180°	-90°	90°	-90°
a_{i-1}	0	150	700	150	0	0
d_i	150	0	0	650	0	-90
θ_i	0°	-90°	0°	0°	-90°	0°

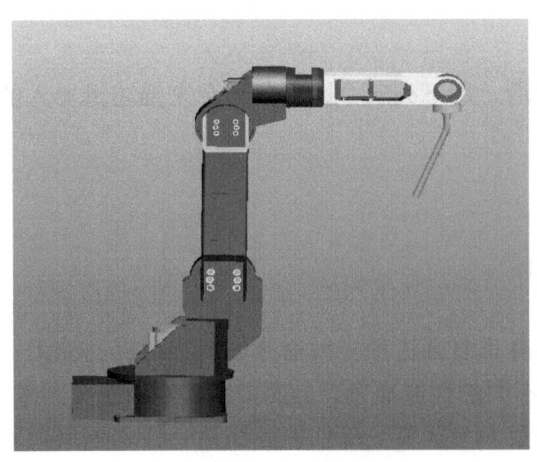

图 7-31 焊接机器人的三维结构图

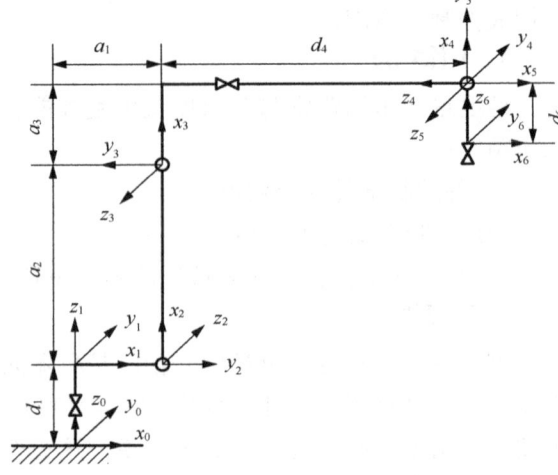

图 7-32 焊接机器人连杆坐标系

1. 运动学正解

根据图 7-32 所示的机器人连杆坐标系，进行坐标变换，可以得到如下的变换矩阵关系：

$$^{i-1}_iT = \begin{bmatrix} c\theta_i & -s\theta_i & 0 & a_{i-1} \\ s\theta_i c\alpha_{i-1} & c\theta_i c\alpha_{i-1} & -s\alpha_{i-1} & -s\alpha_{i-1}d_i \\ s\theta_i s\alpha_{i-1} & c\theta_i s\alpha_{i-1} & c\alpha_{i-1} & c\alpha_{i-1}d_i \\ 0 & 0 & 0 & 1 \end{bmatrix} \tag{7-1}$$

式中，$c\theta_i = \cos\theta_i$，$s\theta_i = \sin\theta_i$，$c\alpha_i = \cos\alpha_i$，$s\alpha_i = \sin\alpha_i$。

将各个连杆的变换矩阵相乘可以得到末端执行器的变换矩阵 ^0_6T 为

$$^0_6T = {^0_1T} \cdot {^1_2T} \cdot {^2_3T} \cdot {^3_4T} \cdot {^4_5T} \cdot {^5_6T} \tag{7-2}$$

由于第六个自由度不影响机器人末端执行器的位置，所以本文只考虑前五个自由度，根据前面的变换矩阵可以推出机器人末端执行器 x、y、z 三个方向关于各个关节角的表达式，即

$$\begin{cases} x = d_6 c_1 c_{23}(c_5 - c_4 s_5) + a_3 c_1 c_{23} + d_4 c_1 c_{23} + d_4 c_1 s_{23} + a_2 c_1 c_2 + a_1 c_1 \\ y = -d_6 (s_1 c_{23} c_4 c_5 + c_1 s_4 s_5) + a_3 s_1 c_{23} + a_2 - s_1 c_2 + a_1 s_1 \\ z = d_6 (s_{23} c_4 s_5 + c_{23} c_5) + d_4 c_{23} - a_3 s_{23} - a_2 s_2 + d_1 \end{cases} \tag{7-3}$$

2. 运动学逆解

已知机器人末端执行器的位姿来确定对应关节角的问题为机器人逆运动学问题。也就是计算给定机器人末端执行器的目标点的坐标 (x, y, z)，来求解此时对应的各个关节角度 $\theta_i (i = 1, 2, 3, 4, 5, 6)$。逆运动学求解相比正运动学求解较烦琐，不仅要考虑机器人的动作范围的影响，还要考虑矩阵的奇异性问题。国内外学者对这方面做了很多研究，有代数法、几何法、迭代法，有的甚至还引入神经网络，模拟退火算法等，在此采用迭代法进行求解。

设机器人末端执行器的初始坐标为 (x_0, y_0, z_0)，对应各关节角的初始值设定为 $(\theta_{10}, \theta_{20}, \theta_{30}, \theta_{40}, \theta_{50})$。设定需要达到的目标点位置为 (x, y, z)，对应的角增量为 $(\theta_1, \theta_2, \theta_3, \theta_4, \theta_5)$，则位置增量和关节角增量分别为

$$(\Delta x, \Delta y, \Delta z) = (x, y, z) - (x_0, y_0, z_0) \tag{7-4}$$

$$\Delta \theta_i = \theta_i - \theta_{i0} \tag{7-5}$$

迭代法的主要思想是利用雅克比矩阵进行迭代逆解，假设焊接机器人末端执行器的端点 P，在一个光滑的曲面上沿 (x, y, z) 进行运动，根据多元函数可微分的充要条件，可得

$$\begin{cases} \Delta x \approx \dfrac{\partial f_1}{\partial \theta_1}\Delta\theta_1 + \dfrac{\partial f_1}{\partial \theta_2}\Delta\theta_2 + \cdots + \dfrac{\partial f_1}{\partial \theta_5}\Delta\theta_5 \\ \Delta y \approx \dfrac{\partial f_2}{\partial \theta_1}\Delta\theta_1 + \dfrac{\partial f_2}{\partial \theta_2}\Delta\theta_2 + \cdots + \dfrac{\partial f_2}{\partial \theta_5}\Delta\theta_5 \\ \Delta z \approx \dfrac{\partial f_3}{\partial \theta_1}\Delta\theta_1 + \dfrac{\partial f_3}{\partial \theta_2}\Delta\theta_2 + \cdots + \dfrac{\partial f_3}{\partial \theta_5}\Delta\theta_5 \end{cases} \tag{7-6}$$

进一步可以得到各个关节角增量 $(\Delta\theta_1, \Delta\theta_2, \Delta\theta_3, \Delta\theta_4, \Delta\theta_5)$ 为

$$\begin{cases} (\Delta\theta_1, \Delta\theta_2, \cdots, \Delta\theta_5) = J^+(\Delta x, \Delta y, \Delta z) + \Delta p \\ \Delta p = (\theta_1, \theta_2, \theta_3, \theta_4, \theta_5) - J^+(x, y, z) \end{cases} \tag{7-7}$$

如果给定焊接机器人末端执行器的端点 P 坐标为 (x_0, y_0, z_0)，可以求出初始位置到目标位置的增量 $(\Delta x, \Delta y, \Delta z)$，根据式 (7-7) 可以求解出第一次迭代的 $\Delta\theta$ 值，即第一次迭代关节角度

的增量。再进一步求出此时位置的各关节角度值 θ，利用运动学正解可以求出此时末端执行器的位置。迭代过程中没有造成误差，只是有精度的取舍，所以迭代法可以达到很高的精度。

7.7.2 机器人运动性能分析

上面已经对焊接机器人的运动学进行分析，并研究了相关逆运动学算法，在焊接机器人工程应用中，使用仿真技术可以实时地观察机器人动态运动过程，并可以有效地避免误操作，使实际加工过程更加安全可靠。

1. 圆弧运动轨迹仿真

圆弧运动是焊接机器人最常用的操作之一，也是构成其他复杂运动的基础，这里主要研究二维 XY 平面内的圆轨迹，对于三维空间里的圆，可通过变换矩阵得到。

对于平面 XY 内的任意一个圆，其方程可以表示为

$$\begin{cases} x = x_0 + r \cdot \sin\theta \\ y = y_0 + r \cdot \cos\theta \end{cases}, \quad (\theta \in [0, 2\pi]) \tag{7-8}$$

上述的极坐标方程中，变量只有 θ，对 θ 取增量 $\Delta\theta$，可以求得 x、y 的增量为

$$\begin{cases} \Delta x_i = r \cdot (\sin\theta_i - \sin\theta_{i-1}) \\ \Delta y_i = r \cdot (\cos\theta_i - \cos\theta_{i-1}) \end{cases} \tag{7-9}$$

对于圆轨迹的生成，设定圆轨迹处于与 XY 平面平行的面 $z = 910$，设焊接机器人末端执行器位置为圆轨迹的初始点，圆心坐标设定为 $(800, -100, 910)$，半径 $r = 100$，角增量 $\Delta\theta = 5°$。利用 Matlab 进行圆轨迹仿真，如图 7-33 为基于不同步长的末端执行器圆轨迹逆解仿真，图 7-34 为基于圆轨迹的各关节角度变化图。

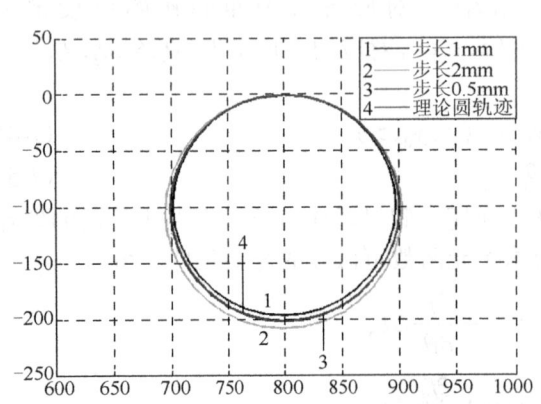
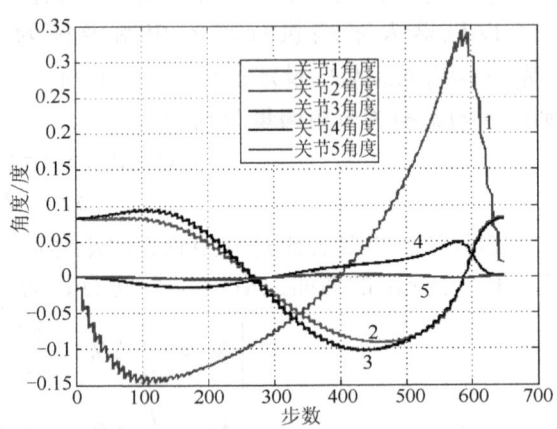

图 7-33　基于不同步长的末端执行器圆轨迹逆解仿真　　图 7-34　基于圆轨迹逆解的各关节角度变化图

从图 7-33 可以看出，步长取值越大，生成的圆轨迹与理论轨迹偏差就越大；但步长取值越小，对控制要求越严格，应该根据实际应用的焊机机器人选择合适的步长。在圆轨迹生成的过程中，各关节角的变化趋势如图 7-34 所示，可以从图中看出焊接机器人各关节角度变化的情况，根据这些关节角度的变化，合理设计相应的控制器来控制机器人运动。

2. B 样条曲线轨迹仿真

对于 B 样条曲线轨迹生成，首先需要设定一些空间离散样本点，这些样本点的位置应该是机器人末端执行器所能达到的地方。本文设定的样本点一共六个，其坐标分别如下：

$$x = [800 \quad 805 \quad 809 \quad 824 \quad 812 \quad 803]$$
$$y = [0 \quad 10 \quad 15 \quad 23 \quad 30 \quad 40]$$
$$z = [910 \quad 913 \quad 920 \quad 928 \quad 935 \quad 942]$$

将这些样本点插值为 B 样条曲线，将相邻的两个离散点连成一条短直线，利用短直线对 B 样条曲线进行逼近。根据前面的算法流程图，利用 Matlab 进行轨迹仿真，在每一个短直线上利用直线轨迹生成原理进行操作，由于每一个短直线的长度不一定一致，对每个短直线进行等份数划分，即在每个短直线上不同的步长，但有相同的区间个数。图 7-35 所示为基于变步长的末端执行器 B 样条曲线轨迹逆解仿真。从图 7-35 可以看出，步长取值越大，生成的圆轨迹与理论轨迹偏差就越大；但步长取值越小，对控制要求越严格，应该根据实际应用的焊接机器人选择合适的步长。在样条曲线轨迹生成的过程中，各关节角的变化趋势如图 7-36 所示，可以清晰地反映各关节角度的变化，为机器人控制器设计提供一定理论参考。

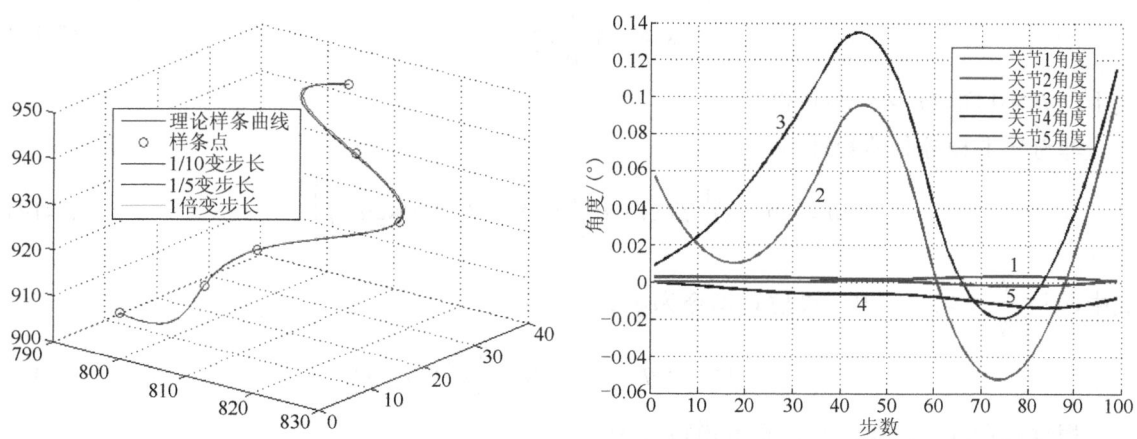

图 7-35　基于变步长的执行器末端样条曲线轨迹仿真　　图 7-36　基于样条曲线轨迹的各关节角度变化图

7.7.3　机器人动力学分析

机器人动力学是对机器人机构的力和运动之间关系与平衡进行研究的学科。机器人动力学是复杂的动力学系统，对处理物体的动态响应取决于机器人动力学模型和控制算法。

串联式焊接机器人的动力学建模一般利用拉格朗日方程进行动力学建模。在不考虑摩擦和外界扰动的情况下，对于一个 n 自由度串联焊接机器人，在各关节上有力矩作用时，利用拉格朗日方法建立机器人动力学方程如下：

$$H_0(q)\ddot{q} + C_0(q,\dot{q})\dot{q} + G_0(q) = u(t) \tag{7-10}$$

式中，$H_0(q) \in R^{m \times n}$ 为对称、有界且正定的惯性矩阵；$C_0(q,\dot{q}) \in R^{m \times n}$ 为哥氏力和向心力引起的向量；$G_0(q)$ 为 n 维重力项；q、$\dot{q}$、$\ddot{q}$ 分别为 n 维位置、速度和加速度向量；$u(t)$ 为控制输入向量。

然而在实际应用中，由于大量不确定因素的存在，很难得到式(7-10)所示的机器人精确动力学模型。如果充分考虑这些不确定因素，那么得到如下的完整动力学模型。

$$H(q,\dot{q})\ddot{q} + C(q,\dot{q}) + G(q) = u(t) + d(t) \tag{7-11}$$

式中，由于考虑了机械手臂的不确定因素，使得 $H(q)$、$C(q,\dot{q})$、$G(q)$ 是实时变量，它们可分解成两部分：一部分是已知部分 $H_0(\ddot{q})$、$C_0(q,\dot{q})$、$G_0(q)$，另一部分是不确定部分 $\Delta H(\ddot{q})$、

$\Delta C(q,\dot{q})$、$\Delta G(q)$，即

$$\begin{cases} H(\ddot{q}) = H_0(\ddot{q}) + \Delta H(\ddot{q}) \\ C(q,\dot{q}) = C_0(q,\dot{q}) + \Delta C(q,\dot{q}) \\ G(q) = G_0(q) + \Delta G(q) \end{cases} \tag{7-12}$$

将式(7-10)称为机械手臂的已知系统，式(7-11)称为机械手臂的实际系统。

7.7.4 机器人动态性能分析

根据动力学分析方法，建立拉格朗日方程后，运用适当的智能控制方法，即可对焊接机器人的运动进行控制。这里采用非奇异Terminal滑模控制方法进行焊接机器人的控制。

首先，设定滑模控制的各项指标。

非奇异Terminal滑模控制方法的非奇异滑模控制面为

$$s = x_1 + \frac{1}{\beta} x_2^{\frac{p}{q}} \tag{7-13}$$

式中，$\beta > 0$ 和 $q(p > q)$ 为正奇数。

非奇异滑模控制器设计为

$$u = -b^{-1}(x)\left(f(x) + \beta \frac{p}{q} x_2^{2-\frac{p}{q}} + (l_g + \eta)\mathrm{sgn}(s)\right) \tag{7-14}$$

式中，$1 < \frac{p}{q} < 2$，$\eta > 0$。设位置指令为 q_r，定义：

$$\varepsilon(t) = q - q_r \quad , \quad e(t) = \left[\varepsilon^{\mathrm{T}}(t)\dot{\varepsilon}(t)\right]^{\mathrm{T}} \tag{7-15}$$

根据式(7-14)可知，非奇异滑模设计为

$$s = \varepsilon + C_1 \dot{\varepsilon}^{\frac{p}{q}} \tag{7-16}$$

式中，$C_1 = \mathrm{diag}[c_{11} c_{12} \cdots c_{1n}]$。

根据式(7-14)，控制器可以表示为

$$u = u_0 + \rho_0 + \rho_1 \tag{7-17}$$

式中，$u_0 = C_0(q,\dot{q}) + G_0(q) + H_0(q)\ddot{q}$；$\rho_0 = -\frac{q}{p} H_0(q) C_1^{-1} \mathrm{diag}(\varepsilon^{2-\frac{p}{q}})$。

$$\rho_1 = -\frac{\left[s^{\mathrm{T}} C_1 \mathrm{diag}(\dot{\varepsilon}^{\frac{p}{q}-1}) H_0^{-1}(q)\right]^{\mathrm{T}}}{\left\| s^{\mathrm{T}} C_1 \mathrm{diag}(\dot{\varepsilon}^{\frac{p}{q}-1}) H_0^{-1}(q) \right\|^2} \times \|s\| \times \left\| C_1 \mathrm{diag}(\dot{\varepsilon}^{\frac{p}{q}-1}) H_0^{-1}(q) \right\| (b_0 + b_1 \|q\| + b_2 \|\dot{q}\|) \tag{7-18}$$

下面以一个简单的三自由度机器人为例，对控制系统的工作性能进行计算分析。三自由度焊接机器人简化模型如图7-37所示。

三关节位置指令分别为

$$q_{r1} = 1.25 - (7/5)e^{-t} + (7/20)e^{-4t}$$
$$q_{r2} = 1.25 + e^{-t} - (1/4)e^{-4t}$$
$$q_{r3} = 1.25 - (5/4)e^{-t} - (3/10)e^{-4t}$$

系统初始状态条为

$q_1(0) = 1$，$q_2(0) = 1.5$，$q_3(0) = 1.2$

根据以上初始条件，进行数值仿真计算，得到的结果如图 7-38～图 7-46 所示。

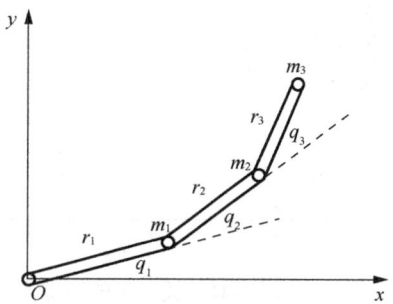

图 7-37　三自由度焊接机器人模型

(1) 图 7-38～图 7-40 表示的三个关节的位置跟踪图像。曲线 1 代表系统要求的行走路线，曲线 2 代表三关节实际所行走的路线。由图中可以看出，在前两秒的时间内，由于理论初始位置和关节的实际初始位置的不同，两者位置的差距较大，这时系统开始自适应调整；在跟踪的后期，机械手关节的实际位置和理论要求的位置基本一致，符合快速收敛性，满足控制稳定性的要求。

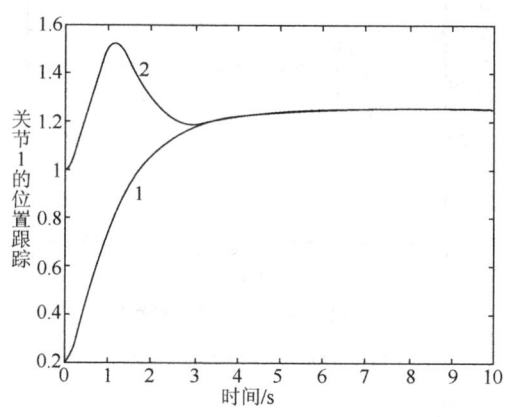

图 7-38　关节 1 的位置跟踪

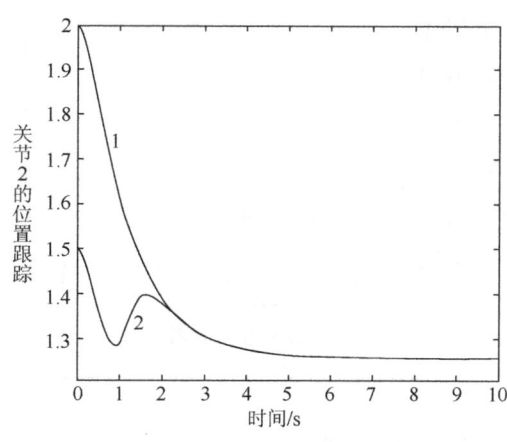

图 7-39　关节 2 的位置跟踪

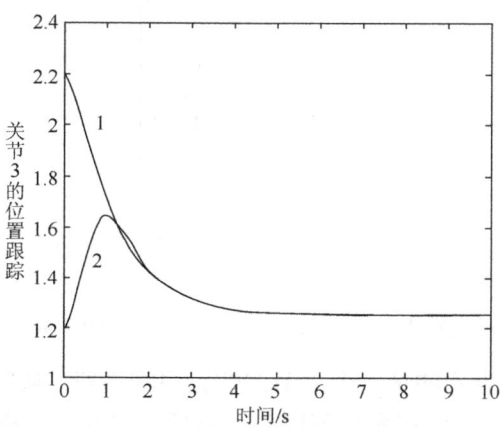

图 7-40　关节 3 的位置跟踪

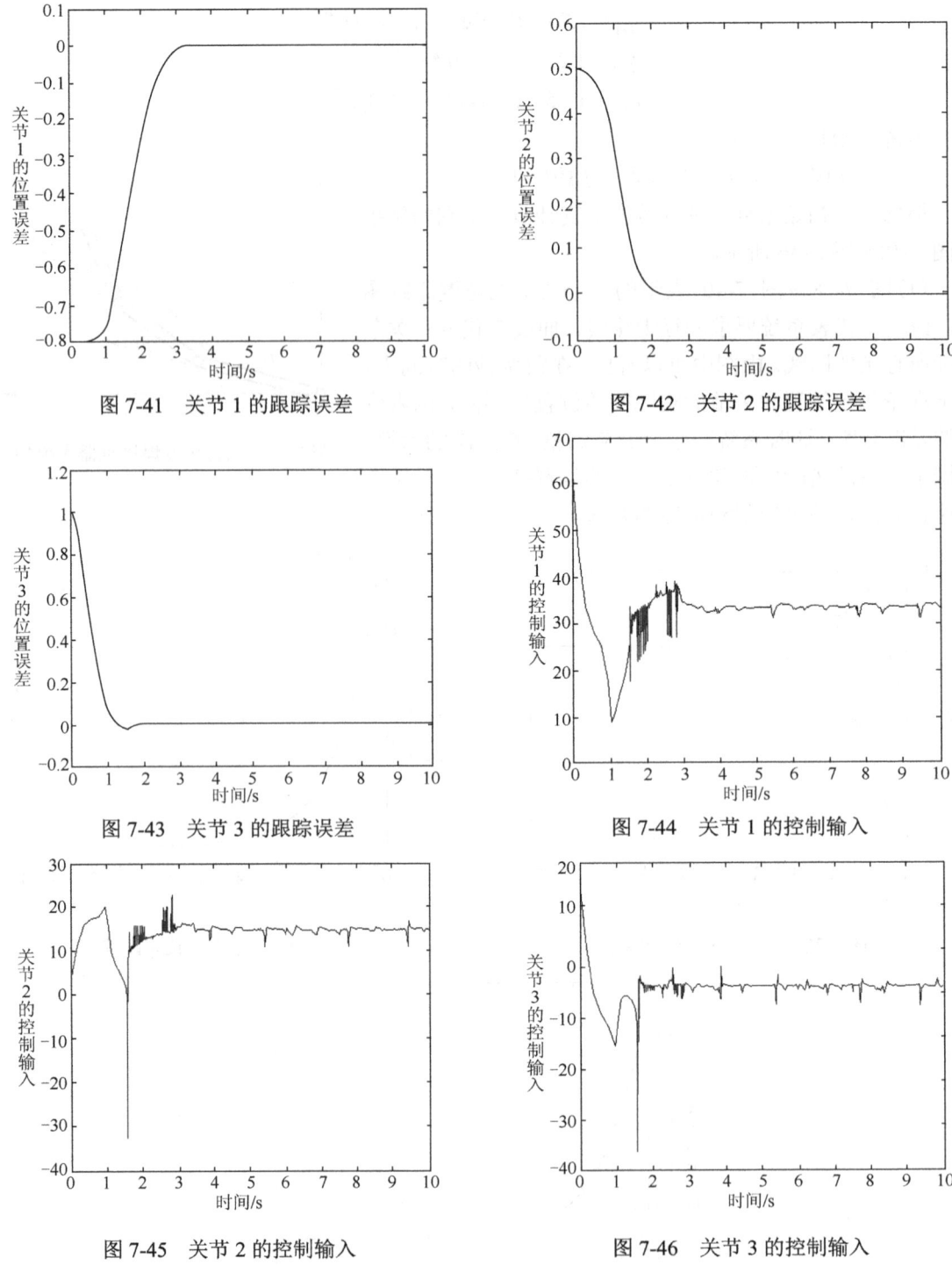

图 7-41　关节 1 的跟踪误差

图 7-42　关节 2 的跟踪误差

图 7-43　关节 3 的跟踪误差

图 7-44　关节 1 的控制输入

图 7-45　关节 2 的控制输入

图 7-46　关节 3 的控制输入

(2) 图 7-41～图 7-43 表示的是三个关节的位置跟踪误差。从图中可以看出，机器人运动的初始阶段，跟踪误差较大，但在允许范围内。随后，控制系统根据外界环境的变化对控制系统进行及时调整，系统误差快速收敛到零，并且稳定在平衡零点，轨迹跟踪的精确度高。

(3) 图 7-44～图 7-46 表示的是三个关节的控制输入量。机器人各关节是由静止开始运动的，前 1~2s 关节臂需要做变速运动，由于系统的惯性和摩擦等外界因素的影响，输入力矩量的波动比较大；2~3s 之后，关节臂近似做匀速运动，控制系统的输入接近直线。输入性能好，但输入趋于平稳之后仍然有小幅度的波动，系统的平稳性还可以做进一步提高。

习题与思考题

7-1 机器人的机械设计与一般的机械设计有什么区别？

7-2 简述机器人控制系统有哪些特点？

7-3 简述机器人驱动方法和原理。

7-4 查阅资料，举一个机器人控制系统的例子，说明传感器技术在其中的应用。

7-5 查阅资料，以一类应用领域的机器人为例，详细介绍它们目前的应用现状、技术要点和难点，以及未来发展的方向。

7-6 求图 7-47 所示三连杆机械臂的动态运动方程。已知下列机械臂参数：

$l_1 = l_2 = l_3 = 0.5\text{m}$，$m_1 = 4.6\text{kg}$，$m_2 = 2.3\text{kg}$，$m_3 = 1.0\text{kg}$，$g = 9.8\text{m/s}^2$

又假设前两个连杆的质量都集中在各连杆的末端上，而连杆 3 的质心则位于坐标系 {3} 的原点，即位于连杆 3 的近端上。连杆 3 的惯量矩为

$$^{c_3}I = \begin{bmatrix} 0.05 & 0 & 0 \\ 0 & 0.1 & 0 \\ 0 & 0 & 0.1 \end{bmatrix} \text{kg} \cdot \text{m}^2$$

决定两个质心位置与每个连杆坐标系的关系为

$$^1p_{c1} = l_1 X_1 \quad , \quad ^2p_{c2} = l_2 X_2 \quad , \quad ^3p_{c3} = 0$$

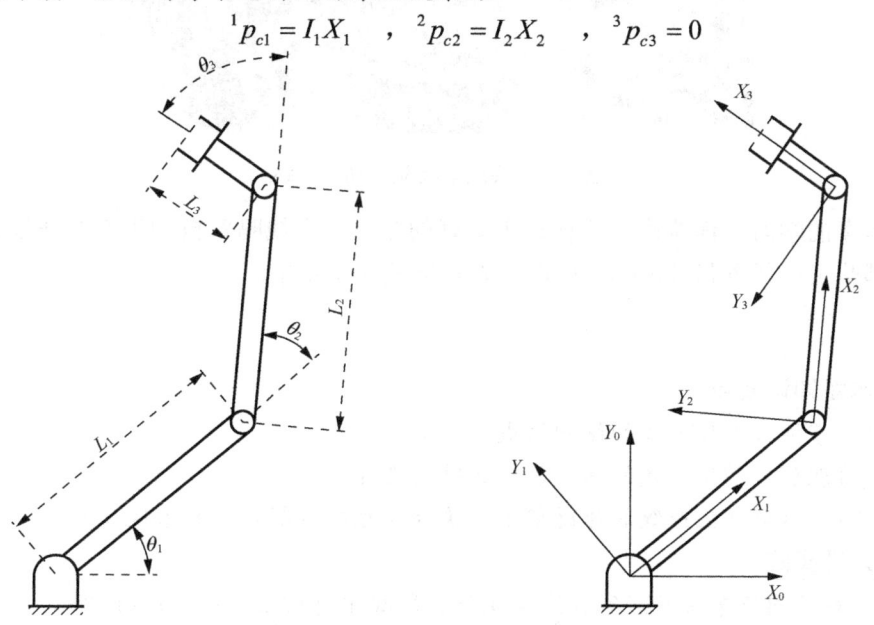

图 7-47 三连杆机械臂及其坐标系规定

第8章 机电一体化产品设计——自动生产线设计

随着科学技术的不断进步和社会经济的快速发展,各种机电设备自动化水平得到前所未有的提升,在机械动力、电子电气、材料化工、交通能源、轻工食品、医药、军工等各个行业的生产过程中广泛使用着各种各样的自动生产线(automatic production line)。虽然各种类型的自动生产线名目繁多,但都是由各种结构单元(structural unit)和结构装置(structural device)组合而成为一个有机的生产系统(production system)。图8-1所示为某汽车装配车间的自动生产线。

图8-1 某汽车装配自动生产线

通过本章的学习,你能构思或设计出更好的自动生产线吗?自动生产线在设计和使用时需要完成哪些工作任务和考虑哪些问题呢?答案就在本章中。

本章知识要点
(1) 掌握自动生产线的结构组成;
(2) 理解自动生产线的总体设计和结构设计;
(3) 了解自动生产线的传感单元、执行单元和控制单元的系统装置。

兴趣实践
观察不同汽车生产厂家在汽车生产、装配中自动生产线的运行情况。

探索思考
自动生产线在机械、材料、轻工、食品等不同行业有哪些不同?

预备知识
请预先复习以前学过的机械制图装配图、机械设计传动机构和机械制造工艺知识。

8.1 自动生产线概述

自动生产线是现代生产发展的主要趋势之一，对加速社会生产力发展，改进企业生产技术，减轻工人体力劳动具有重大意义。它不仅可以把人从繁重的体力劳动、部分脑力劳动以及恶劣、危险的工作环境中解放出来，而且能扩展人的器官功能，增强人类认识世界和改造世界的能力。自动生产线主要适用于大批量生产，加工精度和生产率较高，占地面积小，能有效缩短生产周期和降低成本，并保证生产的均衡。随着数字控制机床、工业机器人和电子计算机等技术的发展，以及成组技术的应用，将使自动生产线的灵活性更大，可实现多品种、中小批量生产的自动化，在制造业中的应用越来越广泛，并向更高度自动化、网络化、智能化方向发展。

1. 自动生产线的定义

自动生产线源于机械加工流水线，即按一定工艺顺序排列的若干台自动机床，用工件传送装置和控制装置连接起来，按照规定的生产节拍，工件自动地依次经过各个加工工位进行自动加工，完成产品全部或部分制造过程的连续作业生产线，简称自动线。

在自动生产线中，所谓自动是指生产过程自动化或自动控制，主要由控制装置完成；而生产线就是指流水线生产方式，即连续作业生产线，主要由传送装置实现。

机械制造业中有铸造、锻造、冲压、热处理、焊接、切削加工和机械装配等自动线，也有包括不同性质的工序，如毛坯制造、加工、装配、检验和包装等的综合自动线。从机电生产装备的角度看，任何自动生产线均由结构单元和结构装置的部件有机组合而成。为高效完成某些或全部的生产过程，其结构形式多种多样，但都有传送装置自动将生产对象按照一定的生产节拍输送到不同的生产单元完成连续生产。随着工业生产自动化水平的不断发展和流水线生产方式应用范围的不断拓展，自动生产线的概念有狭义和广义之分。

案例 8-1

电动自行车是当前我们最常见的一种代步交通工具。在电动自行车的实际生产中就采用了自动化生产线。请设想一下，你自己设计电动自行车自动生产线。

问题：

(1) 该设计需要做什么前提工作？

(2) 需要哪些工作步骤？

(3) 怎么才能完成设计任务？

狭义的自动生产线主要是指机械加工中，由工件传送装置和控制装置将一组自动机床和辅助设备，按照工艺顺序连接起来，自动完成产品全部或部分制造过程的生产系统。

广义的自动生产线则是指在各行业生产中，按照产品加工工艺的生产流程，用工件储存、传送装置和控制装置把专用自动机或辅助设备连接起来，通过传感器、执行器和控制装置实现自动控制的生产系统。

2. 自动生产线的种类

自动生产线按照不同的体系和分类方法，其种类很多。

1) 按照自动化程度分类

根据生产线的自动化程度，自动生产线可分为生产流水线、柔性制造系统(简称 FMS)、计算机集成制造系统(简称 CIMS)、工厂自动化(简称 FA)和智能工厂。

生产流水线的自动化程度最低，工件由传送装置和控制装置输送到各个加工工位后，主要由工人操作机械或工具来完成规定的加工。柔性制造系统和计算机集成制造系统的自动化程度较高，工人一般不参与直接的加工和工艺操作。工厂自动化和智能工厂则实现了整个生产制造过程的无人化，其自动化程度最高。

2）按照生产关联形式分类

根据设备的连接方式，自动生产线可分为刚性自动生产线、柔性自动生产线、混合自动生产线和组合自动生产线。

刚性自动生产线主要是指各工位上的自动机用工件传送装置直接串联联系起来，以一定的生产节拍进行生产，一旦某台自动机或个别机构发生故障，将会引起整条生产线停止工作，导致生产过程灵活性很差。柔性自动生产线在各个工位的串联自动机之间增设了储料装置，从而使得生产节拍在一定范围内可以调整，发生故障后整条生产线不会停止工作，生产过程有了一定的灵活性。混合自动生产线则在串联环节中，重要工位或故障率较高的串联自动机之间设置储料装置，而不容易发生故障的自动机之间不设置储料装置，即分段柔性自动生产线的混合形式。组合自动生产线则是为了平衡整个自动生产线的生产节拍，对于某些加工时间较长的工位，并联设置多台自动机同时加工，形成串并联组合形式，如图 8-2 所示。

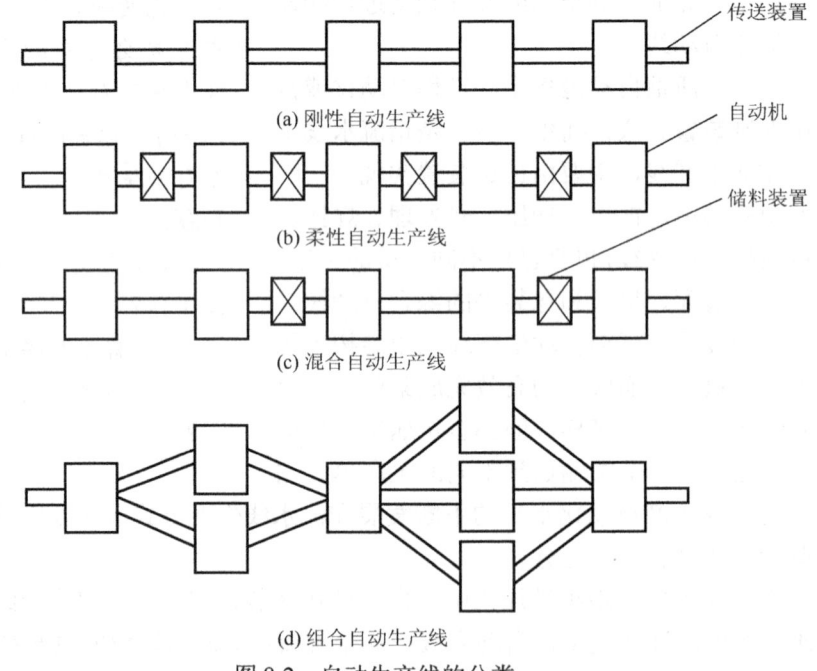

图 8-2　自动生产线的分类

3）按照布局分类

按照设备布局和传送装置形式，自动生产线可分为直线形、曲线形和环形。

直线形自动生产线的传送装置成一条直线，各工位的自动机布置在传送线两旁，工件由传送线一端上线，依次经过各工位，最后在另一端下线。曲线形自动生产线的传送装置成曲折线，如弓字形、之字形、蛇形、弧形等。环形自动生产线的传送装置为封闭环形，如圆形、椭圆形、矩形等。

4) 按照工作性质分类

按照生产加工性质，自动生产线可分为切削加工自动生产线、成形自动生产线、热处理自动生产线、装配自动生产线、检测自动生产线、包装自动生产线、罐装自动生产线、化工自动生产线、物流自动生产线和综合自动生产线等。

3. 自动生产线的特点

(1)生产率高。自动生产线的生产效率很高，功能强大，特别适合于大批量产品的生产制造。自动生产线中生产设备利用率很高，各工位自动机工作的产量比单独分散作业时的产量提高数倍。

(2)质量稳定。自动生产线综合应用了传感检测、工艺优化、信息处理、自动控制和调节等功能，其加工精度得到很大提高，而且加工形式稳定。另外，它可以模拟工人最佳操作，排除人为因素影响，有效保证产品质量。

(3)安全可靠。采用自动生产线不仅可以把人从繁重的体力劳动、部分脑力劳动以及恶劣、危险的工作环境中解放出来，改善劳动条件，而且能扩展人的器官功能，极大地提高安全可靠性。当发生故障时，具有自动报警和自动保护的能力，生产安全性相对稳定。

(4)环保。自动生产线结构紧凑，产品设计和工艺先进，运行灵活，便于管理和维护，降低了材料损耗，减少了浪费和污染。有些自动生产线还能集中处理诸如排料、工具调整、物流疏通、废品回收等运行过程中的问题。

(5)节约资源。自动生产线通过缩减生产占地面积，缩短生产周期、采用低能耗装置、最佳调节控制、计算机管理和提高能源利用率来实现节能和节约资源，减少废料。例如，采用自动生产线，仅在工件运输和装夹过程中，就可平均节能20%。

(6)管理优化。自动生产线在无人干预的情况下按规定的程序或指令自动进行操作或控制，而且工具和传送装置具有可调性，系统布置合理，便于计算机管理和生产优化。

(7)初步投入大。在大批量生产中采用自动生产线能降低生产成本，有显著的经济效益，但是自动生产线的一次性投入往往很大。

总之，采用自动生产线组织生产，有利于应用先进的科学技术和现代企业管理技术，可以简化生产布局，减少生产成本，改善劳动条件，促进企业生产实现现代化。

4. 自动生产线的发展

20世纪20年代，随着汽车、滚动轴承、小型电动机和缝纫机等工业发展，机械制造中开始出现自动线，最早出现的是工件输送线。此后，在汽车工业中出现了流水生产线和半自动生产线，随后发展成为自动线。第二次世界大战后，在工业发达国家的机械制造业中，自动线的数目急剧增加，机床自动线开始出现。

采用自动线进行生产的产品应有足够大的产量，产品设计和工艺应先进、稳定、可靠，并在较长时间内保持基本不变。在大批、大量生产中采用自动线能提高劳动生产率，稳定和提高产品质量，改善劳动条件，缩减生产占地面积，降低生产成本，缩短生产周期，保证生产均衡性，有显著的经济效益。随着经典控制、现代控制和智能控制的发展，自动生产线从刚性向柔性不断发展，可实现多品种、中小批量生产的自动化，降低了自动生产线的经济批量，因而在工业生产中的应用越来越广泛。在当今电子技术、计算机技术、信息技术和网络技术日新月异变化的今天，自动生产线的技术集成度不断提高，并向标准化、智能化、无人化的趋势发展。

8.2 自动生产线总体设计

自动生产线的设计过程与一般机电装备的设计过程相类似,均包括准备工作、总体设计、结构设计、部件设计等阶段。自动生产线的总体设计是在分析工作任务和目标、广泛调研和收集资料的基础上,进行可行性论证、综合分析和对比研究,完成方案优化、技术先进、工艺可靠、经济合理的技术文件。

8.2.1 自动生产线总体设计内容及原则

1. 自动生产线总体设计内容

不同行业和用途的自动生产线五花八门,名目和品种各异,如用于成形、加工、装配或包装等,但是其总体设计内容基本相同,主要有:

(1) 使用条件、应用范围和生产效率;
(2) 工艺分析,包括工艺路线、工位、工艺图;
(3) 总体布局,包括自动生产线形式;
(4) 生产节拍和工作循环时间;
(5) 供料形式和传送路线;
(6) 组成装置的结构、运动和任务;
(7) 控制系统和控制原理;
(8) 人机工程、可靠性、维护性、环保性分析;
(9) 总体设计方案图;
(10) 技术经济分析。

2. 自动生产线总体设计原则

1) 方案优化

自动生产线总体设计方案优化就是从多种可以满足需要的不同种类、不同型号和不同规格的设计方案中,经过技术分析、综合评价和对比研究,选择出最适合当前生产需求的设计方案。

对于大批量、连续化生产的现代化大企业,应选生产能力强和自动化程度高的总体设计方案;对于生产量不够大的中小型企业,多选经济适用和自动化程度不太高的总体设计方案;而对于多品种生产、产品变化快的企业,则尽量选择生产工艺变化快和适应范围广的总体设计方案。

2) 技术先进

技术先进原则是指在生产适用的前提下,根据生产企业实际发展的需要,应该尽可能地开发和应用技术先进的新型设备,防止技术上已经过时或即将淘汰的装备。

随着科学技术的不断进步,自动生产线更新换代很快,新产品、新技术和新工艺不断涌现。例如,以前包装行业自动生产线所采用的低压电器控制,大多被PLC控制取代,现在则采用计算机控制。

3) 工艺可靠

自动生产线总体设计的工艺可靠包含了生产工艺在规定的条件下、规定的时间内,无故障地正常生产，达到预定的工作效率和生产指标。

工艺可靠是保证设备生产能力和产品生产质量的前提，主要指生产工艺的合理性，由生产工序过程的可靠度所决定。

4) 经济合理

经济合理原则是指尽量以最少的经济投资取得最大的生产效率。一般用性价比来衡量。一方面要以设备的寿命周期为依据，对设计方案做周期费用的比较；另一方面要用价值工程体系理论做设计方案的效益分析比较，从而选择经济性最为合理的设计方案。

8.2.2 自动生产线总体设计流程

自动生产线总体设计之前，必须进行准备工作，以便熟悉设计任务和目标，明确生产对象的材料、性能和要求，掌握一定的设计资料，开展调查研究和分析。

1. 拟定工艺方案

绘制生产工艺原理图，进一步绘制工序图和加工示意图。

2. 拟定自动化方案

拟定生产工作循环自动化，并明确工件装卸、输送、定位、加紧过程自动化，加工过程和检测自动化、工装自动化以及自动控制。

3. 确定总体布局

初步确定主要结构和尺寸，拟定传动过程原理图，绘制总体联系尺寸图。

4. 绘制生产周期表

计算各工序加工时间和运行时间，确定加工循环时间，满足工艺要求，尽量缩短加工和运行时间，提高生产率。

5. 完成试验工作

> **案例 8-1 分析**
>
> 设计电动自行车自动生产线的前提工作是：①熟悉电动自行车的组成部件；②了解生产批量；③收集国内外技术文件；④调研技术资料。
>
> 其简单工作步骤是：①准备工作阶段；②总体设计阶段；③结构设计阶段；④技术设计阶段；⑤工作图设计阶段；⑥安装调试阶段。
>
> 严谨、认真绘制工作图纸，撰写设计说明书，完成设计任务。

进行总体方案的可行性分析，初步评估技术经济指标和合理先进性，对于没有充分论证和把握的环节，完成必要的试验工作。

8.2.3 自动生产线总体设计性能指标

1. 精度

精度是指自动生产线在未受外载荷条件下的精确程度，通常用误差来表示。误差越小，精度越高。自动生产线的精度包括几何精度、运动精度、传动精度和定位精度等多项指标。不同种类的自动生产线对这几项指标有不同的要求。

几何精度是指自动生产线在静止条件下的精度。它表征了各零部件装置之间相对位置的允差。运动精度是指在以工作状态的速度运动时的精度。它表征了各零部件装置之间运动漂移的大小程度。传动精度是指内联传动链始末两端之间的相对运动精度。它表征了各传动件之间的传动误差。定位精度是指各主要部件在运动终点时所达到的实际位置的精度。它表征了各主要部件在运动瞬间克服惯性力或惯性力矩所产生变形的能力。

2. 精度保持性

精度保持性是指自动生产线设备在出厂安装调试后的一定工作期限内保证规定精度的能力。通常，这个工作期限即为设备的大修期。影响精度保持性的主要因素是磨损。

自动生产线磨损形式有硬粒磨损、拉伤、咬焊和摩擦失效。磨损后失效的主要方式是传动件的耐磨性下降导致各零部件的性能急剧下降，如导轨、轴承、丝杠等。在传动件尚未达到疲劳破坏的情况下，就失去精度，不得不提前进行大修，因此传动件的耐磨性往往是精度保持性的关键要素。

3. 刚度

刚度是指自动生产线在额定载荷下，变形不超过一定限度。通常用额定载荷与许用变形之比来表示。其值越大，刚度越高。刚度表征了在一定载荷条件下，自动生产线所能保证工作性能的指标。

刚度有静刚度和动刚度之分。静刚度是指抵抗恒定载荷的能力，而动刚度则是指抵抗交变载荷的能力。

4. 抗振性

抗振性包括两个方面：抵抗受迫振动的能力和抵抗自激振动的能力。对于机械加工类型的自动生产线，主要是提高抵抗自激振动的能力；而对于一般类型的自动生产线，则主要是提高抵抗受迫振动的能力。

自激振动主要源自高速旋转的不平衡和高速往复运动所产生的激振力。受迫振动主要来自设备内部或外部振源的传递。当振源频率与设备主要部件的固有频率重合时，将发生共振，使加工误差增大，甚至无法正常工作。

5. 噪声

噪声是指人们所不需要的声音。按照声压级的分贝数(dB)，人耳听阈的声压级是 0dB，痛阈的声压级是 120dB。规定自动生产线的噪声指标时，必须考虑实际使用情况，符合国家和行业生产标准。一般地，高精度自动生产线的噪声不能超过 80dB，普通的不能超过 85dB，而自动生产线车间不能超过 88dB。

自动生产线的噪声主要来自四个方面，即机械噪声、液压噪声、空气动力噪声和电磁噪声。机械噪声是最主要的噪声源，主要是因工作零部件运动、动力传动、振动、碰撞、摩擦等产生。

6. 可靠性

可靠性是指自动生产线能正常生产出质量好、数量多的产品的能力。可靠性指标主要是可靠度和有效寿命。可靠度是系统、机器或部件等在规定条件下和规定时间内完成规定功能，能正常工作的概率。可靠度主要包含设备对象、规定条件、规定时间、规定功能和概率这五个要素。有效寿命是按照设备的寿命曲线如图 8-3 所示，用年限、循环次数或故障频率来表示。

随着机械设备可靠性理论的发展，可

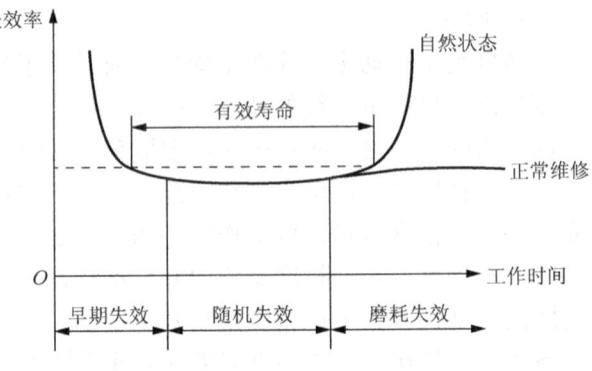

图 8-3 自动生产线设备的寿命曲线

靠性指标也可用设备精度指数、设备工程能力指数和设备机械能力指数来计算和说明。

(1) 设备精度指数表征自动生产线设备当前的精度状况，说明是否可以正常生产，是否需要维护。设备精度指数与设备状况对应如表 8-1 所示。

表 8-1 设备精度指数与设备状况对应表

设备精度指数 T	$T \leqslant 0.5$	$0.5 < T \leqslant 1$	$1 < T \leqslant 2$	$2 < T \leqslant 3$	$3 < T$
设备状况	验收新设备应达到的值	维护调整后应达到的值	可用临界值须注意调整	重点修理值须进行修理	严重修理值须大修更新

设备精度指数 T 的计算公式为

$$T = \sqrt{\frac{\sum_{i=1}^{n}\left(\frac{T_{pi}}{T_{si}}\right)^2}{n}} \tag{8-1}$$

式中，T_{pi} 是现时各项精度实测值；T_{si} 是设计规定各项精度允差；n 是精度实测项数。

(2) 设备工程能力指数是以自动生产线设备生产出来的产品质量来表征设备当前的质量状况。它受机械、作业方法、材料、操作者的技术水平等影响。表 8-2 所示为设备工程能力指数与设备质量状况对应情况。

表 8-2 设备工程能力指数与设备质量状况对应表

设备工程能力指数 C_e	$C_e \geqslant 1.33$	$1.33 > C_e \geqslant 1$	$1 > C_e \geqslant 0.67$	$0.67 > C_e \geqslant 0.33$	$0.33 > C_e$
设备质量状况	十分稳定	稳定	不太稳定	很不稳定	严重

设备工程能力指数 C_e 的计算公式为

$$C_e = \frac{E}{6\sigma_e} = \frac{S_H - S_L}{6\sigma_e} \tag{8-2}$$

式中，E 是产品各项公差值；S_H 是最大极限尺寸；S_L 是最小极限尺寸；σ_e 是工程标准差。

若其生产产品考核质量的主要参数有 n 项，则综合值 C_e 的计算公式为

$$C_e = \sqrt{\frac{\sum_{i=1}^{n}(C_{ei})^2}{n}} \tag{8-3}$$

(3) 设备机械能力指数是从设备工程能力指数中去除作业方法、材料、操作者的技术水平等影响因素，仅考虑机械因素的自动生产线设备当前的质量状况。

设备机械能力指数 C_m 的计算公式为

$$C_m = \frac{E}{8\sigma_m} \tag{8-4}$$

式中，σ_m 是机械标准差，通常取为 $\frac{3}{4}\sigma_e$。

8.3 自动生产线结构设计

自动生产线结构设计主要是进行工艺装备、工件传送装置、控制装置等结构部件的设计工作，制定自动生产线结构，绘制自动生产线总装配图和零部件装配图，编制自动生产线设计、使用和维护说明书等技术文件。

8.3.1 自动生产线结构组成

自动生产线一般由四大部分组成,即工艺装备、传输装置、控制装置和辅助装置,如图 8-4 所示。

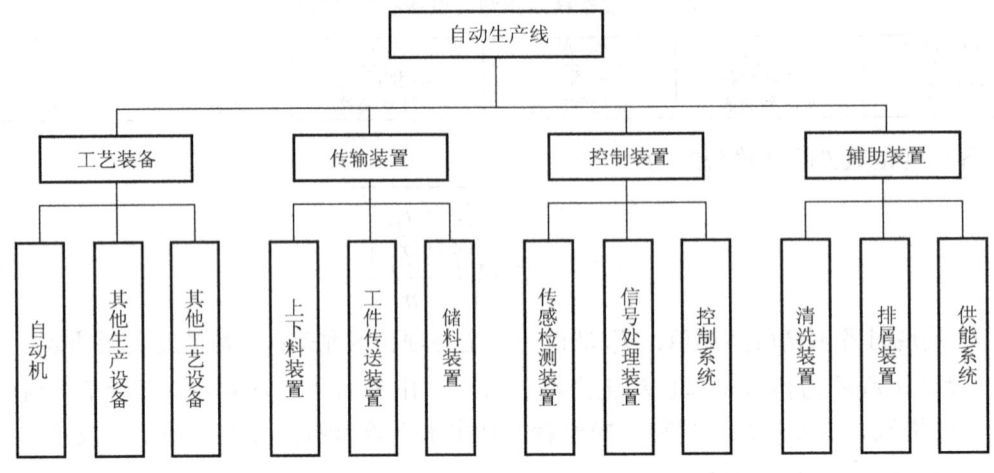

图 8-4 自动生产线结构组成

1)工艺装备

工艺装备主要有专用的自动机,其他生产设备和工艺设备,如自动机床、自动冲压机、自动装配机、自动包装机和自动罐装机,以及转位机、翻转机、夹紧装置、定位装置、分选装置等。

2)传输装置

传输装置主要包括工件或物料的上下料装置、传送装置、储料装置,如供料器、输送带、链板、输送棍、卸料器、料斗、料仓、机械手等。

3)控制装置

控制装置主要包括传感检测装置、信号处理装置和控制系统,如设备监控、故障诊断、产品质检、报警、数据处理、信息显示记录和控制器等。

> **案例 8-2**
>
> 汽车往往代表一个国家的支柱产业。试分析一下汽车装配自动生产线。
>
> 问题:
>
> (1)该自动生产线有哪些形式?
>
> (2)有哪些结构组成?
>
> (3)怎么才能完成生产传送任务?

4)辅助装置

辅助装置主要有清洗装置、排屑装置和其他电气、液压、气压供能系统等。

8.3.2 自动生产线结构形式

自动生产线结构主要由生产场地、生产产品结构、工艺过程、连接关系、工艺装备和互锁要求等所决定。

1. 生产场地

自动化生产线通常可以采用多种结构形式。最典型的结构形式就是如图 8-5 所示的直线形式,这样输送系统最简单,制造也更容易。

第 8 章 机电一体化产品设计——自动生产线设计

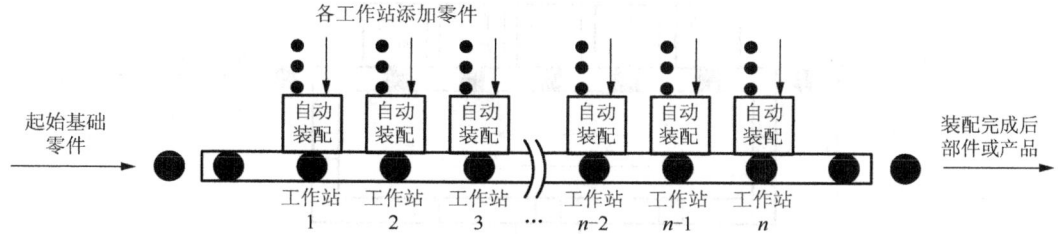

图 8-5 典型的自动化装配生产线结构原理示意图

在场地有限的地方，采用直线形式的生产线可能场地不够，为了减少生产线占用的产地，或者当生产线长度太长时，可以按 L 形设计生产线，如图 8-6 所示。

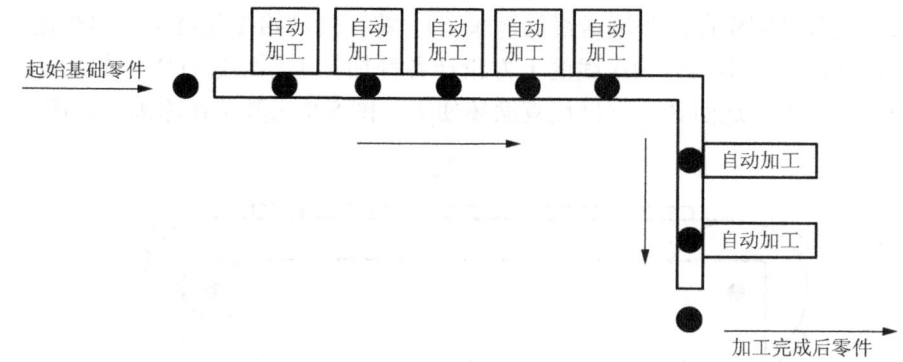

图 8-6 L 形自动化加工生产线

如果生产线按 L 形排布时仍然存在场地方面的限制，为了进一步减少生产线占用的场地，可以按 U 形设计生产线，如图 8-7 所示。采用这种形式的设计还有一个好处就是可以方便地在生产线上对工件进行换向，以加工工件不同的表面。

由于这种生产线上经常需要采用重复使用的随行夹具，为了避免随行夹具运输的麻烦，生产线按矩形或环形设计就可以很方便地实现随行夹具的自动循环，同时还可以设计专门的清洗工作站对随行夹具进行清洗，保证重复使用的随行夹具符合使用要求，如图 8-8 所示。采用这种方式既保留了直线形式的方便，又最大限度地减少了生产线占用的场地。

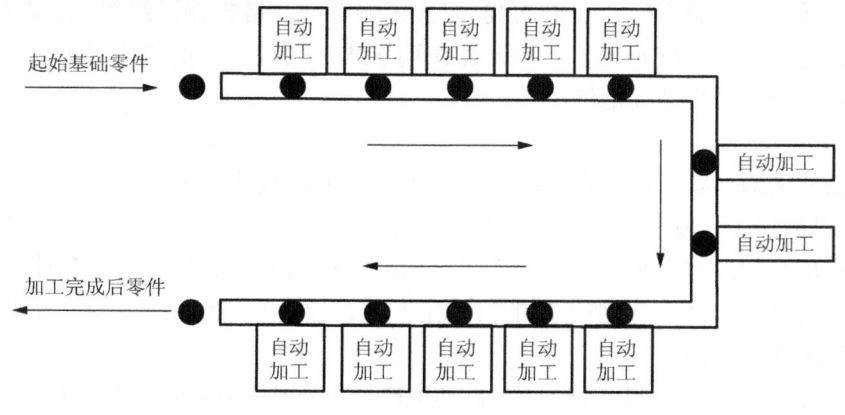

图 8-7 U 形自动化加工生产线

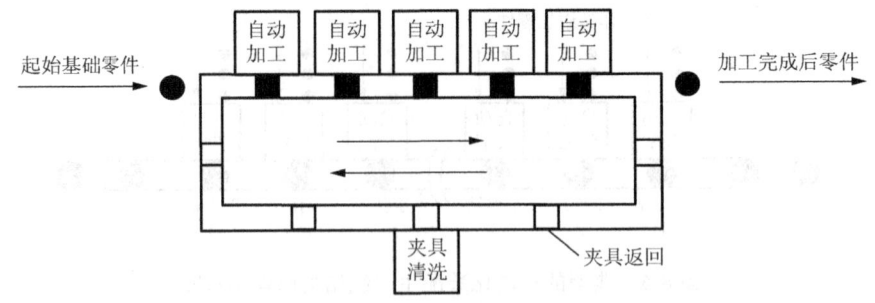

图 8-8 矩形自动化加工生产线

除上述形式外,还有另外一种特殊情况,这就是直接将随行夹具固定连接在输送线上(最方便也最长久的就是固定在链条输送线的链条上),随行夹具始终与链条一起在输送线的上下两部分直接循环。在上半部分输送线的上方设计各种加工工作站进行零件的加工,输送线的下半部分则将随行夹具送回到上方供反复循环使用。图 8-9 为其工作原理示意图。

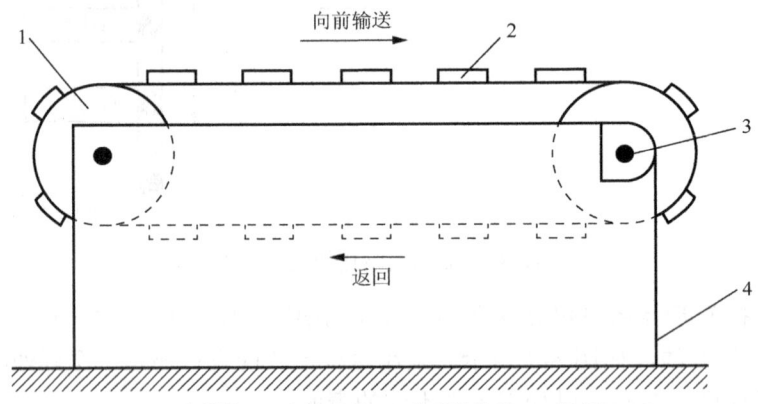

1-张紧轮;2-定位夹具;3-分度机构链;4-机架

图 8-9 上下输送形加工或装配生产线

这种输送方式也可以用于自动化装配生产线,在上半部分输送线的上方设计各种装配工作站进行零件的装配。

还有一些场合可以采用托盘在输送线(如皮带输送线、链板输送线等)上实现零件的自动输送,零件在托盘上能够准确定位,而托盘在输送线上通过一定的机构进行准确定位,如采用定位销、V 形槽对托盘进行定位。

2. 产品特征

生产产品的结构和特征在一定程度上决定了自动生产线的结构形式。

(1)对于机械加工、成形、热处理等类型的自动生产线,所生产产品大多为单个工件。按照工件的结构形状和尺寸大小,自动生产线结构形式可采用平面和空间的多种形式。

① 生产结构简单、尺寸较小工件的自动生产线,当生产路线不长时,一般设计为贯穿的结构形式,如图 8-10 所示。

② 当工件结构较复杂、尺寸较大时,自动生产线可设计为悬挂通过的结构形式,如图 8-11 所示。

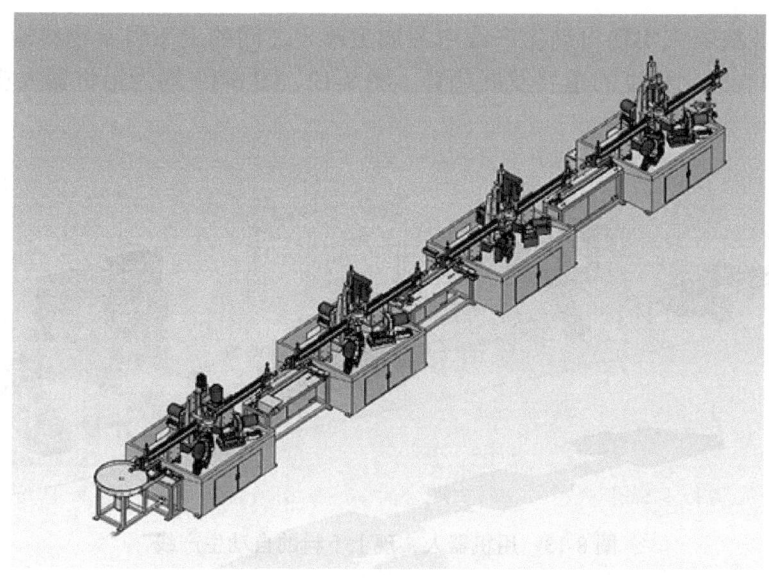

图 8-10　贯穿形式的自动生产线结构

图 8-11　悬挂通过形式的自动生产线结构

③ 当工件结构复杂，生产路线较长时，自动生产线则可设计为外侧通过的结构形式，如图 8-12 所示。

图 8-12　外侧通过形式的自动生产线结构

④ 采用工业机器人实现自动生产线中各加工单元之间的上下料及物料输送操作，是提高生产线自动化和智能化程度的重要发展趋势。图 8-12、图 8-13 均为用机器人实现上下料的自动生产线案例。

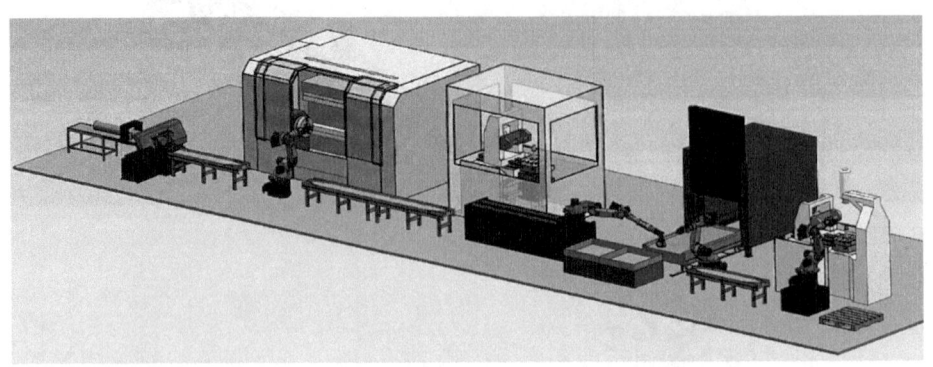

图 8-13　用机器人实现上下料的自动生产线

(2) 对于装配、包装等类型的自动生产线，所生产产品大多为多个工件的组合。按照组合制品的结构组成和先后次序，自动生产线结构形式可采用平面和空间的多种形式。图 8-14 是平面形式的包装自动线结构。图 8-15 所示的包装类自动生产线结构，设计为立体折返的结构形式，有上下两层组成，其中上层为加工段，下层为返回段。

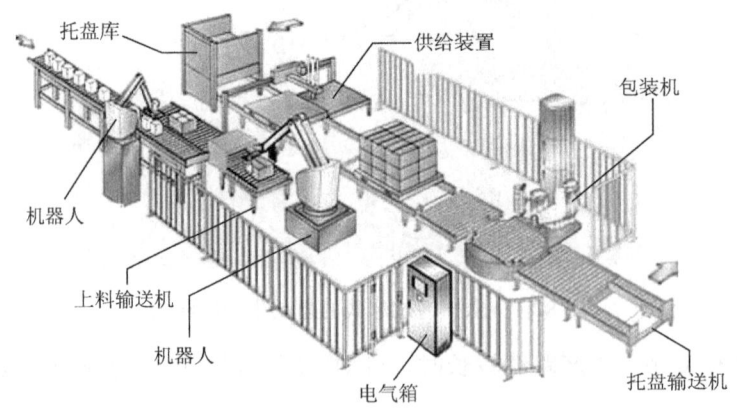

图 8-14　平面形式的包装自动线结构

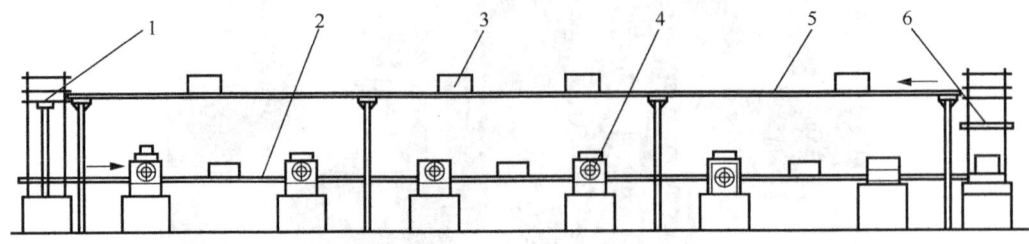

1-降落装置；2-下传送装置；3-工件；4-自动机；5-上传送装置；6-提升装置
图 8-15　立体折返形式的自动生产线结构

(3) 对于检测、罐装、化工、物流等类型的自动生产线，按照所生产产品的形态和结构次序，自动生产线结构形式可采用平面和空间的综合形式。图 8-16 是平面形式的灌装自动线，

图 8-17 是综合了平面和空间的物流自动化系统。

图 8-16　灌装自动线

图 8-17　物流综合自动化系统

3. 由工艺路线决定结构形式

工艺路线是从产品生产过程、质量、生产率、成本、劳动条件、环境保护和资源消耗等方面综合考虑，在总体设计工艺原理图的基础上，通过分析、比较和试验后，从而确定技术先进、工艺可靠、经济适用的工艺方案。

由于工艺路线基本给出了从工件到半成品，再到成品的具体过程，因此，自动生产线结构的工件传送、工艺顺序、工位数和加工要求等也就基本确定。

图 8-18 是某链条装配工艺路线。其工艺过程共分为 6 步，即 6 工位，设计为平面直线贯穿的结构形式。首先把内片送至工位Ⅰ，完成两个套筒同步由上向下压入内片内孔；进入工位Ⅱ，将两个滚子套在套筒上；在工位Ⅲ，压套上另一个内片；在工位Ⅳ，将两节由内片、套筒、滚子组成的链节对正，由下向上送入一个外片，由上向下将两个销轴穿过套筒内孔压入外片内孔；在工位Ⅴ，将另一个外片压套在销轴上；在工位Ⅵ，用四个冲头同步将两个外片铆接，依次完成链条装配任务。由图可知：一节链条由十个零件组成，工位数，加工要求，各工位基本配备等。

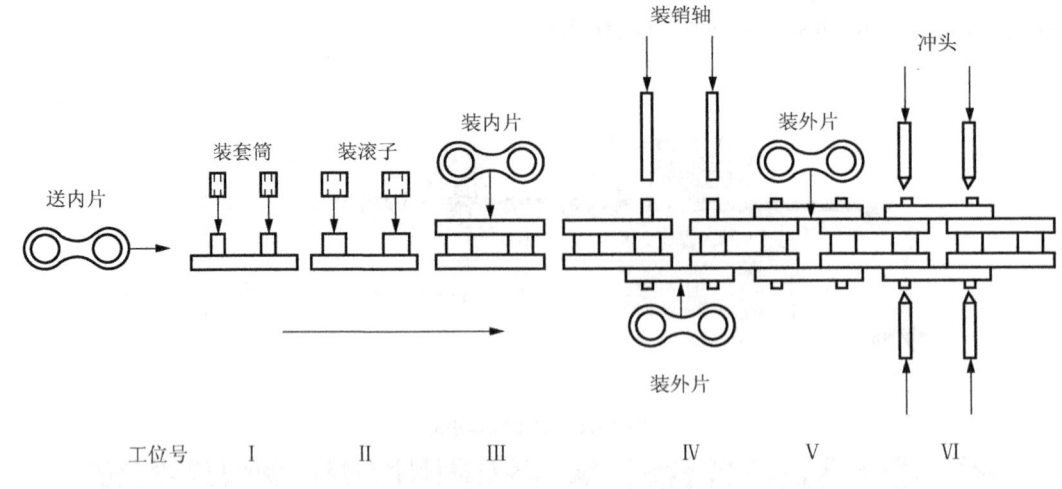

图 8-18 链条装配工艺路线图

4. 连接关系

连接关系呈刚性或柔性、串联或并联是自动生产线结构设计中的重要内容。一般地，各工序节拍时间大致相同，且工序较少的自动生产线，常采用刚性连接；对于各工序节拍时间不平衡，且生产率要求较高的自动生产线，常采用柔性连接。

对于小型的回转体类工件，如轴、盘、环等，生产率要求较高时，由于工件传送装置较方便，通常采用柔性连接。对于大型的箱体类或复杂类工件，由于加工复杂，往往将其自动生产线分为若干工段，每一工段采用刚性连接，而工段之间则采用柔性连接，这时柔性连接在工段之间设计储料装置。

自动生产线采用串联或并联，根据生产节拍和工序集中或分散的情况来确定。对于回转体类工件，当各加工机床顺序排列，上台机床的输出料道即为下台机床的输入料道时，可采用串联连接。对于轴套类工件，当工件依次填满各分段料道，顺序分料法供料时，可采用单列或双列并联连接；对于盘、环类工件，当工件输出总料道后通过分路机构送往各台加工机床，按需分料法供料时，可采用多列并联连接。对于箱体、复杂类工件，多采用串联—并联复合式连接。

5. 工艺装置

1) 加工设备

一般回转体类工件的自动生产线设备通常选用全自动通用设备、专用高效自动化设备和专用自动机，也有选用经过自动化改造的半自动通用设备，如自动车床、数控铣床、半自动外圆磨床、专用数控磨床等。

箱体、复杂类工件的自动生产线设备通常选用专门设计制造的组合机床、专用自动机。

对于企业技术改造，利用现有通用机床建立的自动生产线，一般都需要对通用机床进行自动化改造，改造后机床的结构要保持足够的刚度、加工精度和工作稳定性。

自动生产线中所采用的加工设备要考虑生产的先进性和可靠性，尽量选择高质量、自动化程度高、经过严格生产考验的先进生产设备。

2) 工艺设备

对于生产中刀具、量具、夹具及其补偿和换装、润滑等设备，根据工件加工特点、工艺路线、机床布置、工件传送装置，严格按照生产时间节拍、加工设备的一致性进行必要的配置,以保证产品质量和生产效率。

6. 互锁要求

自动生产线中各装置、部件和机构的动作,是按照一定的顺序进行的。它们之间有着严格的互锁要求。自动生产线中如果包含多工段时,工段与工段之间应留有 0.02~0.05min 的空隙时间。

1) 开始工作前

工件传送装置准备就绪,夹具必须处于松开状态,此时拔销或楔铁应有行程互锁信号。各运动部件,包括转位装置、测量装置等,必须处于原位。卸料架上没有工件。

2) 各工序加工前

工件定位夹紧完毕。加工设备处于原位工作状态。

3) 发生故障时

相应的测量装置或检查机构发出故障信号和报警信号,工件传送装置停止向前。

8.3.3 自动生产线工件传送装置设计

工件传送装置是自动生产线中工件的承载体和传送运动机构。它把工件按照一定的节拍或速度从一个工位送到下一个工位,从结构上将工艺装置和辅助装置等的设备连接成为一个有机的整体。工件传送装置的种类有很多,可以根据所生产产品特征、工艺过程、连接关系、工艺装置的类型和传送要求,进行选择和设计。

1. 直线传送装置

直线传送装置是用于将工件在自动生产线的直线段上进行传送的装置,主要有各种滚轴式、带式、链式、螺旋式、推杆式等。

1) 滚轴式

滚轴式传送装置是将若干个结构相同的滚轴,按照一定的间距排列,彼此平行支撑,用传动机构带动其同步转动,使得置于其上的工件受到摩擦力作用向前移动,如图 8-19 所示。

滚轴式传送装置的优点是承载能力强,能适应各种工作环境(如高温、潮湿等),应用范围广;缺

图 8-19 滚轴式传送装置图

点是传送过程容易产生一定的波动和碰撞,不太稳定,传送速度一般不易设置太快。它特别适合于较大、较重和带有一定较平整支撑外表面的工件。

2) 带式

带式传送装置与带传动一样,由一个主动轮、一个从动轮、一条宽带、若干支撑轮、张紧轮及其调节机构组成,如图 8-20 所示。

带式传送装置结构较简单,驱动力矩较小,传送速度范围较宽;主要缺点是由于传送带容易松弛产生一定的波动,传送不太稳定,使用寿命短,对工作环境有一定的要求。它适合于传送粉体、颗粒、软体材料和尺寸较小的工件。

3) 链式

链式传送装置同链传动一样,由主动轮、从动轮、传动链条和传送板组成,如图 8-21 所示。实际应用中有滚轴链式、链板式和悬挂链条式等多种结构。

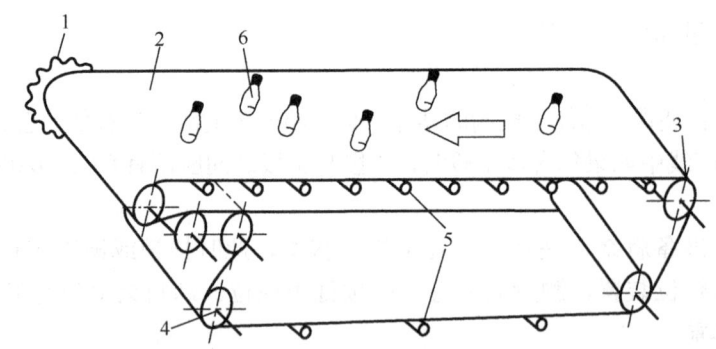

1—主动轮；2—传送带；3—从动轮；4—张紧轮；5—支撑轮；6—工件

图 8-20　带式传送装置图

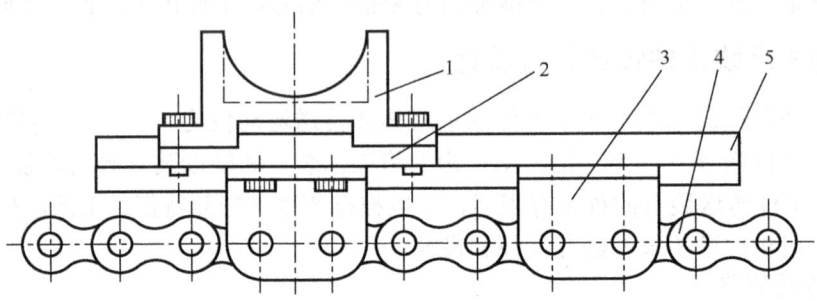

1—托板；2—底板；3—特制外链片；4—传动链条；5—传送板

图 8-21　链式传送装置图

链式传送装置的主要优点是结构较简单，传送较平稳，驱动力矩较大，传送速度范围较宽，对工作环境要求不高；其缺点是自重较大，需要较大的驱动力矩，同时需要设置导向、定位、纠偏机构。

4) 螺旋式

螺旋式传送装置是一种无挠性牵引件的传送装置，是通过形成螺旋面的斜面效应，当螺旋杆旋转时借助螺旋面推动工件移动，如图 8-22 所示。

图 8-22　反向双螺旋式传送装置图

案例 8-2 分析

汽车装配自动生产线上所传送的工件是复杂的车架，按照装配关系依次往车架上安装各汽车部件。

(1) 该自动生产线一般是直线-间歇传送运动形式。

(2) 该自动生产线主要有车架传送装置和布置在两侧的安装设备、检测装置、各装配部件供给装置、机械手和工业机器人等。

(3) 完成生产传送任务主要有滚轴式或链式传送装置，也有采用推杆式传送装置。

螺旋式传送装置的特点是可以保持产品以一定的间距传送，但受制于螺旋杆的结构限制而不能远距离传送。往往利用其等间距传送的优点而与其他传送装置组合，形成联合传送装置。它适宜于传送瓶罐类圆柱形产品。

5) 推杆式

推杆式传送装置由一条固定滑道和推动机构组成，推动机构一般由推板、拨杆、拨轮等组成，做往复运动，使被传送的工件按照规定的节拍，单向地从上工位移到下工位，也称为步伐式传送装置，如图 8-23 所示。

1-推杆；2-滑道；3-摇杆；4-连杆；5-曲柄

图 8-23 推杆式传送装置图

推杆式传送装置的滑道既可以设计成直线或曲线，必要时在滑道内加设拨杆、拨轮或者将滑道呈一定倾角；也可以利用工件的结构特征，设计成截面为各种几何形状，如三角形、梯形、矩形等，使滑道与工件组成凸凹相配合的传送形式，达到定位、定向和防止工件掉落的作用。它一般适宜于传送外形简单、表面光滑的工件，如瓶罐类。

6) 滚轮式

滚轮式传送装置是用一对滚轮夹持住工件，或靠摩擦力进行传送，一般将滚轮外圆柱轮廓面做成凹形圆弧槽，如图 8-24 所示。它主要用于传送轴类工件。

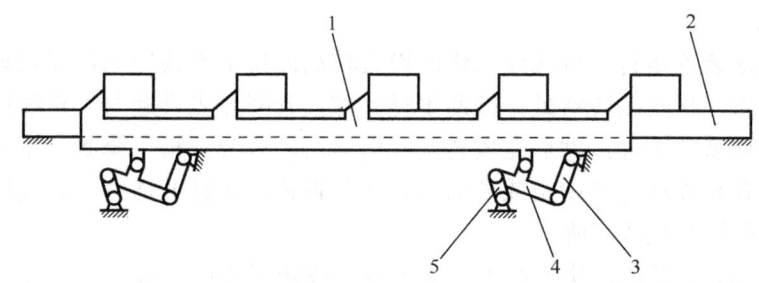

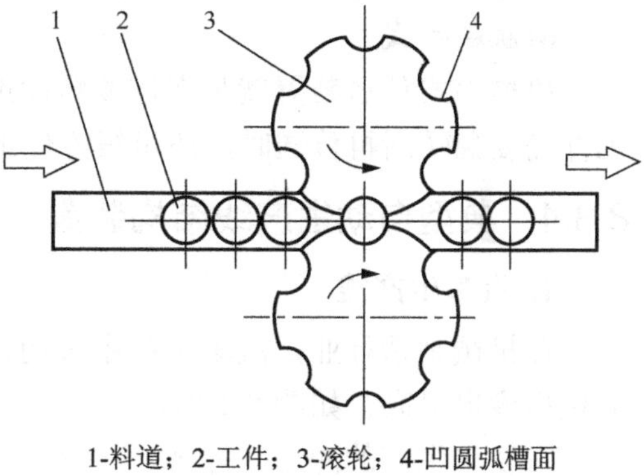

1-料道；2-工件；3-滚轮；4-凹圆弧槽面

图 8-24 推杆式传送装置图

2. 转向传送装置

拟定生产工作循环自动化，并明确工件装卸、输送、定位、加紧过程自动化，加工过程和检测自动化、工装自动化以及自动控制。

1) 扇形锥辊式

扇形锥辊式传送装置是将若干个锥辊布置成 90°的扇形，按照由内向外排列，锥辊直径由小变大，从而产生由高到低的表面线速度，依靠表面线速度的变化，使得工件进行转弯。

扇形锥辊式传送装置在设计时，要根据结构传送特征，确定最高和最低的线速度以及二者的差值。其优点是结构简单，承载能力强，传送较可靠，能适应各种工作环境，应用范围广；缺点是要保证各锥辊完全同步驱动比较困难。

2) 扇形带式

扇形带式传送装置是将四分之一圆环宽带张紧在呈 90°扇形布置的驱动带轮上，使得放置在环带上的工件由带承托，沿圆弧转弯传送。

这种传送装置一般设置一个主动轮、一个从动轮和若干个自由转动的支撑辊。它比扇形锥辊式传送装置的结构和驱动要简单一些。

3) 随行夹具式

随行夹具式传送装置是在转向或弯曲段设置独立的、能往复运动的随行夹具，使随行夹具能完成转向或圆弧运动。

当工件由上直线段进入随行夹具中后，随行夹具实现既定的转弯，然后将工件传送给下直线段。

4) 升降盘式

升降盘式传送装置是将上直线段工作面设置较高而将下直线段工作面设置较低，可升降的转盘或托盘布置在拐角或转弯处，彼此平行支撑，升降盘先升起与上直线段工作面持平，接住上直线段传送来的工件，然后完成转向或转弯后，升降盘再下降到与下直线段工作面持平位置，由布置在转盘或托盘中空或外周的传送装置托住工件并送往下直线段。也有的升降盘在转向或转弯的同时完成下降。

升降盘式传送装置是自动生产线上常见的转向或转弯传送装置。

5) 摩擦轮(拨轮)式

摩擦轮(拨轮)式传送装置是在转向或弯曲段设置一个固定的圆弧状平台与直线段工作面等高，在平台上沿内弯和外弯，竖直安装同转速不同直径(或同直径不同转速)的若干个摩擦轮(或拨轮)，通过两摩擦轮(或拨轮)对工件两侧面的摩擦(或拨动)作用，使工件在平台上完成转向或转弯。

这种传送装置一般适宜于传送质量较轻、外轮廓平整和无严格定向要求的工件。

6) 机械手式

机械手式传送装置就是在需要转向或转弯处，安装机械手夹持工件完成转向或转弯。当工件需要翻转后再传送时，还可很方便地实现翻转。

8.3.4 典型自动生产线结构装置

1. 汽车生产线

在机械制造行业，汽车生产中采用自动生产线最多，所设计的典型结构装置最完整，自动化程度也最高，如图 8-1 所示。

在轿车生产的冲压、焊装、树脂、涂装及总装等整车制造及其零部件制造中，自动化生产线系统实现了汽车制造中高效率、高精度、低能耗加工；另外，借助自动化生产线上配备大量的机械手和工业机器人可以完成繁重的工作任务，而且实现制造中更精密、柔性化的产品生产。

2. 分装包装生产线

图 8-25 是化工原料包装自动生产线结构，设计为典型的综合贯穿结构。

自动线工作时，物料经称量机 1 定量，成卷的塑料带由制袋机 2 制成袋后送给填料机 3，定量的物料由填料机 3 装入袋中，然后送到封口机 4 进行热压封口变成实包。经重量检测器 5 进行二次测重，不合格包被自动选别机 6 送到支道上处理。合格包经整形机 7 压辊整形后，再经过金属物探测机 8 进行检测。检测合格的实包被顺倒在传送带 9 上，经计数器计数后，由传送带送出，或者直接装车，或者由码垛机堆码放置。

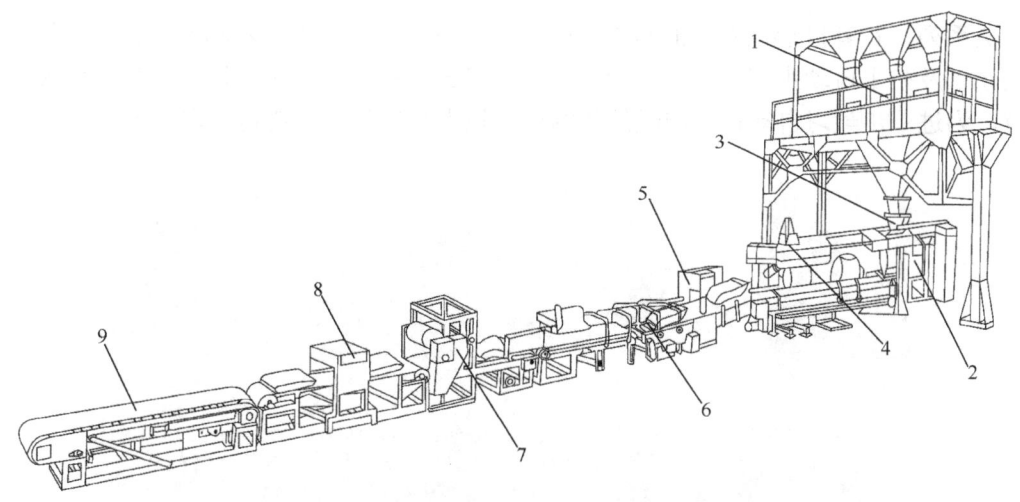

1-称量机；2-制袋机；3-填料机；4-封口机；5-重量检测器；
6-自动选别机；7-整形机；8-金属物探测机；9-传送带

图 8-25　典型化工原料包装自动生产线结构

3. 食品生产

图 8-26 是食品饮料生产中的自动生产线结构，设计为典型的半封闭"之"字形结构。

该自动生产线引入了工业网络。通过采用先进的计算机技术、自动化控制技术、信息技术，应用工控机、变频器、人机界面、PLC、智能机器人等自动化产品，集成工厂自动化设备。完成无人化上料、灌装、封口、检测、打标、包装、码垛等多个生产过程，并对生产全过程实施控制、调度、监控。极大地提高了生产效率，降低成本，保证产品的质量，实现集约化大规模生产的要求，增强竞争能力。

图 8-26　典型食品饮料生产自动生产线结构

4. 自动生产线实验台

图 8-27 是自动生产线实验台架结构，设计为典型的模块化组合结构。

该自动生产线实验台模块结构采用了开放式工控计算机和多个 PLC 联网。各组成模块结构固定成系列，具有自动化专机的基本功能，完成每一模块工作基本功能。模块之间的运行配合关系以及整个自动生产线的运行流程和运行模式，都可以模拟实际生产现场状况进行灵活配置，为进一步学习自动化生产线的联网控制技术和创新设计奠定一定基础。

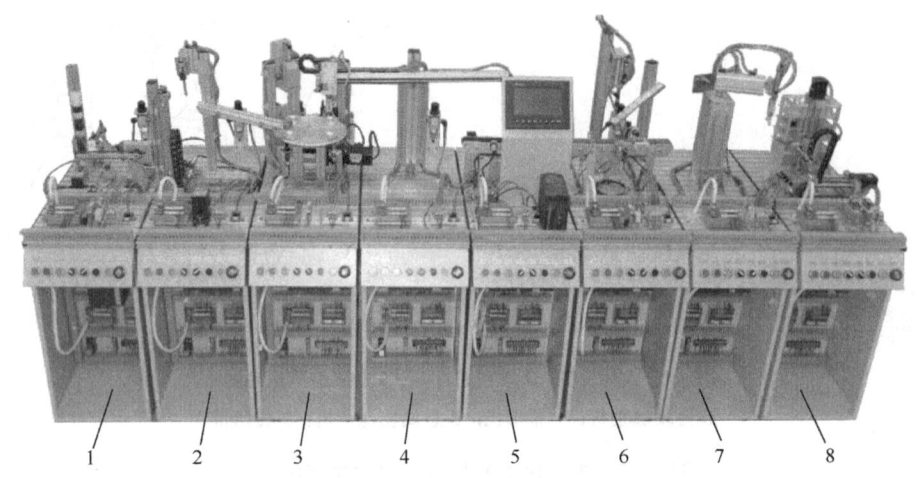

1-供料模块；2-检测模块；3-加工模块；4-搬运模块；
5-分拣模块；6-安装模块；7-操作模块；8-储料模块

图 8-27　典型自动生产线实验实训台架结构

8.4　自动生产线传感器的选择与应用

自动生产线上设置了诸多传感器，用于检测各种自动化装置和生产设备大量运行信息，并按照一定规律转换成与之相对应的有用电信号进行输出，以完成传感检测功能，保证自动生产线正常工作，实现生产线的自动化。

8.4.1　自动生产线对传感器的要求

各种传感器的工作原理、组成结构、使用方法和环境条件虽然各不相同，但其性能却是一致的。自动生产线对传感器的要求主要有：

(1) 高技术要求。高精度，高灵敏度，响应快，信噪比高。

(2) 高可靠性要求。安全可靠，长期工作稳定性好，抗干扰能力强，寿命长。

(3) 高适应性要求。不易受被测对象影响，不影响外部环境，抗腐蚀性好，对环境条件适应能力强。

(4) 高接口性要求。结构简单，体积小，重量轻，便于现场连接和安装，便于布线并与计算机连接。

(5) 高性价比要求。经济实用，成本低、功耗小。

(6) 高维护性要求。通用性强，调试、使用和维护方便，能快速进行校准。

> **案例 8-3**
>
> 在汽车装配自动生产线车架传送装置中，工件停靠位置是严格限定的。试设想一下怎样实现这一任务。
>
> **问题：**
>
> (1) 工件传送装置上都采用哪些传感器？
>
> (2) 这些传感器能测量哪些参数？
>
> (3) 它们怎么完成传感检测任务？

8.4.2 自动生产线传感器的选择原则

自动生产线上选用传感器时，虽然传感器的输入输出特性在理论分析上较复杂，但在实际应用时并非如此。因为传感器生产厂家出厂的系列产品已为用户完成了那些较复杂的工作，用户只需根据使用要求按其主要性能指标和参数，如测量范围、精度、分辨率、灵敏度等选用即可。自动生产线传感器的选择原则主要有以下几个方面。

1. 重视传感器选型

很多基于不同工作原理的传感器都可以对同一对象参数进行测量。采用哪种工作原理的传感器，需要考虑多方面的因素。一般情况下，可根据被测对象和测量特点考虑：量程的大小；被测位置的结构尺寸；接触式测量还是非接触式测量；输出信号的类型和标准；通用型号还是专用型号；技术成熟和先进性；价格适宜。

2. 精度要求高于自动生产线的总体精度

传感器的精度是检测装置测量精度的重要环节。传感器的精度越高，对检测装置测量精度的贡献越大，因此在达到测量精度要求和价格允许的情况下应尽可能选择精度高的传感器。另外，由于自动生产线大多是采用闭环反馈控制形式实现总体精度要求，检测装置为整个自动生产线自动调节提供了消除偏差的信号，因此检测装置所能达到的测量精度成为自动生产线所能达到总体精度的决定因素。

3. 静态与动态特性符合自动生产线特性

自动生产线传感器工作性能的优劣取决于传感器的基本特性，即静态与动态特性。在静态特性中，当选择高灵敏度时，信噪比小于10的传感器不宜选用；当选择良好线性度时，还要综合考虑实际应用中由补偿电路、放大器和运算电路等引起的非线性因素；当选择时滞性时，尽量选用时滞较小的传感器，时滞过大的传感器不宜选用；当选择环境性时，对影响传感器的温度、湿度、气压、振动、电源电压电流、频率等都要考虑，特别是温度因素；当选择稳定性时，要考虑传感器长期连续工作时的漂移现象，以及电子电路的漂移。在动态特性中，应满足自动生产线的实时性要求。

4. 使用条件适宜自动生产线工作

自动生产线传感器的使用条件，如供电方式、电压电流幅度与稳定性等，都直接影响着传感器的工作质量，因此一定要选择适宜自动生产线工作的传感器。传感器的外形结构、尺寸、重量、外壳、材质等也要适合现场工作要求。此外，传感器的安装条件、安装方式、与其他设备的连接、馈线与电缆、备件和维护也不容忽视。

8.4.3 自动生产线传感器的布置

自动生产线传感器的正确使用和工作，依靠合理布置和外部电路工作。

1. 安装部位结构布置

自动生产线传感器的安装必须符合电子线路安装和固定规范，集中排线，尽量消除寄生电容、电磁干扰和相互干扰。安装部位结构稳定和洁净，运动频率不引起传感器发生共振或不稳定工作，尽量避免传感器的摩擦磨损。传感器安装部位有防护措施。

传感器的排列要保证不发生相互干扰和影响，并留有一定的安装空间和尺寸间隙。当一个传感器发生故障时，不影响别的传感器正常工作。

2. 线性化处理与补偿

大多数传感器都具有不同程度的非线性特性，导致在较大范围内的测量存在较大的误差。在使用模拟电路组成的检测装置中，为了进行非线性补偿，通常采用补偿电路进行线性化处理；当检测装置中含有微型计算机时，还可以采用软件实现非线性补偿。

当传感器输出量中包含有被测物理量以外因素时，为克服这些因素的影响，往往需要采取相应的补偿措施。一般地，外界环境温度变化，将使检测装置产生附加误差，影响测量精度，因此必须进行温度补偿。

3. 传感器标定

传感器标定就是利用精度高一级的标准量具对传感器进行定度的过程，从而确定传感器输入量与输出量之间的对应关系，同时也确定不同使用条件下的误差关系。

传感器在使用前必须经过标定才能使用。当使用一段时间后，还要定期进行检查和校正，检查精度性能是否满足原来的设计要求。一旦精度下降经过校正，还将重新进行标定。

4. 抗干扰措施

自动生产线传感器大多要在现场工作，而现场工作的环境条件往往是不理想的有时甚至极其恶劣和苛刻。各种外界因素自然会影响传感器的精度和工作性能，所以在自动生产线的检测装置中，防护和抗干扰非常重要，尤其是对微弱输入信号的检测。

自动生产线传感器常采用的抗干扰措施有屏蔽、滤波、隔离和接地等，需进行电磁兼容技术设计。

8.4.4 自动生产线传感器的应用

1. 电感式接近开关传感器

电感式接近开关传感器是属于输出开关量信号的传感器，内部由 LC 高频振荡器和放大处理电路组成。它用于自动生产线中以检测金属物体。表 8-3 是一个圆柱状外形结构电感式接近开关传感器的规格参数。

表 8-3　电感式接近开关传感器的规格参数

型号	NI4-M12-AD4X	额定工作距离	4mm
外形尺寸	M12mm×54mm	重复精度	≤2%
额定工作电压	DC 10～65V	温度漂移	≤±10%
额定工作电流	≤100mA	短路保护	有
输出	动合，两线制	连接方式	M12×1 接插件
开关状态指示	LED	安装方式	非平齐
开关频率	≤1kHz	防护等级	IP67

图 8-28 和图 8-29 分别为其电气图形符号和实物外形。这种传感器直径为 $\phi 12mm$，安装采用 M12×1 螺纹连接非平齐方式，因此只需在设备外壳相应部位钻一个 $\phi 12mm$ 的通孔或攻出 M12×1 的螺纹通孔即可。其背后有红色 LED 工作指示灯，当检测到物体时 LED 点亮，平时处于熄灭状态，因此非常直观。

2. 光电传感器

光电传感器是通过把光的强度变化转变为电信号，输出开关量的传感器。有对射式和反射式两种，广泛应用于自动生产线的各个装置。表 8-4 是柱状结构光电传感器的规格参数。

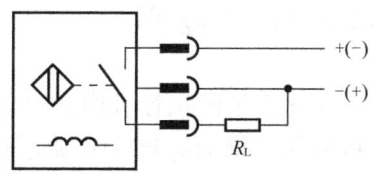

图 8-28 电感式接近开关传感器的图形符号

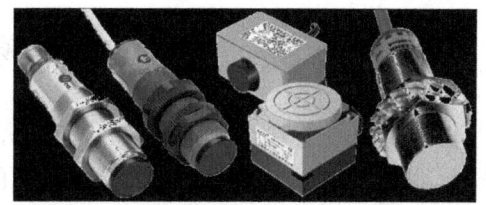

图 8-29 电感式接近开关传感器的外形

表 8-4 光电式开关传感器的规格参数

型号	GD-S186E/S18SP6R
外形尺寸	M18mm×70mm
电源电压	DC 10～30V
功耗	≤1W
控制输出	PNP 动合/NC 动断，负载电流≤100mA，残余电压≤1.5V
工作指示	亮动和暗动，发射器通电点绿灯，接收器入光点红灯
响应时间	≤1ms
检测距离	≥15m
电路保护	极性保护，过载保护
工作环境	照度：太阳光 10kLx，白炽灯 3kLx；温度：-15～+55℃；湿度：45～85%RH
壳体材料	黄铜镀镍
连接方式	M18mm 接插件，直线引线，线长 2m
安装方式	平齐
防护等级	IP65

图 8-30 和图 8-31 分别为其实物外形和电气图形符号。这种传感器外形尺寸为 M18mm×70mm，安装方便，在安装部位加工 M18 的螺纹通孔即可。在钻孔时一定要注意发射端和接收端所钻孔的轴线严格对准，如果偏差大会产生较大的误差。另外，光电传感器的信号输出线应采用屏蔽电缆，不能与动力线等绕在一起或在同一排线管道。

图 8-30 光电传感器的外形

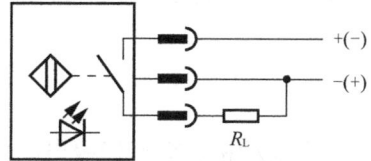

图 8-31 光电式接近开关传感器的图形符号

案例 8-3 分析

汽车装配自动生产线车架传送装置，需要大量的电感式接近开关传感器、光电式传感器、热电传感器、压电式传感器、磁电式传感器和光纤式传感器等。

这些传感器能测量工件传送装置和车架的位置、位移、速度、压力、计数值和环境温度、湿度等。

汽车装配自动生产线工件传送装置上所采用的传感器大多数是非接触式的传感器，也有少部分是接触式的。这些传感器将探测和感知到的信号转化成标准的电压或电流信号，经过滤波、放大和隔离，输入到 A/D 转换器和微型计算机进行数据处理，从而得到所需的被测参数和信息。

8.5 自动生产线执行器的选择与应用

自动生产线上有着各种各样的执行器，与一般机电一体化系统的执行机构大同小异。这些执行器把电源、液压源或气源等动力源的能量转化为机械能，推动负载按照预定的步骤和运动进行动作，以完成自动生产线执行功能，实现工作任务。

8.5.1 自动生产线对执行器的要求

自动生产线执行器是其各组成装置中的重要动力设备。它能根据输入信号产生预定的输出力(或力矩)、运动方向和停止位置等。自动生产线对执行器的主要要求有：
(1) 能适合自动生产线现场高效快速的工作特点和使用条件；
(2) 动作灵敏，反应迅速，稳定可靠，易于控制；
(3) 总体布局，包括自动生产线形式；
(4) 动力大，惯性小；
(5) 体积小，重量轻；
(6) 容易安装和调试，维护性好；
(7) 便于计算机控制。

8.5.2 自动生产线执行器的种类

在执行器中，直接受输入信号控制并执行信号指令的元件是其执行元件，它是执行器的关键机构。根据所执行动作运动形式的不同，执行器可分为直线运动执行器、回转运动执行器和摆动执行器。

根据所用动力能源形式的不同，执行器可分为机械执行器和电气执行器。

1. 机械执行器

机械执行器主要包括液压执行器和气压执行器，均属于流体动力执行器。它可以将流体的压力能转化为推动负载运动的机械能。

对于液压执行器，流体是液压油。对于气压执行器，流体介质则是压缩空气或惰性气体。目前应用的这两种执行器，都由自动控制的流体动力源驱动，并包含有用于自动控制的传感器等。

2. 电气执行器

电气执行器主要有电磁式执行器和介电材质驱动器，属于电动力执行器。它可以将电能直接转化为机械能。

电磁式执行器包括电磁铁、电磁离合器和电动机。介电材质驱动器主要是利用一些介电功能材料的特殊性能进行微小位移工作，如利用双金属、记忆合金、压电材料和热电材料等。

8.5.3 自动生产线执行器的使用性能特点

1. 电动执行器

自动生产线电动执行器主要有控制电动机(直流伺服电动机、交流伺服电动机、步进电动机)、静电电动机、超声波电动机、直线电动机等。控制电动机的驱动系统一般由电源供给电力，经电力变换后输送给控制电动机，使控制电动机按照指令启停和运动。

对于控制电动机的性能，除了要求稳速运转之外，还要求加减速性能和伺服性能等动态性能，以及频繁使用时的适应性和便于维护的性能。

2. 液压执行器

自动生产线液压执行器主要有液压油缸、液压马达和液压摆动马达，其中液压油缸占绝大多数。目前市场上有各种模拟式电-液伺服液压油缸、数字式电-液伺服液压马达和数字式电-液步进液压马达。

对于一般的电-液伺服液压油缸，可采用电-液伺服阀控制液压油缸的运动。对于数字式电-液伺服液压马达和数字式电-液步进液压马达，其最大的优点是比纯电磁式马达的力矩大，高精度定位性能好，可以直接用于驱动，而且力矩惯量比大，过载能力强，使用方便，特别适合于重载的高加减速驱动。

3. 气压执行器

自动生产线气压执行器主要有气缸、气动马达。当采用气缸驱动时，需要气体压缩机等外部装置。

气压执行器可得到较大的驱动力和行程，功率大，响应速度快；但是，由于空气压缩性差，很难实现较高精度的位置控制，所以不能用于定位精度较高的场合。

以上几种执行器的使用性能特点如表 8-5 所示。

表 8-5 常见执行器的使用性能特点比较

类型	使用特点	优点	缺点
电动执行器	可使用普通商用电源；信号与动力的传送方向一致；有交直流之分，应注意电压大小的差别	操作简便；编程容易；能实现定位伺服；易与 CPU 连接；体积小，动力较大，响应快；无污染	瞬时输出功率大；过载能力差，特别是超负荷工作时，会引起线圈过热或烧毁；易受外部噪声影响
液压执行器	需要外部液压源装置；液压源压力范围宽，为 $(2\sim8)\times10^6$ Pa；要求操作人员技术熟练	输出功率大；速度快，工作平稳；能实现定位伺服；易与 CPU 连接；响应快	系统复杂，设备难于小型化；对液压源和液压油要求严格；易泄漏产生污染
气压执行器	需要外部气源装置；气压源压力为 $(5\sim7)\times10^5$ Pa；要求操作人员技术较熟练	输出功率较大；速度快；气源方便，成本低；响应快；操作较简单	设备体积大，难于小型化；功率体积比小；动作平稳性差；远距离传输困难；噪声大；难于伺服

8.5.4 自动生产线执行器的选择

在选择自动生产线执行器时，应首先根据自动生产线的技术要求、运行地点的外部环境、供电电源、传动机构和驱动机构的配备，合理地选择执行器的类型、额定电压、额定速度和外部结构形式，使执行器在高效率、低损耗的状态下可靠工作，以达到提高综合经济效益的目的。

一般情况下，没有过大负荷和其他特殊要求，优先选择电动执行器。

1. 电动执行器类型的选择

电动执行器类型繁多。根据电动机工作电源不同，有直流和交流之分。其中交流电动机又有单相和三相之分。按照工作原理结构的不同，还可分为异步(感应)和同步。

在选择时，应在满足过载能力、启动能力、调速性能和运行状态等要求的前提下，优先选择结构简单、运行可靠、维护方便、价格便宜的电动机。

对启动、制动和调速无特殊要求的设备，如普通机床、泵等，可以选择笼形异步电动机。

若设备的启动力矩较高，如链式、带式传送装置、压缩机等，可选择双笼形异步电动机。如果需要分组调速，如通用机床、升降机等，可选择多速异步电动机。如果启动、制动比较频繁，同时启动、制动转矩较大，但又对调速性能要求不高，调速范围不宽，如起重机、冲压、轧制设备等，可选择绕线型异步电动机。若要求调速范围较宽、调速平滑、对拖动过渡过程有特殊要求，如高精度数控机床、龙门刨床、剪板机等，可选用他励直流电动机。当然，目前交流电动机变频调速已可代替直流电动机调速。

对启动、制动和调速有特殊要求时，应进行技术经济比较，以便合理地选择电动机的类型及其调速方法。

2. 电动执行器主要性能参数的选择

1) 额定功率的选择

正确地选择电动机额定功率非常重要。如果额定功率选择过大，电动机长期在欠载状态下运行，不仅增加了设备投资，还会降低效率和功率因数等指标，增加运行费用；如果额定功率选择过大，电动机长期在过载状态下运行，会使电动机过热而降低使用寿命，甚至拖动不了负载。因此所选电动机的额定功率应该等于或稍大于设备所需要的功率。

确定电动机额定功率时主要考虑三个因素：一是电动机的发热和温升；二是启动能力；三是短时过载能力。具体方法有类比法、统计法、实验法和计算法。最基本的还是要依据设备负载变化的规律，绘制电动机负载图，然后计算电动机的发热和温升曲线，从而确定电动机的额定功率。

2) 额定电压的选择

电动机额定电压的选择应综合考虑其额定功率、所在电力系统的配电电压和配电方式。

一般地，中小型三相异步电动机的额定电压主要有 380V、3kV、6kV 和 10kV 等几种。由于高压电器设备的初期投资和维护费用比低压电器设备要贵得多。当电动机额定功率小于 200kW 时，往往选择 380V；当电动机额定功率大于 200kW 时，采用高压电，由于 3kV 电网的损失较大，而 10kV 的价格又较昂贵，除非特大型电动机外，往往选择 10kV。

中小型直流电动机的额定电压主要有 110V、220V 和 160V、440V 等几种。后两种分别适用于由 220V 单相桥式整流器和 380V 三相全桥式整流器供电的场合，额定励磁电压为 180V。

3) 额定转速的选择

电动机额定转速的选择根据设备所需的转速和传动方式，通过技术经济比较后而确定。

对于额定功率相同的电动机，当额定转速高时，电动机的重量轻、体积小、价格低、效率和功率因数较高。但由于设备负载所需的转速一定，电动机额定转速越高，则传动比就越大，这导致传动机构复杂，传动效率降低，于是增加了传动机构的成本和维修费用。

对连续运行的设备，应从设备初期投资、占地面积和运行成本及维护费用等几方面考虑，确定几个不同的额定转速进行比较，最后再选定合适的传动比和电动机额定转速。

其他性能参数的选择，则可通过查找相应的电动机手册，经过比较进行选择。

3. 电动执行器外部结构形式的选择

电动机的外形结构有开启式、防护式、封闭式、密封式和防爆式等多种。开启式电动机在定子两侧和端盖上开有很大的通风口，散热好、价格低，但容易进灰尘、水滴和铁屑等杂物，只能在清洁和干燥的环境中使用；防护式电动机的机座和端盖下方有通风口，散热好，能防止水滴和铁屑等杂物从上方落入，但是潮气和灰尘仍可进入，一般用在比较干燥和清洁的环境中；封闭式电动机的机座和端盖上均无通风口，内部完全封闭，以防止外部的潮气和灰尘进入，多用于灰尘多、潮湿、有腐蚀性气体、易引起火灾等的恶劣环境中；密封式电动机的密封程度高，外部的气体和液体均不能进入内部，可用于浸入液体的环境中，如进入水或油中的泵电动机；防爆式电动机不但有严密的密封结构，外壳又有足够的机械强度，一旦少量爆炸性气体侵入内部发生爆炸时，外壳能承受爆炸的压力，火花不会窜到外面以致引起外界气体再爆炸，适用于有易燃易爆气体的场所，如矿井、油库和煤气站等。

电动机的安装形式有卧式和立式两种，一般先选用卧式，特殊情况下才选用立式。电动机输出轴有单轴伸出和双轴伸出两种，多数情况下选择单轴伸出。另外，我国电动机的工作制按照发热和冷却情况的不同，有连续、短时、断续周期、含启动断续周期、含电制动断续周期、连续周期、含电制动连续周期、含变速变载连续周期和负载转速非周期变化等九种工作制，应尽量选择与自动生产线实际工作方式相当的电动机。

8.6 自动生产线控制装置的技术应用

自动生产线由控制装置将组成自动生产线的所有工装设备和辅助装置连接成一个有机的整体。控制装置是自动生产线的指挥系统，操纵着自动生产线严格按照预定的顺序，有节奏、协调地实现运动和停止运动，使工作循环周而复始地完成。

8.6.1 自动生产线对控制装置的要求

自动生产线的高生产效率和工作可靠性，在很大程度上取决于控制装置的完善程度和可靠性。控制装置的完善程度往往成为自动生产线自动化水平的重要标志，因此，自动生产线对控制装置总的要求就是准确、灵敏、可靠、耐用和方便。具体要求主要如下：

(1) 满足自动生产线工作循环要求，控制电路的逻辑关系严格按照自动生产线的工作循环图，并尽可能简单；

(2) 控制装置的元器件要求可靠耐用，安装正确，调整和维护方便；

(3) 线路布置安全合理，干扰小，决不能影响自动生产线的正常工作和整个生产效率；

(4) 在关键部位对关键生产指标和工艺参数设置检测装置，当遇到故障和事故时，及时发出信号、报警，局部或全部停车；

(5) 控制装置要求有一定的冗余度和容错功能，控制方式可采用时序控制或行程控制、集中控制或分散控制。

8.6.2 自动生产线控制装置的种类

生产线的自动化，从以前机械控制到如今的微机控制，常用的种类有机械式、液压式、气动式、电气式和电子式。

1. 机械式

机械控制主要由分配轴、凸轮、靠模和调整及停止环节等机构来实现。各机构的运动要求，严格按照工作循环图的规定，设计成相应的轮廓形状，从而完成预定的程序和动作。一旦工作对象或工作循环改变，需重新设计机构轮廓和进行调整。

机械控制的结构比较复杂，调整有限和烦琐，但是可靠易行，应用成熟。它主要适用于大批量生产中的专用自动机和半自动机上。

2. 流体式

流体控制是利用流体的各种控制元件和装置,组成控制回路,进行自动控制。流体控制分为液压控制和气动控制两种。

1) 液压式

液压控制是以液压油为工作介质,进行能量传递和控制的一种形式。由于液压装置能在大范围内无级调速,反应快,惯性小,工作平稳,但能量损失较多,对温度变化敏感,因此液压控制主要用于对液体压力、流量和流动方向等进行调节和控制的场合。它也可以与电气或电子控制结合起来实现较复杂的顺序控制。

2) 气动式

气动控制是利用压缩空气来进行能量传递和控制。它与液压控制相比,动作迅速,反应快,成本低,能适应恶劣条件,便于现有设备的自动化改造,但体积较大,有噪声,平稳性较差,因此气动控制主要用于对自动化要求不高的控制场合,也可与电气或电子控制结合起来实现较复杂的顺序控制。

3. 电气式

电气控制主要由各种电动机和低压电器(如主令电器、转换开关、接触器、继电器、电磁阀、行程开关、熔断器、断路器等)通过导线连接组成,利用电器内部元件行程、压力、时间或温度等的变化,使电器元件触头接通或断开电动机、电磁铁或电磁阀的电路,以改变各机构的运动状态。

电气控制结构简单,成本低,使用方便,易于调整和维护,技术成熟,但是有动点触点时反应较慢,可靠性受到一定限制,它适用于各种自动化装置和设备,应用非常广泛,还可以与电子控制结合起来实现多种控制。

4. 电子式

电子控制是以电子和微电子的半导体器件为主,通过传感检测、信号处理和显示装置,完成电信号的能量传递和控制。由于电子计算机的大量普及,伴随着通信、网络和电子信息的发展,出现了各种各样的新型控制装置。

采用电子计算机技术的电子控制,实现了系统控制的微型化、多功能化、柔性化和智能化,通过软硬件相结合的方式,极大地提高了安全可靠性和自动化水平,目前已成为自动生产线控制装置中发展最快、影响最大和最活跃的关键技术。

8.6.3 自动生产线控制装置的性能比较

各类控制方式各有特点,分别适用于不同的场合。其性能比较见表 8-6。

综合表 8-6 中内容可知,机械式、液压式、气动式、电气式和电子式控制装置主要用于单个装置和设备上,视装置和设备的结构和被控对象进行取舍,一般多以工作介质的同一性考虑为主。对于整个自动生产线控制装置而言,原有采用电气式的,早已逐渐被电子式所取代,从而形成以电子式为主的上下两级控制的混合形式。

表 8-6 各种控制方式的性能比较

项目指标	机械式	液压式	气动式	电气式	电子式
构造及元件	普通	稍复杂	简单	稍复杂	复杂
体积	大	较大	较大	中等	小
输出力	中等	很大（100kN 以上）	大（30kN 以下）	中等	很小
动作速度	低	稍高	高	很高	很高
信号响应	中等	较慢	较快	快	快
位置控制	普通	好	较差	很好	很好
速度控制	不好	很好	较好	很好	很好
无级变速	不好	很好	好	好	很好
遥控	不好	较好	较好	很好	很好
安装限制	很大	较小	较小	小	小
动力源中断时	无法工作	有蓄能器时可工作	可工作	可延时工作	可延时工作
管线	无	复杂	稍复杂	较简单	复杂
保养需求	高	中等	低	中等	中等
保养技术	简单	简单	简单	较复杂	复杂
危险性	小	注意引火性	小	注意漏电	很小
环境温度	普通	普通（约 70℃ 以下）	普通（约 100℃ 以下）	高时要注意	高时要注意
环境湿度	普通	普通	注意凝结水	高时要注意	高时要注意
腐蚀性	普通	普通	注意氧化	大时要注意	大时要注意
振动	普通	不必担心	不必担心	大时要注意	大时要注意

8.6.4 自动生产线控制装置的应用

目前以电子计算机为核心的数字控制(Numeral Control，NC)技术，广泛应用于各类自动生产线的控制装置中。其代表产品主要有可编程逻辑控制器(PLC)、嵌入式系统控制器(ESC)和开放网络控制器(ONC)。

1. PLC 控制装置

PLC 是采用一类可编程的存储器，用于其内部存储程序，执行逻辑运算、顺序控制、定时、计数与算术操作等面向用户的指令，并通过数字或模拟式输入、输出控制各种类型的机械或生产过程的一种数字运算操作的电子系统。PLC 及其相关设备都按照易于与工业控制系统形成一个整体和易于扩充其功能的原则设计。

由于 PLC 具有高可靠性、丰富的 I/O 接口、模块化结构、体积小、重量轻、能耗低、使用和维护方便等特点，PLC 控制装置已经成为自动生产线中应用最广泛的一种控制装置。图 8-32 为一个 PLC 控制装置在自动生产线中应用的体系结构。

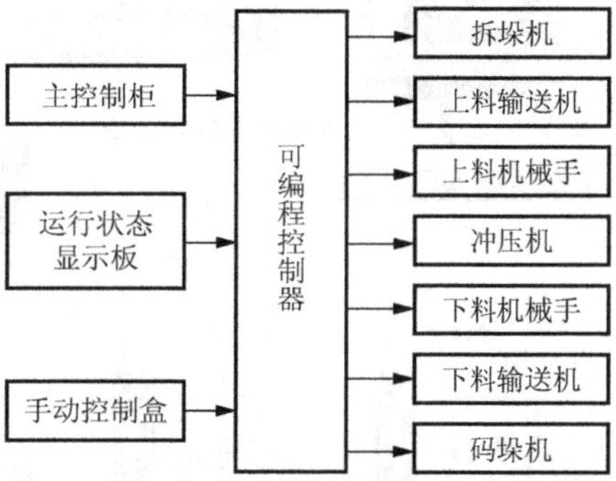

图 8-32 典型自动生产线 PLC 控制装置应用的体系结构

2. ESC 控制装置

嵌入式系统是控制、监视或者辅助装置、机器和设备运行的装置，是嵌入到对象体系中的专用计算机系统。它以应用为中心，以计算机技术为基础，并且软硬件可裁剪，适用于应用系统对功能、可靠性、成本、体积和功耗有严格要求的专用计算机控制系统中。

ESC 虽然在功能和标准上与微处理器基本相同，但在工作温度、抗电磁干扰和可靠性等方面都得到增强。与工业控制计算机相比，ESC 具有体积小、重量轻、能耗小、成本低和可靠性高等优点。目前，主要产品类型有 ARM、MIPS、Am186/88、386EX、PowerPC、68000 系列等，其中 ARM 具有较强的事务管理功能，可用来运行界面及应用程序，其优势在机电设备的控制方面体现明显。图 8-33 为典型自动生产线 ESC 控制装置的 ARM 功能模块结构。

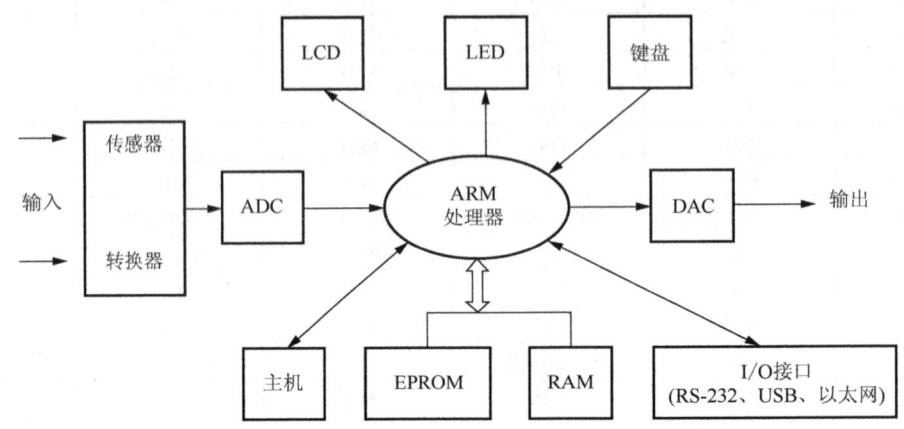

图 8-33　ARM 嵌入式工业控制装置的功能模块结构

3. ONC 控制装置

开放式系统是指能提供使合理实现的应用程序运行于来自多个控制供应商的不同平台上及与其他系统互操作的能力，并且具有一个用来与用户交互的持续的风格。它的本质特征是开放性和网络控制。网络控制是基于标准 PC 的开放式系统，可利用以太网技术实现强大的网络功能，使控制网络和数据网络相融合，实现网络化生产信息和管理信息的集成，以及生产过程监控、远程生产、远程诊断和远程升级。

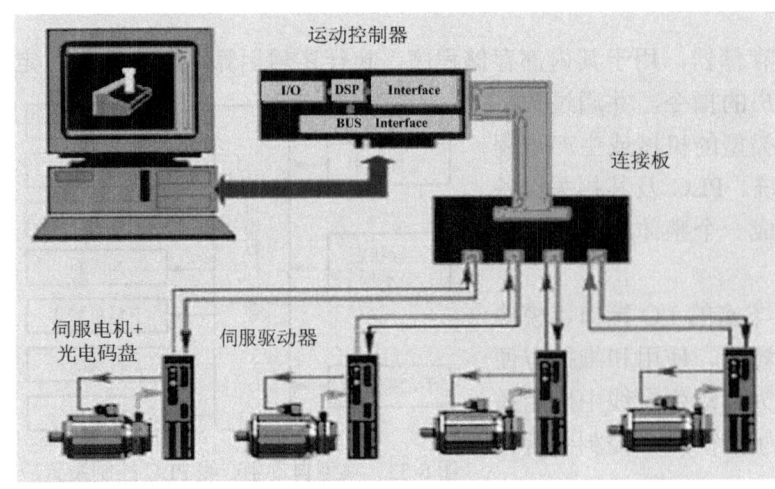

图 8-34　ONC 数控系统结构

ONC 由于使用了标准的工控机和接口，可以灵活地选用各种传感器、执行器、驱动装置和反馈元件，支持包括以太网和 Internet 网在内的多种网络协议及拓扑结构，可以方便地实现远程控制，组网技术十分灵活和成熟，适应了未来网络化数控的发展要求。其控制装置系统结构如图 8-34 所示。

以上三种控制装置的应用对比见表 8-7。

表 8-7 三种典型电子式控制装置的应用对比

项目指标	PLC 控制	ESC 控制	ONC 控制
系统组成	主机与扩展模块	自行开发、非标准化	主机与相关 I/O 板卡
系统功能	逻辑控制为主，也可模拟控制	简单的处理功能和控制功能	简单或复杂的控制系统
控制速度	一般	快	快
通信功能	串口，通过通信模块扩展 USB 或网口	串口、USB 或其他通信接口	串口、并口、USB、网口
软件开发	梯形图为主支持高级语言	汇编或高级语言需自行开发	高级语言开发或工业组态软件
人机界面	一般	较差	好
可靠性	好	一般	一般
环境适应性	好	一般	一般
开发周期	短	较长	一般
成本	中	低	高
应用场合	一般规模，现场控制	智能仪表，简单控制	一般现场控制，较大规模控制

习题与思考题

8-1 什么叫自动生产线？

8-2 自动生产线如何分类？都有哪些类型？

8-3 自动生产线有哪几大部分组成？各部分功能如何？

8-4 自动生产线总体设计有哪些内容？其原则是什么？

8-5 自动生产线有哪些性能指标？

8-6 已知某一自动生产线产品的某公差要求分别是 $\phi 20\pm 0.023$mm 和 $\phi 450+0.05$mm，通过随机抽样得到的样本工程标准差 σ_e 分别是 0.007 和 0.006。求该设备工程能力指数 C_e 值。

8-7 自动生产线结构设计有哪些任务？

8-8 自动生产线工件传送装置有哪些常用机构？

8-9 自动生产线典型结构装置是什么？

8-10 自动生产线对传感器的要求是什么？

8-11 自动生产线执行器有哪些种类？各有什么特点？

8-12 电动自行车装配的自动生产线各个组成装置都需要完成哪些动作和执行任务？分别需要哪些传感器和执行器？

8-13 自动生产线控制装置有哪些？

第9章　计算机数控系统与应用实例

工业生产中，数控机床的种类很多，如数控车床、数控铣床和加工中心等。这些机床正常工作都离不开其核心控制部件——计算机数控系统的支持，如图9-1所示。

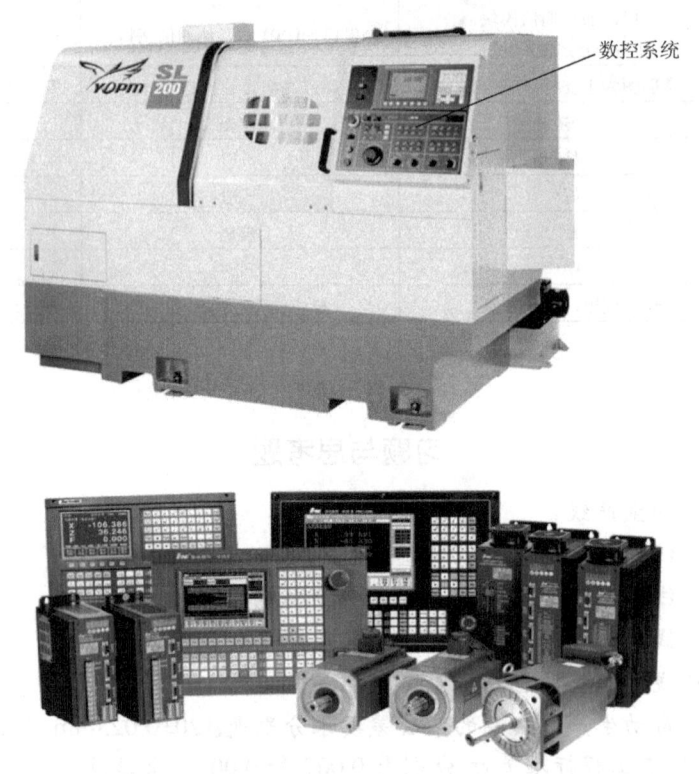

图 9-1　数控机床及计算机数控系统

事实上，由于传统思想的影响，国内数控机床的研究一直局限于如何提高机床的加工精度和自动化水平上。而将计算机数控系统当作一个辅助部件，由专业厂家去设计生产，这也造成数控系统的设计一直沿用封闭式的体系结构，使得人们长期以来积累的经验和决策创造力难以融入到这一核心控制器中。经过几十年的建设，我国数控系统的生产已经有了一定的规模，但总体来看，国产数控装置的生产研发还处于起步阶段，企业大量使用的数控系统仍主要采用国外品牌，如 FANUC、西门子等。这些大公司的产品在部分技术上顺应着国际开放式发展的要求，但为了保持其市场份额和既得利益，其结构上仍采用了相对封闭的形式，不利于数控技术的发展。随着市场对产品的个性化需求，当代制造业必然需要面向多品种、小批量生产。采用通用 CNC 系统往往满足不了专用设备的个性化需求，或导致成本太高。那么，能否找到一种更加灵活的方案来解决这些问题呢？答案就在本章。

本章知识要点

(1) 了解计算机数控系统的基本概念、发展趋势和主要的品牌数控系统；
(2) 了解数控系统设计开发的组成原理和基本方法。

探索思考

面向智能制造的数控系统有什么特点和要求？如何实现智能化？

预备知识

请复习以前学过的微机原理、数控技术、测试技术、机电传动等课程的知识。

9.1 数控系统概述

数控即数字控制是利用数字化的信息对设备(机床)运动及其加工过程进行控制的一种方法。数控系统是采用数字控制技术的自动控制系统，其是数控机床得以运行的核心。计算机数控系统(Computer Numerical Control，CNC)是将计算机作为核心部件的数控系统，通过程序化的软件实现控制功能。

数控系统和计算机技术的发展始终保持同步，至今已经历了从电子管、晶体管、集成电路到微处理机的演变，系统的功能日益增强，应用领域逐步扩大。

数控系统的典型应用为数控机床，其种类繁多，有钻铣镗床类、车削类、磨削类、电加工类、锻压类、激光加工类和其他特殊用途的专用数控机床等。带有自动刀具交换装置(Automatic Tool Changer，ATC)的数控机床(带有回转刀架的数控车床除外)称为加工中心(Machining Center)。它通过刀具的自动交换，可以在一次装夹中完成多工序的加工，实现工序集中和工艺复合，从而缩短辅助加工时间，提高机床效率。由于减少了零件安装、定位次数，其同时也提高了加工精度。加工中心是目前产量最大、应用最广的数控机床。

9.1.1 计算机数控系统的组成

计算机数控系统由输入/输出设备、CNC 单元、伺服驱动装置、可编程逻辑控制器(PLC)及电气控制装置(即强电装置)和检测反馈装置等组成。CNC 单元可以分为硬件装置和数控软件两大部分，如图 9-2 所示。

1. 输入/输出设备

数控机床必须由操作人员输入零件加工程序，才能按照程序加工出所需要的零件。在向数控系统输入命令后的加工过程中，数控系统要显示必要的信息，如切削方向、主轴转速、坐标值、报警信号等。此外，输入的加工程序可能不

案例 9-1

数控机床种类繁多，功能和使用也各不相同。

问题：
如何选择一款数控系统？

是完全正确的，时常需要进行编辑、修改和调试。上述操作人员与机床数控系统的信息交流过程，要通过数控系统中的输入/输出设备（即交互设备）来完成。

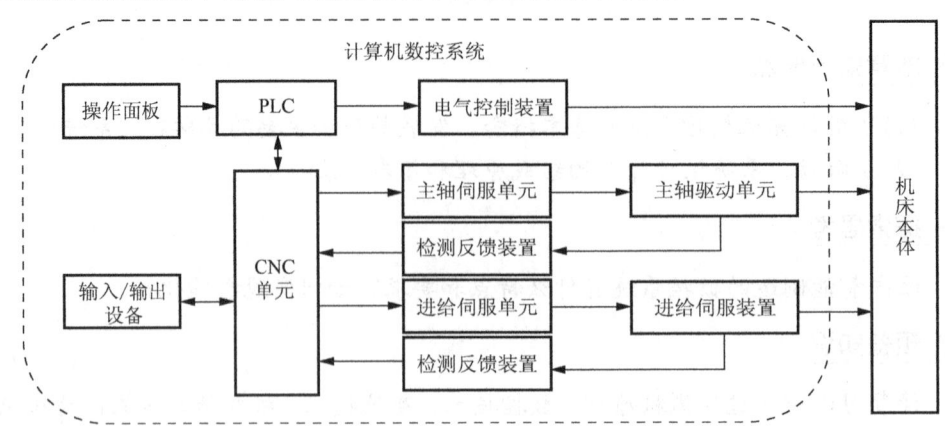

图 9-2 计算机数控系统（CNC）的组成

数控机床上使用的输入/输出设备主要有键盘、显示器、打印机、通信接口等。随着互联网技术的不断发展，网络接口在数控机床上的应用也逐渐普遍。

键盘和显示器是数控系统中应用最广的人机交互设备。操作人员可通过键盘输入程序、编辑修改程序和发送操作命令。而这些输入指令和运行结果都可以在显示器上显示出来。与数控系统相连接的打印机可以进行加工程序的打印。如加工程序较大，也可使用数控系统上的通信接口进行程序的传送。

手动数据输入（Manual Data Input，MDI）是最重要的输入方式之一。键盘是 MDI 中最主要的输入设备。显示器为操作人员提供程序编辑或机床加工信息的显示。现代数控机床都配有显示器，能显示字符、加工轨迹和图形等大量信息。

编制好的数控加工程序一般存储到磁盘上，由磁盘驱动器等输入设备输入到数控系统内。磁盘驱动器就是数控机床的典型输入设备。目前比较先进的机床数控系统采用 U 盘或是 CF 存储卡存储加工程序，通过 USB 接口输出/输入程序。

数控机床的程序输入方法，除用上述的键盘、磁盘、光盘、U 盘和存储卡以外，还可以使用接口通信方式和网络接口方式输入。随着 CAD/CAM 和网络技术的发展，机床数控系统的接口功能和计算机网络通信功能显得越来越重要。

2. CNC 单元

CNC 单元是数控机床的"大脑"，它可以处理加工程序，发出各种指令，驱动机床进行运动和加工。CNC 单元主要包括微处理器 CPU、存储器、现场总线、外围逻辑电路和与其他部分联系的接口电路等部分，以及相应的监控软件。CNC 单元的作用是根据输入的数据，插补运算出理想的运动轨迹，输出到执行部件（伺服单元、驱动装置等），进而加工出所需要的零件。CNC 单元的监控软件可以使系统具有各种不同的控制功能；不同的监控程序可以使其应用到不同种类的机床上。例如，一套 CNC 单元配上车床的监控软件就可以应用于数控车床上，配上铣床的数控软件就可以应用在数控铣床上（当然硬件也要根据实际情况进行相应的改动）。CNC 单元的主要功能如下。

（1）多轴控制功能：控制系统可以控制坐标轴的数目，是指数控系统最多可以控制多少个坐标轴,其中包括平动轴和回转轴。基本平动坐标轴是 X、Y、Z 轴;基本回转坐标轴是 A、B、C 轴。联动轴数是指数控系统可以同时控制多少个运动坐标轴进行插补运算的数目。例如,某型号的数控机床具有 X、Y、Z 三个坐标轴运动方向,而数控系统只能同时控制两个坐标轴(XY、YZ 或 XZ)方向的运动,则该机床的控制轴数为 3 轴(称为 3 轴控制),而联动轴数为 2 轴(称为两联动)。

(2) 插补功能:指数控机床能够实现的运动轨迹,如直线、圆弧、螺旋线等。数控机床的插补功能越强,插补速度越快,说明数控系统此项性能越好,数控机床的运行速度就越快。

(3) 进给功能:包括快速进给(空行程移动)、切削进给、手动连续进给、点动等,还包括进给量调整(倍率开关)、自动加减速功能等性能。进给功能与伺服驱动系统的性能有很大的关系。

(4) 主轴功能:可实现恒转速、恒线速度、定向停车及转速调整(倍率开关)等功能。恒线速度是指主轴可以自动变速,使得刀具对工件切削点的线速度保持不变,这对于数控车床来说很重要。主轴定向停车功能主要用于数控机床在换刀、精镗等工序退刀前,主轴进行准确定位,以便于退刀;还可以用于数控铣床的刚性攻丝以及主轴上安装测量头进行机内测量的场合。

(5) 刀具功能:是指在数控机床上可以实现刀具的自动选择和自动换刀。

(6) 刀具补偿功能:包括刀具位置补偿、半径补偿和长度补偿等功能。半径补偿中,有车刀的刀尖圆弧半径补偿、铣刀半径补偿;长度补偿中,有铣床、加工中心沿加工深度方向对刀具长度变化的补偿等。

(7) 机械误差补偿功能:是指系统可以自动补偿机械传动部件因间隙产生的误差的功能。

(8) 操作功能:数控机床通常有单程序段运行、跳段执行、连续运行、试运行、图形模拟仿真、机械锁定、暂停和急停等功能,有的还有软键操作功能。

(9) 程序管理功能:是指对加工程序的检索、编制、修改、插入、删除、更名、锁定、在线编辑(即后台编辑,在执行自动加工的同时进行编辑)以及程序的存储和通信等。

(10) 图形显示功能:在显示器上进行二维或三维、单色或彩色的图形显示。图形可进行缩放、旋转,还可以进行刀具轨迹动态显示。

(11) 辅助编程功能:如固定循环、镜像、图形缩放、子程序、宏程序、坐标轴旋转、极坐标等功能,可减少手工编程的工作量和难度。

(12) 自诊断报警功能:是指数控系统对其软/硬件故障的自我诊断能力。这项功能可以用于监视整个机床和整个加工过程是否正常,并在发生异常时及时报警。

(13) 通信与通信协议:现代数控系统中一般都配有 RS-232C 接口或 DNC 接口,可以与上级计算机进行信号的高速传输。高端数控系统还可与 MAP 或 Internet 相连,以适应 FMS、CIMS 的要求。

3. 伺服单元

伺服单元可以接收来自数控系统的进给指令,经变换和放大后通过驱动装置转换成机床工作台或刀架的直线运动,或回转工作台的转动。伺服单元是数控系统和机床运动的联系环节,它能将来自数控装置的微弱指令信号放大成控制驱动装置的大功率信号。按照接收指令的形式不同,伺服单元可分为数字式伺服单元和模拟式伺服单元;按照驱动电动机不同,又可分为直流伺服单元、交流伺服单元和步进电动机驱动控制单元等。

4. 驱动装置

驱动装置的作用是将放大后的指令信号转变成机械运动，利用机械传动件驱动工作台的移动，使工作台按规定轨迹做严格的相对运动或精确定位，保证能够加工出符合图样要求的零件。对应于伺服单元的驱动装置，有步进电动机、直流伺服电动机和交流伺服电动机等不同种类。

在一些高端的数控机床中，使用直线电动机。直线电动机没有旋转的转子，其输出是移动部件的直线移动。由于省去了滚珠丝杠这个传动环节，使用直线电动机的数控机床的机械结构比较简单，运行速度和运行精度都比较高。

伺服单元和驱动装置合称为伺服驱动系统，数控系统的指令需要通过伺服驱动系统实现机床的动作。所以，伺服驱动系统是数控机床的重要组成部分。从某种意义上讲，数控机床的功能主要取决于数控系统，性能主要取决于伺服驱动系统。

5. 可编程控制器

可编程控制器是一种以微处理器为基础的通用型自动控制装置，专门应用于工业控制。这种装置的主要作用是解决工业设备的逻辑关系与开关量控制，故也称可编程逻辑控制器（Programmable Logic Controller，PLC）。当 PLC 用于控制机床的顺序动作时，称为可编程机床控制器（Programmable Machine Controller，PMC）。

数控机床的自动控制由 CNC 和 PLC 共同完成。其中：CNC 负责完成与数字运算和管理有关的功能，如编辑加工程序、插补运算、译码、位置伺服控制等；PLC 负责完成与逻辑运算有关的各种动作。PLC 接收 CNC 控制代码 M(辅助功能)、S(主轴转速)、T(选刀、换刀)等顺序动作信息，对其进行译码后转换成相应的控制信号。驱动辅助装置完成一系列开关动作，如装夹工件、更换刀具和开关切削液等。PLC 还接收来自机床操作面板的指令，直接控制机床动作，并将部分指令送往 CNC 用于加工过程的控制。

某些 PLC 还可以单独使用，用于控制那些没有轨迹要求只需进行逻辑控制的设备。

应用于数控机床的 PLC 分两类：一类是 CNC 的生产厂家为实现数控机床顺序控制，而将 CNC 与 PLC 综合设计在一起，称为内装式(或集成式)PLC；另一类是由专门的生产厂家开发的 PLC 系列产品，即独立式(或外装式)PLC。前者是 CNC 的一个组成部分，只可专门用于某种 CNC；后者的应用范围较广。控制系统的类型不同，所使用的 PLC 类型也可能不同。

6. 检测反馈装置

检测反馈装置也称反馈元件，通常安装在机床的工作台或滚珠丝杠上，作用相当于普通机床上的刻度盘以及人的眼睛。检测反馈装置可以将工作台的位移量转换成电信号，并且反馈给 CNC。CNC 将反馈值与指令值进行比较，如果两者之间的误差超过某一预先设定的数值，就会驱动工作台向消除误差的方向移动。在移动的同时，检测反馈装置又向 CNC 发出新的反馈信号，CNC 再进行信号的比较，直到误差值小于设定值为止。

根据数控系统有无检测装置，可以分为开环系统、闭环系统以及半闭环系统。开环系统的精度取决于驱动电动机(伺服电动机或步进电动机)和滚珠丝杠的精度；闭环系统的精度主要取决于检测装置的精度。所以检测装置是高性能数控机床的重要组成部分，其配置和调整状况对整个数控机床都是至关重要的。

9.1.2 计算机数控系统的分类

数控系统的种类很多，其分类方法也多种多样。

1. 按用途分类

数控系统按照其用途可分为车床数控系统、钻铣床数控系统、加工中心数控系统及磨床数控系统等。目前，各厂家的许多数控系统既可用于车床，也可用于铣床加工中心等通用数控系统。

2. 按功能水平分类

按照数控系统的功能水平，数控系统可分为低端(经济型)、中端(普及型)、高端(高性能)三类。一般来说，数控系统的档次越高，其价格就越高。目前，各厂家基本上都生产各档次的数控系统以供不同需求的用户选用。如西门子数控系统有经济型的 802 系列、普及型 810 系列及高性能的 840 系列数控系统。这种分类方法没有明确的定义和确切的界线，且不同时期、不同国家的类似分类含义也不同。

3. 按系统结构分类

1) 传统专用型数控系统

这类数控系统的硬件由数控系统生产厂家自行开发，具有很强的专用性，经过了长时间的使用，质量和性能稳定可靠，目前还占领着制造业的大部分市场。但由于其采用一种完全封闭的体系结构，往往存在维护费用高、开发周期长、功能单一等缺点。随着开放式体系结构数控系统的不断发展，这种传统专用型数控系统的市场正在受到挑战，市场份额已经在逐渐减小。

2) 开放式体系结构

与传统专用型数控系统相比，其结构上具备一些开放性。这种结构又包括专用 NC+PC 主板结构、通用 PC+运动控制器结构和纯软件型 CNC 结构等，将在第 9.3 节作详细阐述。

9.1.3 计算机数控系统的发展

1. 高速度、高精度

速度和精度是数控机床的两个重要指标，它直接关系到产品加工效率和质量。高速、高精度控制是数控技术发展的永恒主题。

机床向高速化方向发展，可充分发挥现代刀具材料的性能，不但可大幅度提高加工效率、降低加工成本，而且还可提高零件的表面加工质量和精度。超高速加工技术对制造业实现高效、优质、低成本生产有广泛的适用性。随着超高速切削机理、超硬耐磨长寿命刀具材料和磨料磨具、大功率高速电主轴、高加/减速度直线电动机驱动进给部件，以及高性能控制系统(含监控系统)和防护装置等一系列技术领域中关键技术的解决，开发应用新一代高速数控机床的步伐不断加快。高速主轴单元(电主轴，转速 15000～100000r/min)、高速且高加/减速度的进给运动部件(快移速度 60～120m/min，切削进给速度高达 60m/min)、高性能数控和伺服系统，以及数控工具系统都出现了新的突破，达到了新的技术水平。

在精度方面，精密数控机床的机械加工精度已从道级(0.01mm)提升到微米级(0.001mm)，超精密数控机床的微细切削和磨削加工精度可达 0.05pm(1pm=10^{-12}m)左右，形状精度可达 0.01pm 左右。从精密加工发展到超精密加工(特高精度加工)，是世界各工业强国致力发展的方向。其精度从微米级到亚微米级，乃至纳米级(<10nm)，其应用范围日趋广泛。超精密加工主要包括超精密切削(车、铣)、超精密磨削、超精密研磨抛光，以及超精密特种加工(三束加工及微细电火花加工、微细电解加工和各种复合加工等)。随着现代科学技术的发展，对超精密加工技术不断提出新的要求。

2. 网络化

网络化可满足以下几个方面的切实应用需求。

(1) 网络制造、全球制造：在新的制造模式下，通过数控系统的上网，可满足未来制造企业在企业动态联盟过程中和制造系统重组过程中，通过网络对外发布或允许外部了解自己的制造能力，甚至组成网上虚拟车间(工厂)和电子商务，实现异地 CAD/CAM/CNC 的网络制造。

(2) 大容量存储资源共享：我国现有的大部分数控系统内存较小，没有网络功能(仅有速度较低的 DNC 接口)，没有大容量存储设备(如硬盘)。而大型复杂模具加工程序量非常大，一般以 1MB 为计量单位。应用网络数控系统即可在高速局域网上满足 CAD/CAM 系统与数控系统进行大容量信息的通信与交换的要求。

(3) 远程监控与诊断：当数控系统产生故障时，数控系统生产厂家可以通过 Internet 对用户的数控系统进行快速诊断与维护，可大大减少维护的盲目性，提高设备完好率。满足用户对数控机床的远程故障监控、故障诊断、故障修复的要求。

(4) 远程操作和远程培训：通过把数控加工机床像办公网络中的共享打印机一样共享到网络上，满足某些制造行业对加工设备远程操作的要求以及远程培训的要求。

3. 智能化

随着人工智能在计算机领域的渗透和发展，数控系统引入了自适应控制、模糊系统和神经网络的控制机理，不但具有自动编程、前馈控制、模糊控制、学习控制、自适应控制、工艺参数自动生成、三维刀具补偿、运动参数动态补偿等功能，而且人机界面极为友好，并具有故障诊断专家系统使自诊断和故障监控功能更趋完善。伺服系统智能化的主轴交流驱动和智能化进给伺服装置，能自动识别负载并自动优化调整参数。

4. 开放化

由于传统专用封闭型数控系统的缺陷，数控系统体系结构已向开放式结构发展。其中基于 PC 的开放体系结构受到了广泛认可。基于 PC 的开放式体系结构，其硬件、软件和总线规范都是对外开放的，由于有充足的软、硬件资源可供利用，不仅使数控系统制造商和用户进行的系统集成得到有力的支持，而且也为用户的二次开发带来极大方便，促进了数控系统多档次、多品种的开发和广泛应用，既可通过升档或剪裁构成各种档次的数控系统，又可通过扩展构成不同类型数控机床的数控系统，开发周期大大缩短。

9.2　典型数控系统简介

国外数控系统生产厂家及主要产品如表 9-1 所示，国内的参见表 9-2。现简要介绍 FANUC 数控、西门子数控、三菱数控、华中数控、广州数控等典型产品。

表 9-1 国外数控系统生产厂家及主要产品

生产厂家	主要产品	生产厂家	主要产品
德国西门子	SINUMERIK 系列	日本大隈株式会社	OKUMA OSP 系列
日本 FANUC	0i、16i、30i 系列	日本信浓电气	AVAIC 系列
西班牙 FAGOR	8025/8030 系列、8055 系列	日本安川	MP-120 数控系统
日本三菱数控	MELDAS 系列	美国桥堡	Powerpath 数控系统
意大利 FIDIA	F1 数控系统	美国庄明设备	DYNA 数控系统
法国施耐德自动化	NUM 系列	瑞士 Cybelec	DNC70PSG 数控系统
德国 Englhardt	单、双、三、四轴数控系统	德国海德汉	ODC-001 数控系统
日本大森	II 型、DI 型、SHMCOS-41 型	韩国 TURBOTEK	TURBO 数控系统

表 9-2 国内数控系统生产厂家及主要产品

生产厂家	主要产品	生产厂家	主要产品
华中数控	"世纪星" HNC 系列	北京凯恩帝	KND 系列
广州数控	GSK 系列	大连大森	DASEN 系列
航天数控	CASNUC 2100 系列	北京凯奇	NC 系列
沈阳高精(蓝天数控)	NC 系列	南京华兴	WA 系列
大连光洋	GDSO 系列	南京新方达	CNC 系列
开通数控	KT 系列	成都广泰	GREAT 系列

9.2.1 FANUC 数控系统

FANUC 数控系统主要产品有 FANUC 0i 系列、16i/18i/21i 系列、30i/31i/32i/35i 系列等，如图 9-3 所示。

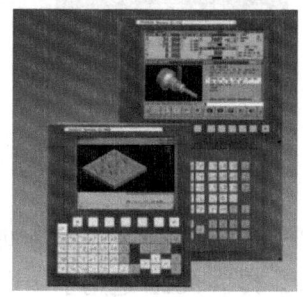
(a) FANUC 0i

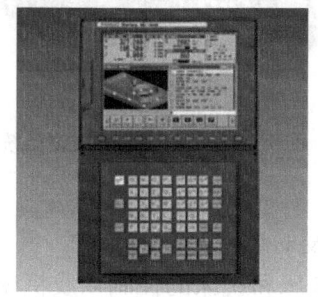
(b) FANUC 16i

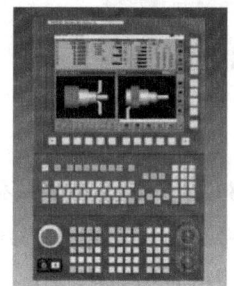
(c) FANUC 30i/31i/32i/35i

图 9-3 FANUC 数控系统

1. FANUC 0i 系列

FANUC 公司为大批量、普及型数控机床开发的一种实用型数控系统，可靠性强、性价比高。与早期的 FANUC 0 系列 CNC 相比，0i 系列最主要的特点是采用了总线技术，增加了网络功能，并采用闪存(FLASH ROM)，体积小。

FANUC 0i 至今共推出 0iA、0iB、0iC、0iD 四个产品系列。根据 CNC 功能与扩展性能，每一系列又分可扩展型(FS-0iA/FS-0iB/FS-0iC/FS-0iD 表示)与功能精简型(mate) 两种规格。根据数控机床类型的不同，可分为车床用系统(T)、铣床/加工中心用系统 (M)、冲床用系统 (P)等。四大产品系列的硬件与软件设计、结构均有较大的区别，性能依次提高，但其操作和编程方法类似，其中 FANUC 0iC 国内市场使用最广泛。

2. FANUC 16i/18i/21i 系列

该系列具有网络功能与超高速串行数据通信功能，其控制单元与 LCD 集成于一体，体积小、轻薄，适合于高速、高精度数控机床。其中 16i 最多可控 8 轴(6 轴联动)，18i 最多可控 6 轴(4 轴联动)，21i 最多可控 4 轴(4 轴联动)。系统标准配置为以太网，具备远程诊断功能。

3. FANUC 30i/31i/32i/35i 系列

该系列是纳米级通用型数控系统，具有工件坐标系设定误差补偿、五轴加工控制、刀具端点自动控制等功能，适合于多轴高速、高精度加工与复合功能数控机床。30i 的控制轴数/联动轴数可达 40 轴(32 进给轴+8 主轴)/24 轴，31i 的控制轴数/联动轴数可达 26 轴(20 进给轴+6 主轴)/5 轴，32i 的控制轴数/联动轴数可达 11 轴(9 进给轴+2 主轴)/4 轴，35i 的控制轴数/联动轴数可达 20 轴(16 进给轴+4 主轴)/4 轴。

9.2.2 西门子数控系统

西门子数控系统以其良好的稳定性和性价比，在我国数控机床行业得到广泛应用。主要产品有经济型(802S/C base line、802D/802D sl)、普及型(810D)、高档全功能型(840D/840Di)等，如图 9-4 所示。

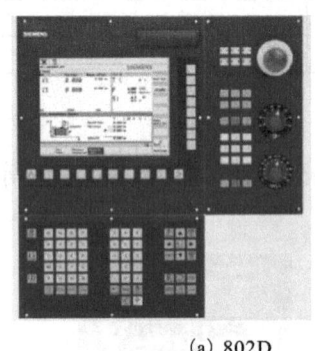
(a) 802D
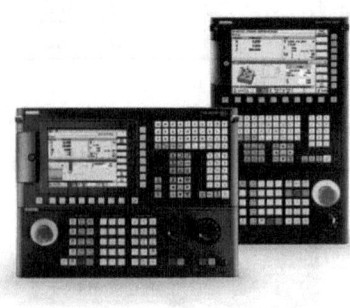
(b) 828D

(c) 840D

图 9-4 西门子数控系统

1. 802S/C base line 系列

该系列专门为中国市场开发的经济型数控系统，其结构紧凑，机床调试配置数据少，编程界面简单友好，适用于小型车床和铣床的控制以及机床改造。其中 802S 适用于步进电动机驱动，可选配 STEPDRIVE C 和 C+步进驱动系统；802C 适于伺服电动机驱动，可选配 SIMODRIVE base line 和 SIMODRIVE 611U 伺服驱动系统。

2. 802D sl 系列

该系列将 CNC、PLC、HMI 集成于一体的数控系统，配套的驱动系统接口采用可分布式安装，可以连接多达 6 轴的数字驱动器，外部设备通过现场控制总线 PROFIBUS DP 连接。802D sl 为标准数控车床和数控铣床提供了完备的功能，其配套的模块化结构驱动系统为各种应用提供了极大的灵活性，工程设计软件(SIZER、STARTER)可以帮助用户完成从项目开始阶段的设计选型、订货直到安装调试全部过程中的各项任务。

3. SINUMERIK 828D 系列

该系列基于面板技术的 CNC 控制系统，CNC、PLC、操作面板和驱动轴控制模块都集成在一个单元。这种结构可以省去 CNC 电路板和操作面板之间的硬件接口，从而大大提高系统的耐用度。可控轴数：车床版 8 轴，铣床版 6 轴。提供 USB2.0、CF 卡和以太网接口。

4. 810D 系列

该系列用于数字闭环驱动控制，最大配置为 5 轴+2 主轴控制/5 轴联动，数字控制系统和驱动控制系统集成在同一块主板上，结构紧凑。810D 系列集成多种功能和选件，不仅仅局限于数控机床配套，在木材加工、石材处理或包装机械等行业也有广阔的应用前景。

5. 840D/840Di 系列

该系列是全数字化数控系统，是西门子数控技术及其创新理念的代表作，最大可控 31 个坐标轴+5 主轴/24 轴联动，系统分辨率高、采样时间短，适用于各种复杂加工任务和控制精度。

840Di 数控系统为用户提供了一个基于 PC 的控制理念，具有高度的软、硬件开放性，CNC 控制功能与 HMI 功能都在 PC 处理器上运行。这种控制系统包含大量的标准化部件：带接口卡的工业 PC、PROFIBUS-DP、Windows NT 操作系统、OPC（用于过程控制的 OLE）接口和 NC 控制软件。应用领域包括木制品、玻璃、制陶和包装机械、贴片机、冲压机、弯曲机以及各种机床。

9.2.3 三菱数控系统

三菱（MITSUBISHI）数控系统主要产品包括 E60/E68 系列、M60/M60S 系列、C6/C64 系列、M70/M700 系列等，如图 9-5 所示。

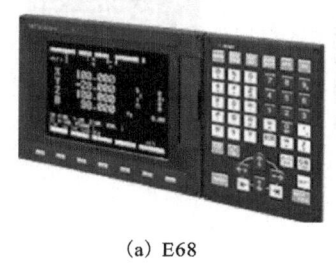
(a) E68

(b) E60

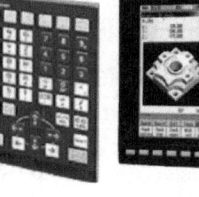
(c) M700

图 9-5 三菱数控系统

1. E60/E68 系列

该系列专为中国市场开发的经济型产品，性价比高，适用于简易车床、铣床以及普通机床的数控化改造等。产品采用控制器和显示器一体化的超小型结构，通过参数配置选择车床或铣床的控制软件，全部软件功能为标准配置。具备一点模拟输出接口，用以控制变频器主轴。E68 系列是 E60 系列的升级，除基本性能扩展外，有 14 种语言显示，还增加了全封闭前置 IC 卡功能，其最大特点是 CPU 插补能力达到了 16800B/min。

2. M60S 系列

该系列级别高于 E60 的中高档数控系统，具有多轴和多系统的控制功能，标配 RISC 64 位 CPU 和 PLC 专用高速处理器，适用于进行模具加工的高档加工中心和高精度复合数控车床等。NC 内置 IC 卡接口，用于备份 NC 程序和其他内部数据。M60S 系列可选以太网接口，可提供远程诊断服务。系统具有坐标值变换、图形描绘、内藏波形显示、工件位置坐标及中心点测量等功能，操作性和可视性好。SSS（Super Smooth Surface）功能可使加工表面更加光滑。

3. C6/C64 系列

该系列主要用于流水线加工、传送加工等，其优点是控制轴数多，可建立多系统控制，网络功能强大，主打机型为汽车发动机加工机床、多工位专机等。

4. M70/M700 系列

该系列是三菱电动机最新一代纳米级产品，控制单元配备 RISC64 位 CPU 和高速图形芯片。数控系统能够实现控制路径的纳米插补，具有高速光纤伺服通信网络及高分辨率的脉冲编码器（$1.6×10^7$P/r）；触摸屏式人机界面，支持多层菜单显示，利用 NC Designer 可创建个性化用户界面；拥有 G 代码、报警和操作等多种智能化向导功能以及编程辅助功能；配备了前置式 IC 卡接口、USB 通信接口及 10/100M 以太网接口，体现了当前最新的数控技术。

9.2.4 华中数控系统

武汉华中数控系统采用通用的工业微机为硬件主体，通过软件的技术革新，不仅实现了高档数控系统的功能，而且系统的体系结构保证了系统的可靠性和发展的延续性。早期产品有华中 I 型、华中 2000 系列等，目前其主要产品有 HNC-18il/8xp/19xp 系列、HNC-21/22 系列、HNC-08/210 系列等，如图 9-6 所示。

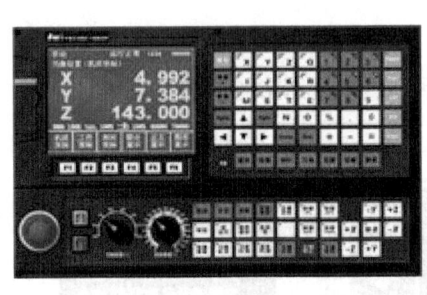
(a) 18xp

(b) 210B

(c) 848

图 9-6　华中数控系统

1. HNC-21/22 数控系统

华中世纪星 HNC-21/22 系列数控系统采用先进的开放式体系结构，内置高性能 32 位嵌入式工业 PC，数控单元集成进给轴接口、主轴接口、手持单元接口、内嵌式 PLC 接口于一体，具有高性能、配置灵活、结构紧凑、可靠性高的特点。HNC-21/22 可控制 6 个进给轴和一个主轴，最大联动轴数为 6 轴，可与数控车、车削中心、数控铣、加工中心、数控专机、车铣复合机床等机床配套。

2. HNC-18i/18xp/19xp 系列数控

世纪星 HNC-18i/19i/19xp 是 HNC-21/22 的一种"精简"机型，基本保留了世纪星 HNC-21/22 的全部指令和功能，主要区别是显示屏的尺寸和控制轴数。HNC-18i/19i/19xp 可控制 3 个进给轴和 1 个主轴，最大联动轴数为 3 轴，可应用于数控车、铣、磨以及专用数控机床。

3. HNC-210 系列

该系列产品是华中数控系统中的高端产品，其分车削（T）与铣削（M）系统。每种又分 A、B 系列。A 系列最大控制轴数 4，最大联动轴数 4；B 系列最大控制轴数 8，最大联动轴数 8。其中 HNC-210BMi 是专门针对模具及五轴加工的中高档数控系统，具备高速高精加工模式及五轴加工专用指令，适合空间复杂曲面多轴联动高速加工。

4. 华中8型全数字总线式高档数控系统

该系列包括 HNC-808、HNC-818 和 HNC-848 等不同系列产品。其中 HNC-848 是全数字总线式高档数控装置，瞄准国外高档数控系统，采用双 CPU 模块的上下位机结构，模块化、开放式体系，基于具有自主知识产权的 NCUC 工业现场总线技术。具有多通道控制技术、五轴加工、高速高精度、车铣复合、同步控制等高档数控系统的功能。主要应用于高速、高精、多轴、多通道的立式、卧式加工中心，车铣复合，五轴龙门机床等。

9.2.5 广州数控系统

广州数控系统产品包括 GSK988/980/981/983/928 系列车床数控系统、GSK990/980/928 系列铣床数控系统、GSK218/25i/983 系列加工中心数控系统和 GSK928 系列磨床数控系统等，如图 9-7 所示。

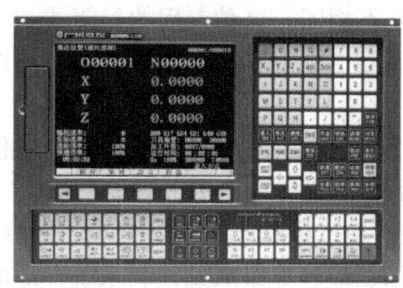

(a) GSK218

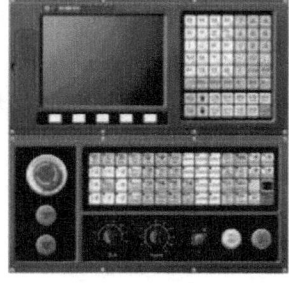 

(b) GSK983M　　　　　　(c) GSK25i

图 9-7　广州数控系统

1. GSK218 系列加工中心数控系统

该系列最多 4 个进给轴和 1 个主轴控制，标准配置为 4 轴三联动，旋转轴可由参数设定，可选配 4 轴四联动。支持标准 RS-232 及 USB 接口，可实现数据通信传输、串口 DNC 加工和 USB 在线加工功能。

案例 9-1 分析

(1) 根据数控机床类型选择相应的数控系统。数控系统有适用于车、铣、镗、磨、冲压等加工类别，所以应有针对性地进行选择。

(2) 根据数控机床的设计指标选择数控系统。在可供选择的数控系统中，其性能高低差别很大。如 FANUC 公司生产的 15 系统，最高切削进给速度可达 240m/min；而 0 系统，只能达到 24m/min。它们的价格也相差数倍。如果设计的是一般数控机床，最高进给速度为 20m/min 左右，那么选择 FANUC 0 系统就可以了；如选用 15 系统那样高水平的数控系统，显然很不合理，且会使数控机床成本大为增加。因此，不能片面地追求高水平、新系统，而应该对性能和价格等进行综合分析，选用适合的系统。

(3) 根据数控机床的性能选择数控系统功能。一个数控系统具有许多功能可供选择。有些属于基本功能，即在选定的系统中原已具备的功能；有些属于选择性功能，只有当用户特定选择了这些功能之后，才能提供的。数控系统生产厂商对系统的定价，往往是具备基本功能的系统较便宜，而选择功能却较昂贵。所以，对选择功能一定要根据机床性能的需要来选择。如果不加分析地都选择，许多功能就会派不上用场，不仅会加大购置设备的资金投入，也会大幅度提高产品的加工成本。

(4) 订购数控系统时要考虑周全。订购时应把所需的系统功能一次订齐，不能遗漏。对于那些价格增加不多，但对使用会带来方便的功能，应当配置齐全，保证机床到位后可立即投入生产使用，切忌因漏订了一些功能而使机床功能降低或无法使用。另外，用户选用数控机床及系统、种类不宜过多、过杂；否则，会给使用、维修带来极大困难。

2. GSK983M 铣床加工中心数控系统

该系统最多可实现 5 轴四联动，可实现高速高精闭环加工，最高移动速度达 24 m/min，精度 1μm。可实现固定循环、空间螺旋线插补、刀补、螺补、用户宏 A/B、比例缩放、坐标系旋转等功能。具有低价格、高性能、高可靠性等优点，较适合用于铣床和小型加工中心。其加工稳定性在国产系统中占有一定的优势，该系统已被国内绝大多数机床厂家认可。

3. GSK–25i 铣床加工中心数控系统

该系统实现 6 轴 5 轴联动加工。基于 Linux 系统的开放式体系数控系统，多 CPU 架构满足中高档数控系统要求。高分辨力图形化操作界面，PLC 在线编辑诊断功能，操作界面友好。使用工业以太网作为数据控制通信通道，安装使用及维护方便。上位 PC 软件实现远程监控、远程诊断、远程维护、G 代码运行三维仿真及网络 DNC 功能。接口开放，可支持厂商自定制机床操作面板及 PC 软件，满足用户二次开发要求。

9.3 开放式数控系统简介

封闭结构的数控系统其硬件模块和软件结构由各数控系统厂家自行设计，是专用的，互不兼容的，系统各模块间的交互方式、通信机制也互不相同。这种专用的封闭式结构的数控系统，虽然技术成熟，但随着技术的进步，其固有缺陷也越来越显现，集中表现在以下几个方面。

(1)各控制系统间互连能力差，影响了系统的相互集成；风格不一的操作方式，使用户培训和维修费用增加；专用件的大量使用，给数控设备的使用与维护带来很多不便。

(2)系统的封闭性使得对其扩充和修改极为有限，造成数控设备制造商(数控系统中间用户)对系统供应商的依赖，难以将自己的专门技术、工艺经验等集成到控制系统并形成自己的产品特点，不利于提高主机产品的竞争力。

(3)专用的硬、软件结构也限制了系统本身的持续开发，使系统的开发投资大、周期长、风险高、更新换代慢，不利于数控产品的技术进步。

总之，封闭结构的数控系统已难以适应当今制造业的市场变化与竞争，也不能满足现代制造业向信息化、敏捷制造模式发展的要求。因此，发展出了开放式数控系统。

9.3.1 开放式数控系统的特点

IEEE(Institute of Electrical and Electronic Engineers，美国电气电子工程师协会) 对开放式数控系统是这样定义的：可以在多种平台上运行，能够与其他系统进行互操作，能够为用户提供风格一致的交互界面。根据定义，开放式数控系统应具有以下特点。

1. 系统可扩展性

包括功能可扩展性和换代可扩展性两个方面。功能可扩展性指系统采用模块化结构，由基本功能模块、辅助功能模块和特殊功能模块组成，可根据需要在基本功能模块基础上，通过增减模块改变系统的功能；换代可扩展性是指随着时间和技术的推移，组成系统的硬件和软件具有可升级性。

2. 功能可移植性

功能可移植性要求不同的应用模块可以运行在不同供应商提供的系统平台上，具有标准化的接口，便于系统的组合和集成；系统的软件与设备无关，应用统一的数据格式、交互模型、控制机制，具有统一的交互接口，可以运行于不同类型不同性能的硬件平台上，适应不同层次的需求。

3. 单元可互换性

单元互换性是指构成系统的各个部件在功能性以及可靠性要求不同时，可用其他部件进行替换。互换性使数控系统在不降低控制性能的基础上，其功能部件可选自不同厂家。这使得数控系统不再是专有的、专用的，提高了数控系统的性价比。

4. 设备可互操作性

模块之间相互协作，便于实现与其他自动化设备的互联。通过标准化接口，使得不同功能模块能够运行于不同的系统平台之上，并获得平等的相互操作的能力，协同工作。

综上所述，一个完全开放的数控系统应该是：以分布式控制原则，采用系统、子系统和模块分级式的控制结构，具有可移植性和透明性。

9.3.2 开放式数控系统国内外发展现状

从 20 世纪 80 年代末美国提出开放式数控系统的概念算起，开放式数控系统已经经历了 20 多年的发展历程。世界各国相继启动了自己的研究计划，并取得了一些成果。

1. 国外开放式数控系统的发展现状

国外影响较大的研究计划包括美国的 OMAC、欧洲的 OSACA 和日本的 OSEC 等。

1) 美国的 NGC 和 OMAC 计划

早在 1987 年，里根政府为振兴美国的机械制造业，推动工业形成一个广泛的合作关系，以增强对外竞争能力，出台了 NGC(The Next Generation Workstation/Machine Controller)研究计划。目标是，为基于开放式体系结构的下一代机械制造控制器提供一个标准，在这一标准的支持下，不同的设计人员可以开发出具有互换性和互操作性的控制部件。NGC 计划已于 1994 年完成了原型研究，并已转入工业开发应用。例如，美国 Ford、GM、Controller 等公司在 NGC 计划的基础上，联合提出了 OMAC(Open Modular Architecture Controller)开发计划，定义了系统基础框架、信息库管理、任务调度、人机接口、运动控制、传感器接口等标准的 OMAC API，构造了完整的体系结构。该计划的实现将使系统制造厂、机床厂和最终用户分别从缩短开发周期、降低开发费用、便于系统集成和二次开发、简化系统的使用和维护等方面受益。

2) 欧盟的 OSACA 计划

OSACA(Open System Architecture for Control within Automation System)计划是为了增强其机床和控制器制造商在世界市场中的竞争力而制定的研究项目。该计划共分为三个阶段，其中第一和第二阶段的目标均已实现，主要完成了 OSACA 规范、应用指南，并依照 OSACA 规范开发了标准的通用系统平台和软件模块。第三阶段的计划正在实现过程中，其主要目标是推广 OSACA 思想以及前期工作的技术成果，同时与美、日的相关机构进行接触，以期建立一个国际性的控制器标准。

OSACA 的目标是为数控等自动化设备定义一个独立于硬件平台、与制造商无关的开放式系统参考结构，这些自动化设备不仅包括机床数控 NC，机械人控制 RC (Robot Controllers)，还包括可编程控制器 PLC 和单元控制器 CC (Cell Controllers)。遵循 OSACA 规范的控制器产品将提供更强的客户定制功能，缩短产品开发的周期，降低产品的开发、维护、培训和文档建立的费用。

3) 日本的 OSEC 计划

OSEC（Open System Environment for Controller）计划是在日本国际机器人和自动化研究中心（IROFA）建立的开放式数控委员会的倡导下，于 1995 年由东芝机械公司、丰田机械厂和 Mazak 公司三家机床制造商和日本 IBM、三菱电子及 SML 信息系统公司共同组建的。其目的是建立一个国家性的工厂自动化控制设备标准，并开发新一代基于 PC 平台、性价比高的开放式体系结构数控系统。

2. 国内开放式数控系统现状

在国内，经过"六五"（1981～1985 年）的引进国外技术，"七五"（1986～1990 年）的消化吸收，"八五"（1991～1995 年）的国家组织的科技攻关和"九五"（1996～2000 年）国家组织的产业化攻关，我国的数控技术获得了质的飞跃。我国在 20 世纪 90 年代中期开始研发具有自主知识产权和一定开放特性的数控系统，代表产品有中华Ⅰ型、华中Ⅰ型、航天Ⅰ型和蓝天Ⅰ型。

中国珠峰数控公司的中华Ⅰ型是用工业 PC 作为主控板，CPU 为 32 位 486 微处理器，研制了多功能控制系统。北京航天数控集团自行开发的航天Ⅰ型采用与通用 PC 体系结构兼容的总线、模块化、开放型嵌入式结构，构成了典型的前后台型数控系统，较好地解决了实时多任务控制。华中理工大学开发的华中Ⅰ型采用"工业机适配卡"的结构，是基于通用 32 位工控机和 DOS 平台的开放式体系结构。中科院沈阳计算机所研制的蓝天Ⅰ型、北京航空航天大学研制的 CH2010 也都是基于 PC 平台的数控系统。这些系统都是以 PC 为平台构成的总线式、嵌入式、多通道的结构，具有一定的开放性，使得 CNC 重点由硬件转向软件，为我国数控产业的发展缓解了硬件生产上的瓶颈问题。

2000 年，国内的华中数控、航天数控等单位在国家经贸委的支持下，提出了开放式数控系统（Open Numeric Control System，ONC）技术规范，制定了 ONC 技术标准，并在 Linux 系统上开发了基本符合该技术规范的开放式数控系统验证样机，具有一定的互操作性、可移植性、可伸缩性和兼容性等开放式特性。我国从 2003 年开始实施《开放式数控系统总则》国家标准，规定了开放式数控系统的功能及特征，基本体系结构及通信接口，规定了 ONC 系统的模块化拓扑结构及标准化通信接口等方面的基本要求。

9.3.3 数控系统开放的途径

数控系统可分为人机接口层和核心控制层。人机接口层负责人机之间的交互，主要完成非实时性的任务，如程序的编辑、机床运动状态的反馈等；核心控制层负责实时性加工控制，如插补运算、伺服控制等。按开放层次不同，数控系统的开放可分三种不同途径：开放人机接口层、开放系统核心接口和全方位开放。

1. 开放人机接口层

这种方式允许开发商或用户构造或集成自己的模块到人机控制接口中。这一方式为用户提供了灵活制定特殊要求操作界面和操作步骤的途径，一般适用基于 PC 作为图形化人机控制界面的系统中。

2. 开放系统核心接口

此方式除了提供上述第一种方式的开放性能外，还允许用户添加自己特色的模块到控制内核模块中。通过开放系统的核心接口，用户可按照一定的规范将自己特有的控制软件模块加到系统预先留出的内核接口上。

3. 全方位开放

全方位开放的解决方案是一种更彻底的开放方案。它试图提供从软件到硬件，从人机操作界面到底层控制内核的全方位开放。人们可以在开放体系结构的标准及一系列规范的指导下，按需配置获得功能可强弱、性能可高低、价格可控制、不依赖于单一卖方的系统。

9.3.4 基于 PC 的开放式数控系统

随着微型计算机技术、信息技术以及网络通信技术的飞速发展，基于 PC 的开放式数控系统得到快速发展，其典型结构如下。

1. 专用 NC+PC 主板

在成熟的 CNC 基础上插入一块专门开发的 PC 主板。采用专用总线连接 PC 与 NC。PC 板主要完成辅助编程、监控、工艺编排等非实时性任务的控制，CNC 负责实时性控制任务，如插补运算、伺服控制、I/O 控制等。这种结构的开放性仅限于 PC 部分，专用 CNC 部分仍采用封闭结构，其柔性较差。典型的产品有 SIEMENS 公司的 SINUMERIK840D、FANUC 公司的 16i、18i 等数控系统。

2. 通用 PC+运动控制器

即在通用 PC 主板的 PCI 或者 ISA 扩展槽中插入运动控制卡，运动控制卡在 PC 的协调下完成各种任务。其充分利用了 PC 的软硬件资源，使得系统具有成本低、结构简单、灵活性好等优点。目前，控制卡主要产品有美国 Delta Tau 公司的 PMAC，德国 Power Automation 公司的 PA800，美国 Ormec System 公司的 Orion、德国 Indramat 公司的 MTC200、国内固高公司的 GT 系列、GE 系列运动控制卡等。同样，这种结构的开放性也仅限于 PC 部分，用户可自行定义软件的主界面，进而通过接口函数与运动控制卡通信，但运动控制卡部分并不开放。

3. 纯软件型 CNC

CNC 的全部核心功能（如插补运算、加减速控制、PLC 控制等实时任务）均由 PC 软件模拟实现。CNC 硬件部分只保留与伺服驱动及外部 I/O 之间的标准化接口。其典型的产品有美国 MDSI 公司的 Open CNC 和 Soft Servo System 公司的 Servo work、德国 Power Automation 公司的 PA8000NT 等。这种结构开放性最好，但目前的瓶颈在于缺乏有效的实时操作系统。

目前，在基于 PC 的开放式数控系统中，"PC+运动控制器"结构已应用较为成熟。这种结构中，PC 可采用普通 PC 或工业用 PC。PC 本身可安装常用的 Windows 操作系统。由于基于 Windows 系统的软件资源非常丰富，数控设备生产厂家可根据自身需求，开发出个性化的对实时性要求不高的用户界面，进而借助底层运动控制器完成实时控制任务。目前，运动控制器常采用板卡结构，通过 ISA 或 PCI 标准总线与 PC 通信，板卡核心处理器常采用运算速度较快的数字信号处理器（Digital Signal Processor，DSP），某些板卡如固高公司的 GTS 系列板块卡还常借助可编程逻辑阵列（Field-Programmable Gate Array，FPGA）进行设备的软连线和辅助功能的处理。

9.4 中走丝线切割机床数控系统的设计

电火花加工又称放电加工或电脉冲加工,其使用电能和热能对导电材料进行蚀除。电火花线切割(Wire Electrical Discharge Machining,WEDM)是一种在电火花加工基础上发展起来的加工工艺,其用电极丝代替了传统的刀具。如图9-8所示,电极丝与工件间施加高频脉冲电源,电源负极接工件,正极接电极丝。电极丝与工件间常射入工作液,其具有一定的电绝缘性,且能防止金属表面锈蚀。线切割加工过程中,在脉冲电源的作用下,当电极丝与工件间的距离小到一定程度时,工作液被电离击穿,产生高温使得工件表面的金属熔化或气化,随工作液排出,形成切缝。

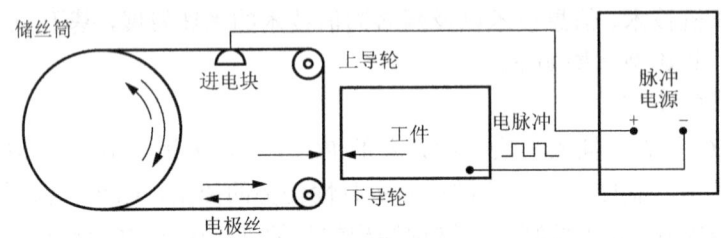

图9-8 电火花线切割加工原理

数控电火花线切割机床是在传统的数控机床基础上搭载电火花线切割系统后所形成的一种特种加工机床。在脉冲电源的不断作用与数控系统的配合下,机床本身可按照指令完成指定零件的加工与试制等。由于材料本身的加工特性主要取决于其热学性质,如熔点、比热容、导热系数等,几乎与其硬度、韧性等力学性能无关。因此,电火花线切割可用于完成传统切削工艺难以加工的金属材料,如淬火钢、硬质合金钢等。

根据电极丝运行速度的不同,可将电火花线切割机床分为两类:一类是快走丝电火花线切割机床(WEDM-HS),其走丝速度一般在8~10m/s,采用直径为0.02~0.3mm的钼丝做电极丝。这种电火花线切割机床是我国所特有的,其结构简单、制造和使用成本低,已经成为我国机械制造行业中一种重要的加工设备。另一类为慢走丝电火花线切割机床(WEDM-LS),其一般走丝速度低于0.2m/s,电极丝常采用铜丝。加工过程中,采用单向走丝,电极丝不重复使用,避免电极丝本身损耗对加工精度的影响。慢走丝线切割加工机床的加工精度高,加工表面粗糙度好,但其设备成本和加工成本为高速走丝机床的数倍。

中走丝是高速走丝与慢走丝之间的一种折中,既能保持高速走丝的成本优势,又能获得接近低速走丝的加工精度与表面粗糙度。在应用过程中,中走丝电火花线切割机床(WEDM-MS)往往采用与高速走丝机床类似的本体结构,但却引入了慢走丝的多次切割工艺,在成本上升不大的情况下,可大大提高加工精度和表面粗糙度。

中走丝电火花线切割机床一般由机床本体、脉冲电源、工作液循环系统和数控系统四部分组成。机床本体分为床身、工作台和运丝机构。常规加工过程中,线切割加工机床往往采用丝线不动、工件移动的进给方式,由移动工作台完成工件在 X、Y 向的进给运动。在异形面或锥度切割过程中,某些机床还可以通过附加的 U、V 轴完成电极丝的辅助进给运动。运丝机构负责按预定速度往复走丝,如图9-8、图9-9所示,其由变频电动机、储丝筒和导轮等组成,走丝过程中,储丝筒在电动机的带动下一边旋转一边移动,以保证电极丝可紧密缠绕在储丝筒表面。脉冲电源又称为高频电源,其性能对线切割机床的加工效率与加工质量影响很大。工作液循环系统由工作液、工作液箱、工作液泵、导管和喷嘴等组成。工作液起冷却、排屑、消除电离和防止工件腐蚀等作用。数控系统负责整个机床的控制,包括工作台的进给、运丝系统的控制、工作液的启停控制以及对放电状况的监测等。

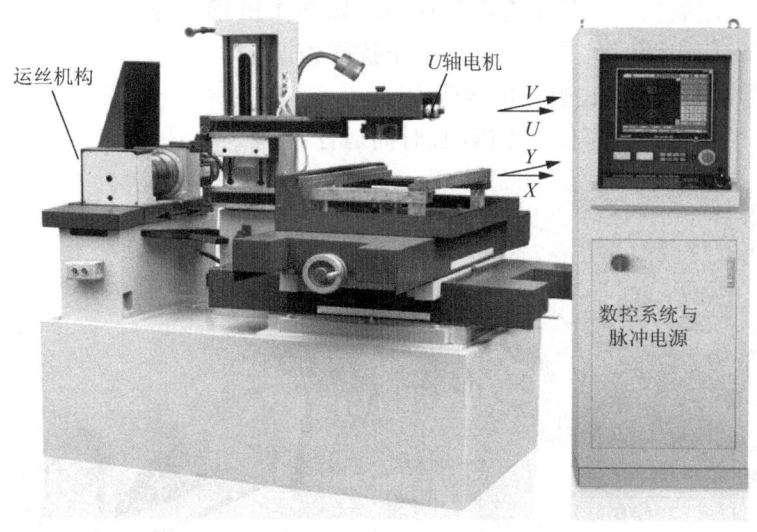

图 9-9　中走丝数控电火花线切割加工机床

9.4.1　中走丝数控系统硬件组成

本控制系统采用"PC+运动控制器"的开放型数控结构,其结构原理如图 9-10 所示。数控系统硬件部分由工业控制计算机、运动控制卡、接线端子板、伺服电动机驱动器、伺服电动机、脉冲电源、对边对中与放电状态反馈电路等组成。其中运动控制卡通过 PCI 总线与计算机通信,完成实时差补运算、伺服驱动控制与加工状态的采集与反馈等任务。

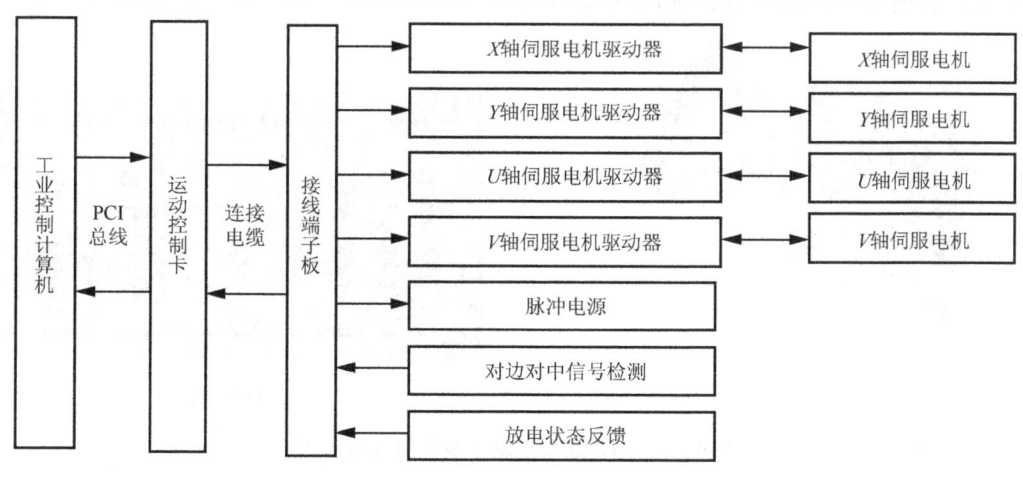

图 9-10　中走丝数控系统硬件框图

本系统中的计算机选用工业控制计算机 IPC，简称工控机，其专门为工业现场而设计。一般工业现场的工作环境较为恶劣，如具有较为强烈的震动冲击、灰尘多、存在较强的电磁干扰等，且工业现场一般要保持较长时间的连续运行。因此，工控机（图 9-11）与普通计算机相比具有以下特点：

(1) 机箱采用钢结构，有较高的防磁、防尘、防冲击的能力。
(2) 机箱内有专用底板，底板上有各种插槽，如 PCI 和 ISA 等。
(3) 机箱内有专门电源，且具有较强的抗干扰能力。
(4) CPU 以板卡形式插入底板专用插槽中。
(5) 机箱通风性能良好，可保证 CPU 长时间运行。

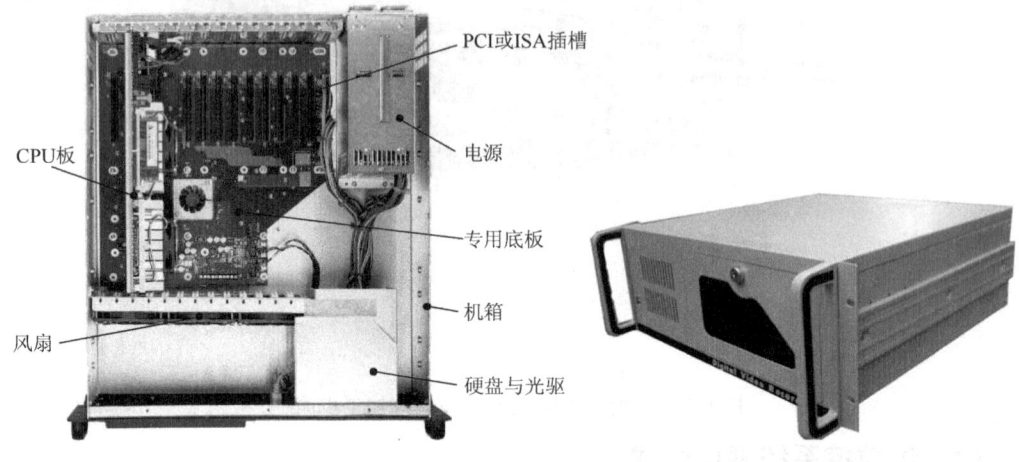

图 9-11　工业控制计算机

但与普通计算机相同的是，工业控制计算机一般也可安装常用的操作系统如 Windows 和 Linux 等。

本系统中的运动控制卡选用固高公司的 GTS 系列运动控制卡。其采用 DSP+FPGA 结构，可实现高性能的运动控制需求，如图 9-12 所示。

(a) GTS 运动控制卡

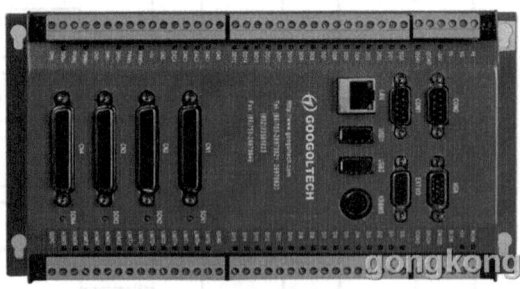
(b) 接线端子板

图 9-12　GTS 运动控制卡及其接线端子板

本系统选用了安川交流伺服电动机及其伺服驱动器，如图 9-13 所示。GTS 运动控制卡与伺服驱动器的接线如图 9-14 和表 9-3 所示。

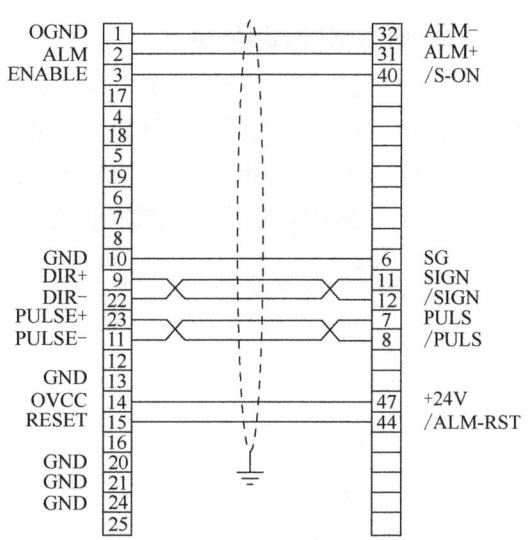

图 9-13　安川伺服驱动器与交流伺服电动机　　　图 9-14　GTS 控制卡端子板 CN1 接口与安川 SGDV 系列驱动器连接图

表 9-3　交流伺服电动机驱动器接线说明

符号	含义	信号方向
ALM	伺服报警	输入
ENABLE	伺服使能	输出
DIR+、DIR-	方向信号差分输出	输出
PULSE+、PULSE-	脉冲信号差分输出	输出
RESET	伺服复位	输出

9.4.2　中走丝线切割 CAD/CAM 自动编程系统

该系统主要完成线切割加工轨迹的绘制与自动编程。系统可分为以下功能模块：基础功能模块、DXF 文件读/写模块、位图矢量化模块、图形绘制与编辑模块、图形文件预处理与刀具轨迹生成模块、加工代码生成与仿真模块。自动编程系统的主界面如图 9-15 所示。现对各个模块进行详述。

1. 基础功能模块

该模块是整个系统的基础，其紧密联系着其他模块。该模块提供了通用的操作处理功能，如人机交互信息处理，图形显示、调整显示窗口、执行撤销和重做命令等。该模块还负责数据的添加、删除、查询等操作。

2. DXF 文件读/写模块

该模块主要实现对文件操作的管理，实现文件与系统数据之间的交互，如新建文件、读取文件、保存文件、编辑文件等，主要进行 DXF 文件的读取与存储。

3. 位图矢量化模块

该模块可将不同类型的图形文件如 JPG、PNG 等转为位图文件，进而通过图像处理技术寻找位图边界，并拟合形成曲线数据。

4. 图形绘制与编辑模块

该模块可进行线、圆、圆弧、矩形、正多边形、椭圆、样条曲线和公式曲线等的绘制，可对用户输入的数据点列表进行拟合，并完成图元对象的平移、复制、镜像、旋转、缩放、拉伸、删除、偏置、倒圆、倒角和修剪等操作。

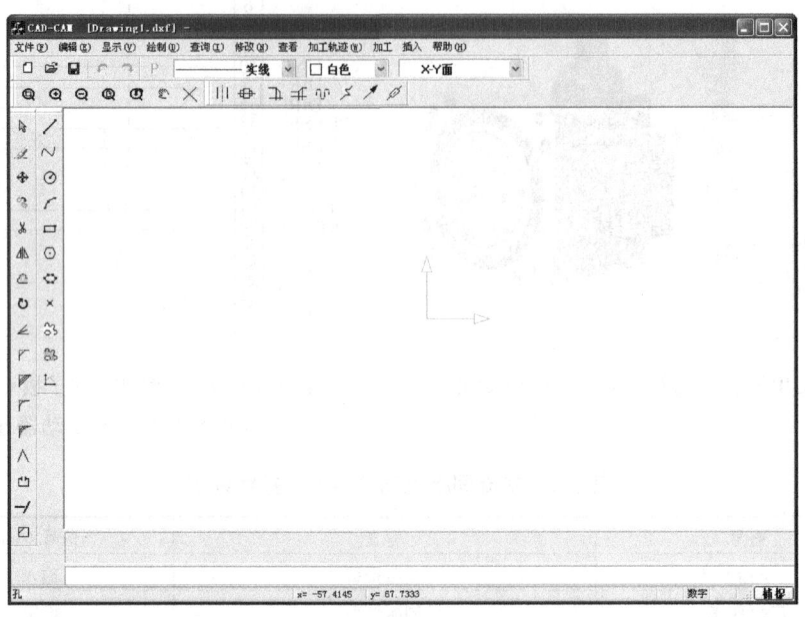

图 9-15 自动编程系统用户主界面

5. 图形文件预处理与刀具轨迹生成模块

该模块主要根据零件和加工要求，设置工艺参数，对图元信息进行排序，经计算处理后产生加工轨迹，可以进行两轴或四轴电极丝轨迹的自动生成；可以根据用户需求对生成的轨迹进行调整。

6. 刀具补偿模块

软件提供了平面刀补与异面刀补的功能。对于中走丝线切割系统而言，其需要多次走丝才能达到较好的切割效果，因而系统提供了多次刀具补偿的功能，且自动将多次刀补轨迹衔接起来。

7. 加工代码生成与仿真模块

该模块主要负责仿真验证进而生成机器加工代码并输出。系统生成的两轴或四轴加工轨迹可通过仿真模块进行三维仿真。

9.4.3 中走丝线切割 CNC 控制软件

CNC 控制软件的主界面如图 9-16 所示，其可读取 CAD/CAM 自动编程系统输出的加工代码，并通过与底层控制卡的交互，实现切割轨迹的加工、对边对中控制、放电参数的设置与滚珠丝杠螺距补偿等功能。

CNC 软件的模块结构如图 9-17 所示，阐述如下。

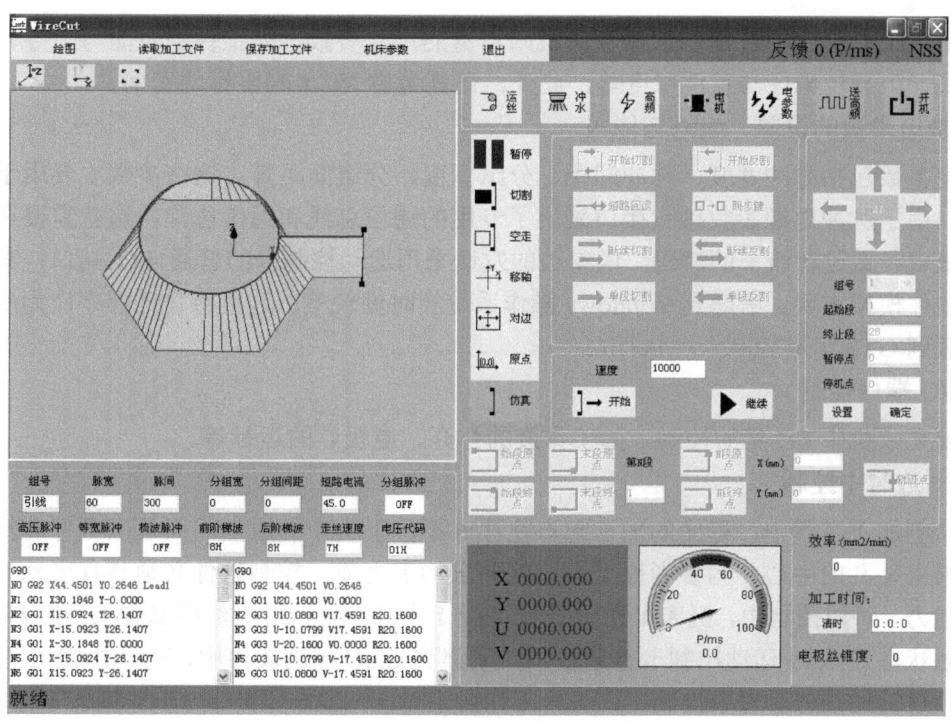

图 9-16　CNC 控制软件主界面

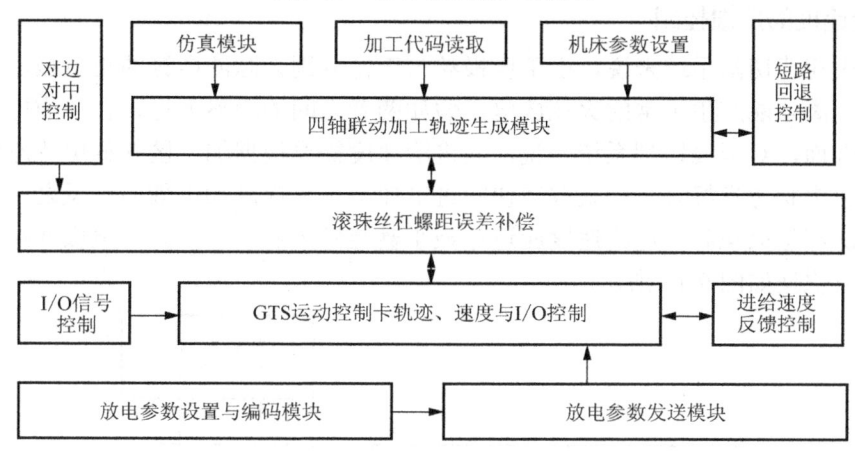

图 9-17　CNC 软件的模块结构

1. 仿真模块

CNC 软件有两种工作模式,即仿真模式与加工模式。仿真模式用于对 CAD/CAM 软件生成的加工代码进行仿真加工,以确认加工轨迹的正确与否。如无错误,则可进入加工模式进行实时切割。切割过程中,仿真模块可采集运动控制卡的实时加工位置,并以三维或二维图形的方式对加工轨迹进行在线仿真。

2. 四轴联动加工轨迹生成模块

在异形面或锥面切割过程中,需要机床本身的 X、Y 轴与 U、V 轴联动配合才能实现。由于 X、Y 轴控制的是工作台的移动,而 U、V 轴控制的为上导轮处电极丝的运动,这就要求伺服电动机加工轨迹生成过程中,需考虑机床本身的尺寸参数,如工件上表面与上导轮之间的垂直距离、上导轮半径与工件厚度等,此外,还需考虑 X、Y 轴坐标的变换。

3. 放电参数的设置、编码与传送

放电参数包括脉冲宽度、脉冲间距、分组宽度、分组间距等。这些参数主要用于控制脉冲电源。由于脉冲电源参数接收接口采用了专用的通信总线和通信协议,这就需要在发送之前,对放电参数进行统一的编码。电参数的发送采用运动控制卡的普通 I/O 端口,其发送时序通过软件模拟实现。考虑到 Windows 操作系统实时性较差,这里将发送程序作为用户线程直接下载到 GTS 运动控制卡中执行。

4. I/O 端口控制

主要完成机床 I/O 量的控制,如工作液的打开、电极丝的运行等。

5. 对边对中控制

线切割加工过程中,程序的加工起点往往并不位于机床的原点,而是以工件胚料的某一边或胚料上某孔的中心作为参考原点。这就要求加工之前,控制软件必须具有自动寻找加工原点的能力。对边控制中,机床工作台沿着 X 或 Y 向运动,当电极丝接触到工件胚料某边时,这一接触状态经 GTS 运动控制卡普通输入口采集到 CNC 控制软件中,进而由 CNC 控制软件发出停止进给的信号。对中控制中,机床工作台沿着 $X+$、$X-$ 和 $Y+$、$Y-$ 四个方向进给,寻找相应的对边信号,进而根据进给距离计算出孔的中心位置。

6. 进给速度的反馈控制

对于电火花线切割系统来说,由于电极丝与工件分别为脉冲电源的正负极,两者之间需保持恰当的距离才能产生正常的火花放电,假如两者之间的距离太近,会造成电火花的减少甚至短路。因而,对于线切割系统来说,其进给速度需要根据加工区的放电状态自动调节:当加工区域放电状态良好时,应采取较快的进给速度,以提高加工效率;反之,如果加工区因短路而无法产生火花时,进给速度应迅速减小甚至停止进给,以防止电极丝拉断。系统进给速度的调节原理如图 9-18 所示。

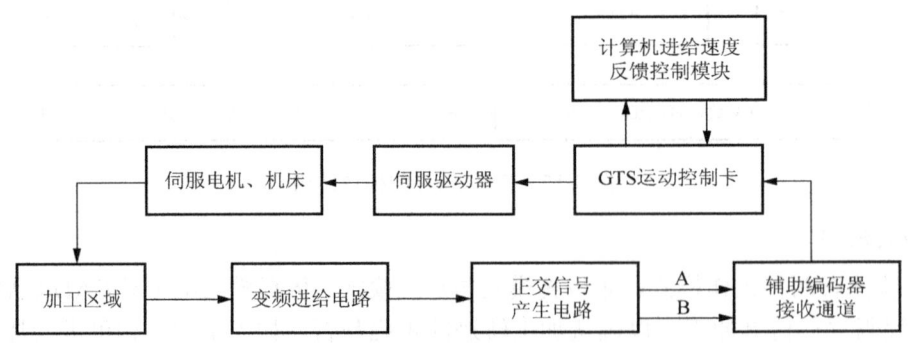

图 9-18 进给速度的反馈控制原理

首先,变频控制进给电路会采集加工区域的放电状态并根据放电情况的好坏产生一个频率可变的反馈信号。由于该反馈信号的频率较高,运动控制卡普通的 I/O 口无法直接接收这一信号,这里通过运动控制卡的辅助编码器通道进行接收。为此,在接收之前,需将变频进给电路发出的单一信号转为相位相差 90°的 A、B 两路信号,经编码器接收通道传入运动控

制卡,进而通过 PCI 总线采集进入计算机。计算机软件根据当前脉冲的频率计算出合适的进给速度,并反馈给控制卡,由控制卡调节各轴伺服电动机的分速度,并经驱动器控制各轴伺服电动机的旋转与机床的进给运动。

7. 短路回退控制

对于线切割系统来说,如果机床进给速度大于火花的切割速度,会造成电极丝与工件间的直接接触,进而引发脉冲电源的短路。短路发生后,需要电极丝沿着原定加工轨迹回退一段距离,待火花正常发生后再继续向前切割。

8. 滚珠丝杠误差补偿功能

本线切割数控系统中,XY 轴采用交流伺服电动机经联轴器后直接驱动滚珠丝杠的旋转,其为半闭环结构;UV 轴采用类似的驱动结构,只不过其执行电动机为步进电动机。对于半闭环与开环系统而言,丝杠本身的误差会对机床的定位精度产生直接的影响。尽管选用精度较高的滚珠丝杠可减小工作台的定位误差,但因制造误差、装配误差难以避免,要得到较高的运动精度,需利用数控系统的软件功能对误差进行补偿。另外,机床经长期使用后,丝杠本身也会发生磨损,这也会造成机床定位精度的损失。通过定期的检测与误差补偿,可使得机床在保证精度的前提下继续使用,从而延长其使用寿命。因而对丝杠的误差进行定期的检测与补偿对于半闭环或开环系统来说非常重要。

丝杠的误差可分为反向间隙误差与螺距误差两种。

1) 反向间隙误差的补偿

一般来说,滚珠丝杠可通过预紧的方法减小或消除传动间隙。但如果预紧力过大,会造成滚珠丝杠本身传动效率的降低并加速螺母副的磨损。因而,在安装滚珠丝杠螺母副时,往往还会预留一定的间隙,只是该间隙非常小而已。随着滚珠丝杠自身的磨损,该反向间隙会逐渐增大。此时,对反向间隙进行补偿就显得非常重要。反向间隙的补偿原理如下:假设反向间隙值为 δ_f,且工作台当前的进给方向为正向,如果工作台需要反向进给 L 时,其必须首先反向移动 δ_f 后再反向进给 L,以此抵消反向间隙的影响。

2) 螺距误差的补偿

如图 9-19 所示,图中虚直线为工作台的理论坐标位置,实曲线为工作台实际的进给位置,δ_1 为某一坐标点处工作台理论位置与实际位置之间的差值,其由滚珠丝杠本身的螺距误差引起。螺距误差可通过软件补偿的方法予以减小或消除。其基本原理为将数控机床某轴进给的理论值与高精度测量系统测得的实际值相比较,计算出各坐标点处的进给误差 δ_1,进而对指令坐标的理论值进行调整,控制机床工作台产生 $-\delta_1$ 的修正量,以此抵消螺距误差的影响。螺距误差补偿分

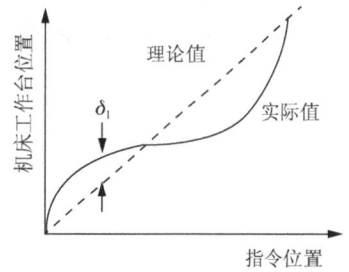

图 9-19 滚珠丝杠螺距误差补偿

为单向补偿和双向补偿,其中双向补偿包含了反向间隙在内,故不需要再次对反向间隙进行补偿。

对于"PC+运动控制卡"结构的开放式数控系统而言,螺距误差的补偿可由 PC 应用软件实现,也可由底层运动控制卡完成。某些控制器如 PMAC 运动控制卡本身提供了螺距误差补偿的功能,使用时只需将螺距补偿数据下载到运动控制卡中即可。由于本系统中采用的 GTS

运动控制器尚不具备上述接口，这里通过上层 CNC 控制软件来实现。CNC 软件螺距补偿功能的实现是通过图 9-17 中的滚珠丝杠螺距误差补偿模块来完成的。其采用双向补偿算法，丝杠在进给过程中，该模块会首先判断丝杠的进给趋势，进而按照实际测得的正/反向误差曲线对丝杠的实际进给坐标进行修正后再下传到 GTS 运动控制卡中执行。

9. 加工样件

图 9-20 为本系统加工生成的一些简单样件，其建模过程通过图形矢量化模块来实现。

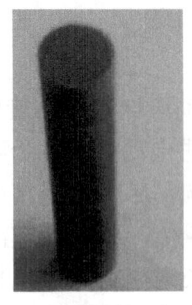
(a) 圆锥体

(b) 异形面体

(c) 齿轮

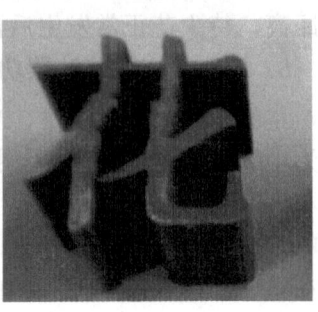
(d) 文字

图 9-20　加工样件

习题与思考题

9-1　计算机数控系统的组成结构是什么？

9-2　计算机数控系统的分类有哪些？

9-3　计算机数控系统的发展方向是什么？

9-4　开放式数控系统的有哪些特点？

9-5　数控系统开放的途径有哪些？

9-6　基于 PC 的开放式数控系统的典型结构形式有几种？各有什么特点？

9-7　滚珠丝杠螺距误差补偿的原理是什么？

扩展阅读：螺距误差的测量设备

螺距误差的检测常借助比滚珠丝杠精度至少高一个数量级的检测设备来完成，如激光干涉仪或步距规等。

1) 激光干涉仪的测量原理

激光干涉仪是利用光的干涉原理制作而成的一种高精度测试仪器，其基本原理如图 9-21 所示。激光发射器发出的激光束经分光镜后形成测量光束和参考光束，这两束光束分别经移动反光镜和固定反光镜反射后发生干涉，进而进入探测器处理。通过对光束条纹变化的检测，探测器可识别出移动反光镜与分光镜间距离的变化量。

激光干涉仪分单频与双频两种：单频激光干涉仪受环境因素的影响严重，在测试环境恶劣，测量距离较长时，这一缺点十分突出，其主要原因在于其测量过程中使用的是直流信号，易受电平漂移等因素的影响。双频激光干涉仪是在单频激光干涉仪的基础上发展的一种外差式干涉仪，可克服这一弱点。

激光干涉仪测量设备如图 9-22 所示，其主要由测量头、分光镜、反光镜、环境因素传感器与补偿器、计算机和校准软件等组成。测量头包含激光发射器和探测器；分光镜和其中一组反射镜与机床床身或主轴等部件固定，另外一组反光镜随工作台移动。使用过程中，为补偿环境因素（如气压、温度和湿度等）对激光干涉仪测量精度的影响，常需根据环境因素的情况对测量结果进行补偿修正。除对长度量进行检测外，配合不同种类的辅件，激光干涉仪还可完成角度、直线度、平面度、振动距离及速度等信息的测量。

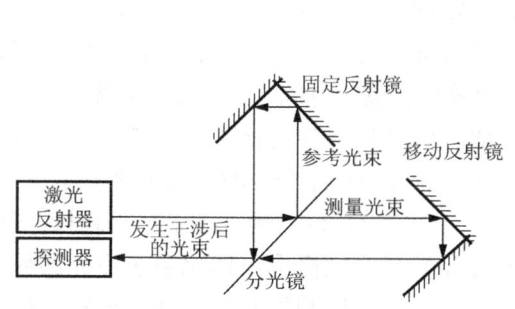

图 9-21 激光干涉仪的工作原理

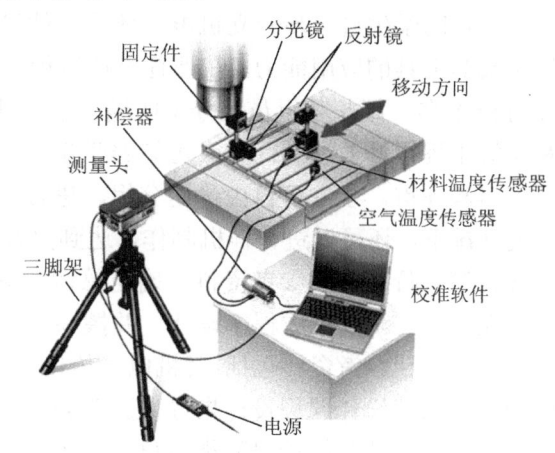

图 9-22 激光干涉仪测量设备

2) 步距规

步距规是一种高精度量距，它由精密的量块直线排列并永久固定于一坚固的框架内，如图 9-23 所示，其工作量块有钢制和金属陶瓷两种。目前市场上的步距规有卧式、立式和立卧两用等种类。

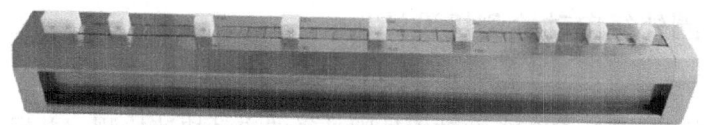

图 9-23 步距规

第 10 章　机电一体化课程设计与实践

10.1　课程设计概述

机电一体化技术涉及机械、计算机、信息、自动化等多学科知识，对机电一体化技术的学习和掌握重在实践和应用。因此，在课程教学过程中应充分重视实践环节。大作业和后续的课程设计，对于帮助学生加深理解和掌握《机电一体化系统设计》这门专业核心课程的理论方法、提高应用实践和分析解决问题的能力，是十分重要和有效的教学环节，可为学生后续的企业实习、毕业设计以及毕业后的工作打下良好的基础。

在完成机电一体化系统设计课程教学之后，相应的课程设计是重要的教学环节之一，其可帮助学生理解和掌握基础知识，并将课堂教学知识应用于实践，是提高学生综合运用所学知识能力的有效途径。

在总结作者多年来在机电一体化系统设计、教学、科研和生产经验的基础上，本章提供了 20 个机电一体化课程设计参考题目。其均来源于企业的生产实际或校企合作项目，具有鲜明的机电一体化产品设计特色，同时难易适中，适用于学生实践训练。具体使用可根据各学校具体情况进行选用或剪裁。

每个题目均包含了总体方案设计、机械系统、电子电气控制和相关软件设计等内容。目的在于帮助学生进一步建立机电一体化总体设计理念，并训练其机械建模、电子 CAD、计算机仿真等工具的应用能力。在课程设计过程中，每个课题可由 3～5 名学生组成课题小组，并设组长 1 名。组长和组员应分工明确、各司其职，充分锻炼和发挥每位成员的能力，在学习和掌握工程设计方法的同时，可培养学生的团队合作精神。课题最终的考核以小组为单位进行答辩和评审。学生可自由选题分组，进行文献资料查阅、方案分析讨论、设计实施。有条件的情况下，还可以进行样机制作，达到更好的教学效果。设计时间一般为 2～3 周，分三个阶段：第一阶段查阅参考资料，确定总体方案，完成机械结构原理设计；第二阶段完成电气原理图；第三阶段完成程序设计，并撰写设计说明书，准备总结报告 PPT，进行答辩。

课题设计参考资料包括：《机电一体化设计基础》等同类教材；《测试技术》类教材；《机电一体化系统设计课程设计指导书》类教材，如尹志强编写的《机电一体化系统设计课程设计指导书》；《计算机接口》类教材，如王福瑞编写的《单片微机测控系统设计大全》；《机械设计手册》；《机电一体化系统设计手册》；电动机(步进电动机、直流伺服电动机、交流伺服电动机等)产品技术手册；传感器(光电编码盘、接近开关等)产品技术手册；网上技术资源等。

10.2　参考选题

10.2.1　轴承外圈外径自动检测机设计

1. 设计内容

设计一个检测装置用于 60000 型轴承外圈外径的自动快速检测，并根据检测结果将工件自动分成 3 组：合格、正超差与负超差。

主要技术参数与性能指标：轴承外径 19～26mm；外径公差范围为 0～-0.013mm；检测精度±0.001mm；最低检测速度 60 件/min；工作寿命 6 年(年均 260 天，每天 6 小时)。

2. 设计要求

进行检测机的总体方案设计，其中在送料、检测、分料等各环节，以及检测元件、执行元件、操作方式、接口电路等环节上采用不同的方案进行分析比较；在此基础上进一步进行检测机的机械系统、电子电气控制和相关软件的设计；完成设计文档的撰写、整理与提交。通过本设计加强学生机电一体化系统总体设计的概念，训练其应用机械建模、电子CAD、计算机仿真等工具的能力。

(1)总体方案设计：根据等效性、互补性等原则进行总体方案设计，包括控制方法、检测方法、机械运动方案、执行元件选择等。课题组成员需在控制方法(闭环、半闭环、开环)、机械结构、检测元件、操作方式、接口电路等环节上采用不同的方案，进行分析比较。

(2)机械系统设计：根据要求选择合适的传动结构和参数、合理考虑传动间隙的消除等；主要参数设计计算过程中，要注意同时考虑机械与电子电气元件；机械系统建模可采用二维或三维建模软件。

(3)功能模式设计：根据应用场合，操作的方便性等提出更进一步的功能，如手动/自动检测、单步/连续检测、卡料、故障报警等。

(4)操作流程设计：根据功能和应用场合设计操作方法、选择操作元件、绘制操作面板与操作流程图。

(5)电气原理图设计：选择相应元器件，进行电子系统建模仿真，绘出电气原理图。

(6)相关软件设计：绘制软件流程图，设计主要功能软件，进行仿真调试。

(7)撰写设计说明书：内容包括总体设计、结构设计、相关计算、功能设计、操作流程设计、电路硬件设计、软件设计等。书写格式参照毕业设计论文格式要求。

提交的设计材料包括：①设计说明书；②机械图(根据情况可含在设计说明书中)；③电气原理图(根据情况可含在设计说明书中)；④程序框图和清单(含在设计说明书中)。

10.2.2 轴承内圈内径自动检测机设计

1. 设计内容

设计一个检测装置用于 60000 型轴承内圈内径的自动快速检测，并根据检测结果将工件自动分成 3 组：合格、正超差与负超差。

主要技术参数与性能指标：轴承内径 10～17mm；内径公差范围 0～+0.011mm；要求检测精度±0.001mm；最低检测速度 30 件/min，工作寿命 6 年(年均 260 天，每天 6 小时)。

2. 设计要求

进行检测机的总体方案设计，其中在送料、检测、分料等各环节，以及检测元件、执行元件、操作方式、接口电路等环节上采用不同的方案进行分析比较；在此基础上进一步进行检测机的机械系统、电子电气控制和相关软件的设计；完成设计文档的撰写、整理与提交。通过本设计加强学生机电一体化系统总体设计的概念，训练其应用机械建模、电子CAD、计算机仿真等工具的能力。

(1)总体方案设计：根据等效性、互补性等原则进行总体方案设计，包括控制方法、检测方法、机械运动方案、执行元件选择等。课题组成员需在控制方法(闭环、半闭环、开环)、机械结构、检测元件、操作方式、接口电路等环节上采用不同的方案,进行分析比较。

(2)**机械系统设计**:根据要求选择合适的传动结构和参数,合理考虑传动间隙的消除等;在主要参数设计计算过程中,要注意同时考虑机械与电子电气元件;机械系统建模可采用二维或三维建模软件。

(3)**功能模式设计**:根据应用场合、操作的方便性等提出更进一步的功能,如手动/自动检测、单步/连续检测、卡料、故障报警等。

(4)**操作流程设计**:根据功能和应用场合设计操作方法、选择操作元件、绘制操作面板与操作流程图。

(5)**电气原理图设计**:选择相应元器件,进行电子系统建模仿真,绘出电气原理图。

(6)**相关软件设计**:绘制软件流程图,设计主要功能软件,进行仿真调试。

(7)**撰写设计说明书**:内容包括总体设计、结构设计、相关计算、功能设计、操作流程设计、电路硬件设计、软件设计等。书写格式参照毕业设计论文格式要求。

提交设计材料包括:①设计说明书;②机械图(根据情况可含在设计说明书中);③电气原理图(根据情况可含在设计说明书中);④程序框图和清单(含在设计说明书中)。

10.2.3 轴径自动检测机设计

1. 设计内容

设计一个检测装置用于短轴外径的自动快速检测,并根据检测结果将工件自动分成 3 组:合格、正超差与负超差。

主要技术参数与性能指标:轴直径 20~50mm;轴长度 40~80mm;轴径公差范围 0~ −0.02mm;检测精度±0.002mm;最低检测速度 30 件/min;工作寿命 6 年(年均 260 天,每天 6 小时)。

2. 设计要求

进行检测机的总体方案设计,其中在送料、检测、分料等各环节,以及检测元件、执行元件、操作方式、接口电路等环节上采用不同的方案进行分析比较;在此基础上进一步进行检测机的机械系统、电子电气控制和相关软件的设计;完成设计文档的撰写、整理与提交。通过本设计加强学生机电一体化系统总体设计的概念,训练其应用机械建模、电子 CAD、计算机仿真等工具的能力。

(1)**总体方案设计**:根据等效性、互补性等原则进行总体方案设计,包括控制方法、检测方法、机械运动方案、执行元件选择等。课题组成员需在控制方法(闭环、半闭环、开环)、机械结构、检测元件、操作方式、接口电路等环节上采用不同的方案,进行分析比较。

(2)**机械系统设计**:根据要求选择合适的传动结构和参数,合理考虑传动间隙的消除等;在主要参数设计计算过程中,要注意同时考虑机械与电子电气元件;机械系统建模可采用二维或三维建模软件。

(3)**功能模式设计**:根据应用场合、操作的方便性等提出更进一步的功能,如手动/自动检测、单步/连续检测、卡料、故障报警等。

(4)**操作流程设计**:根据功能和应用场合设计操作方法、选择操作元件、绘制操作面板与操作流程图。

(5)**电气原理图设计**:选择相应元器件,进行电子系统建模仿真,绘出电气原理图。

(6)相关软件设计：绘制软件流程图，设计主要功能软件，进行仿真调试。

(7)撰写设计说明书：内容包括总体设计、结构设计、相关计算、功能设计、操作流程设计、电路硬件设计、软件设计等。书写格式参照毕业设计论文格式要求。

提交设计材料包括：①设计说明书；②机械图(根据情况可含在设计说明书中)；③电气原理图(根据情况可含在设计说明书中)；④程序框图和清单(含在设计说明书中)。

10.2.4 长度自动检测机(滚柱)设计

1. 设计内容

设计一个检测装置用于轴承滚柱长度的自动快速检测，并根据检测结果将工件自动分成3组：合格、正超差与负超差。

主要技术参数与性能指标：滚柱直径 3mm；平头滚柱长度 9.8 mm；长度公差范围 0~-0.22mm(h13)；检测精度±0.005mm；最低检测速度 100 件/min；工作寿命 6 年(年均 260 天，每天 6 小时)。

2. 设计要求

进行检测机的方案设计，在送料、检测、分料等各环节，以及检测元件、执行元件、操作方式、接口电路等环节上采用不同的方案进行分析比较；在此基础上进一步进行检测机的机械系统、电子控制和相关软件的设计；完成设计文档的撰写、整理提交。通过本设计达到建立机电一体化系统总体设计概念，锻炼三维建模、电子 CAD、计算机仿真等工具的应用能力。

(1)总体方案设计：根据等效性、互补性等原则进行总体方案设计，包括控制方法、检测方法、机械运动方案、执行元件选择等。课题组成员需在控制方法(闭环、半闭环、开环)、机械结构、检测元件、操作方式、接口电路等环节上采用不同的方案，进行分析比较。

(2)机械系统设计：根据要求选择合适的传动结构和参数，合理考虑传动间隙的消除等；在主要参数设计计算过程中，要注意同时考虑机械与电子电气元件；机械系统建模可采用二维或三维建模软件。

(3)功能模式设计：根据应用场合、操作的方便性等提出更进一步的功能，如手动/自动检测、单步/连续检测、卡料、故障报警等。

(4)操作流程设计：根据功能和应用场合设计操作方法、选择操作元件、绘制操作面板与操作流程图。

(5)电气原理图设计：选择相应元器件，进行电子系统建模仿真，绘出电气原理图。

(6)相关软件设计：绘制软件流程图，设计主要功能软件，进行仿真调试。

(7)撰写设计说明书：内容包括总体设计、结构设计、相关计算、功能设计、操作流程设计、电路硬件设计、软件设计等。书写格式参照毕业设计论文格式要求。

提交设计材料包括：①设计说明书；②机械图(根据情况可含在设计说明书中)；③电气原理图(根据情况可含在设计说明书中)；④程序框图和清单(含在设计说明书中)。

10.2.5 长度自动检测机(短轴)设计

1. 设计内容

设计一个检测装置用于短轴长度的自动快速检测，要求至少在 3 个不同位置检测的平均值作为长度测量值。并根据检测结果将工件自动分成3组：合格、正超差与负超差。

主要技术参数与性能指标：轴直径 20～50mm；轴长度 40～80mm；长度公差范围 0～-0.1mm；检测精度±0.002mm；最低检测速度 30 件/min；工作寿命 6 年(年均 260 天，每天 6 小时)。

2. 设计要求

进行检测机的总体方案设计，其中在送料、检测、分料等各环节，以及检测元件、执行元件、操作方式、接口电路等环节上采用不同的方案进行分析比较；在此基础上进一步进行检测机的机械系统、电子电气控制和相关软件的设计；完成设计文档的撰写、整理与提交。通过本设计加强学生机电一体化系统总体设计的概念，训练其应用机械建模、电子 CAD、计算机仿真等工具的能力。

(1)总体方案设计：根据等效性、互补性等原则进行总体方案设计，包括控制方法、检测方法、机械运动方案、执行元件选择等。课题组成员需在控制方法(闭环、半闭环、开环)、机械结构、检测元件、操作方式、接口电路等环节上采用不同的方案，进行分析比较。

(2)机械系统设计：根据要求选择合适的传动结构和参数，合理考虑传动间隙的消除等；在主要参数设计计算过程中，要注意同时考虑机械与电子电气元件；机械系统建模可采用二维或三维建模软件。

(3)功能模式设计：根据应用场合、操作的方便性等提出更进一步的功能，如手动/自动检测、单步/连续检测、卡料、故障报警等。

(4)操作流程设计：根据功能和应用场合设计操作方法、选择操作元件、绘制操作面板与操作流程图。

(5)电气原理图设计：选择相应元器件，进行电子系统建模仿真，绘出电气原理图。

(6)相关软件设计：绘制软件流程图，设计主要功能软件，进行仿真调试。

(7)撰写设计说明书：内容包括总体设计、结构设计、相关计算、功能设计、操作流程设计、电路硬件设计、软件设计等。书写格式参照毕业设计论文格式要求。

提交设计材料包括：①设计说明书；②机械图(根据情况可含在设计说明书中)；③电气原理图(根据情况可含在设计说明书中)；④程序框图和清单(含在设计说明书中)。

10.2.6 输送纠偏装置设计

1. 设计内容

设计一个纠偏装置用于印刷等行业，输送纸张等过程中的纠偏，安装于印刷机上。

主要技术参数与性能指标：最大纠偏量 10mm；最大负载 50N；定位精度±0.02mm；最大纠偏速度 100mm/s；工作寿命 8 年(年均 260 天，每天工作 12 小时)。

2. 设计要求

进行纠偏装置的总体方案设计，其中在检测元件、执行元件、操作方式、接口电路等环节上采用不同的方案进行分析比较；在此基础上进一步进行检测机的机械系统、电子电气控制和相关软件的设计；完成设计文档的撰写、整理与提交。通过本设计加强学生机电一体化系统总体设计的概念，训练其应用机械建模、电子 CAD、计算机仿真等工具的能力。

(1)总体方案设计：根据等效性、互补性等原则进行总体方案设计，包括控制方法、检测方法、机械运动方案、执行元件选择等。课题组成员需在控制方法(闭环、半闭环)、机械结构、检测元件、操作方式、接口电路等环节上采用不同的方案，进行分析比较。

(2) 机械系统设计：根据要求选择合适的传动结构和参数，合理考虑传动间隙的消除等；在主要参数设计计算过程中，要注意同时考虑机械与电子电气元件；机械系统建模可采用二维或三维建模软件。

(3) 功能模式设计：根据应用场合、操作的方便性等提出更进一步的功能，如手动/自动模式、单步/连续进给、故障报警等。

(4) 操作流程设计：根据功能和应用场合设计操作方法、选择操作元件、绘制操作面板与操作流程图。

(5) 电气原理图设计：选择相应元器件，进行电子系统建模仿真，绘出电气原理图。

(6) 相关软件设计：绘制软件流程图，设计主要功能软件，进行仿真调试。

(7) 撰写设计说明书：内容包括总体设计、结构设计、相关计算、功能设计、操作流程设计、电路硬件设计、软件设计等。书写格式参照毕业设计论文格式要求。

提交设计材料包括：①设计说明书；②机械图(根据情况可含在设计说明书中)；③电气原理图(根据情况可含在设计说明书中)；④程序框图和清单(含在设计说明书中)。

10.2.7 自动绕线机设计

1. 设计内容

设计一个绕线装置用于带骨架螺管式线圈的自动绕制。能对绕制速度、圈数等进行控制，并可完成单线圈或多线圈的同时绕制，每个线圈的绕制圈数可单独设定。

主要技术参数与性能指标：绕制线经 0.1～0.5mm；线圈直径 5～50mm；线圈长度 20～80mm；最低线速度 50mm；圈数误差最多 1 圈；工作寿命 8 年(年均 260 天，每天工作 8 小时)。

2. 设计要求

进行绕线机的总体方案设计，其中在检测元件、执行元件、操作方式、接口电路等环节上采用不同的方案进行分析比较；在此基础上进一步进行检测机的机械系统、电子电气控制和相关软件的设计；完成设计文档的撰写、整理与提交。通过本设计加强学生机电一体化系统总体设计的概念，训练其应用机械建模、电子 CAD、计算机仿真等工具的能力。

(1) 总体方案设计：根据等效性、互补性等原则进行总体方案设计，包括控制方法、检测方法、机械运动方案、执行元件选择等。课题组成员需在控制方法(闭环、半闭环、开环)、机械结构、检测元件、操作方式、接口电路等环节上采用不同的方案，进行分析比较。

(2) 机械系统设计：根据要求选择合适的传动结构和参数，合理考虑传动间隙的消除等；在主要参数设计计算过程中，要注意同时考虑机械与电子电气元件；机械系统建模可采用二维或三维建模软件。

(3) 功能模式设计：根据应用场合、操作的方便性等提出更进一步的功能，如手动/自动模式、单步/连续进给、卡料、故障报警等。

(4) 操作流程设计：根据功能和应用场合设计操作方法、选择操作元件、绘制操作面板与操作流程图。

(5) 电气原理图设计：选择相应元器件，进行电子系统建模仿真，绘出电气原理图。

(6) 相关软件设计：绘制软件流程图，设计主要功能软件，进行仿真调试。

(7) 撰写设计说明书：内容包括总体设计、结构设计、相关计算、功能设计、操作流程设计、电路硬件设计、软件设计等。书写格式参照毕业设计论文格式要求。

提交设计材料包括：①设计说明书；②机械图(根据情况可含在设计说明书中)；③电气原理图(根据情况可含在设计说明书中)；④程序框图和清单(含在设计说明书中)。

10.2.8 自动绕管机设计

1. 设计内容

设计一个绕管装置用于塑料管的自动绕卷。能对绕制速度、带长、圈数等进行检测与控制、绕制完成后应自动切断、封头、并下料到输送线。

主要技术参数与性能指标：绕制管径 4~12mm；绕制最大筒径 0.8m；最低线速度 500mm/s；带长控制误差±100mm；工作寿命 10 年(年均 260 天，每天工作 12 小时)。

2. 设计要求

进行绕管机的总体方案设计，其中在检测元件、执行元件、操作方式、接口电路等环节上采用不同的方案进行分析比较；在此基础上进一步进行检测机的机械系统、电子电气控制和相关软件的设计；完成设计文档的撰写、整理与提交。通过本设计加强学生机电一体化系统总体设计的概念，训练其应用机械建模、电子 CAD、计算机仿真等工具的能力。

(1)总体方案设计：根据等效性、互补性等原则进行总体方案设计，包括控制方法、检测方法、机械运动方案、执行元件选择等。课题组成员需在控制方法(闭环、半闭环、开环)、机械结构、检测元件、操作方式、接口电路等环节上采用不同的方案，进行分析比较。

(2)机械系统设计：根据要求选择合适的传动结构和参数，合理考虑传动间隙的消除等；在主要参数设计计算过程中，要注意同时考虑机械与电子电气元件；机械系统建模可采用二维或三维建模软件。

(3)功能模式设计：根据应用场合、操作的方便性等提出更进一步的功能，如手动/自动模式、单步/连续进给、卡料、故障报警等。

(4)操作流程设计：根据功能和应用场合设计操作方法、选择操作元件、绘制操作面板与操作流程图。

(5)电气原理图设计：选择相应元器件，进行电子系统建模仿真，绘出电气原理图。

(6)相关软件设计：绘制软件流程图，设计主要功能软件，进行仿真调试。

(7)撰写设计说明书：内容包括总体设计、结构设计、相关计算、功能设计、操作流程设计、电路硬件设计、软件设计等。书写格式参照毕业设计论文格式要求。

提交设计材料包括：①设计说明书；②机械图(根据情况可含在设计说明书中)；③电气原理图(根据情况可含在设计说明书中)；④程序框图和清单(含在设计说明书中)。

10.2.9 数控直线位移工作台设计

1. 设计内容

设计一个单轴数控直线位移工作台，安装于机床床身，工作台可安装夹具。

主要技术参数与性能指标：行程 200mm；负载 1000N；定位精度±0.01mm；最大负载速度 10mm/s；最大空载速度 50mm/s；工作寿命 8 年(年均 260 天,每天工作 12 小时)。

2. 设计要求

进行工作台的总体方案设计，其中在执行元件、传动方案、检测元件、操作方式、接口电路等环节上采用不同的方案进行分析比较；在此基础上进一步进行工作台的机械系统、电子电气控制和相关软件的设计；完成设计文档的撰写、整理与提交。通过本设计加强学生机电一体化系统总体设计的概念，训练其应用机械建模、电子CAD、计算机仿真等工具的能力。

(1)总体方案设计：根据等效性、互补性等原则进行总体方案设计，包括控制方法、检测方法、机械运动方案、执行元件选择等。课题组成员需在控制方法(闭环、半闭环、开环)、机械结构、检测元件、操作方式、接口电路等环节上采用不同的方案，进行分析比较。

(2)机械系统设计：根据要求选择合适的传动结构和参数，合理考虑传动间隙的消除等；在主要参数设计计算过程中，要注意同时考虑机械与电子电气元件；机械系统建模可采用二维或三维建模软件。

(3)功能模式设计：根据应用场合、操作的方便性等提出更进一步的功能，如手动/自动模式、单步/连续进给、故障报警等。

(4)操作流程设计：根据功能和应用场合设计操作方法、选择操作元件、绘制操作面板与操作流程图。

(5)电气原理图设计：选择相应元器件，进行电子系统建模仿真，绘出电气原理图。

(6)相关软件设计：绘制软件流程图，设计主要功能软件，进行仿真调试。

(7)撰写设计说明书：内容包括总体设计、结构设计、相关计算、功能设计、操作流程设计、电路硬件设计、软件设计等。书写格式参照毕业设计论文格式要求。

提交设计材料包括：①设计说明书；②机械图(根据情况可含在设计说明书中)；③电气原理图(根据情况可含在设计说明书中)；④程序框图和清单(含在设计说明书中)。

10.2.10 数控车床四工位自动刀架设计

1. 设计内容

设计一个四工位自动刀架，适合C6136普通数控车床的要求；能根据手动操作和通过加工指令选择刀具；有开机位置记忆、过载报警等功能；结构紧凑。

主要技术参数与性能指标：换刀工位数4；定位精度±0.003°；工作寿命10年(年均260天，每天工作8小时)。

2. 设计要求

进行刀架的总体方案设计，其中在检测元件、执行元件、操作方式、接口电路等环节上采用不同的方案进行分析比较；在此基础上进一步进行检测机的机械系统、电子电气控制和相关软件的设计；完成设计文档的撰写、整理与提交。通过本设计加强学生机电一体化系统总体设计的概念，训练其应用机械建模、电子CAD、计算机仿真等工具的能力。

(1)总体方案设计：根据等效性、互补性等原则进行总体方案设计，包括控制方法、检测方法、机械运动方案、执行元件选择等。课题组成员需在控制方法(闭环、半闭环、开环)、机械结构、检测元件、操作方式、接口电路等环节上采用不同的方案，进行分析比较。

(2)机械系统设计：根据要求选择合适的传动结构和参数，合理考虑传动间隙的消除等；在主要参数设计计算过程中，要注意同时考虑机械与电子电气元件；机械系统建模可采用二维或三维建模软件。

(3)功能模式设计：根据应用场合、操作的方便性等提出更进一步的功能，如手动/自动模式、单步/连续换刀、故障报警等。

(4)操作流程设计：根据功能和应用场合设计操作方法、选择操作元件、绘制操作面板与操作流程图。

(5)电气原理图设计：选择相应元器件，进行电子系统建模仿真，绘出电气原理图。

(6)相关软件设计：绘制软件流程图，设计主要功能软件，进行仿真调试。

(7)撰写设计说明书：内容包括总体设计、结构设计、相关计算、功能设计、操作流程设计、电路硬件设计、软件设计等。书写格式参照毕业设计论文格式要求。

提交设计材料包括：①设计说明书；②机械图(根据情况可含在设计说明书中)；③电气原理图(根据情况可含在设计说明书中)；④程序框图和清单(含在设计说明书中)。

10.2.11 电路板外形检测机设计

1. 设计内容

设计一个检测装置用于电路板生产厂成品检测，对电路板的机械层所标示的尺寸进行检测，如电路板外形尺寸、板上安装孔的孔距、孔的直径、板上通槽及各种通式加工要素尺寸的检测。主要技术参数与性能指标如下。

1)技术参数

最大检板尺寸：220mm×350mm；板厚：1~3mm。

尺寸精度：±0.075mm。

检板速度：2片/s。

2)功能要求

(1)自动上料功能：能将被检电路板自动送入检测部位。

(2)分组叠放功能：检测结果为合格和不合格两种，能自动分拣合格品和不合格品，并放置于不同区域，注意电路板不能平躺叠放。

(3)操作功能：能够进行分步操作和自动连续操作。

2. 设计要求

进行检测机的总体方案设计，其中在送料、检测、分料等各环节，以及检测元件、执行元件、操作方式、接口电路等环节上采用不同的方案进行分析比较；在此基础上进一步进行检测机的机械系统、电子电气控制和相关软件的设计；完成设计文档的撰写、整理与提交。通过本设计加强学生机电一体化系统总体设计的概念，训练其应用机械建模、电子CAD、计算机仿真等工具的能力。

(1)总体方案设计：根据等效性、互补性等原则进行总体方案设计，包括控制方法、检测方法、机械运动方案、执行元件选择等。课题组成员需在控制方法(闭环、半闭环、开环)、机械结构、检测元件、操作方式、接口电路等环节上采用不同的方案，进行分析比较。

(2)机械系统设计：根据要求选择合适的传动结构和参数，合理考虑传动间隙的消除等；在主要参数设计计算过程中，要注意同时考虑机械与电子电气元件；机械系统建模可采用二维或三维建模软件。

(3)功能模式设计：根据应用场合、操作的方便性等提出更进一步的功能，如手动/自动模式、单步/连续进给、卡料、故障报警等。

(4) 操作流程设计：根据功能和应用场合设计操作方法、选择操作元件、绘制操作面板与操作流程图。

(5) 电气原理图设计：选择相应元器件，进行电子系统建模仿真，绘出电气原理图。

(6) 相关软件设计：绘制软件流程图，设计主要功能软件，进行仿真调试。

(7) 撰写设计说明书：内容包括总体设计、结构设计、相关计算、功能设计、操作流程设计、电路硬件设计、软件设计等。书写格式参照毕业设计论文格式要求。

提交设计材料包括：

① 设计说明书；

② 机械图(根据情况可含在设计说明书中)；

③ 电气原理图(根据情况可含在设计说明书中)；

④ 程序框图和清单(含在设计说明书中)。

10.2.12 自动定量包装机设计

1. 设计内容

针对小颗粒状物料，如大米等进行自动定量包装机的设计。

主要技术参数与性能指标：定量包装范围为 2～10kg；定量误差为满量程 1%；包装袋为塑料或无纺布袋；装袋速度为 5～10s/袋；工作寿命 8 年(年均 260 天，每天工作 12 小时)。

2. 设计要求

课题组成员需在快速定量、定量准确性、下料方法、入袋方法、出料方法、操作方式等方面作总体设计，方案比较；在机械结构、检测元件、驱动元件、控制接口电路等环节作具体设计。查阅同类产品资料，增加知识面。在此基础上进一步进行检测机的机械系统、电子电气控制和相关软件的设计；完成设计文档的撰写、整理与提交。通过本设计加强学生机电一体化系统总体设计的概念，训练其应用机械建模、电子 CAD、计算机仿真等工具的能力。

(1) 功能指标设计：根据应用场合、操作的方便性、安全性等提出更进一步的功能，如手动、自动、超限报警、故障控制等。

(2) 总体设计：根据等效性、互补性设计总体方案，包括控制方法、检测方法、机械运动方案、执行元件等。

(3) 机械系统设计：根据要求选择合适的传动结构和参数，合理考虑消除传动间隙的措施等；在主要参数设计计算过程中，要注意同时考虑机械与电子电气元件；机械系统建模可采用二维或三维建模软件。

(4) 根据功能和应用场合设计操作方法、选择操作元件、绘制操作面板与操作流程图。

(5) 电气原理图设计：选择相应元器件，进行电子系统建模仿真，绘出电气原理图。

(6) 相关软件设计：绘制软件流程图，设计主要功能软件，进行仿真调试。

(7) 撰写设计说明书：内容包括总体设计、结构设计、相关计算、功能设计、操作流程设计、电路硬件设计、软件设计等。书写格式参照毕业设计论文格式要求。

提交设计材料包括：①设计说明书；②机械图(根据情况可含在设计说明书中)；③电气原理图(根据情况可含在设计说明书中)；④程序框图和清单(含在设计说明书中)。

10.2.13 线圈自动装配机设计

1. 设计内容

设计一个线圈自动装配机,可以自动完成线圈的排队上料、将线圈装配进壳体和穿引线操作。

主要技术参数与性能指标:线圈外径ϕ10mm;线圈内径ϕ8mm;漆包线直径ϕ0.4~0.5mm。

2. 设计要求

通过手爪将线圈从托盘中按顺序取出,取完一列后,托盘自动前进一列;线圈取出后,将其装配到壳体中,装配过程中需将线圈的两根引脚从壳体孔中穿出,如图10-1所示。

能够较全面训练机电系统设计内容,包括机械系统、电子电气控制和相关软件的设计。进一步建立机电总体设计思想,锻炼机械建模、电子CAD、计算机仿真等工具的应用能力。

课题组成员需在手爪的结构设计、托盘的驱动装置、线圈的装配等方面进行总体设计;在结构、检测方法、操作方式、接口电路等环节进行具体设计。结合实际查找资料、多方案比较,增加知识面,提高工程设计能力。

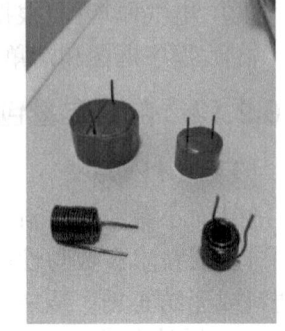

图10-1 装配线圈

(1)功能指标设计:根据应用场合、操作的方便性、安全性等提出更进一步的功能:如出错报警、超限报警等。

(2)总体设计:根据等效性、互补性设计总体方案,包括控制方法、检测方法、机械运动方案、执行元件等。

(3)机械系统设计:根据要求选择合适的传动结构和参数,合理考虑消除传动间隙的措施等;在主要参数设计计算过程中,要注意同时考虑机械与电子电气元件;机械系统建模可采用二维或三维建模软件。

(4)根据功能和应用场合设计操作方法、选择操作元件、绘制操作面板与操作流程图。

(5)电气原理图设计:选择相应元器件,进行电子系统建模仿真,绘出电气原理图。

(6)相关软件设计:绘制软件流程图,设计主要功能软件,进行仿真调试。

(7)撰写设计说明书:内容包括总体设计、结构设计、相关计算、功能设计、操作流程设计、电路硬件设计、软件设计等。书写格式参照毕业设计论文格式要求。

提交设计材料包括:①设计说明书;②机械图(根据情况可含在设计说明书中);③电气原理图(根据情况可含在设计说明书中);④程序框图和清单(含在设计说明书中)。

10.2.14 物料自动搬运小车设计

1. 设计内容

设计一个自动搬运小车AGV,其上可搭载机械手(见第10.2.15节的联轴器自动搬运机械手),通过手爪将联轴器从传送带托盘上抓起后,用AGV从一个位置搬运到另外一个位置,实现物料输送。

主要技术参数与性能指标:联轴器重量为50~100kg,AGV移动速度1m/s。

2. 设计要求

课题组成员需根据负载和输送要求，对 AGV 巡线方式、小车本体、通信控制方式等进行总体设计；在结构、检测方法、操作方式、接口电路等环节进行具体设计。结合实际查找资料、多方案比较，增加知识面，提高工程设计能力。

能够较全面训练机电系统设计内容，包括机械系统、电子电气控制和相关软件的设计。进一步强化机电总体设计思想，训练机械建模、电子 CAD、计算机仿真等工具的应用能力。

(1) 功能指标设计：根据应用场合、操作的方便性、安全性等提出更进一步的功能，如出错报警、超限报警等。

(2) 总体设计：根据等效性、互补性设计总体方案，包括控制方法、检测方法、机械运动方案、执行元件等。

(3) 机械系统设计：根据要求选择合适的传动结构和参数，合理考虑消除传动间隙的措施等；在主要参数设计计算过程中，要注意同时考虑机械与电子电气元件；机械系统建模可采用二维或三维建模软件。

(4) 根据功能和应用场合设计操作方法、选择操作元件、绘制操作面板与操作流程图。

(5) 电气原理图设计：选择相应元器件，进行电子系统建模仿真，绘出电气原理图。

(6) 相关软件设计：绘制软件流程图，设计主要功能软件，进行仿真调试。

(7) 撰写设计说明书：内容包括总体设计、结构设计、相关计算、功能设计、操作流程设计、电路硬件设计、软件设计等。书写格式参照毕业设计论文格式要求。

提交设计材料包括：①设计说明书；②机械图(根据情况可含在设计说明书中)；③电气原理图(根据情况可含在设计说明书中)；④程序框图和清单(含在设计说明书中)。

10.2.15 联轴器自动搬运机械手设计

1. 设计内容

设计一个抓取联轴器的机械手，该机械手搭载在 10.2.14 节介绍的物料自动搬运小车上，用机械手爪将联轴器从传送带托盘上抓起后从一个位置搬运到另外一个位置。

主要技术参数与性能指标：联轴器法兰外径 $\phi 600$mm；联轴器外径 $\phi 400$mm；高度为 $200\sim 800$mm；重量为 $50\sim 100$kg。

2. 设计要求

课题组成员需在手爪的结构设计、机械臂或其他提升机构进行总体设计；在结构、检测方法、操作方式、接口电路等环节进行具体设计。结合实际查找资料、多方案比较，增加知识面，提高工程设计能力。

能够较全面训练机电系统设计内容，包括机械系统、电子电气控制和相关软件的设计。进一步强化机电总体设计思想，训练机械建模、电子 CAD、计算机仿真等工具的应用能力。

(1) 功能指标设计：根据应用场合、操作的方便性、安全性等提出更进一步的功能，如出错报警、超限报警等。

(2) 总体设计：根据等效性、互补性设计总体方案，包括自由度数、控制方法、检测方法、机械运动方案、执行元件等。

(3) 机械系统设计：根据要求选择合适的传动结构和参数，合理考虑消除传动间隙的措施等；在主要参数设计计算过程中，要注意同时考虑机械与电子电气元件；机械系统建模可采用二维或三维建模软件。

(4) 根据功能和应用场合设计操作方法、选择操作元件、绘制操作面板与操作流程图。

(5) 电气原理图设计：选择相应元器件，进行电子系统建模仿真，绘出电气原理图。

(6) 相关软件设计：绘制软件流程图，设计主要功能软件，进行仿真调试。

(7) 撰写设计说明书：内容包括总体设计、结构设计、相关计算、功能设计、操作流程设计、电路硬件设计、软件设计等。书写格式参照毕业设计论文格式要求。

提交设计材料包括：①设计说明书；②机械图(根据情况可含在设计说明书中)；③电气原理图(根据情况可含在设计说明书中)；④程序框图和清单(含在设计说明书中)。

10.2.16 海绵硬度检测机设计

1. 设计内容

海绵的硬度影响着其应用场合和用户体验，本课题要求设计一台海绵硬度自动检测机构。主要技术参数与性能指标详细指标见 GB/T 12825—2003。

2. 设计要求

课题组成员需在机械结构、检测方法(A、B、C)、操作方式、接口电路等环节上采用不同的方案。增加知识面，提高工程设计能力。

能够较全面训练机电系统设计内容，包括机械系统、电子电气控制和相关软件的设计。进一步强化机电总体设计思想，训练机械建模、电子 CAD、计算机仿真等工具的应用能力。

(1) 功能指标设计：根据应用场合、操作的方便性等提出更进一步的功能，如出错报警、超限报警等。

(2) 总体设计：根据等效性、互补性设计总体方案，包括控制方法、检测方法、机械运动方案、执行元件等。

(3) 机械系统设计：根据要求选择合适的传动结构和参数，合理考虑消除传动间隙的措施等；在主要参数设计计算过程中，要注意同时考虑机械与电子电气元件；机械系统建模可采用二维或三维建模软件。

(4) 根据功能和应用场合设计操作方法、选择操作元件、绘制操作面板与操作流程图。

(5) 电气原理图设计：选择相应元器件，进行电子系统建模仿真，绘出电气原理图。

(6) 相关软件设计：绘制软件流程图，设计主要功能软件，进行仿真调试。

(7) 撰写设计说明书：内容包括总体设计、结构设计、相关计算、功能设计、操作流程设计、电路硬件设计、软件设计等。书写格式参照毕业设计论文格式要求。

提交设计材料包括：①设计说明书；②机械图(根据情况可含在设计说明书中)；③电气原理图(根据情况可含在设计说明书中)；④程序框图和清单(含在设计说明书中)。

10.2.17 乒乓球硬度测量机设计

1. 设计内容

乒乓球的硬度决定了其不同的质量档次。本课题要求设计一台自动测量乒乓球硬度并分档的设备。

主要技术参数与性能指标：测量用 5kg 砝码，15s 加压时间(或更短)，压入深度 740~780μm 左右(1mm 以内)；进行 2 点测量，要求分别测量南北极点硬度，并求得软硬差；最后根据各点硬度值以及硬度差值对乒乓球进行分档，分档级数为 7 档。寿命 8 年(年均 260 天，每天工作 12 小时)。乒乓球硬度分档要求如表 10-1 所示。

表 10-1 乒乓球硬度分挡要求

特硬球	0.69~0.75 硬度	二项差值：≤0.03(>0.02)
软三星	0.69~0.81 硬度	二项差值：≤0.06
硬三星	≤0.69 硬度	二项差值：≤0.06
三星球	0.81~0.84 硬度	二项差值：≤0.06
二星球	0.84~0.90 硬度	二项差值：≤0.06
二星球	0.69~0.90 硬度	二项差值：≤0.12(>0.06)
一星球	>0.90 硬度 或≤0.90 硬度	二项差值：不计；二项差值：>0.12
不合格	其他	其他

2. 设计要求

课题组成员需在机械结构、检测方法、操作方式、接口电路等环节上采用不同的方案。增加知识面，提高工程设计能力。

能够较全面训练机电系统设计内容，包括机械系统、电子电气控制和相关软件的设计。进一步强化机电总体设计思想，训练机械建模、电子 CAD、计算机仿真等工具的应用能力。

(1)功能指标设计：根据应用场合、操作的方便性等提出更进一步的功能，如乒乓球对中问题、超限报警、自动找零位等。

(2)总体设计：根据等效性、互补性设计总体方案，包括控制方法、检测方法、机械运动方案、执行元件等。

(3)机械系统设计：根据要求选择合适的传动结构和参数，合理考虑消除传动间隙的措施等；在主要参数设计计算过程中，要注意同时考虑机械与电子电气元件；机械系统建模可采用二维或三维建模软件。

(4)根据功能和应用场合设计操作方法、选择操作元件、绘制操作面板与操作流程图。

(5)电气原理图设计：选择相应元器件，进行电子系统建模仿真，绘出电气原理图。

(6)相关软件设计：绘制软件流程图，设计主要功能软件，进行仿真调试。

(7)撰写设计说明书：内容包括总体设计、结构设计、相关计算、功能设计、操作流程设计、电路硬件设计、软件设计等。书写格式参照毕业设计论文格式要求。

提交设计材料包括：①设计说明书；②机械图(根据情况可含在设计说明书中)；③电气原理图(根据情况可含在设计说明书中)；④程序框图和清单(含在设计说明书中)。

10.2.18 凸轮轴升程检测装置设计

1. 设计内容

凸轮轴是活塞发动机中的一个十分重要的部件，它的作用是控制气门的开启和闭合动作。课题要求设计一台能够自动检测凸轮轴升程的装置。

主要技术参数与性能指标：凸轮基圆直径为 50mm；凸轮轴长度为 200~500mm；凸轮升程最大值为 10~30mm；凸轮宽度 10mm；凸轮数量 2~6 个(一根轴)；测量转速为 1r/min；最小测量间隔 0.1°；升程测量误差 0.002mm；工作寿命 8 年(年均 260 天，每天工作 12 小时)。

2. 设计要求

课题组成员需在机械结构、检测方法、操作方式、接口电路等环节上采用不同的方案。增加知识面，提高工程设计能力。

能够较全面训练机电系统设计内容，包括机械系统、电子电气控制和相关软件的设计。进一步强化机电总体设计思想，训练机械建模、电子CAD、计算机仿真等工具的应用能力。

(1) 功能指标设计：根据应用场合、操作的方便性等提出更进一步的功能，如手动操作与自动运行等。

(2) 总体设计：根据等效性、互补性设计总体方案，包括控制方法、检测方法、机械运动方案、执行元件等。

(3) 机械系统设计：根据要求选择合适的传动结构和参数，合理考虑消除传动间隙的措施等；在主要参数设计计算过程中，要注意同时考虑机械与电子电气元件；机械系统建模可采用二维或三维建模软件。

(4) 根据功能和应用场合设计操作方法、选择操作元件、绘制操作面板与操作流程图。

(5) 电气原理图设计：选择相应元器件，进行电子系统建模仿真，绘出电气原理图。

(6) 相关软件设计：绘制软件流程图，设计主要功能软件，进行仿真调试。

(7) 撰写设计说明书：内容包括总体设计、结构设计、相关计算、功能设计、操作流程设计、电路硬件设计、软件设计等。书写格式参照毕业设计论文格式要求。

提交设计材料包括：①设计说明书；②机械图(根据情况可含在设计说明书中)；③电气原理图(根据情况可含在设计说明书中)；④程序框图和清单(含在设计说明书中)。

10.2.19 小型电子分度头设计

1. 设计内容

分度头是安装在机床上用于将工件分成任意圆周等分的机床附件。要求设计一款小型电子分度头，可安装于工作台面上作为钻孔、铣削具有圆周等分类工艺过程零件的辅助装置。

主要技术参数与性能指标：设计立式、卧式、摆角调节三种形式；可按要求有级或无级分度；具有对零件装夹功能；抗切削力为1000N；定位精度为±0.01°；工作寿命8年(年均260天，每天工作8小时)。

2. 设计要求

课题组成员需在控制方法(闭环、半闭环、开环)、机械结构、检测元件、操作方式、接口电路等环节上采用不同的方案。增加知识面，提高工程设计能力。

能够较全面训练机电系统设计内容，包括机械系统、电子电气控制和相关软件的设计。进一步强化机电总体设计思想，训练机械建模、电子CAD、计算机仿真等工具的应用能力。

(1) 功能指标设计：根据应用场合、操作的方便性等提出更进一步的功能，如手动操作与自动运行等。

(2) 总体设计：根据等效性、互补性设计总体方案，包括控制方法、检测方法、机械运动方案、执行元件等。

(3) 机械系统设计：根据要求选择合适的传动结构和参数，合理考虑消除传动间隙的措施等；在主要参数设计计算过程中，要注意同时考虑机械与电子电气元件；机械系统建模可采用二维或三维建模软件。

(4) 根据功能和应用场合设计操作方法、选择操作元件、绘制操作面板与操作流程图。

(5) 电气原理图设计：选择相应元器件，进行电子系统建模仿真，绘出电气原理图。

(6) 相关软件设计：绘制软件流程图，设计主要功能软件，进行仿真调试。

(7) 撰写设计说明书：内容包括总体设计、结构设计、相关计算、功能设计、操作流程设计、电路硬件设计、软件设计等。书写格式参照毕业设计论文格式要求。

提交设计材料包括：①设计说明书；②机械图(根据情况可含在设计说明书中)；③电气原理图(根据情况可含在设计说明书中)；④程序框图和清单(含在设计说明书中)。

10.2.20 精密直线电动执行器设计

1. 设计内容

直线电动执行器用于实现直线位移，是自动化机械中常用的一种控制执行机构。要求设计一种精密直线电动执行器，有灵活的安装方式、驱动杆需和被驱动件方便连接。

主要技术参数与性能指标：行程 50mm；推拉力 50N；定位精度±0.005mm；最大负载速度 20mm/s；最大空载速度 50mm/s；工作寿命 8 年(年均 260 天，每天工作 8 小时)。

2. 设计要求

课题组成员需在控制方法(闭环、半闭环、开环)、机械结构、检测元件、操作方式、接口电路等环节上采用不同的方案。增加知识面，提高工程设计能力。

能够较全面训练机电系统设计内容，包括机械系统、电子控制和相关软件。进一步建立机电总体设计思想，训练三维建模、电子 CAD、计算机仿真等工具的应用能力。

(1) 功能指标设计：根据应用场合、操作的方便性等提出更进一步的功能，如开机位置记忆功能，超限、过载报警功能，结构紧凑等。

(2) 总体设计：根据等效性、互补性设计总体方案，包括控制方法、检测方法、机械运动方案、执行元件等。

(3) 机械系统设计：根据要求选择合适的传动结构和参数，合理考虑消除传动间隙的措施等；在主要参数设计计算过程中，要注意同时考虑机械与电子电气元件；机械系统建模可采用二维或三维建模软件。

(4) 根据功能和应用场合设计操作方法、选择操作元件、绘制操作面板与操作流程图。

(5) 电气原理图设计：选择相应元器件，进行电子系统建模仿真，绘出电气原理图。

(6) 相关软件设计：绘制软件流程图，设计主要功能软件，进行仿真调试。

(7) 撰写设计说明书：内容包括总体设计、结构设计、相关计算、功能设计、操作流程设计、电路硬件设计、软件设计等。书写格式参照毕业设计论文格式要求。

提交设计材料包括：①设计说明书；②机械图(根据情况可含在设计说明书中)；③电气原理图(根据情况可含在设计说明书中)；④程序框图和清单(含在设计说明书中)。

部分习题参考答案

第 2 章

2-5 $i_1 = 2.065$ 则 $i_2 = 3.015$，$i_3 = 6.425$。

2-6 (1)刚轮固定时，$n_2 = -\dfrac{1200}{100} = -12(\text{r/min})$。

(2)柔轮固定时，$n_1 = \dfrac{1200}{101} = 11.88(\text{r/min})$。

2-7 Ⅱ轴同步带的型号最终确定为 40-3M-9。

第 3 章

3-7 (1) $x_a(t) = 100(\cos 2\pi f_c t) + 15\cos 2\pi(f_c - f_\Omega)t + 15\cos 2\pi(f_c + f_\Omega)t + 10\cos(f_c - 3f_\Omega)t + 10\cos(f_c + 3f_\Omega)t$，

各频率分量的频率/幅值分别为 10000Hz/100、9500Hz/15、10500Hz/15、8500Hz/10、11500Hz/10。

(2) 调制信号：$x(t) = 100 + 30\cos 2\pi f_\Omega t + 20\cos 6\pi f_\Omega t$，各分量频率/复制分别为 0Hz/100、500Hz/30、1500Hz/20。

调制信号与调幅波的频谱如下图所示：

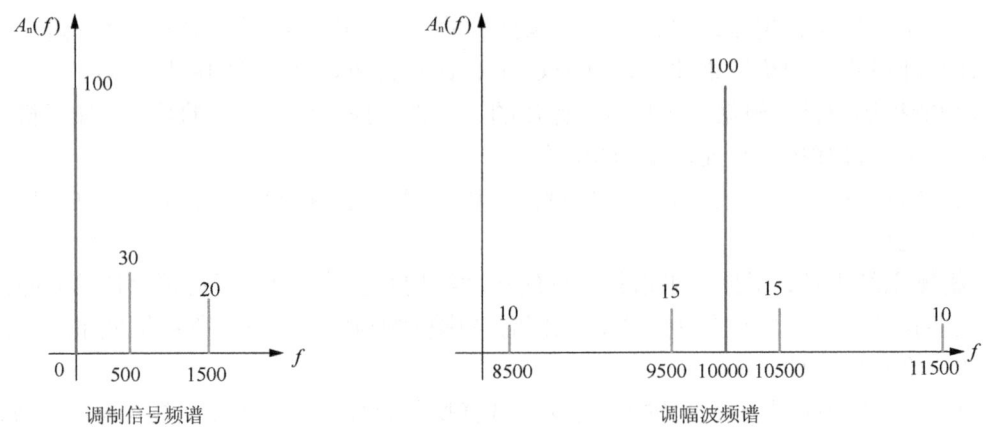

调制信号频谱　　　　　　　　调幅波频谱

第 4 章

4-5 (1) $\alpha = \dfrac{360}{Kmz} = 0.75°$。

(2) $n_{\max} = 60 \times \dfrac{6}{5} = 72\text{r/min}$，$f_{\max} = \dfrac{6n_{\max}}{\alpha} = \dfrac{6 \times 72}{0.75} = 576(\text{Hz})$。

4-10 (1) $n_0 = 60\dfrac{f_1}{p} = 60 \times \dfrac{400}{1} = 24000\ (\text{r/min})$。

(2) $n_0 - n = 24000 - 18000 = 6000(\text{r/min})$，$s = \dfrac{n_0 - n}{n_0} = \dfrac{24000 - 18000}{24000} = 0.25$。

第 5 章

5-6 位置式：$u(k) = 1.3e(k) - 0.6e(k-1) + 0.3u(k-1)$。

增量式：$\Delta u(k) = u(k) - u(k-1) = 1.3e(k) - 1.9e(k-1) + 0.6e(k-2) + 0.3\Delta u(k-1)$。

5-9 一阶向后差分法：$D(z) = \dfrac{U(z)}{E(z)} = \dfrac{0.1}{1.65 - 0.7z^{-1} + 0.05z^{-2}}$；

双线性变换法：$D(z) = \left.\dfrac{0.1}{(0.1s+1)(0.5s+1)}\right|_{s=\frac{2}{T}\frac{1-z^{-1}}{1+z^{-1}}} = \dfrac{0.1}{\left(0.2\dfrac{1-z^{-1}}{1+z^{-1}}+1\right)\left(\dfrac{1-z^{-1}}{1+z^{-1}}+1\right)}$

$= \dfrac{(1+z^{-1})^2}{24 + 16z^{-1}}$。

第 7 章

7-6 提示：先求出连杆一、连杆二和连杆三的位置和速度，则系统的总动能是各连杆动能之和为 $K = K_1 + K_2 + K_3$，系统的总势能是各连杆势能之和为 $P = P_1 + P_2 + P_3$，则三连杆机械臂的拉格朗日函数为 $L = K - P$。

对上式拉格朗日函数进行求导，以 θ_1 为例进行求导。将拉格朗日函数求导结果代入 $T_i = \dfrac{\partial}{\partial t}\left(\dfrac{\partial L}{\partial \dot{\theta}_i}\right) - \dfrac{\partial L}{\partial \theta_i}$，求出 $\begin{bmatrix} T_1 \\ T_2 \\ T_3 \end{bmatrix}$ 所表达的方程为三连杆机械臂的动态运动方程。

参 考 文 献

蔡自兴. 2009. 机器人学. 2版[M]. 北京：清华大学出版社.
陈荷娟. 2013. 机电一体化系统设计[M]. 北京：北京理工大学出版社.
陈恳, 杨向东, 刘莉, 等. 2006. 机器人技术与应用[M]. 北京：清华大学出版社.
董景新, 赵长德. 2008. 机电一体化系统设计[M]. 北京：机械工业出版社.
胡寿松. 2007. 自动控制原理[M]. 北京：科学出版社.
计时鸣. 2009. 机电一体化控制技术与系统[M]. 西安：西安电子科技大学出版社.
梁燕飞, 谭伟明. 2008. 自动机械与自动生产线[M]. 北京：高等教育出版社.
刘勇军, 李鑫. 2009. 机电一体化技术[M]. 西安：西北工业大学出版社.
陆一心. 2006. 现代工程控制理论[M]. 北京：化学工业出版社.
戚长政. 2012. 自动机与自动线. 2版[M]. 北京：科学出版社.
芮延年. 2008. 机电一体化原理及应用[M]. 苏州：苏州大学出版社.
芮延年. 2008. 机器人技术及其应用[M]. 北京：化学工业出版社.
孙卫青, 李建勇. 2009. 机电一体化技术. 2版.[M]. 北京：科学出版社.
孙增圻. 2011. 智能控制理论与技术[M]. 北京：清华大学出版社.
王怀明, 程广振. 2011. 数控技术及应用[M]. 北京：电子工业出版社.
王金娥, 罗生梅. 2011. 机电一体化课程设计指导书[M]. 北京：北京大学出版社.
王细洋. 2012. 机床数控技术[M]. 北京:国防工业出版社.
王先逵, 艾兴, 王爱玲. 2013. 机床数字控制技术手册-操作与应用卷[M]. 北京:国防工业出版社.
谢存禧, 张铁. 2012. 机器人技术及其应用[M]. 北京：机械工业出版社.
于爱兵, 马廉洁, 李雪梅. 2013. 机电一体化概论[M]. 北京：机械工业出版社.
曾励. 2010. 机电一体化系统设计[M]. 北京：高等教育出版社.
张立勋, 等. 2010. 机电系统建模与仿真[M]. 哈尔滨：哈尔滨工业大学出版社.
张立勋, 杨勇. 2012. 机电一体化系统设计[M]. 哈尔滨：哈尔滨工程大学出版社.
张伟林, 李永际. 2013. 自动机生产线控制技术实训[M]. 北京：中国电力出版社.
郑堤, 唐可洪. 2013. 机电一体化设计基础[M]. 北京：机械工业出版社.
周德群. 2010. 系统工程概论[M]. 北京：科学出版社.
訾斌. 2013. 混合驱动柔索并联机器人力学分析与跟踪控制技术[M]. 北京：科学出版社.
Mahalik N P. 2008. 机电一体化——原理.概念.应用[M]. 双凯, 张婉妹, 姜珊, 译. 北京：科学出版社.
Shetty D, Kolk R A. 2006. 机电一体化系统设计[M]. 张树生, 等译. 北京：机械工业出版社.